调制气流声源换能机理

赵　云　曾新吾　龚昌超　编著

国防科技大学出版社
长沙

图书在版编目（CIP）数据

调制气流声源换能机理/赵云，曾新吾，龚昌超编著．—长沙：国防科技大学出版社，2016.10（2019.11 重印）
ISBN 978－7－5673－0463－5

Ⅰ.①调…　Ⅱ.①赵…　②曾…　③龚…　Ⅲ.①声源—研究　Ⅳ.①O421

中国版本图书馆 CIP 数据核字（2016）第 236512 号

国防科技大学出版社出版发行
电话：（0731）84572640　邮政编码：410073
责任编辑：罗　燕　责任校对：梁　慧
新华书店总店北京发行所经销
国防科技大学印刷厂印装
*
开本：710×1000　1/16　印张：18.5　字数：352 千
2016 年 10 月第 1 版 2019 年 11 月第 2 次印刷　印数：301－800 册
ISBN 978－7－5673－0463－5
定价：40.00 元

前　言

气流声源是空气强声技术的重要基础，也是大气中强声波辐射、传播、效应及应用研究的先决条件。气流声源的声功率和可控程度介于电声源和爆炸声源之间，是空气中强声波产生的主要途径。其相关研究涉及物理学、空气动力学、气动声学、机电控制等多个领域。气流声源输出声功率一般都在数千至数万瓦以上，声源附近声压级达到140dB以上，且声波信号具有一定的控制精度和较宽的频率响应范围。因此在非线性声学基础研究、航空航天强噪声环境测试、强噪声环境下的扩声、远距离广播、声凝聚和声清洗等方面具备广泛的应用。

调制气流声源是控制精度较高的经典气流声源。20世纪90年代，中科院声学所出版《强噪声学》著作，对调制气流声源的设计和应用进行了系统深入的阐述。近年来，由于数值计算、装置、实验和测控技术等的发展，在传统和新增应用需求的牵引下，相关研究有了进一步的发展。

本书结合近年来国内外气流声源研究进展，以调制气流声源内部流动发声过程为研究对象，围绕声源的换能机理和优化设计，从调制气流声源的准稳态理论和数值仿真模型、声源内流场和近距离声场的实验测试、不同工况和结构参数下的换能过程和声场特性以及超声速射流调制、声源内气动系统改进设计等方面展开，涉及理论和计算方法、分析设计、实验装置和结果。

本书共七章，第一章简要回顾了不同类型气流声源的工作原理和发展历程，介绍了几种典型的大功率声源应用例子和基本性能数据，分析了目前在该类型声源研制、换能机理研究中的发展方向和存在的问题。第二章和第三章回顾了经典准稳态理论的导出和主要结论，并对理论的局限性进行了具体的分析，给出了混合气动声学方法的基本原理和各类工程算法的分类、比较、计算流程和调制气流声源瞬态流场和气动声场数值仿真的具体实现。第四章和第五章对不同参数下调制气流声源流场与近距离声场进行了实验和数值模拟研究。第六章和第七章借助数值模拟与实验测量方法对超声速调制等声源改进方案的流场特性和声压级增益原理进行了综合性研究。希望本书能够起到“抛砖引玉”的作用，为空气强声技术的学习和研究做出贡献。

本书在写作过程中得到了作者所在团队成员许伟、周泽民、周鹤峰等的支持和帮助，在此表示诚挚感谢。

由于时间和水平有限，书中不妥之处在所难免，恳请读者批评指正。

作　者

2016 年 6 月

目　录

第一章　绪　论

1.1　气流声源概述

声源或声学换能器是众多声学研究和应用中最基本的装置之一。对于常见声学换能器来说，电磁驱动、爆炸和流动发声是三种主要的能量转换机制。由不同声能转化机制产生的声波在功率、效率量级和频谱特征等方面存在很大的差异，因而在不同的应用环境和声学研究领域中，对换能器的选取也各有侧重。在强噪声学[1]领域的研究中，一般需要声功率在数千至数万瓦、声压级高于 140dB 的可控声源。空气中，受限于换能效率偏低和制造材料强度的问题，一般的电声源很难同时满足大功率和高声强两方面的要求；而对于爆炸声源来说，准确的频谱控制几乎无法实现。所以，声功率和可控程度介于两者之间的气流声源成为最适合用于该领域的换能器类型。

气流声源可以定义为一种通过一定气动过程将高压或高速气流能量转化为声能的大功率声源，根据气动过程的不同可分为以下几种：

（1）调制式气流声源，例如旋笛、调制气流声源，通过对喷口流量或高速射流的调制，在下游产生较强的压力扰动，进而形成声辐射；

（2）谐振式气流声源，例如戈尔登哨和哈特曼哨等，通过高速气流激发共振腔气体共振而发声；

（3）空腔气动噪声源[2]，包含两种机理，一种通过旋涡 - 空腔碰撞和上游激励之间的反馈作用向外辐射声波，另一种与空腔的声学共振作用有关；

（4）簧片哨，其发声过程来自于高速射流不稳定性与簧片振动间的耦合作用；

（5）横向射流拍打（flip-flop）声源[3]，利用双稳态射流放大作用，即周期性控制受限射流中的柯恩达效应，将小振幅气流扰动成倍放大，可以看作是流动致声系统中的“三极管”。

不同气流声源换能过程的工作区间各不相同，图 1.1 给出了各种气流声源在 Strouhal 数（St 数，瞬态项与对流项的比值）和 Reynolds 数（Re 数，对流项与

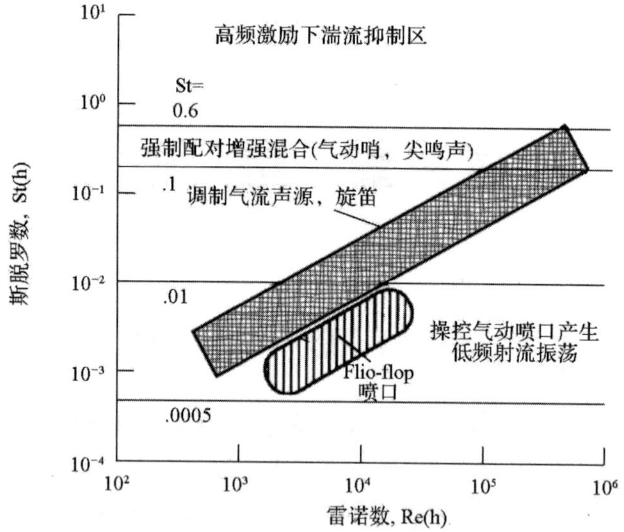

图 1.1　各种气流声源在 St 数和 Re 数空间中的位置示意[3]

黏性项的比值)空间中的位置。对于非常高的 St 数，人工激励的结果是对湍流的抑制。St 数在 0.1～0.6 之间对应旋涡对的混合增强区域，这同时也是谐振式声源和超声速射流发出尖叫单频声的区域；谐振发声过程在这一区域能够顺利启动。调制式气流声源实现了对 St 数和 Re 数的分别控制，以调制气流声源为例，调制频率从几赫兹到数千赫兹，St 数跨越了 3 个数量级。flip-flop 声源中，整个射流以低 St 数振荡的过程等价于剪切层整体的周期性运动；该声源工作的 St 数范围一般比自然流动不稳定性低 1～2 个量级。

原理各异的气流声源一般都结构简单、可靠耐用，然而它们的换能过程却大都涉及复杂的非稳态流动，再加上流动与声波两者在能量和几何尺度量级等方面的巨大差距，使人们对其能量转化机理的认识经历了一个漫长的过程。例如对于常见的旋笛，较早的设计见于 Seebeck(1770—1841)的工作，设计的基本结构一直延续到今天；Jones 在 1942 年提出了基于等效电路的理论模型，并在理论指导下设计了 37.3kW 的旋笛用于防空报警；Leonard 和 Wilson 于 1952 年设计了 100kW 的旋笛用于大振幅声波传播衰减的研究，频率范围为 20～200Hz，测量得到的效率是 40%，气源是两台 750 马力的 Packard-Merlin 航空发动机。由于早期理论模型和实验技术的局限，大量的声源研究工作集中于对声辐射的测试和经验性的结构改进。直至 20 世纪中后期，得益于气动声学理论的逐渐完善、现代计算流体力学和气动实验技术的飞速发展，气流声源的研究才最终进入了一个崭新的阶段。例如通过高精度的流场模拟方法，人们在空腔噪声研究中发现了两种完全不同的换能模式[2]；在复杂的人发声机理问题的研究中，通过采用简化的几何形状和计算模型，人们对相关非稳态物理过程的认识也取得了长足进步[4-6]。

气流声源的研究本质上要解决三类问题：声源参数与流场特性的关系，流场特性与声场特性的关联（即换能机理问题），声场特性的评价。气动力学和气动声学的发展对于前两类问题有直接的推动作用。气流声源内部的流场特性比较复杂，相关的声源模型一般只能通过多个不同类型极子源的组合来建立。气流声源外部的声压级较高，一般需要考虑近距离传播的非线性。声源的复杂性和近距离传播的非线性使在第三类问题中也存在尚未解决的问题，声功率的评价就是一个典型的例子。20 世纪 80 年代，宾夕法尼亚大学的学者们认为，强声源声功率的测量是一个相当困难的问题[7]。他们发现，对于相同声源不同的声功率测量结果之间具有显著的差异。他们指出，除了提供高精度的测量系统，声源的特性，例如指向性、频率和强度等因素均需考虑。目前，气流声源声功率测量可采用混响室、消声室和行波管测试三种方法。混响室方法测量窄带声源误差过大；消声室和行波管测试的结果则与测量环境和传声器布置方案有关，近距离传声器位置的确定需考虑声场的非均匀性，避免瞬态流动的影响。此外，由于近距离声场的非线性作用，有限振幅附加衰减乃至冲击波形成等因素将严重影响测量结果，使气流声源的声功率还与传播距离有关。

从应用角度看，大功率气流声源在强声波传播和效应研究等工作中处于基础性地位，研制高性能的声源对于众多与之有关的工业领域至关重要，因而在二战以后一度成为各国声学界研究的一个热点。

Mississippi 大学国家物理声学中心（MOAS）为模拟车辆噪声和测试声波在距离数千公里大气中的传播，研制了采用汽笛作为声源的大功率声波发生系统。据称，该系统通过一个长 17m、出口直径 2. 3m 的指数喇叭提供 20kW 的声能，喇叭的截止频率为 10Hz。在 63 ~ 500Hz 范围内，轴线上声场的频率响应基本上是平稳的，在一米半径处按照点声源折算声压级达到 152dB。

美国科学应用研究会（SARA，Scientific Applications & Research Associates）研制的可拆卸战场作战（DBBL，Dismounted Battlefield Battle Laboratory）旋笛[8]，声源结构如图 1. 2 所示，通过高燃烧效率、高能量密度的化学燃料为旋笛提供高压气体，从而高效率的产生强声波。燃料采用气态甲烷、氧气、氮气的混合物，它们在燃烧室中反应生成的热能同时用于使注入的水气化，因而增加了气流流量和声压级。水的注入也避免了额外的冷却，降低了反应气体产物（CO，CO_2，H_2O）的温度，减少了高温产物与周围大气间的声阻抗失配。该声源工作频率设定为 4kHz，频率偏移在 650Hz 以内，距声源 8. 34m 处声压级为115dB。

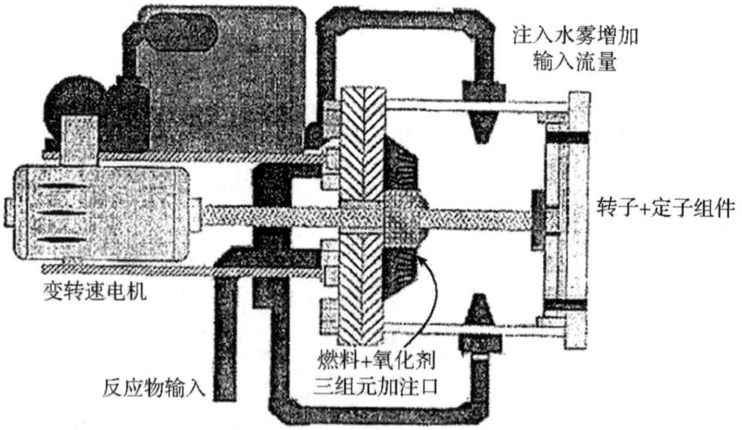

图1.2 美国SARA研制的DBBL旋笛示意图

为了研究强声波的生物效应，俄罗斯科学家研制了各种声学换能器[9]，其中的大功率气流声源包括调制式和谐振式两种(图1.3)。代号为Alpha的共鸣发生器由旋笛和1/4波长共鸣器组成，工作频段为4~45Hz，最大声功率20kW。Alpha的改进型号Alpha-1加装了脉冲燃烧室，并将共鸣器的管长设计为可调尺寸，据称在7~15Hz频段内声功率增加了50%~60%。另一个代号为Svistok的气流声源由气源、喷口和共振腔组成，气源是AI-25涡轮喷气

(a) Alpha流体声源

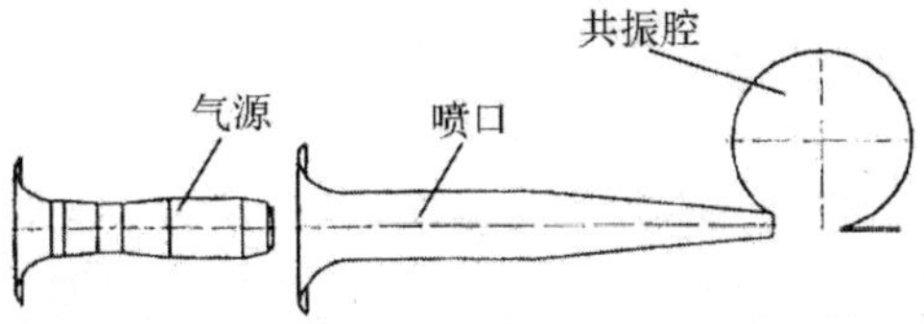

（b）Svistok 流体声源

图 1.3 俄罗斯研制代号 Alpha 和 Svistok 的大功率低频流体声源

发动机，共鸣器尺寸为 6m×6m×2m；声源工作频率 12～15Hz，最大声功率为 25kW，声场的指向性相对较好。为了模拟大尺度的战场环境，美国陆军在 Wyle 公司 WAS 3000 调制流体声源配合大尺度号筒的基础上研制了战场声学环境模拟系统。

随着应用需求的发展，对大功率气流声源性能提出了更高的要求，希望进一步提高声强和增加能量转换效率，同时实现对输出声压级、频谱特性和指向性的准确控制，即所谓高声强、高效率和高精度。而目前大多数此类声源的发声机理还没有得到满意的解释，很多研究工作仅限于有关实验现象的分析，应用中也多是依据实验得到的经验公式。正如文献[10]所总结的那样，气流声源发声所涉及的物理模型和机理是一个较为复杂的研究领域，研究理论缺乏，相关数学处理非常困难。因此，无论是满足现实需求，还是扩展认知范围，该类声源的机理探讨和优化设计都是一个值得开展系统和深入工作的重要研究方向。

现有气流声源种类中，调制气流声源对声信号频谱的控制最为强大，从模拟宽频噪声到输出覆盖中低频段的单频声波，因而在 20 世纪五十年代以后受到声学界的普遍关注。然而近数十年来，相关研究工作却逐渐陷入沉寂，特别是流体力学、气动声学等支撑学科的迅速发展未能及时反映于声源的研究工作当中。在下一节中，将进一步介绍调制气流声源的研究历史，由于直接相关的理论工作较少，因而主要给出与之相关的受限调制射流问题研究现状，其中的技术途径和基本结论对于调制气流声源相关研究具有重要的参考意义。

1.2 调制气流声源与受限调制射流问题

调制气流声源（AMS，Air-Modulated Speaker，又称为 EPT，Electropneumatic Transducer）是一种通过调制高速气流发声的大功率高压流体声源。它的特点是输出声功率可达到万至十万瓦量级，声源附近声压级可达到 140dB 以上，且声波信号易于控制、频率响应范围较宽，在航天强噪声环境测试、强噪声环境下的扩声、远距离广播、声凝聚[7]和声清洗等方面都得到了成功应用。

1.2.1 调制气流声源装置

AMS 使用压缩气体作为能源，通过受外加音频信号控制的调制机构来开关气路，对高速气流进行调制，在装置出口产生压力扰动、形成脉动声源，并耦合号筒向外辐射声波，其产生声波频率一般与调制机构的输入信号一致。

从 20 世纪 60 年代起，在传统应用和强声波研究等需求推动下，AMS 得到了很大的发展。商业 AMS 以美国的 Ling 和 Wyle 公司为代表，输出声功率范围为4～30kW，频率范围为 50～1250Hz，其中 Ling 公司研制的 10kW 感应式 AMS 曾用于阿波罗登月舱的噪声环境试验，它们的产品在国内强噪声测试应用中一直占据领先地位。

进入 20 世纪 90 年代以来，AMS 的应用领域有了新的扩展，包括主动噪声控制[11]、气动力学基础研究中实现关键的流动控制（如航空发动机喘振模拟[12]）等。在这些新应用需求的推动下，声源装置在精确控制和小型化等方面取得了一些进展。图 1.4 给出两种 EPT 装置的结构示意，相对于典型结构，

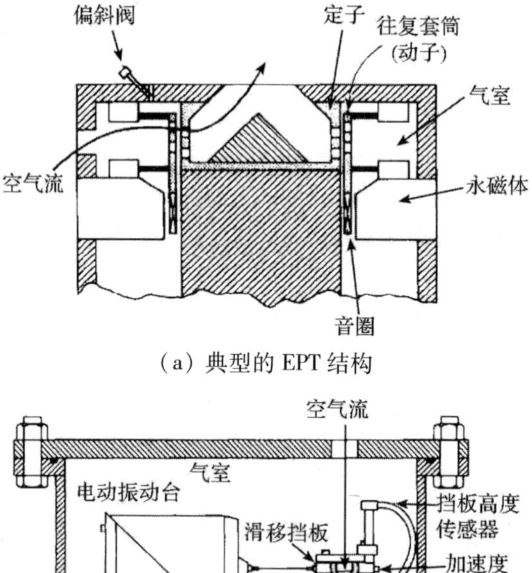

（a）典型的 EPT 结构

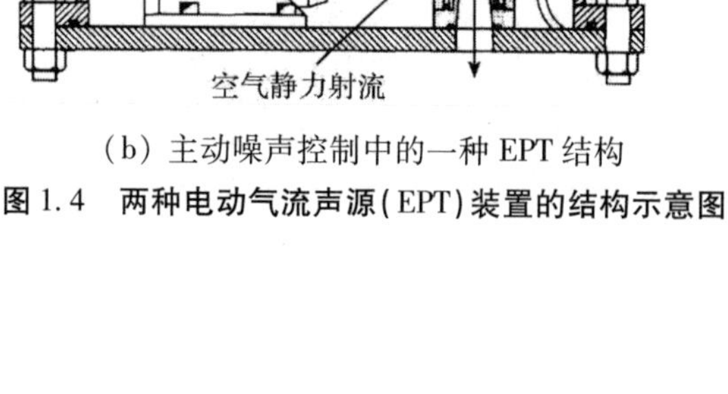

（b）主动噪声控制中的一种 EPT 结构

图 1.4 两种电动气流声源（EPT）装置的结构示意图

图1.4(b)中采用了商业化电动振动台作为滑移挡板的激励动力源，因而能提供更加精密的调制面积控制，同时高度和加速度传感器配合实现准确的调制面积测试。图1.5(a)为NASA研制的电动式声源[13]结构示意图，音圈置于由永磁体磁路系统形成的高磁场强度磁隙中，高压气流由侧面进入，经音圈调制后从上部断续流出，形成脉动声源。声源流量为0.072kg/s，气室总压689kPa，最大调制面积41mm^2。值得一提的是，借助一对红外光源和感光元件，该声源实现了对调制面积的实时监控，配合所开发的反馈控制系统，可提供精确的频谱控制。图1.5(b)则是MIT研制的小型化感应式声源[12]结构图，内部永磁体和外部变化的电磁体在衔铁中产生感应电流，从而驱动衔铁带动气动阀门沿轴向往复运动，实现对两侧流入气体的调制。相比于电动式，感应式AMS的优点是频响宽和工艺简单，因为其调制机构重量轻、结构简单和无任何电连接。然而对于相同的调制运动，由于感应式所需控制电功率大大增加，发热量大，需要额外的冷却系统，一般仅适合于声功率较小的情况。

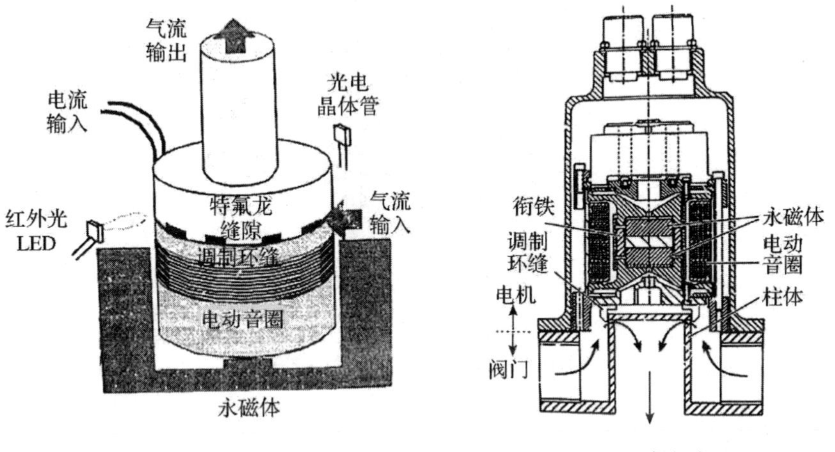

(a) NASA电动式AMS　　(b) MIT感应式AMS

图1.5　NASA和MIT在20世纪90年代研制的电动式和感应式声源

国内，20世纪60年代以来，中科院声学所在马大猷先生领导下开展了以AMS为基础的系统研究工作，涉及声源的设计、生产和实验测量、高声强实验室组建、材料声致疲劳、强噪声生物效应等多个方面，研制成功了具有动定环调制缝结构的电动式和感应式AMS，出版了以《强噪声学》为代表的学术著作和论文，开启了国内强声技术研究的先河。考虑到已有声源的调制机构不够完善，实际使用中高频响应差、容易损坏且需要经常清洁，清华大学席葆树等，于80年代提出了一种新型的射流式AMS[14-15]，其结构如图1.6所示。声源整体呈轴对称结构，主要在高速气流的形成部件和调制机构等方面进行了结构和工艺改进。通过收缩喷口和环形音圈调制机构代替了传统的排缝结构，从而降低了声源对工作气流质量的要求，进一步提高了工作稳定性、展宽了频率响应，具有更高的实用价值。射流式声源曾应用于机场驱鸟和消雾、北京市人防语音报警系统和大功率强声防暴广播系统。以该声源（声功率20kW）为基础，集成了远距离广播系统，其频响范围可达50～3000Hz，据称在良好天气状况下语音可懂情况的传播距离达12km。近期，北京理工大学白春华等[16-17]研制了频率为10Hz气动发声阀，在国内较早将数值模拟技术应用于阀门内部流场分布和发声器外部声场特性的研究。然而，该气动发声阀的结构和调制过程与经典的AMS并不相同，其发声频率向高频扩展的能力非常有限。

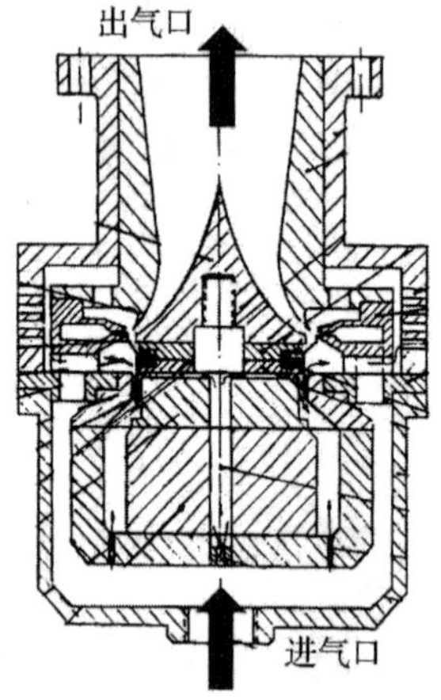

图1.6 席葆树等研制的射流式AMS

1.2.2 相关理论

理论方面，AMS的经典模型早在20世纪六七十年代已经建立。W. A. Meyer[18]较早(1969年)发表了AMS的理论模型。为方便工程应用，马大猷先生于1974年提出了近似理论[19]，讨论了AMS优化设计问题，系统研究了声源参数对性能的影响规律。两种模型均属于一维准稳态理论，所谓准稳态是指在一定的流动区域忽略瞬态项，将瞬态流动近似为一系列稳态流动的组合。已知气室压力和面积比，经由简单理论计算，可得到声源出口声压级，进而得到声功率和换能效率。对于AMS的调制机构，因其工作原理类似于音圈电机，经典的分析方法是，将其等价为一维受迫振动的弹簧－质量系统，通过等效电路法求解。

作为调制式气流声源的通用模型，准稳态理论以基本物理方程为出发点，导出过程物理概念明确，较早期的等效电路方法有所进步，它成功回答了AMS设计方向中的基本问题，直至到20世纪90年代声源的设计工作[11]中，依然被熟知和延用。然而，受限于当时数学处理和求解方面的限制，解析结果的导出需要基于较为严格的流动状态假设，这些假设通常限制了理论模型的精度和适用范围。同时，随着数值方法的发展，目前也能够对调制机构（包括磁路、电路和振动部件等）进行更加细致的建模分析，特别是在工程设计中此类仿真模型相比传统方法更加细致和直观。近三十年以来，探索新的理论方法和进一步完善经典理论的工作较为少见，对AMS具体结构的设计还处于经验形式，大多数研究工作以辐射声场特性、声源性能和应用效果为重点，AMS发声过程和声能转换机理方面的研究较为缺乏。

1.2.3 人的发声机理

一般认为，AMS与人发声器官的换能机理基本类似。作为典型的气流声源，两者本质上均属于气动声学研究范畴，气动声学区别于经典声学的特点是声源来自流体的流动。注意到气流声源并不是气动声学的传统研究对象，因而可供直接参考的文献资料有限，但是可以借鉴气动声学领域与AMS相类似问题的进展、研究方法和换能机理。

表1.1中按照由简单到复杂的顺序列出了调制射流问题的简要发展过程。AMS的核心物理过程可表述为高速受限调制射流问题，它包含可压缩、管道受限、调制作用和射流共四个方面的约束条件。可见，在气动声学领域中，从早期稳态自由射流的气动声学问题到当前的AMS发声问题，其物理过程和换能机理的复杂程度越来越高。

表1.1 调制射流相关问题的发展过程

时间	核心问题	背景	机理
1950's	高速射流气动噪声问题	航空喷气发动机降噪	四极子源
1960's	受限射流气动噪声问题	管道噪声，HVAC	偶/四极子源
1980's	低速受限调制射流问题	人的发声机理研究	单/偶/四极子源
2000's	高速受限调制射流问题	大功率调制气流声源	单/偶/四极子源

1.2.3.1 高速自由射流的发声问题

高速自由射流的发声问题在航空发动机噪声预测中占有重要地位，因此稳态自由射流的发声机理在早期曾经是众多气动声学研究学者关注的热点问题[20]。自由场条件下，对应声源分布满足四极子类型，它的辐射效率要低于单极子和偶极子源。射流噪声理论通常建立在莱特希尔工作[21]的基础上，后续学者[22]进一步扩展了理论的适用范围。这些理论是声类比方法的起源，其基本思想是将流体运动基本方程改写为非均匀波动方程形式，方程右侧为假定的声源项，辐射声压可以由瞬态雷诺应力较高区域中的自由空间格林函数与声源项的卷积得到。

1.2.3.2 稳态受限射流的机理研究

射流在管道中的受限作用对于声波的产生和传播具有重要影响。由于受限作用的影响，湍动射流本身的特性也发生了很大的变化，例如循环区域通常被增强，射流羽流部分和固壁的碰撞可能产生额外的声源。管道中辐射低频声波的一维特性改变了声源的基本特征，使其从四极子变为偶极子或单极子，这从本质上增强了发声效率。Davies 和 Fflowcs-Williams[22]首先讨论了刚性管道中湍流的发声理论，基于莱特希尔声类比，提出了满足矩形管道刚性壁面边界条件的格林函数解析表达，将辐射声压频谱密度表达为管道中声模态之和，通过量纲分析得到了辐射声功率的预测结果。基于这一理论，他们考察了高频和低频条件下大尺度和小尺度湍流结构辐射声功率与射流中心速度的关系。研究结果表明，对于管道受限稳态射流问题，声辐射主要来自四极子源和偶极子源的贡献，其中四极子源位于射流下游湍流区域，偶极子源由射流下游管道壁面作用于流体的瞬态力产生，两种声源的强度随射流速度的增加而提高。

在研究人的发声机理中，受限射流问题对应于空气流通过人的喉部、喉道等气路而产生宽频声波。Meyer-Eppler 在 1953 年进行的相关实验研究中，发现在较低雷诺数时没有显著的湍流噪声，他推测声压与雷诺数平方成正比。Shadle[23]基于一种分层物理模型研究了喉道中流动与障碍物碰撞对发声的贡献。Stevens[24]认为流动碰撞产生的声压与体积流动速率的三次方成正比，与障碍物截面积的 2.5 次方成反比；他将与流动碰撞相关联的声频谱描述为某个 St 数（由局部流速和障碍物附近管道直径表示）附近的较宽峰值分布。Harper 等[25]研究呼吸发声的工作采用了声源和声学响应相分离的模型，其中声源部分由基于雷诺数的幂指数律表示，空腔和管道声学响应对幂指数律影响则由逆向滤波方法得到。这样的模型忽略了频率对声波产生过程的影响，不适合用于处理声源区域呈离散分布状态的情况。

在射流通过声门形状的孔洞而发声的问题中，特别是当声门呈扩张形状时，流场中能够观察到旋涡，可能存在旋涡流动发声及涡流结构与声场的相互作用。Johansen[26]研究了水流通过一个与玻璃管同轴安装的尖端圆形孔洞的流场，流动可视化给出具有旋涡对的轴对称射流结果。对于低雷诺数情况，当流动开始从层流过渡到湍流，这些旋涡以恒定的 St 数脱落。Beavers 等[27]在矩形管道二维缝隙和圆形孔洞射流中均发现了旋涡的存在。雷诺数从 500 到 3000 的变化范围内，旋涡层流动的 St 数保持恒定。Zhang 等[28]对稳态受限射流通过静态橡胶声襞模型的宽带发声特性开展了实验研究。研究表明，对于等截面和收缩孔洞，声辐射主要来自四极子源的贡献，而对于扩张孔洞，声源类型与输入模型的流量有关。低流量条件下声辐射由单极子源描述；高流量条件下，偶极子源占主导，此时受流场－声场相互作用的影响，受限射流呈现出复杂的流动特性。

受限射流流动中，声效果例如反射和共振始终存在。对于低频分量，纵向平面波可能在管末端或任何截面积改变的位置发生反射，建立起驻波结构，导致共振。而对于高频、高阶的模态被激发，声场是三维的，系统的声学响应变得非常复杂，声学模态取决于管道壁面和末端的边界条件。这些现象极大影响了辐射声波的频谱和声压级，使单纯从测量声压信号直接分离和研究声源特性变得困难。

研究中希望能够将声源的频谱特性和管道系统的声学响应分离开，以便建立声源－滤波模型和预测不同流动条件下受限射流的声学特性。基于风扇噪声的声学相似率，Weidemann[29]发展了一种谱分解方法，可用于从实验数据中分离声源特性和系统响应。相似率法将无量纲辐射声压频谱表达为源函数和声频率响应函数的乘积，一般认为前者是 St 数的函数。Bartenwerfer 等[30]认为源函数应该是 St 数和 Re 数的函数。Mongeau 等[31]将类似的分解方法应用于研究涡轮机械的发声机理，其中声源－滤波模型方法的有效性通过分别改变声源特性和声载荷来验证。

1.2.3.3　低速受限调制射流的实验研究

将受限射流问题限定于低速不可压流动，再加上管道截面调制引起的瞬态作用，就构成了人发声问题中主要的物理过程，即所谓低速受限调制射流问题。该问题中，流场本质上具有三维、瞬态、湍流、分离等特点，因而实验研究方法首先受到了重视。早期研究非稳态脉动或开启流动的经典方法是静态声门模型实验。近二十年来，相关研究中普遍使用动态声门模型模拟真实的瞬态流动过程，研究的重点首先集中于验证准稳态理论应用于此类问题的可行性。Alipour 和 Schererv[32]研究了生物体内喉部的脉动空气流，发现脉动射流呈现高度非均匀性，进而指出脉动受限射流很可能偏离准稳态假设。贝尔实验室 Cecil H. Coker 等[33]对高压气流通过调制孔洞而形成的脉动射流进行了细致测量，指出以等效电路理论为主的大多数准稳态发声理论与实测结果不相符合。Zhang 等[34]测试了机械调制动态声门模型的流动以验证准稳态假设的适用范围。

其次，动态声门模型实验研究中发现了一些重要的发声机理。McGoman[35]研究了发声过程中的声源组成，认为与脉动射流瞬态体积速度相关的单极子声源不足以描述整个发声过程，他指出额外的声源还来自管道截面的突变和有限的喉道长度。McGoman 认为额外声源的产生来自声门处旋涡结构的脱落及其与速度场的相互作用，管道固壁作用于射流的瞬态振荡力产生了偶极子声源。为支持 McGowan 的结论，Barney 等[36]和 Shadle 等[37]对一动态机械模型中的气动场和声场进行了测量。他们注意到旋涡串的存在，推测旋涡串和喉道边界作用产生的声波是显著的，并建议从气动声学声类比角度定量估计旋涡对声辐射的贡献。图 1.7 给出 Barney 所设计实验模型的结构示意图，通过简易的快门结构对等截面管道某一截面进行调制，管道出口设置有障板以提高声源中低频分量的辐射效率。

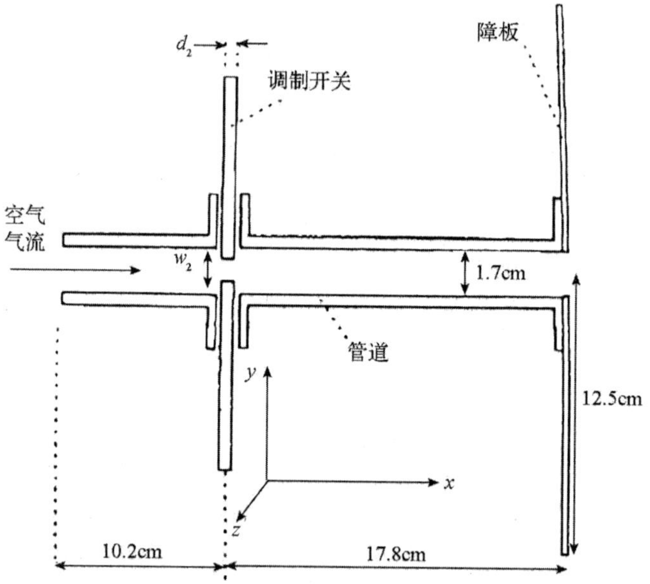

图 1.7　Barney 等设计完成的动态声门实验模型

对实验结果的进一步分析表明，不稳定波和相关的旋涡结构也是可能的声源来源。Moore[38]在实验中发现，受迫剪切层的不稳定性和声波辐射之间存在关系。Shadle 等[39]设计了一个含矩形快门的声襞动态模型，通过流场可视化实验技术，观察了射流的形成过程。实验结果中，声门运动时射流偏离了轴线，射流附着在声门一侧的下游壁面上，当动态模型中加入假声襞后，射流未附着于固壁，而是径直流出。Hofmans[40]测量了由不同喷口和孔洞组成机械模型的开启流动，并观察到射流不稳定性产生了复杂的旋涡相互作用。由于与旋涡对产生和合并相关的压力扰动频率处在可听声范围内，这一现象对于语音产生过程可能较为重要。Dabiri 等[41]对通过扩张声门的流动进行可视化观测，他观察到了弯曲射流的随机振动过程，发现流场中存在旋涡结构。实测结果表明，当声门两侧的压差变化时，流动分离点沿声门壁面移动，整个流动过程是相当不稳定的。

多数动态声门模型过分简化了人发声过程中声襞的运动，Bogdan[5]设计的实验模型采用了更加复杂的调制机构以逼近真实情况，如图 1.8，其中管道形状经历从收缩、等截面再到扩张的变化过程。此外，Iguchi 等[42]对于扩张声门形状的实测结果表明，湍流的产生受流动加速和减速的影响，瞬态作用对于脉动射流问题中宽带噪声的产生也有重要影响。

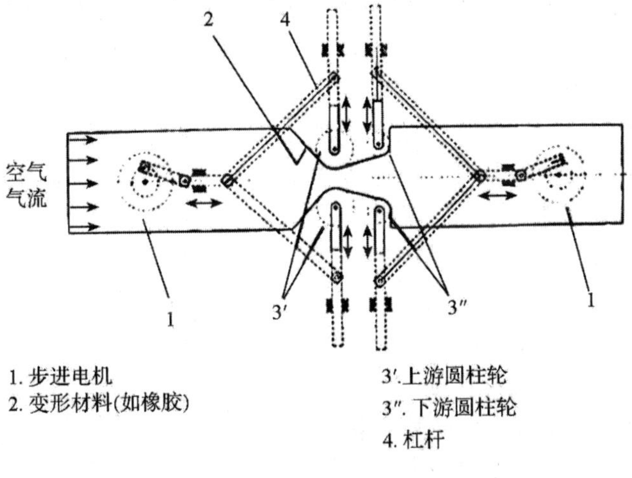

图 1.8　Bogdan 实验工作中为得到逼真的声襞运动而设计的复杂调制机构

由于受限脉动射流的时空复杂性，随着研究工作的深入，粒子图像测速（PIV）等流场可视化技术得到了成功应用。Erath[43]在流动通过静态扩张声门模型的 PIV 实验中观察到了非稳态柯恩达效应，即脉动射流随机再附于下游管道固壁的现象。Triep 等[44]通过高速 PIV 测试方法，在声襞模型的开启阶段也观察到了柯恩达效应，其采用的模型装置如图 1.9 所示。

图 1.9　Triep 等开展的 PIV 实验中采用的动态机械模型装置

1.2.3.4　低速受限调制射流的数值模拟研究

低速受限调制射流问题固有特点决定了实验研究成本高、周期长，传统的单点测量方法无法获得全场信息，即使较为先进的高速数字 PIV 技术受脉冲激光器工作频率的限制，也无法获得调制周期内全速度场的连续演化信息。随着计算流体力学的广泛应用和计算气动声学（CAA）的兴起，部分学者近年来发展了一些专用的数值模拟方法。

W. Zhao，S. H. Frankel 等[45]建立了刚性圆形管道中变截面孔洞调制射流发声过程的轴对称数值仿真模型。仿真模型中，不考虑壁面运动与流动结构的相互作用，旋涡流动结构由六阶紧致差分格式和四阶龙格 - 库塔方法求解可压缩 N - S 方程得到，壁面运动由周期作用力控制。模型采用 FW - H 声类比方法预测声波和识别不同的发声机理，声场预测结果与直接模拟（DNS）得到的结果完全一致。模拟结果表明，孔洞形状对于脉动射流稳定性、旋涡脱落和辐射声场有重要影响，脉动射流与孔洞壁面相互作用，在下游扩压段形成复杂的流动分离，从而引入了额外的高频声源。W. Zhao 等[46]对轴对称低速脉动射流通过静态收缩或扩张声门的过程进行了细致的模拟研究，将莱特希尔声类比理论应用于声源的识别。他们发现主导声源包括管道入口的单极子源和与壁面瞬态力相关的偶极子源；四极子源仅占总声压的 1/25，主要对高频声辐射产生贡献，并受旋涡对的影响。

Guo 和 Scherer[47]，Slimon[48]等通过数值模拟方法在脉动射流研究中观察到了柯恩达效应。Alipour 等[49]进行了声门流动计算，其中入口流量呈正弦函数变化，声襞的运动方式预先定义为从收缩到等截面、再到扩张、最后回到收缩孔洞形状。计算结果中，空气流从声门分离，形成了复杂内部空气流和非对称的声门下游流动。Zhao 等[50]建立了具有几何时变特性的简化声门的数值仿真模型，其中声襞的几何形状变化类似于实际发声过程，模型的几何结构和内部流场假定为轴对称。模型采用 FW－H 声类比方法分解单极子、偶极子和四极子源对声场的贡献。模拟结果表明，对于较低的声襞振荡频率，与瞬态力相关的偶极子源对声场的贡献最大，而对于 400Hz 以上的高频振荡，单极子源的作用也是显著的。在相关的参数敏感度研究中，Zhang 等[51]考察了上游压力、声襞振荡频率的影响，指出声门振荡频率影响单极和四极子源，上游压力则主要影响偶极子源。

需要注意的是，区别于大部分发声计算模型中关于流体不可压缩的假设，由于 AMS 中气室压力远高于上述流动，喷口流速增加至声速或更高，此时可压缩作用对受限调制射流流场的演化和声能的转化将产生不可忽略的影响，流场求解必须基于更一般化的可压缩流动方程。

综上所述，在气动声学框架内，从相关问题的发展情况来看，已有研究工作以人发声机理这类低速流动为主，基本未考虑流体的可压缩性。对于气流声源这类高速调制射流问题，即使不考虑其与人发声问题在管道几何形状和流固耦合作用方面的差异，流体的可压缩性对其流动特性和气声转化机理将产生重要影响。高速受限调制射流问题位于学科前沿，以往的数值模拟或实验测量并未对其开展专门的研究，可以推测其中涉及的物理过程将非常复杂。高速受限调制射流问题是 AMS 基础研究中的核心问题。为了开展 AMS 装置的设计和优化工作，需要综合相关领域的研究方法和成果，建立合理的理论分析模型，系统研究不同声源参数条件下的流场、声场特性以及不同发声机理对声源性能的影响规律。

参考文献

[1] 沈嵘．强噪声学[M]．北京：科学出版社，1996：1－139.

[2] C. M. Shieh. Parallel numerical simulations of subsonic turbulent, flow-induced noise from two-and three-dimensional cavities using computational aeroacoustics[D]. The Pennsylvania State University, 2000.

[3] G. Raman, M. Hailye, E. J. Rice. The flip flop nozzle extended to supersonic flows[J]. AIAA－92－2724－CP, 1992.

[4] Z. Y. Zhang. Experimental study of sound generation by confined jets with application to human phonation[D]. Purdue University, 2002.

[5] B. R. Kucinschi. An analysis of the flow through a driven mechanical model

of the vocal folds[D]. The University of Toledo, 2004.

[6] J. S. Suh. Large eddy simulation of confined turbulent flows for aeroacoustics with application to phonation[D]. Purdue University, 2006.

[7] F. G. Pla. An experimental and theretical study of high-intensity, high-efficiency sirens[D]. The Pennsylvania State University, 1987.

[8] C. Sherry, J. Jauchem, et al. An assessment of the effects of four acoustic energy devices on animal behavior[R]. AFEL – HE – BR – TR – 2000 – 0153, 2000.

[9] V. Stepanov. Biological effects of low frequency acoustic oscillations and their hygienic regulation[R]. NSN 7540 – 01 – 280 – 5500, 2004.

[10] 林书玉．超声换能器的原理及设计[M]．北京：科学出版社，2004：67 – 72.

[11] A. G. Glendinning, P. A. Nelson, S. J. Elliott. Experiments on a compressed air loudspeaker[J]. Journal of Sound and Vibration, 1990, 138(3): 479 – 491.

[12] R. G. Berndt. Actuation for rotating stall control of high speed axial compressors[D]. Massachusetts Institute of Technolody, 1995.

[13] D. Mattern, A Karl Owen. A voice voil actuated air valve for use in compressor forced response testing[R]. SPIE, 1995: 215 – 223.

[14] 席葆树．阻挡射流扬声器:92102274. 3. [P]. 1992.

[15] 席葆树．一种用于语音广播的高频气流扬声器:200710064137. 3. [P]. 2007.

[16] 吴建新，白春华，等．低频强声气动发声器中阀门的设计计算及研制[J]．应用声学，2006(25)：19 – 23.

[17] 白春华，吴建新，等．气动阀门发声器特性分析[J]．北京理工大学学报，2006(26)：677 – 680.

[18] W. A. Meyer. Theoretical analysis of the performance of an air-modulated speaker[J]. J. Acoustic. Soc. Am., 1969, 45(4): 957 – 965.

[19] 马大猷．调制气流声源的原理[J]．物理学报，1974，23(1)：17 – 25.

[20] W. K. Blake. Mechanics of flow-induced sound and vibration [M]. Orlando: Academic Press, 1986: 130 – 218.

[21] M. J. Lighthill. On sound generated aerodynamically – I, general theory[J]. Proc. Roy. Soc., 1952, 211: 564 – 587.

[22] H. G. Davies, J. E. F. Williams. Aerodynamic sound generation in

pipe[J]. J. Fluid Mech, 1968, 32(4): 765 - 778.

[23] C. H. Shadle. The acoustics of fricative consonants[R]. MIT, Cambridge, RLE Technical Report, 1986.

[24] K. N. Stevens. Acoustic phonetics[M]. Cambrige, Massachusetts: The MIT Press, 1998.

[25] V. H. Harper. Respiratory tract acoustical modeling and measurements[D]. Purdue University, West Lafayette, 2000.

[26] F. C. Johansen. Flow through pipe orifices at low Reynolds numbers[J]. Pro. Roy. Soc. A,1930,126(801): 231 -245.

[27] G. S. Beavers, T. A. Wilson. Vortex growth in jets[J]. J. Fluid Mech., 1970, 44: 97 -112.

[28] Z. Zhang, L. Mongeau, S. H. Frankel, et al. Sound generation by steady flow through glottis-shaped orifices[J]. J. Acoustic. Soc. Am., 2004, 116: 1720 - 1728.

[29] J. Weidemann. Analysis of the relations between acoustic and aerodynamic parameters for a series of dimensionally similar centrifugal fan rotors[J]. NASA Technical Translation, 1971, TT F - 13, 798.

[30] M. Bartenwerfer, R. Agnon, T. Gikadi. An experimental investigation on noise production and noise propagation in centrifugal fans[R]. DFVLR Report, DLR - FB, 1976:14 -76.

[31] L. Mongeau, D. E. Thompson and D. K. Mclaughlin. A method for characterizing aerodynamic sound sources in turbomachines[J]. Journal of Sound and Vibration, 1995, 181(3): 369 -389.

[32] F. Alipour, R. C. Scherer. Pulsatile airflow during phonation: An excised larynx model[J]. J. Acoustic. Soc. Am., 1995, 97: 1241 -1248.

[33] L. Mongeau, N. Franchek, C. H. Coker, et al. Characteristics of a pulsating jet through a small modulated orifice, with application to voice production[J]. J. Acoustic. Soc. Am., 1997, 102: 1121 -1133.

[34] Z. Zhang, L. Mongeau, S. H. Frankel. Experimental verification of the quasi-steady approximation for aerodynamics sound generation by pulsating jets in tubes[J]. J. Acoustic. Soc. Am., 2002, 112: 1652 -1663.

[35] S. M. Richard. Aeroacoustic approach to phonation[J]. J. Acoustic. Soc. Am., 1988, 83(2): 696 -704.

[36] A. Barney, C. H. Shadle, P. O. A. L. Davies. Fluid flow in a dynamic

mechanical model of the vocal folds and tract. I. measurements and theory[J]. J. Acoustic. Soc. Am., 1999, 105: 444-455.

[37] C. H. Shadle, A. Barney, P. O. A. L. Davies. Fluid flow in a dynamic mechanical model of the vocal folds and tract. II. implications for speech production stydies[J]. J. Acoustic. Soc. Am., 1999, 105: 456-466.

[38] C. J. Moore. The role of shear-layer instability waves in jet exhaust noise[J]. J. Fluid Mech., 1977, 80(part 2): 321-367.

[39] C. H. Shadle, S. J. Elliott, P. A. Nelson. Visualization of the air flowing through a dynamic model of the vocal folds [R]. ISVR Technical Report, 1987.

[40] G. C. J. Hofmans. Vortex sound in confined flows [D]. Universiteis-drukkerij, 1998.

[41] J. Dabiri, B. Kucinschi, A. Afjeh, et al. Smoke flow visualization for the flow through a symmetrical and an oblique glottis with and without the presence of the false vocal folds[R]. Optical Flow Diagnostics Laboratory, University of Toledo, 2001.

[42] M. Iguchi, H. Yamazaki, E. Yamada, et al. Velocity and turbulence intensity in a pulsating jet through a sudden expansion[J]. Trans. of the Jap. Soc. Mech. Eng., 1990, 56: 1659-1664.

[43] B. Erath. An experimental investigation of velocity fields in diverging glottal models of the human vocal tract[D]. Purdue University, 2005.

[44] M. Triep, C. Brücker, W. Schröder. High-speed PIV measurements of the flow downstream of a dynamic mechanical model of the human vocal folds[J]. Experiments in Fluids, 2005, 39: 232-245.

[45] W. Zhao, S. H. Frankel, L. Mongeau. Computational aeroacoustic of an axisymmetric jet in a variable area duct[J]. AIAA-01-2788, 2001.

[46] W. Zhao, S. H. Frankel, L. Mongeau. Numerical simulation of sound from confined pulsating axisymmetric jets[J]. AIAA Journal, 2001, 39: 1869-1874.

[47] C. Guo, R. C. Scherer. Finite element simulation of glottal flow and pressure[J]. J. Acoustic. Soc. Am., 1993, 94: 688-700.

[48] S. Slimon, D. Davis, S. Levinson, et al. Low Mach number flow through a constricted stylized vocal tract[J]. AIAA-96-1734, 1996.

[49] F. Alipour, R. C. Scherer. Pulsatile airflow during phonation: an excised

larynx model[J]. J. Acoustic. Soc. Am., 1995, 97: 1241 – 1248.

[50] W. Zhao, C. Zhang, S. H. Frankel, et al. Computational aeroacoustics of phonation, part I: numerical methods, acoustic analogy validation and effects of glottal geometry[J]. J. Acoustic. Soc. Am., 2002, 112: 2134 – 2146.

[51] C. Zhang, W. Zhao, S. H. Frankel, et al. Computational aeroacoustics of phonation, part II: effects of subglottal pressure, glottal oscillation frequency and ventricular folds[J]. J. Acoustic. Soc. Am., 2002, 112: 2147 – 2154.

[52] J. C. Webster, R. G. Klumpp. Evaluation of a modulated air-flow loudspeaker[J]. J. Acoustic. Soc. Am., 1959, 31(6): 795 – 799.

[53] D. J. Sinder. Speech synthesis using an aeroacoustic fricative model[D]. New Brunswick Rutgers: The State University of New Jersey, 1999.

[54] C. J. Chapman, A. G. Glendinning. A theoretical analysis of a compressed air loudspeaker[J]. Journal of Sound and Vibration, 1990, 138(3): 493 – 499.

[55] 戚伯钧. 一种高声强声源的研制[J]. 仪器仪表学报, 1983(1): 66 – 71.

[56] 孙洪生, 等. 调制气流声源和远程广播中语言可懂度的实验研究[J]. 声学学报, 1984(1): 39 – 46.

[57] 张扩基, 马德录. 便携式轻小气流扬声器[J]. 声学学报, 1990(2): 100 – 105.

[58] 孙洪生. 远程语言广播系统设计原理[J]. 声学学报, 1984(9): 180 – 188.

[59] 张扩基, 等. 大功率宽频带声源系统的设计和声功率测量[J]. 应用声学, 1992(3): 14 – 21.

[60] 张扩基, 等. 两千和一万声瓦电动调制气流声源[J]. 声学学报, 1982(2): 122 – 124.

第二章　调制气流声源理论分析方法

在调制气流声源（AMS）的研究工作中，从20世纪六七十年代至今，几乎所有的理论模型均延续W. A. Meyer于1969年提出的准稳态简化思想：按流动状态的不同将高速受限调制射流的物理过程划分为几个区域，在其中一些区域忽略瞬态项，将瞬态流动近似为一系列稳态流动的组合。采用准稳态假设可以极大地简化问题的求解。本章回顾了同属准稳态理论范围的Meyer严格理论[1]和马大猷近似理论[2]。作为第三章AMS数值仿真模型建立的理论准备，本章介绍了混合气动声学方法思想和分类，并重点给出了与模型建立直接相关的雷诺时均方程耦合FW－H声类比方法的相关内容。

2.1　准稳态理论

AMS的关键特性为音圈对喷口射流的调制过程。为理论分析的方便，将较复杂的三维装置结构简化为一维理论分析简图，如图2.1所示。其中的基本假设[3]为：

（1）从进气道流出的气体能不断得到气源的补给，喷口中气体近似稳定，且压力和密度已知。

（2）从喷口到喉道这一段，气流经过一个突变面，形成复杂的流场，在喷口出口等效截面3～4倍距离的区域内，同一截面上各点物理量不均匀，称为“混合区”，该区域末端截面上压力分布均匀。喷口面积是变化的，而喉道入口面积是固定的，严格地说，混合区末端的位置也是不断变化的。但为了简化问题，理论分析时一般假定混合区末端位置是固定的。

（3）声学区域的声辐射为一维行波，不考虑径向声波。

（4）由于经收缩喷口加速后气流速度较高，而在一定调制频率以下音圈振动的速度相比则要小得多，所以理论分析中将“混合区”视为稳态流动。

（5）假定整个过程中没有热交换，符合绝热方程，不考虑黏性和热传导的作用。

AMS准稳态理论模型的基本思想是：依据内流场特性将声源结构简图划

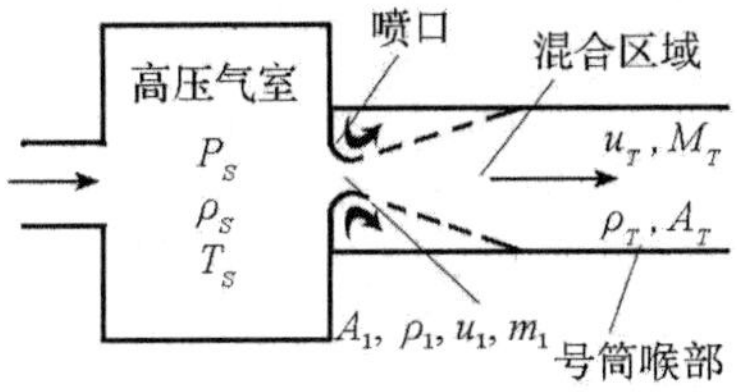

图 2.1　AMS 准稳态理论分析简图

分为喷口定常等熵加速流动区域、非等熵和非线性的定常湍流混合区域、平均流动条件下强声波扰动区域；三个区域均可由一维可压缩无黏流动的连续性方程、动量方程和等熵关系式组成的方程组描述；分析各区域特征长度、扰动频率和流动速度之间的关系，可对不同区域控制方程进行简化，并导出各区域的解析关系式；最后联立三个区域的解析式，通过气室压力和面积比的简单计算，获得声源的声压级、声功率和换能效率结果。

2.1.1　严格理论

喷口喉部调制面积以指定的方式随时间变化，由于其时变特性，贯穿于系统的流动本质上属于非稳态问题。忽略黏性和热传导，理论分析所描述的声源系统非稳态流场可由一维可压缩无黏流动的欧拉方程描述：

$$\frac{\partial \rho}{\partial t}+\frac{\partial \rho u}{\partial x}=0 \tag{2.1}$$

$$\rho\left(\frac{\partial u}{\partial t}+u\frac{\partial u}{\partial x}\right)+\frac{\partial p}{\partial x}=0 \tag{2.2}$$

$$p=C\rho^{\gamma} \tag{2.3}$$

其中 ρ 为流体密度，x 为坐标变量，t 为时间变量，u 为沿 x 方向的速度，p 为压力，γ 为比热比，C 为常数。

方程(2.1)~(2.3)是声源内三个流动区域的普适方程。由于不同区域具有不同的流动特性，在同一区域内可依据合理的假设简化普适方程。假设的基础是瞬态项 $\partial/\partial t$ 与对流项 $u \cdot \partial/\partial x$ 的量级比较。如图 2.2 所示，流体体积由截面积 A 和 x 方向的长度 L 两个特征尺寸表示，流体体积内给定物理量总的变化率等于该量随时间的变化率加上由于流入和流出体积之差产生的变化率。扰动通过该体积所需时间为 L/u，若这一时间与该物理量从极小值变化到极大值所需时间 $1/(2f)$ 相比很小，则时间项可被忽略，反之则可忽略对流项。即当 $2Lf/u \ll 1$ 时，时间项可忽略；当 $2Lf/u \gg 1$ 时，对流项可忽略。

正是基于上述分析，Meyer 将声源内流动过程划分为定常的喷口区域、定

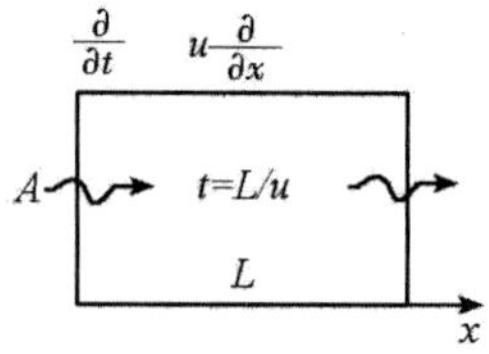

图 2.2　瞬态项 $\partial/\partial t$ 与对流项 $u\partial/\partial x$ 的量级比较

常的湍流混合区域和非定常的声学区域。表 2.1 列出了理论分析模型和射流式 AMS 装置（声源装置结构如图 3.1 所示）各区域的典型特征参数，其中 λ 为调制频率对应声波的波长，c 为声波波速。可见调制频率较低时，喷口区域和湍流混合区域的时间项可忽略。根据这一结论，以下对描述各区域流动的方程分别进行简化。

表 2.1　理论模型与实际装置流动区域中瞬态项与对流项量级比较

		L(mm)	u_{av}(m/s)	f(Hz)	$2Lf/u$
理论分析模型	喷口区域	30	150	100	0.04
	湍流混合区域	75	150	100	0.1
	声学区域	$\lambda/2$	u	f	$c/u>1$
射流式 AMS	喷口区域	40	170	100 ~ 2000	0.047 ~ 0.941
	湍流混合区域	40	340	100 ~ 2000	0.0235 ~ 0.4706
	声学区域	120	180	100 ~ 2000	0.13 ~ 2.67

喷口区域可描述为一个沿流动方向大幅加速的区域，在相对较短的距离内，流动和流体属性在数量级上经历一个大的变化。根据气室压力的不同，喷口流动可能为亚声速或声速，对于较高的声压级输出，喷口喉部流动达到临界状态。从表 2.1 中可看出，当声源工作于低频段，喷口区域中瞬态项可忽略。喷口流动简化为气体动力学中熟知的稳态等熵收缩喷管问题，喷管内流动满足绝热等熵关系式：

$$ul_l^2/2+c_pT_l=c_pT_s \tag{2.4}$$

$$u_l^2/2+\gamma p_l/[(\gamma-1)\rho_l]=c_pT_s \tag{2.5}$$

$$p_s/p_l=(1+[(\gamma-1)/2]M_l^2)^{\gamma/(\gamma-1)} \tag{2.6}$$

$$\rho_s/\rho_l=(1+[(\gamma-1)/2]M_l^2)^{1/(\gamma-1)} \tag{2.7}$$

$$T_s/T_l=1+[(\gamma-1)/2]M_l^2 \tag{2.8}$$

其中 c_p 为定压比热，M_l 为喷口喉部马赫数。临界状态下，若工作介质为空气

($\gamma=1.4$)，得到 $p_l/p_s=0.528$，$\rho_l/\rho_s=0.634$，$T_l/T_s=0.833$。已知气室状态量（下标 s），通过等熵关系式可得到喷口喉部状态量（下标 l）。

气流通过喷口喉部，形成射流进入湍流混合区域，经膨胀过程填充下游管道，形成一个相对一致的流动区域。湍流混合区域存在强烈的可压缩和黏性应力作用，尽管该区域平均轴向加速度小于喷口区域，当调制频率较低时，如表 2.1 中的数据，仍然能够忽略瞬态项。在喷口喉部状态量与混合区域末端状态量之间建立质量、动量和能量守恒关系式：

$$\dot{m}=\rho_l u_l A_l=\rho_T u_T A_T \tag{2.9}$$

$$p_l A_T+\dot{m}u_l=p_T A_T+\dot{m}u_T \tag{2.10}$$

由于喷口喉部与混合区末端之间为等截面管，对于亚声速流动和临界状态，$p_l=p_T$；若气室压力进一步增加，处于超临界流动状态时，p_l 与 p_T 两者不再相等。湍流混合区内伯努利方程沿流线成立：

$$\frac{1}{2}u^2+h=B$$

其中 h 为比焓，B 为常数，对于完全气体，有：

$$h=c_pT=c_vT+p/\rho=\frac{\gamma}{\gamma-1}\frac{p}{\rho}$$

其中 c_v 为定容比热，于是完全气体的伯努利方程可写为：

$$c_pT_s=\frac{u_l^2}{2}+\frac{\gamma}{\gamma-1}\frac{p_l}{\rho_l}=\frac{u_T^2}{2}+\frac{\gamma}{\gamma-1}\frac{p_T}{\rho_T} \tag{2.11}$$

可压缩流动中，动压与马赫数 M 及静压之间的关系式为：

$$\frac{1}{2}\rho u^2=\frac{1}{2}\rho c^2M^2=\frac{1}{2}\rho\left(\frac{\gamma p}{\rho}\right)M^2=\frac{1}{2}\gamma pM^2 \tag{2.12}$$

即对于喷口喉部，有：

$$[p/(u^2\rho)]_{l,T}=[1/(\gamma M^2)]_{l,T} \tag{2.13}$$

等式（2.10）除以（2.9），得到：

$$\frac{p_lA_T}{\rho_lu_lA_l}+u_l=\frac{p_T}{\rho_Tu_T}+u_T \tag{2.14}$$

将式（2.13）代入等式（2.14）左侧

$$\frac{u_lA_T}{\gamma M_l^2A_l}+u_l=\frac{p_T}{\rho_Tu_T}+u_T \tag{2.15}$$

两侧除以 $(c_pT_s)^{1/2}p_s$，并定义无量纲速度比 $\tilde{u}=u/(c_pT_s)^{1/2}$ 和无量纲压力比 $\tilde{p}=p/p_s$，得到：

$$\tilde{u}_l\tilde{u}_T\left(\frac{1}{\gamma M_l^2}\frac{A_T}{A_l}+1\right)-\tilde{u}_T^2=\tilde{p}_T\frac{p_s}{\rho_Tc_pT_s} \tag{2.16}$$

保留（2.11）式左侧与右侧项，两侧除以 c_pT_s，（2.13）式代入右侧第 2 项，得到：

$$\frac{\tilde{u}_T^2}{2}+\frac{\gamma}{\gamma-1}p_s\frac{\tilde{p}_T}{\rho_Tc_pT_s}=1 \tag{2.17}$$

消除等式（2.16）和（2.17）中的压力项，得到：

$$\frac{A_T}{A_l}=\left\{\left[\left(\frac{\gamma-1}{\gamma}+\frac{\gamma+1}{2\gamma}\tilde{u}_T^2\right)\Big/\tilde{u}_l\tilde{u}_T\right]-1\right\}\gamma M_l^2 \tag{2.18}$$

使用等式（2.9）从等式（2.17）中消去 ρ_T，得到：

$$\frac{\tilde{u}_T^2}{2}+\frac{\gamma}{\gamma-1}\frac{p_s}{c_pT_s}\frac{\tilde{p}_Tu_TA_T}{\rho_lu_lA_l}=1 \tag{2.19}$$

等式（2.11）应用于气室中的状态量，得到：

$$\rho_s=\frac{\gamma}{\gamma-1}\frac{p_s}{c_pT_s} \tag{2.20}$$

将其代入等式（2.19），得到：

$$\tilde{p}_T=\frac{1-\frac{1}{2}\tilde{u}_T^2}{\tilde{u}_T}\frac{A_l}{A_T}\left(\frac{\rho_l\tilde{u}_l}{\rho_S}\right) \tag{2.21}$$

由等式（2.5）可得到：

$$\tilde{u}_l^2=2-2\frac{\gamma}{c_pT_s(\gamma-1)}\frac{p_l}{\rho_l} \tag{2.22}$$

再次应用等式（2.13），得到：

$$\tilde{u}_l^2=2-2\frac{1}{M_l^2(\gamma-1)}\tilde{u}_l^2\text{，即 }\tilde{u}_l=\left(\frac{1}{2}+\frac{1}{M_l^2(\gamma-1)}\right)^{-1/2} \tag{2.23}$$

将（2.23）式代入（2.18）和（2.21）式，从中消去 $\tilde{u}_l$，得到：

$$\frac{A_T}{A_l}=\left\{\left[\left(\frac{\gamma-1}{\gamma}+\frac{\gamma+1}{2\gamma}\tilde{u}_T^2\right)\left(\frac{1}{2}+\frac{1}{M_l^2(\gamma-1)}\right)^{1/2}\Big/\tilde{u}_T\right]-1\right\}\gamma M_l^2 \tag{2.24}$$

$$\tilde{p}_T=\frac{1-\frac{1}{2}\tilde{u}_T^2}{\tilde{u}_T}\frac{A_l}{A_T}\frac{\rho_l}{\rho_S}\left(\frac{1}{2}+\frac{1}{M_l^2(\gamma-1)}\right)^{-1/2} \tag{2.25}$$

将（2.7）式代入（2.25）式，消去 ρ_s/ρ_l，得到：

$$\tilde{p}_T=\frac{1-\frac{1}{2}\tilde{u}_T^2}{\tilde{u}_T}\frac{A_l}{A_T}\frac{1}{(1+[(\gamma-1)/2]M_l^2)^{1/(\gamma-1)}}\left(\frac{1}{2}+\frac{1}{M_l^2(\gamma-1)}\right)^{-1/2} \tag{2.26}$$

对于声速喷口情况，等式（2.24）简化为：

$$\frac{A_T}{A_l}=\left\{\left[\left(\frac{\gamma-1}{\gamma}+\frac{\gamma+1}{2\gamma}\tilde{u}_T^2\right)\left(\frac{1}{2}+\frac{1}{\gamma-1}\right)^{1/2}\Big/\tilde{u}_T\right]-1\right\}\gamma \tag{2.27}$$

等式（2.26）简化为：

$$\tilde{p}_T=0.366\,\frac{1-\frac{1}{2}\tilde{u}_T^2}{\tilde{u}_T}\,\frac{A_l}{A_T} \tag{2.28}$$

于是，等式(2.24)和(2.26)描述了一般条件下调制面积比 A_T/A_l、无量纲压力 $\tilde{p}_T$ 与无量纲速度 $\tilde{u}_T$ 之间的关系（所谓声源气流速度－压力特性曲线或阻抗关系式），其中喷口出口马赫数 M_l 为未知量。等式(2.27)和(2.28)则描述了喷口为临界状态下的特例。仅有湍流混合区域的解，对于整个调制射流问题的求解是不够的，因为最终希望得到的是 p_T 与 A_l 之间的关系。这一关系包含在气流速度－压力特性曲线中（p_S 和 A_T 对于具体问题来说是已知量），但是由于 $\tilde{u}_T$ 随 p_T 或 A_l 的变化情况未知，所以以上结果必须与湍流混合区域下游的非定常声学区域中的声波解，即 p_T 和 u_T 之间的关系相结合起来。

在声学区域，轴向加速度不再占据主宰地位，高声压级情况下，粒子速度与声速在同一数量级上，时间项和对流项都必须保留，即必须以欧拉方程(2.1)～(2.3)为出发点进行讨论。在欧拉方程中，变量 ρ、p 和 u 是非独立的变量，它们是变量 x 和 t 的函数。而这里实际上仅对 p 与 u 间的关系感兴趣，而不关心两者具体的函数形式，这可以对声波方程的求解做较大的简化。为了达到这个目的，令 p 与 ρ 为 u 的函数，物理量对 x 和 t 导数可以写为：

$$\frac{\partial}{\partial x}=\frac{\partial u}{\partial x}\frac{\mathrm{d}}{\mathrm{d}u},\quad \frac{\partial}{\partial t}=\frac{\partial u}{\partial t}\frac{\mathrm{d}}{\mathrm{d}u} \tag{2.29}$$

将（2.29）式代入等式（2.1）和（2.2），得到以下结果：

$$\frac{\mathrm{d}\rho}{\mathrm{d}u}\frac{\partial u}{\partial t}+\frac{\mathrm{d}\rho u}{\mathrm{d}u}\frac{\partial u}{\partial x}=0 \tag{2.30}$$

$$\rho\frac{\partial u}{\partial t}+\left(\rho u+\frac{\mathrm{d}p}{\mathrm{d}u}\right)\frac{\partial u}{\partial x}=0 \tag{2.31}$$

重新整理(2.30)和(2.31)式，得到：

$$\left[\rho\frac{\mathrm{d}\rho u}{\mathrm{d}u}-\left(\rho u+\frac{\mathrm{d}p}{\mathrm{d}u}\right)\frac{\mathrm{d}\rho}{\mathrm{d}u}\right]\frac{\partial u}{\partial x}=0 \tag{2.32}$$

$$\left[\rho\frac{\mathrm{d}\rho u}{\mathrm{d}u}-\left(\rho u+\frac{\mathrm{d}p}{\mathrm{d}u}\right)\frac{\mathrm{d}\rho}{\mathrm{d}u}\right]\frac{\partial u}{\partial t}=0 \tag{2.33}$$

由于 $\partial u/\partial x$ 和 $\partial u/\partial t$ 两项不恒等于 0，所以：

$$\rho\frac{\mathrm{d}\rho u}{\mathrm{d}u}-\left(\rho u+\frac{\mathrm{d}p}{\mathrm{d}u}\right)\frac{\mathrm{d}\rho}{\mathrm{d}u}=0\quad 或\quad \rho^2-\frac{\mathrm{d}p}{\mathrm{d}u}\frac{\mathrm{d}\rho}{\mathrm{d}u}=0 \tag{2.34}$$

将等熵关系式 $p = C\rho^{\gamma}$（C 为常数）代入等式(2.34)中并积分，得到：

$$p_T^{(\gamma-1)/2\gamma} = \pm\frac{\gamma-1}{2}u_T\left(\frac{\bar{\rho}_T}{\gamma\bar{p}_T^{1/\gamma}}\right)^{1/2} + D \tag{2.35}$$

其中 D 为积分常数，选择积分常数使湍流混合区域与声学区域之间的分界面满足等式（2.35），并且考虑到所求解是一个沿 x 轴正向传播的波，等式(2.35)简化为：

$$\frac{p_T}{\bar{p}_T} = \left[1+\frac{\gamma-1}{2}\left(\frac{u_T}{c_0}-\bar{M}_T\right)\right]^{2\gamma/(\gamma-1)} \quad 或 \quad \frac{u_T}{c_0} = \frac{2}{\gamma-1}\left[\left(\frac{p_T}{\bar{p}_T}\right)^{(\gamma-1)/(2\gamma)} - 1\right] \tag{2.36}$$

其中（$\overline{\ \ }$）表示喷口半开时对应的物理量。等式（2.36）给出了所需的声场区域中压力与速度之间的关系。对于小扰动和没有平均流动的情况，这一结果退化为众所周知的一维行波速度和声压关系式。

如前文所述，联立气流声源速度－压力特性曲线和等式（2.36），可由给定的声源参数和平均流参数得到压力随喷口喉部面积而变化的数值，并进而求出喇叭喉部的声压级。在此之前，必须将等式（2.36）无量纲化。

$$p_T/\bar{p}_T = (p_T/p_S)(p_S/\bar{p}_T) \tag{2.37}$$

$$u_T/c_0 = \tilde{u}_T\,(c_pT_S)^{1/2}/c_0 \tag{2.38}$$

$$\bar{M}_T = \bar{u}_T/c_0 = \tilde{\bar{u}}_T\,(c_pT_S)^{1/2}/c_0 \tag{2.39}$$

将等式(2.37)～(2.39)代入(2.36)式，同时引入(2.23)式，得到：

$$c/(c_pT_S)^{1/2} = \left[(\gamma-1)\left(1-\frac{1}{2}\tilde{\bar{u}}_T^2\right)\right]^{1/2} \tag{2.40}$$

在这一等式中，对于给定的工作状态，$\bar{p}_T/p_S$ 和 $\bar{A}_l/A_T$ 两者的值已确定，可由速度－压力特性曲线得出 $\tilde{\bar{u}}_T^2$。

最后，由特性曲线(2.24)和(2.26)，或者(2.27)和(2.28)与归一化的辐射条件(2.40)一起构成了准稳态理论的基本方程，求解后就可对声源性能进行预测。然而实际声源装置的计算中，在选择 $\bar{p}_T$ 与 $\bar{A}_l$ 的值时遇到了某些困难：除非 p_T 与 A_l 关系为线性（一般都不成立），喷口半开时的压力 $\bar{p}_T$ 并不等于声源出口压力的时间平均值；$\bar{A}_l$ 应取等效喷口喉部面积的平均值，由于喷口射流的收缩特性，该值也不等于喷口半开时的出口面积。因此，在严格意义上如果单纯依靠准稳态理论，参数选取的人工干预将会对预测结果的准确性产生影响。

2.1.2 近似理论

Meyer 严格理论的优点是物理概念清晰，但是它的导出和实现比较复杂。

为了更方便于设计中使用，基于类似的流场区域划分和假设，马大猷先生提出了近似理论分析方法，简化了声源辐射特性的求解，导出了便于工程应用的声压级、声功率和换能效率计算公式。近似理论中速度－压力特性曲线的计算和声学区域 $p-u$ 关系式的导出部分，与 Mayer 理论大同小异。本节主要回顾其对严格理论的近似结果，这些结果的价值在于，容易通过它们得到与声源性能相关的一般性规律。

假定声源辐射功率主要由基频决定，谐波以二次谐波为主。由能量关系式（2.11）可得：

$$\frac{u_T^2}{2}+\frac{\gamma p_T}{(\gamma-1)\ \rho_T}=\frac{\gamma+1}{\gamma-1}\frac{u_l^2}{2}，即\left(\frac{u_T}{u_l}\right)^2+\frac{2\gamma p_T}{(\gamma-1)\ \rho_T u_l^2}=\frac{\gamma+1}{\gamma-1} \tag{2.41}$$

当$(u_T/u_l)^2 \ll (\gamma+1)/(\gamma-1)|_{\gamma=1.4}=6$，（2.41）式中可忽略该项，得到：

$$\frac{2\gamma p_T}{(\gamma-1)\ \rho_T 2/(\gamma+1)c_S^2}=\frac{\gamma+1}{\gamma-1}，即\frac{p_T}{\rho_T}=\frac{p_S}{\rho_S} \tag{2.42}$$

由质量守恒定律(2.9)，可将等式(2.42)写为：

$$\frac{p_T}{p_S}\cdot\frac{u_T}{u_l}\cdot\frac{A_T}{A_l}=\frac{\rho_l}{\rho_S}\cdot\frac{u_l}{u_l} \tag{2.43}$$

在气流声源动态工作过程中，（2.43）式右方接近于常数（喷口出口流动为声速时该常数等于 0.634）。将声学区域物理量分解为静态值和变值部分：

$$p_T=\bar{p}_T+p_T',\quad u_T=\bar{u}_T+u_T',\quad A_l=\bar{A}_l+a_l \tag{2.44}$$

于是动态量的关系可求得为：

$$\left(1+\frac{u_T'}{\bar{u}_T}\right)\left(1+\frac{p_T'}{\bar{p}_T}\right)\approx 1+\frac{a_l}{\bar{A}_l} \tag{2.45}$$

将(2.36)式代入(2.45)式，消去其中 u_T 并只取二阶量，得到声源输出声压值的近似结果：

$$\frac{p_T'}{\bar{p}_T}\approx\frac{1}{1+K}\cdot\frac{a_l}{\bar{A}_l}-\frac{4}{7}\cdot\frac{K}{(1+K)^3}\cdot\left(\frac{a_l}{\bar{A}_l}\right)^2 \tag{2.46}$$

其中 $K=c_0/(1.4\bar{u}_T)$，而 $c_0/\bar{u}_T$ 可由（2.39）式给出。实际计算表明，近似理论得到的基频结果较好，高次谐波和谐波比则误差较大。若喷口出口面积的变化满足正弦函数，且只取声压值的基频分量，可得到声强 I 计算公式：

$$W/A_T=I=\frac{p_{2T}'}{2\rho_0 c_0}=\frac{\alpha^2\bar{p}_T^2}{2\rho_0 c_0\ (1+K)^2} \tag{2.47}$$

其中下标为 0 的量为环境状态量，α 为调制度（满调制时等于 1），W 为声功率。

2.1.3 气流产额和换能效率

临界状态下，可参考标准状态下壅塞流量（单位 m^3s^{-1}）公式：

$$V_0=\frac{1}{\rho_0}\left(\frac{2}{\gamma+1}\right)^{\frac{\gamma+1}{2(\gamma-1)}}(\gamma p_S\rho_S)^{\frac{1}{2}}\bar{A}_l \tag{2.48}$$

气室压力已知，高压气体密度 ρ_S 可由理想气体状态方程得到。等熵压缩气流功率 W_0 定义为从标准大气压 P_0 等熵压缩空气到 p_S 所需能量，可由(2.49)式计算：

$$W_0=\frac{\gamma}{\gamma-1}P_0V_0\left[\left(\frac{p_S}{P_0}\right)^{\frac{\gamma-1}{\gamma}}-1\right] \tag{2.49}$$

最大气流产额 Y（单位 W/m^3s^{-1}），定义为满调制（$\alpha=1$）条件下单位体积气流产生的声功率，等于声功率除以标准大气环境下气流流量，于是有最大气流产额：

$$Y=W/V_0=\frac{\dfrac{P_0^2}{2\rho_0c_0(1+K)^2}\cdot A_T}{\dfrac{1}{\rho_0}\left(\dfrac{2}{\gamma+1}\right)^{\frac{\gamma+1}{2(\gamma-1)}}(\gamma p_S\rho_S)^{1/2}\bar{A}_l}=\frac{P_0^2}{2c_0\left(\dfrac{2}{\gamma+1}\right)^{\frac{\gamma+1}{2(\gamma-1)}}(1+K)^2(\gamma p_S\rho_S)^{\frac{1}{2}}}\cdot\frac{A_T}{\bar{A}_l} \tag{2.50}$$

其中可取环境压力 $P_0=1.01\times10^5\text{Pa}$。气流声源换能效率等于最大声功率（$\alpha=1$）除以气流功率，得到换能效率公式：

$$\eta=W/W_0=\frac{\dfrac{\bar{p}_T^2}{2\rho_0c_0(1+K)^2}}{\dfrac{\gamma}{\gamma-1}\dfrac{P_0}{\rho_0}\left[\left(\dfrac{p_S}{P_0}\right)^{\frac{\gamma-1}{\gamma}}-1\right]\left(\dfrac{2}{\gamma+1}\right)^{\frac{\gamma+1}{2(\gamma-1)}}(\gamma p_S\rho_S)^{\frac{1}{2}}}\cdot\frac{A_T}{\bar{A}_l} \tag{2.51}$$

取工作介质为空气，$\gamma=1.4$，$\rho_0=1.29\text{kg/m}^3$，$c_0=331.45\text{m/s}$，且令 $\bar{p}_T=P_0$，等式(2.50)和(2.51)可化简为近似理论中给出的最大气流产额和最大效率公式：

$$Y=W/V_0\approx\frac{10^6}{16(1+K)^2}\cdot\left(\frac{P_0}{p_S}\right)^{\frac{6}{7}}\cdot\frac{A_T}{\bar{A}_l} \tag{2.52}$$

$$\eta=W/W_0=\frac{1}{5.6}(1+K)^{-2}\left(\frac{P_0}{p_S}\right)^{\frac{6}{7}}\left[\left(\frac{p_S}{P_0}\right)^{\frac{2}{7}}-1\right]^{-1}\frac{A_T}{\bar{A}_l} \tag{2.53}$$

2.1.4　准稳态理论实现

由前面两节的理论模型可知，模型的输入参数包括：气室状态参数 p_S，ρ_S，c_S；喷口面积随时间的变化 $A_l(t)$；声学区域截面积 A_T 和临界速度 u_l。模型输出主要是声学区域出口声压值随 $A_l(t)$ 变化及其谐波分析结果。此外理论还给出声源的基频声强、耗气量和换能效率等性能参数。

准稳态理论基本方程的求解流程如下：

（1）指定气体绝热指数、气流特性曲线的条数和采样点数目，指定辐射条件曲线和截面比波形的采样点数目。

（2）计算并存储亚声速流动解空间（如图 2.3 所示）。

（3）计算并存储声速流动解空间（如图 2.3 所示）。

外循环开始：$\tilde{u}_T$ 取 0:0.05:$[\tilde{u}_T]_{max}$
内循环开始：M_l 取 0:0.02:0.09
计算（2.24）式，得到 A_T/A_l
计算（2.26）式，得到 $\tilde{p}_T$
内循环结束
绘制亚声速流动部分
计算（2.27）式，得到 A_T/A_l
计算（2.28）式，得到 $\tilde{p}_T$
绘制声速流动部分
外循环结束

图 2.3　数值方法绘制"速度 – 压力特性曲线"的框图

（4）搜索解空间，根据输入参数确定静态工作点。

（5）对于某个 A_l/A_T 确定的流动特性曲线，注意到其中只存在离散点，而对于给定静态工作点的情况，动载工作线方程是确定的，所以问题本质上是确定两条单调曲线的交点，其中一条为由解析式得到的曲线（记为 L_1），另一条由离散点组成（记为 L_2）。交点的确定可使用二分法（如图 2.4 所示）：取 L_2 的 p_T/p_s 为自变量序列，将此序列代入 L_1 的方程中，计算同一自变量条件下纵坐标的差值 $\Delta=(u_T/u_l)_{L_1}-(u_T/u_l)_{L_2}$，其中应有：

$$\begin{cases}\Delta \geq 0, & k=i \\ \Delta \leq 0, & k=i+1\end{cases} \tag{2.54}$$

使用二分法令自变量在$(p_T/p_S)_i$和$(p_T/p_S)_{i+1}$区间变化，直到$|\Delta_{i*+1}-\Delta_{i*}| \leq eps$，其中 eps 为指定的允许最大误差，于是 $i*$ 对应的 p_T/p_S 和 u_T/u_l 值即是待求交点。

(6)对不同的 A_l/A_T 循环执行(5)中的过程，得到了 A_l/A_T，u_T/u_l，p_T/p_S 三值一一对应的动载解空间。二分法对离散动载解空间精度的控制更好，避免了由于采样点取值的差异而产生的误差。

(7) 得到 A_l/A_T，u_T/u_l，p_T/p_S 三值一一对应的动载解空间后，给出截面比时域信号，就可以通过插值方法得到声压和气流流速的时域波形。

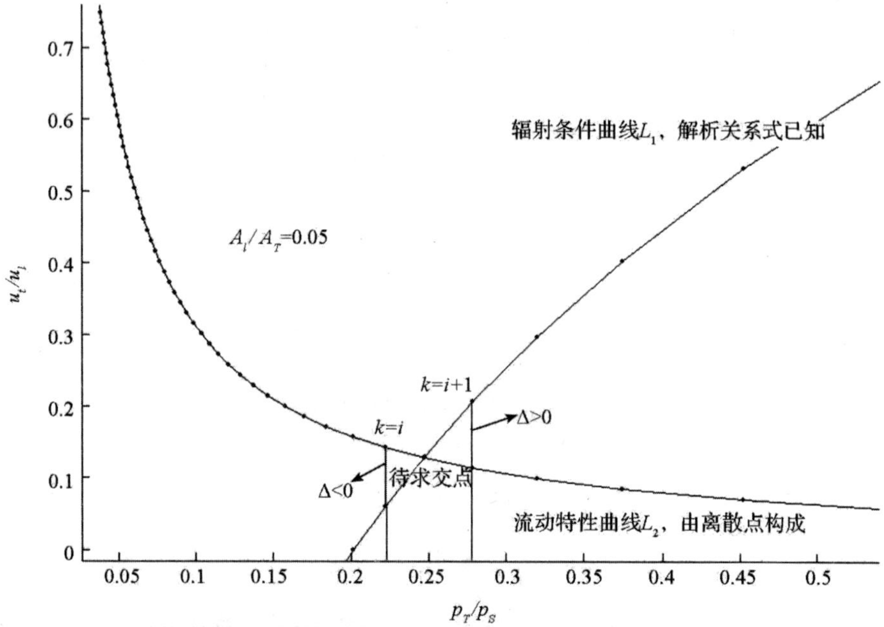

图 2.4　二分法确定动载荷解空间中的交点

2.1.5　计算结果和结论

图 2.5 为典型工况条件下，正弦满调制得到的声学区域入口速度和声压的时域波形，与调制面积的变化相比较，声压和速度值的正负半周并不对称，可知声波在产生过程中波形失真已经比较明显。

改变工况参数，计算可知声压值随湍流混合区末端与气室的压力比 p_T/p_S

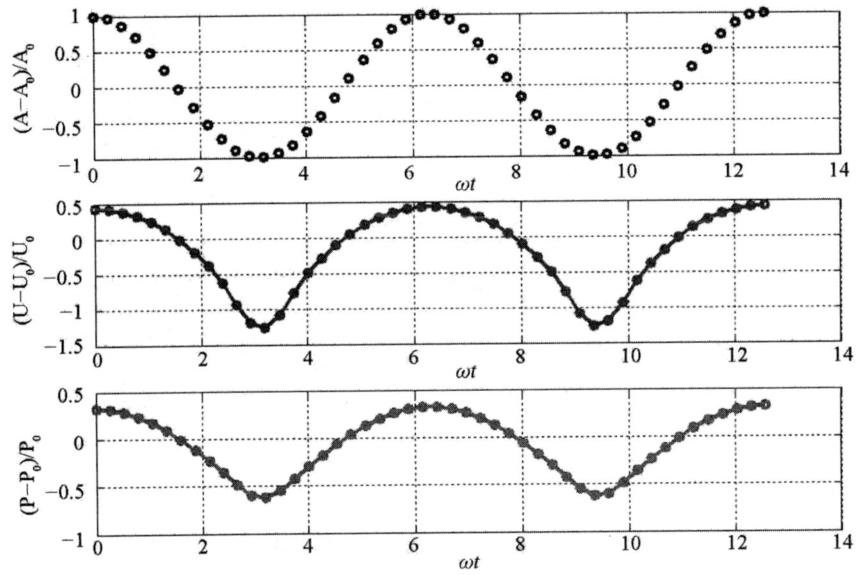

图 2.5　正弦调制条件下准稳态理论给出的声压级和速度波形

的增加而降低，声压值随喷口面积比 A_l/A_T 的增加而增加，但增加率是渐减的。在图 2.6 中，可见气流产额随压力比的增加而降低，而换能效率则随压力比的增加而增加。$p_T/p_S<0.2$MPa（表压 0.4MPa）或面积比增加到 0.3MPa 以上，基频声功率增加就有限了，此时气流功率向谐波能量转化的增加很快。当通过声源的压力比增加，即声压值降低时，对于较小面积比的情况有一个相对迅速的效率增加过程，特别是在亚声速射流调制时，换能效率随压力比的增加而加速增长。需要注意的是，由于准稳态假设的限制，不应在亚声速情况下外推过远。

对于同样的输出声功率，低压声源的特点是效率高而需要的流量大，因此声源构造比较庞大；高压声源气流产额高，结构紧凑，但是换能效率较低。气室压力为 0.3MPa 左右时，气流产额 Y 和换能效率 η 均随 A_l/A_T 的增加而增加；但 A_l/A_T 超过 0.3～0.4MPa 时，两者均接近饱和，基频输出功率增加有限而波形畸变迅速增加。气室压力过高时（$p_T/p_S<0.2$MPa），面积比的增加反而使 Y 和 η 降低，原因是此时基频声功率已接近饱和，而流量 V_0 和气流功率 W_0 则随 A_l/A_T 的增加而迅速增加。

气室压力较高情况下，给定压力比 p_T/p_S，计算气流产额 Y 和换能效率 η 随面积比 A_l/A_T 的变化，如图 2.7 所示。气室压力较高时，给定压力比的条件下，A_l/A_T 有一最佳值，此时可在局部通过极小的调制获得较大的声功率输

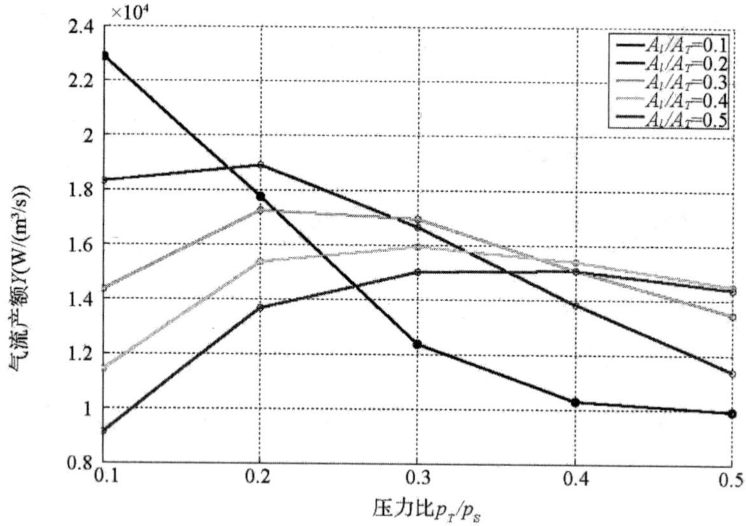

（a）Y 随压力比和面积比的变化

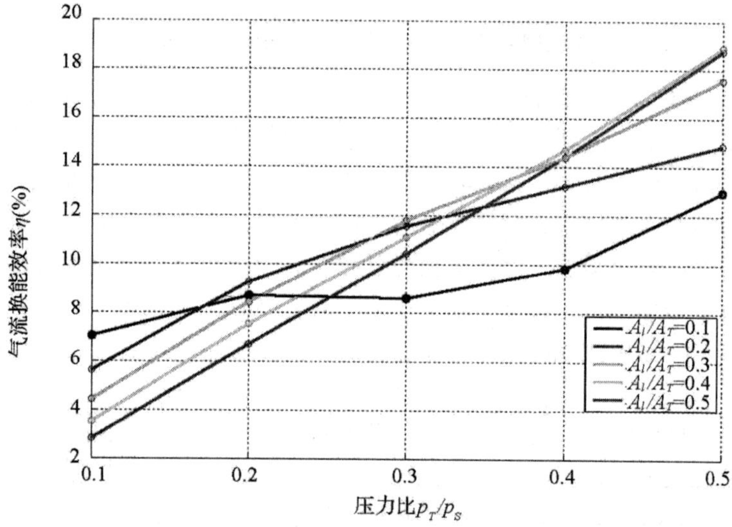

（b）η 随压力比和面积比的变化

图 2.6　气流产额 Y 和换能效率 η 随压力比 p_T/p_S 和面积比 A_l/A_T 的变化

出。采用这样的设计参数，能够降低对调制机构（特别是磁场强度）的要求，有利于声源装置的工程实现。

AMS 一般采用压缩空气作为工作介质，依据准稳态理论，可讨论更换不同多方气体对声源性能的影响。多方气体等熵关系式（式 2.3），对于忽略黏性和热传导情况下的非稳态问题是成立的。其中多方指数 γ 的定义为两种比热

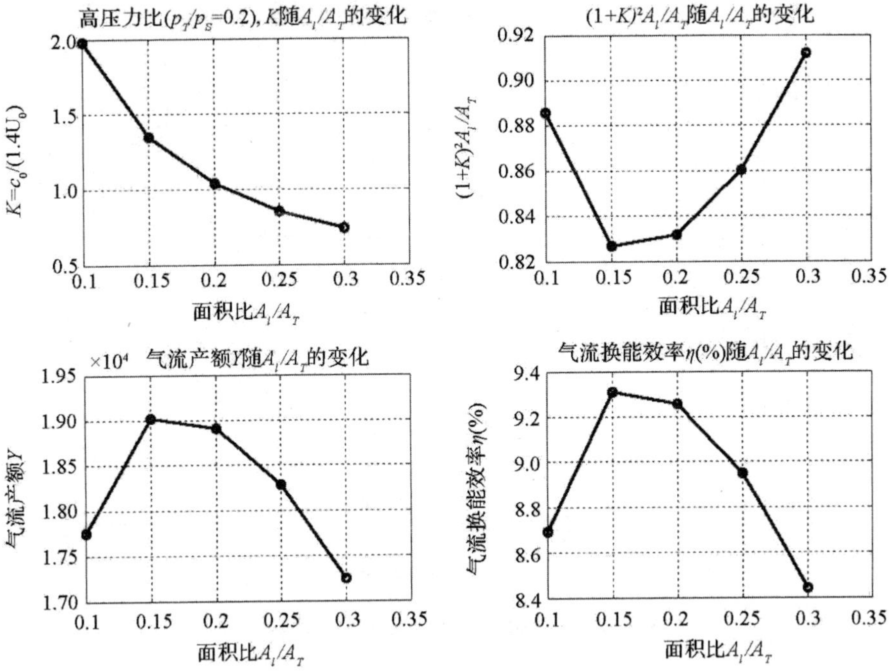

图 2.7　高压力比条件下气流产额和换能效率随面积比的变化

容之比，$\gamma = c_p/c_V = 1 + R/c_V$。统计力学和热力学给出 $\gamma = (5+l)/(3+l)$，其中 l 是气体粒子的内部自由度。对于单原子气体（如惰性气体），内部自由度 $l=0$，故 $\gamma=5/3$。对于双原子气体（如氧、氮、空气等），温度不高时有两个转动自由度，$l=2$，$\gamma=7/5$；当温度较高时，振动自由度被激发，自由度增加到 $l=4$，这时 $\gamma=9/7$。如图 2.8 所示，随着多方指数的增加，无量纲声压值的波峰值增加，波谷值下降。说明声源输出声压值随多方指数的增加而增加，即在相同压力比和面积比条件下，采用较低内部自由度的气体介质，能够提高声功率和声压级输出。

2.1.6　评价和局限性

一维准稳态理论的提出为 AMS 和旋笛等调制式气流声源提供了基本的理论研究基础，特别是 Meyer 基于瞬态项和对流项的比较对调制射流问题的简化是极富创造性的。20 世纪五六十年代，对气体动力学、非线性声学和气动声学的研究成果和工具远远没有目前丰富，而研究所涉及的非稳态流动、换能机理和强声场预测等一系列问题即使当前看来仍然是比较复杂的。准稳态理论没

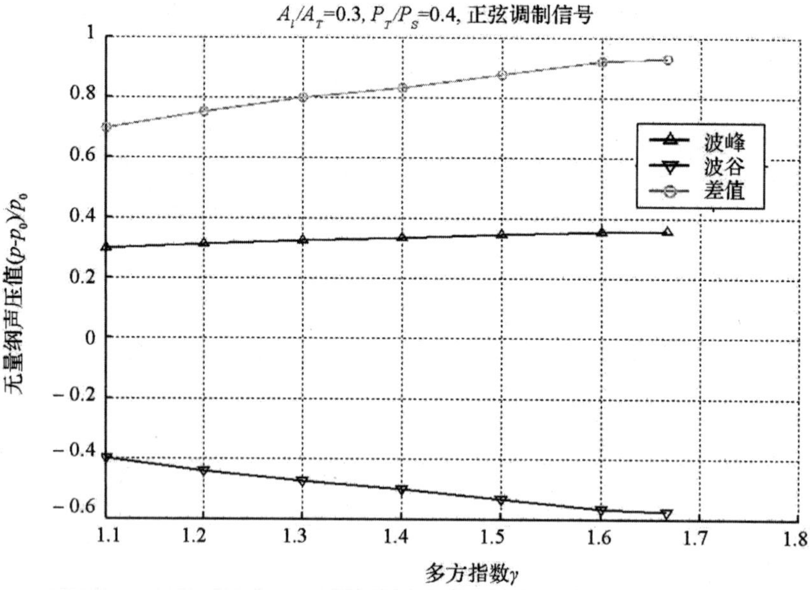

图 2.8　无量纲声压值与多方指数间的关系

有拘泥于复杂的流场结构和多样化的换能机理，而是集中分析了与流量变化率相关的单极子源，因而能得到清晰的解析解，从而对调制式声源的发展产生了重要推动作用。

然而在另一方面，为了获得理论解，所做的前提假设无疑忽略了一些重要的物理特性，因而理论的适用范围本质上不可避免地具有一些局限性，包括以下几点。

（1）未考虑声源内气动系统的具体形状，理论分析简图不能充分反映 AMS 装置的具体结构特征。例如：理论模型本身是一维的，喷口喉部与混合区末端之间为等截面管的假设一般不成立，调制过程中一些额外的气流通道会带来引射流量或气体泄漏；在声学区域管道截面急剧变化，使等效喷口喉部面积等关键的模型输入参数难以确定，喷口半开时静压值的选取也可能存在人工干预。这些因素最终难以将一维准稳态理论应用于实际声源装置的具体结构设计。

（2）未考虑流动细节，例如流动分离。

（3）准稳态假设将带来高频和低速流动条件下预测结果的偏差。

（4）从工作介质角度，仅考虑了多方气体，等熵假设会引入误差，黏性和热传导作用也可能对换能机理产生重要影响。

（5）声波产生机理的单一性，模型假定声源为脉动声源，也就是仅考虑了单极子声源。

（6）理论是与频率无关的，如前文所述，一些研究生物发声机理的文献指出，即使在不可压流动假设下，这一假设也是不成立的。

（7）考虑前文提到的强声源声功率评估的困难，理论对声功率的计算按照线形声学方式也是不尽合理的。

（8）从应用角度来看，人们比较关心声源的声场特性，而准稳态理论未考虑强声波的辐射过程。

事实上，Meyer 在其论文中已经认识到一维理论的部分局限性，其推荐的适用频率范围是号筒截止频率以上、100 ~300Hz 以下，认为使用特性曲线声速线以下的理论数据时，需进行谨慎的验证。然而，近三十多年来未见有人进一步完善上述理论，调制式气流声源的进一步发展需要新的理论方法和工程技术途径。

按照气动声学观点，声源内部瞬态流动过程是复杂的。静压值和速度量级等关键物理量在内气动系统中的分布和演化过程与调制频率紧密相关，所以仅通过等效单极子源描述很可能是不充分的。另一方面，由于产生的声压级较高，近距离声场的传播应考虑非线性作用。因此，声源的复杂性和近距离声场传播的非线性使通过单纯的理论方法预测实际装置的辐射声场存在较大困难。

2.2　混合气动声学建模方法

气流声源研究本质上属于气动声学研究范畴，气动声学是气动力学和声学的交叉学科，它区别于经典声学的特点是声源来自气流的流动。气动声学问题的控制方程本质上仍是流体力学方程组[4]，莱特希尔[5]首先（1952）将可压缩 N－S 方程改写为右侧是等价声源项的非均匀线性声波方程。1955 年科尔[6]进一步发展了声类比理论，源项中包含四极子和偶极子。1969 年，著名学者 Ffowcs-Williams 和 Hawkings[7]引入泛函概念，通过考虑绕封闭运动控制面的气动力学过程导出固壁条件下的声源项，提出了更为一般化的 FW－H 方程。经典气动声学理论指出，非稳态流动与固定或移动表面的相互作用可等效为静止介质中分布的单极子、偶极子、旋转偶极子和四极子源的辐射。

20 世纪 80 至 90 年代以来，一方面由于工程应用需求的推动，例如航空降噪、管道流体声学和人的发声机理等问题，另一方面随着计算流体力学（CFD）的逐渐成熟和气动声学理论的逐步完善，计算气动声学[8－9]（CAA，Computational Aeroacoustics）作为一门年轻的学科发展迅速。例如欧盟在该领域启动了两个较大的研究项目[8]：ALESSIA（Application of LES to the Solution of Industri Al problems）主要研究将大涡模拟应用于求解工程气动声学问题，WISSLE（Flow Induced Sound Simulation and Evaluation）重点研究流动致声的模拟和预测。工程中的气动声学问题一般可分为外气动声学和内气动声学两类，前者例如尾流中的四极子分布、飞机起落架表面偶极子强度的分布、高速汽车后视镜噪声的形成（类似于风掠过高山形成低频声源的机理）等，后者包括汽车空调系统、航空发动机噪声和人的发声机理等。

在气动声学问题中，流动所固有的瞬态特性使问题的求解难度高于一般的气动力学问题。声场与流场区域在能量、时间、几何尺度等方面存在较大差距，如果将气动力学中一般的 CFD 算法同时应用于流场和声场的计算，将需要大量的计算资源，而且流场扰动求解的数值噪声很可能完全淹没声信号。此外，声场计算对数值离散误差和边界条件具有特殊的要求。由于这些方面的原因，早期将 CFD 算法直接应用于气动声学问题后得到的效果并不令人满意。为此，人们引入了混合气动声学模拟方法。其基本思想是将整个计算区域划分为两个或更多的部分，一部分称为气动近场，描述声波的非线性产生，其余描述声波的传播。于是 N-S 方程的求解被局限在较小的范围内，流动诱发的声学远场通过积分方法或线化欧拉方程的求解获得。近年来，混合气动声学方法在国外被成功应用于汽车 HVAC 系统噪声[10]、航空降噪（机身、起落架和喷流噪声）、风机噪声[11]等工程问题中的远场气动噪声预测[12]。一些气动声学模拟工具被开发应用于在设计阶段预测噪声和以降噪为目标的优化设计。

图 2.9 给出了混合气动声学计算方法的分类[13]，整个计算区域由动态声源区域、含扰动的非均匀流动区和均匀流动的外部区域组成，不同区域由不同的数学方程描述。混合气动声学方法将声传播与声波产生过程解耦，允许将声场的分析与流动求解过程相分离。近场流动的求解可通过直接数值模拟（DNS）、大涡模拟（LES）、分离涡（DES）和雷诺时均方程（RANS）等多种方法，而声场的分析一般基于积分方法或线化欧拉方程（LEE）。其中积分方法又可分为声类比、Kirchhoff 积分、可穿透 FW-H 方法，以及近期发展的适用于内气动声学问题的有限元/无限元耦合方法[14-16]。不同的流动求解和声场计算方法相耦合，构成了多种混合气动声学计算方案。工程应用中常采用 LES 耦合声类比的方案，这种搭配在计算资源消耗和结果的准确性方面达到了较好的平衡。采用 LES 求解声源区域的原因是大多数气动噪声具有宽频特性，声波的产生和流场内较宽尺度范围的湍流结构所引起的扰动相关，近场 CFD 计算需解析小尺度的涡结构。

声场分析采用的不同积分方法具有各自的适用范围。声类比方法比较简

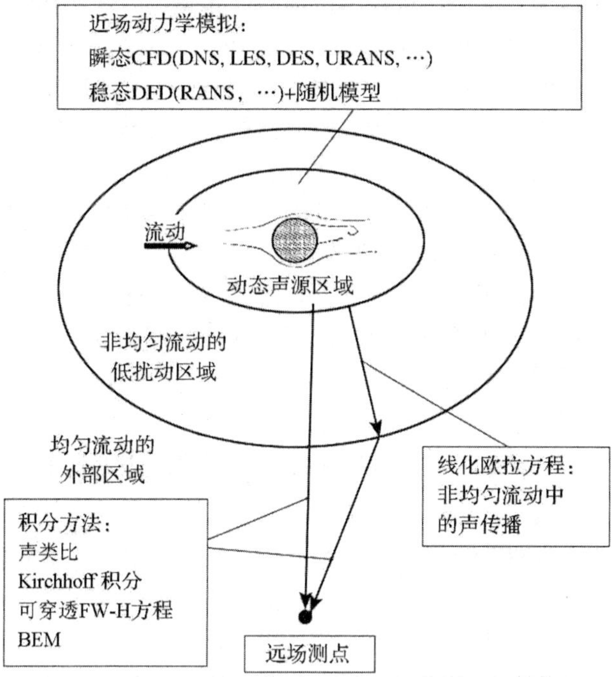

图 2.9　混合气动声学模拟方法基本思想和算法分类

单，但是它有两个主要问题：一是在不满足紧致声源假设条件下，四极子声源体积分项的计算会出现困难；二是无法考虑声传播和非均匀流场的相互作用。体积分的计算问题可通过可穿透 FW－H 方法解决。该方法要求将积分面（又称为声源面）选于可穿透表面而不是传统的固壁面，这样处理的代价是各源项失去了物理意义。若所研究问题中声场与流场的相互作用显著，则声场计算需求解线化欧拉方程（LEE）。此外，声类比方法主要用于自由空间，若问题需考虑声波衍射和散射作用，则需要通过边界元方法计算复杂几何条件下的格林函数来代替点源格林函数。

对于大功率气流声源强声场的预测，一个关键问题是积分方法用于计算非线性声场是否适用。Kirchhoff 积分假设声传播由线性声波方程控制，因而其主要局限性在于必须将控制表面置于线性区域。BRENTNER[17] 从理论上深入比较了 FW－H 方法和 Kirchhoff 积分。因为前者基于流体力学守恒方程，而不是波动方程，他认为 FW－H 方法更适合于气动声学计算，广义的非线性作用（例如非线性波形陡峭、局部声速变化、流场中冲击波、湍流和旋涡等作用）包含在 FW－H 方程的四极子源项中。因此，即使对于积分面置于非线性区域的情况，FW－H 方程仍然成立，非线性作用对气流声源产生和传播的影响仍然可以被预测。这为气流声源近距离声场的计算提供了理论基础。

综上所述，可穿透 FW－H 方法结合了声类比方法和 Kirchhoff 方法的优点，即非线性区域的适用性和消除四极子源体积分计算的复杂性。FW－H 方程通过单极子、偶极子和四极子等效声源预测声学远场，指定接收位置的声信号可由时域积分公式计算得到。该方法既可预测纯音，也可计算宽带噪声[13]。噪声的类型取决于流动的本质、采用的湍流模型以及流场求解解析的时间尺度。采用可穿透 FW－H 方法时，要求可穿透表面以内的网格足够精细。若将表面置位于固壁或声源区域中，积分计算时仍须包含体积分。随着声源面逐渐远离声源区域，体积分中的四极子部分贡献将转移至面积分项。FW－H方程中源项的意义将在下一节说明。

2.3 FW－H 声类比理论和求解方法

气动声学中，声波的产生在数学上一般通过非均匀波动方程描述，例如莱特希尔声类比方程，该方程适用于自由空间的声产生机理。自由空间的声源是莱特希尔应力张量的二阶散度，这一声源本质上是四极子源。然而当存在固体表面时，特别是固壁存在于声学近场时，声源特性会发生变化。大多数实际的气动声学问题包含移动边界或者是移动声源与边界的相互作用。FW－H 方程考虑计入了移动固体表面的作用，方程导出的基本思想是将气动力学基本方程改写为非均匀波动方程的形式，方程源项由固壁表面或声源面的气动近场描述。在已知流场条件下，可通过对各声源项的积分计算远场声场。以下简要回顾 FW－H 方程的导出过程[7]。

众所周知，流体力学基本方程组中的连续性方程和动量守恒方程如下：

$$\frac{\partial \rho}{\partial \tau}+\frac{\partial(\rho u_i)}{\partial y_i}=0 \tag{2.55}$$

$$\frac{\partial}{\partial \tau}(\rho u_i)+\frac{\partial}{\partial y_j}(\rho u_i u_j)+\frac{\partial p}{\partial y_i}-\frac{\partial \sigma_{ij}}{\partial y_j}=0 \tag{2.56}$$

其中 u_i 为速度向量分量，y_i 为坐标向量分量，τ 为时间，变量 τ 和 y_i 是相对于观察者的位置和时间，σ_{ij}为黏性应力张量。连续性方程中第一项代表密度随时间的变化率，第二项代表密度由于对流作用的变化。动量方程中的四项分别代表流动加速、流动对流、压力或法向应力、黏性或剪切应力。黏性项正比于速度梯度，在不同的流动问题中四项的相对大小不同。引入表面函数 $S(y,\tau)$描述壁面边界的几何形状，并假定 $S>0$ 表示流动区域，$S<0$ 表示流动区域以外，$S=0$ 表示固壁边界。前面的连续性方程可重写为：

$$\frac{\partial(H\rho)}{\partial\tau}+\frac{\partial(H\rho u_i)}{\partial y_i}=\rho(u_i-v_i)\delta(S)\frac{\partial S}{\partial y_i} \tag{2.57}$$

其中 v_i 为表面 S 上速度的分量。$\delta(S)$ 是 Dirac 函数，$H(S)$ 是 Heaviside 函数：

$$\delta(S)=\begin{cases}0, & S\neq 0\\ \infty, & S=0\end{cases} \text{ 且} \int_{-\infty}^{+\infty}\delta(S)\,\mathrm{d}S=1\text{，而 } H(S)=\begin{cases}0, & S<0\\ 1, & S>0\end{cases}$$

将动量方程重写为：

$$\frac{\partial}{\partial\tau}(\rho u_i)+\frac{\partial}{\partial y_j}(\rho u_i u_j+P_{ij})=0 \tag{2.58}$$

其中 $P_{ij}=p\delta_{ij}-\sigma_{ij}$ 为压力张量。同样的将表面函数引入动量守恒方程，得到：

$$\frac{\partial}{\partial\tau}(H\rho u_i)+c_0^2\frac{\partial}{\partial y_i}(H\rho')=-\frac{\partial}{\partial y_j}(H\rho u_i u_j+HP_{ij}-Hc_0^2\rho')+\left[\rho u_i(u_j-v_j)+P_{ij}\right]\delta(S)\frac{\partial S}{\partial y_j} \tag{2.59}$$

计算 $\frac{\partial}{\partial\tau}$（2.57）$-\frac{\partial}{\partial x_i}$（2.59）得到：

$$\frac{\partial^2}{\partial\tau^2}(H\rho')-c_0^2\frac{\partial}{\partial y_i^2}(H\rho')=\frac{\partial^2}{\partial y_i\partial y_j}(H\rho u_i u_j+HP_{ij}-Hc_0^2\rho')-\frac{\partial}{\partial y_i}\left[\rho u_i(u_j-v_j)+P_{ij}\right]\delta(S)\frac{\partial S}{\partial y_j}+\frac{\partial}{\partial\tau}\left[\rho(u_i-v_i)\delta(S)\frac{\partial S}{\partial y_i}\right]-\frac{\partial^2}{\partial\tau^2}(H\rho_0) \tag{2.60}$$

考虑到 $\frac{\partial H(S)}{\partial\tau}=-v_i\frac{\partial H(S)}{\partial y_i}$，等式（2.60）可重新写为 FW－H 方程：

$$\frac{\partial^2}{\partial\tau^2}(H\rho')-c_0^2\frac{\partial}{\partial y_i^2}(H\rho')=\frac{\partial^2}{\partial y_i\partial y_j}(H\rho u_i u_j+HP_{ij}-Hc_0^2\rho')-\frac{\partial}{\partial y_i}\left\{\left[\rho u_i(u_j-v_j)+P_{ij}\right]\delta(S)\frac{\partial S}{\partial y_j}\right\}+\frac{\partial}{\partial\tau}\left\{\left[\rho_0 v_i-\rho(u_i-v_i)\right]\delta(S)\frac{\partial S}{\partial y_i}\right\} \tag{2.61}$$

或者可写为一个更紧凑的形式：

$$\left\{\frac{\partial^2}{\partial\tau^2}-c_0^2\nabla^2\right\}\left[H(S)\rho'\right]=\frac{\partial^2}{\partial y_i\partial y_j}\left[T_{ij}H(S)\right]-\frac{\partial}{\partial y_i}\left[F_i\delta(S)\right]+\frac{\partial}{\partial\tau}\left[Q\delta(S)\right] \tag{2.62}$$

其中方程右侧的量由下式给出：

$$T_{ij}=\rho u_i u_j+\delta_{ij}(p_0+p'-c_0^2\rho')-\sigma_{ij} \tag{2.63}$$

$$F_i = [p\delta_{ij} - \sigma_{ij} + \rho u_i(u_j - v_j)]\frac{\partial S}{\partial y_j} \tag{2.64}$$

$$Q = [\rho_0 v_i + \rho(u_i - v_i)]\frac{\partial S}{\partial y_i} \tag{2.65}$$

在 FW－H 声类比方程（2.62）中，Q 为质量流量，F 为作用于流体的外力，T 为莱特希尔应力张量。方程右侧的源项描述了所有的流动作用：单极子源描述质量流动速率的变化，偶极子源描述作用于流体的时变外力，四极子源包含动量通量、热黏性项和湍流的作用等。单极子声源由运动固体表面的几何形状和运动形式决定，偶极子声源由作用于流体的交替振动力产生，声源面外侧的四极子体积声源描述由冲击波、湍流和旋涡、非线性波形陡峭、局部声速变化而产生的声波。对于 AMS，以上三个源项分别对应喷口喉部面积改变对流量的调制、喉道壁面时变压力存在和主流与回流之间剪切层的演化。

FW－H 方程的解中包含表面积分和体积分，表面积分代表单极子、偶极子和部分四极子源的贡献，体积分代表声源面以外区域中四极子源的贡献。当声源面封闭声源区域且流动为低亚声速时，可忽略体积分项。而当流动速度较高时，通过合理设定声源表位置也可忽略体积分项。

鉴于工程领域对气动声场预测的迫切需求，目前已有一些商业软件提供了气动声学工程算法模块，它们与前面混合气动声学分类中的部分方法相对应。

（1）直接数值模拟或大涡模拟耦合线化欧拉方程，用于解决简单几何条件下含近距离强声场与非均匀流场相互作用的问题；

（2）CFD（瞬态雷诺平均或大涡模拟）计算耦合声类比理论，用于解决自由空间的外气动声学问题，它是本书采用的算法，对应软件为 Fluent V6.0 以上版本；

（3）CFD 计算耦合波动方程求解器，用于解决含反射衍射等声学作用的内气动声学问题，对应的软件有 Fluent/CFX/Star－CD 和 Sysnoise V5.6（边界元方法）或 Actran/LA（有限元方法）；

（4）宽带噪声源模型，只需要稳态的流场计算数据，主要用于预测宽带随机噪声，这种算法也包含在 Fluent 软件中。

需要注意的是，基于前面忽略体积分项合理性的分析，Fluent 软件中的气动声学模块也忽略了四极子源体积分项的贡献。这带来了声源面位置选取方面的问题，具体的讨论见 3.2.7 节仿真模型参数选取方面的内容。

声场预测精度依赖于动态声源区域输出数据的精确程度、选取的积分公式及其数值实现方式。表 2.2 比较了不同版本相关软件中气动声学模块的特点。如果单独基于 Fluent 软件进行气动声场预测，由于无法确定声源面的合理位置，忽略体积分项的贡献可能会带来声场计算精度方面的偏差。

表 2.2　不同软件版本气动声学模块特点的比较

	软件版本	声类比理论	模块特点	声源类型
CFD + 声类比	Fluent V6.0	Lighthill's/Curle's Acoustic Analogy; NO Dynamic Mesh	由自由剪切层引起的四极子，物体表面压力变化引起的偶极子；亚声速流动	
	Fluent V6.1	Lighthill's/Curle's Acoustic Analogy; FW－H Analogy;		
	Fluent V6.2	NO Axisymmetric	忽略了体积分中四极子源；高速流动	
	Fluent V6.3	FW－H Analogy;		
CFD + 波动方程	Fluent V6.1 + Sysnoise	FW－H Analogy;		偶极子
	CFX V5.6 + Sysnoise	FW－H Analogy;		偶/四极子
	Star－CD + Sysnoise	FW－H Analogy;		偶/旋转偶/四极子

图 2.10 是 CFD 与 FW－H 声类比耦合的计算过程框图。其中瞬态流场稳定的定义是，主要流动充分发展，流动变量的统计值不随时间变化。与求解瞬态流场相比，声信号的计算对内存和计算时间的消耗是可以忽略的，因此在计算中除保存流场数据外，还需保存声源面数据，方便在后处理阶段重新使用。在 Fluent 软件中，可指定的声源表面类型包括固壁、内部表面和滑移面，可同

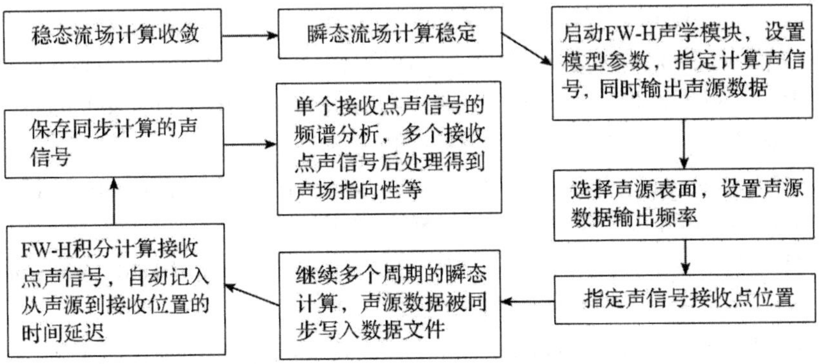

图 2.10　CFD 耦合声类比工程算法的计算流程图

时选择多个声源面以研究不同表面的贡献。在选择多个声源面时，须保证某一声源面未包含其他面，避免声源面的贡献被重复计算。

图 2. 11 是 CFD 与波动方程耦合求解的过程。对于该算法，因为声场计算一般在频域进行，在将声源面流场数据导入到波动方程求解器中时，需要完成数据从流场网格到声场网格的插值和从时域到频域的变换。

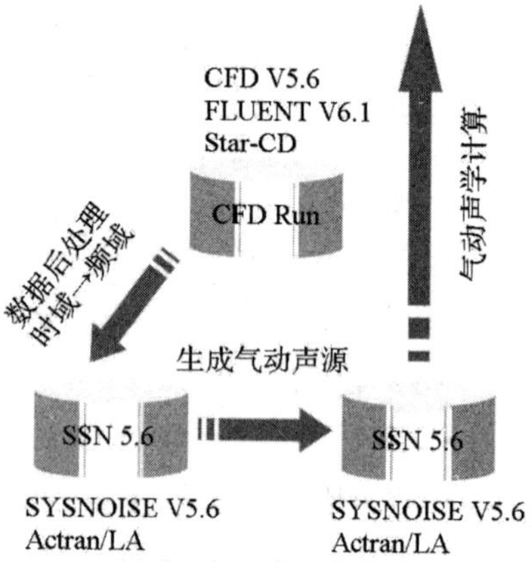

图 2. 11　CFD 耦合波动方程工程算法的计算流程图

参 考 文 献

[1] W. A. Meyer. Theoretical analysis of the performance of an air-modulated speaker[J]. J. Acoustic. Soc. Am., 1969, 45(4): 957 -965.

[2] 马大猷. 调制气流声源的原理[J]. 物理学报, 1974, 23(1): 17 -25.

[3] 沈嵘. 强噪声学[M]. 北京: 科学出版社, 1996: 1 -139.

[4] 孙晓峰, 周盛. 气动声学[M]. 北京: 国防工业出版社, 1994: 1 -29.

[5] M. J. Lighthill. On sound generated aerodynamically-I, general theory[J]. Proc. Roy. Soc., 1952, 211: 564 -587.

[6] N. Curle. The influence of solid boundaries on aerodynamic sound[J]. Proc Roy. London Soc, 1955, 231A: 505 -514.

[7] H. G. Davies, J. E. F. Williams. Aerodynamic sound generation in pipe[J]. J. Fluid Mech, 1968, 32(4): 765 -778.

[8] C. K. W. Tam. Computational aeroacoustics: an overview [C]. Invited Paper. NATO/AVT Symposium, 2001.

[9] C. Wagner, T. Hüttl, P. Sagaut. Large-eddy simulation for acoustics[M].

Cambridge University Press. 2007: 1 – 166.

[10] A. Ayar, R. Ambs, B. Schillemeit, et al. Prediction of flow-induced noise in automotive HVAC systems using a combined CFD/CA approach [C]. Detroit, Michigan: SAE Technical Paper Series, 2005.

[11] R. Sandboge, S. Caro, K. B. Washburn, et al. Validation of a CAA formulation based on Lighthill's analogy using AcuSolve and Actran/LA on an idealized automotive HVAC blower and on an axial fan [C]. Cambridge MA, USA: 12th AIAA/CEAS Aeroacoustics Conference, 2006.

[12] F. Magagnato, E. Sorgüven, M. Gabi. Far field noise prediction by large eddy simulation and Ffowcs-williams Hawkings analogy [C]. Hilton Head, Sough Carolina: 9th AIAA/CEAS Aeroacoustics Conference and Exhibit, 2003.

[13] M. S. K. Tang. Numerical simulation of flow-induced noise by means of the hybrid method with LES and aeroacoustic analogy [D]. Fachbereich Maschinentechnik der Universität Siegen, 2004.

[14] S. Caro, P. Ploumhans, X. Gallez. Implementation of Lighthill's acoustic analogy in a finite/infinite elements framework [C]. Manchester, UK: 10th AIAA/CEAS Aeroacoustics Conference and Exhibit, 2004.

[15] S. Caro, P. Ploumhans, V. Morgenthaler, et al. Identification of the appropriate parameters for accurate CAA [C]. Monterey CA, USA: 11th AIAA/CEAS Aeroacoustics Conference, 2005.

[16] S. Caro, F. Brotz, A. Read, et al. Aeroacoustic simulation of the noise radiated by an helmholtz resonator placed in a duct [C]. Monterey CA, USA: 11th AIAA/CEAS Aeroacoustics Conference, 2005.

[17] K. S. Brentner, F. Farassat. An analytical comparation of the acoustic analogy and kirchhoff formulation for moving surfaces [J]. AIAA Journal, 1998, 36(8): 1379 – 1386.

第三章　调制气流声源数值计算方法

如前文所述，AMS 内部瞬态流场的复杂性和近距离声场的非线性是理论上预测声源性能所面对的两个主要困难，已有理论难以进一步指导声源内气动系统的设计与优化。特别是由于理论上无法准确预示声源结构与辐射声波特性间的关系，使具体结构的设计处于经验形式，不利于在设计阶段控制声源性能，阻碍了声源的广泛应用。为了提出适用范围更广的工程技术方法，需要抛弃关于流动状态的特定假设。工程模型的建立可考虑基于普遍适用的气体动力学基本方程组。本章借鉴低速受限调制射流问题的研究途径，基于混合气动声学方法，建立了适用于预测调制气流声源（AMS）瞬态流场演化和辐射声场的工程仿真模型。本章为后面章节声源换能过程的参数敏感性研究和改进设计后性能的验证提供了理论基础。

3.1　声源基本结构和建模假设

为了达到理论研究与实验结果相互验证的目的，将清华大学席葆树等研制的射流式 AMS[1][2] 作为具体研究结构。声源整体结构如图 3.1 所示，声源装置由内气动系统、磁路系统和振动系统组成。内气动系统从上游到下游包含进气道部件、喷口部件和喉道部件，这些部件整体上关于中心轴对称。其中，喷口部件一般采用收缩型面设计。压缩气流流入进气道部件，在喷口部件中转化为高速气流，并在其出口形成自由射流。喷口出口放置有环形音圈，音圈在强磁场中线圈的带动下沿轴向往复运动，使喷口面积发生周期性变化，对高速气流产生调制，并将断续气流压入喉道部件。脉动射流受喉道壁面所限，与喷口下游的气流相混合，经过一段距离后，形成压力跃变。混合区末端的静压值是喷口面积的函数。音圈沿轴向运动，喷口面积变化，在下游喉道中产生高强度的压力扰动，最终在号筒喉部形成脉动声源。

内气动系统中，压缩气体通过进气道部件，在喷口部件出口形成高速射流。射流经振动系统调制后，在喉道部件内形成强的压力扰动，扰动向外部自由场传播形成了强声波辐射。内气动系统主要结构参数有：喷口部件入口/出口宽度及径向尺寸，喉道部件入口/出口宽度及其型面数据；主要工况参数是气室中高压气体的总压。

磁路系统的作用是在喷口出口下方的磁隙中提供强磁场（1.4T 以上），以便用小的激励信号驱动振动系统产生较大的位移输出，常见的磁路系统设计有内磁式和外磁式两种。磁路系统主要参数有导磁体、磁芯的材料和尺寸以及磁隙的尺寸。磁路系统因为功能单一，也常被视为振动系统的一部分。

振动系统由弹性元件（支撑圈）、质量元件（音圈）和置于磁隙中的线圈（固定于音圈上）组成。振动系统主要结构参数有音圈和线圈质量，支撑圈的弹性系数，线圈的电阻、匝数和绕线形式。振动系统的工况参数包括激励电流（或电压）和调制频率。这里仅考虑基本的单频正弦调制，且忽略振动中的阻尼衰减作用。

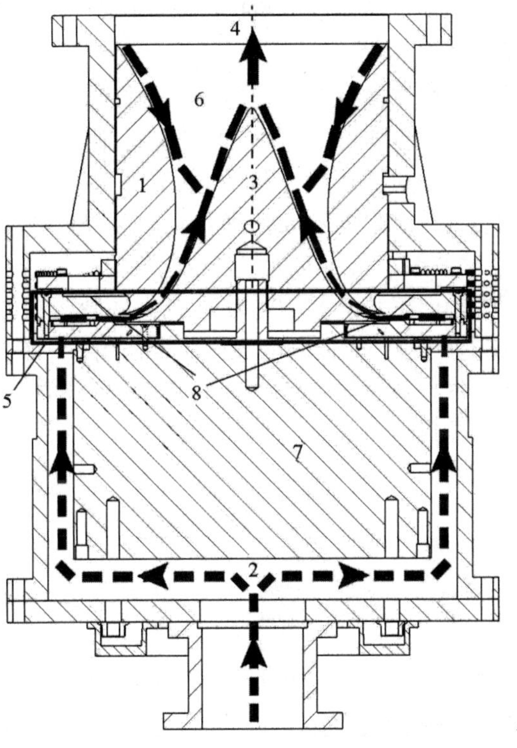

1. 外喷管　2. 进气道部件　3. 内塞锥　4. 中心轴
5. 喷口部件　6. 喉道部件　7. 磁路系统　8. 振动系统

图 3.1　射流式 AMS 基本结构示意图

实际声源装置不同部件的内壁面粗糙度各不相同，进气道部件存在多处弯折。在实际工作环境下，音圈与高速气流间可能存在相互作用，导致振动系统的运动偏离一般的弹簧振子受迫振动结果。这使实际装置内部流动过程比较复杂。考虑到瞬态流场模拟对计算资源的消耗较大，在分析声源换能过程时，依据所关注的主要物理特性，对气流声源实际装置的几何和物理模型简化不仅是可能的，而且是必需的。为建立气流声源数值仿真模型，这里所做的主要假设如下：

（1）声源内部瞬态流场求解采用雷诺时均（RANS）方程，对于所研究的调制气流声源，声波主要集中在低频窄带范围，产生机理与一般气动降噪问题有较大差别，流场求解主要完成低频扰动的解析，目前尚不关心占据较少份额的高频气动噪声，因而近场气动计算基于 RANS 方程是足够的；

（2）音圈振动无侧向摆动，振动系统运动和声源内部流动满足轴对称假设；

（3）所有固壁均为光滑的无滑移绝热壁面；

（4）工作介质为常温气体；

（5）考虑主要的能量转换位置，同时喷口部件有较大的入口和出口宽度比，可忽略流速较低（马赫数小于 0.1）的进气道部分，认为喷口入口流动均匀且完全发展，喷口入口宽度由进气道出口的等效面积确定；

（6）尽管实际装置音圈附近的几何形状比较复杂，这里仅保留一侧进气口（侧面入口），忽略其余小尺寸的进气口或出气口；

（7）假设音圈为轴向正弦满调制运动，因为音圈运动方向与喷口射流方向基本垂直，忽略流动与运动音圈间的流固耦合作用；

（8）忽略实际条件下音圈与喷口间漏气间隙中额外的气体泄漏过程。

基于上述假设，得到声源的简化结构如图 3.2 所示。其中包括：喷口区

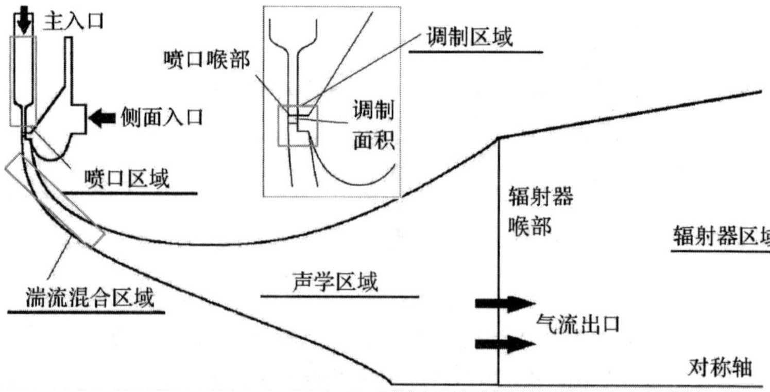

图 3.2　射流式 AMS 结构简化与流场区域划分

域、调制区域，湍流混合区域、声学区域，整个计算区域包含两个进口、一个出口。

3.2　内气动系统模型

AMS数值模拟需要揭示以下物理过程：音圈对喷口射流的调制作用而引起下游流场的周期性变化；声源出口周期性压力扰动及向周围介质中辐射声波；声源近距离强声波的传播。这些过程在理论上可描述为高速受限调制射流问题，采用瞬态可压缩流体力学方程耦合FW－H声类比的计算方案预测自由空间中声源的近距离声场。依据计算气动声学(CAA)的经验，声信号预测的准确程度主要由流场求解的精度决定，而与所采用的声传播模型关系不大。因此，声源内气动系统中瞬态流场的计算模型在整个数值仿真模型中占据着最重要的地位。

AMS仿真模型的建立涉及可压缩流动、动网格技术、处理复杂几何固壁和气动声学求解等多个方面。模型中，可压缩流动方程通过有限体积法求解，瞬态流动由顶部铺层动网格驱动，声信号计算所设定的声源面可封闭主要的声源区域。仿真模型的实现基于大型通用商业CFD软件Fluent及其气动声学模块。本节中首先通过分析比较给出了内气动系统中高速受限调制射流问题的物理模型，其次较为详细地给出稳态、瞬态流场和气动声场计算模型的具体实现，最后讨论了湍流模型、网格尺度、流场求解参数和声源面位置等关键参数的选取。

3.2.1　物理模型

内气动系统中的流动过程可由瞬态可压缩流体力学方程描述，即由连续性方程、动量守恒和能量守恒方程以及气体的状态方程所组成的方程组。

众所周知，按照CFD对湍流场扰动的解析程度可将湍流数值模拟方法分为雷诺时均方程(RANS)、大涡模拟(LES)、直接数值模拟(DNS)三种。尽管RANS不能精确地描述瞬态流动细节，由于其相对较小的计算资源需求，仍是目前工程中常用的湍流模型。在气动远场，RANS能够解析流动中存在的窄带频率信号，而将其余频率平均化。为了解析所有的流场扰动，需要采用DNS。但是DNS需要非常精细的网格分辨率，导致其对计算资源提出异常高的需求，目前仅应用于低雷诺数和简单几何形状的问题。在湍流扰动解析能力和计算资源需求方面，LES介于RANS和DNS之间。通过用DNS直接模拟湍流中的大尺度涡，LES 方法能够解析相当广的流场扰动频率范围。LES 方法中，假设未被解析的小尺度涡是各向均匀的，含小涡结构的这部分流场可由 RANS 描述。尽管 LES 解析的流场结构比 RANS 精细，实际工程流动问题通常都包含复杂的湍流结构，即使使用今天的超级计算机，通过 LES 解析其中主要的湍流尺度也是一项极具挑战性的工作。

混合气动声学方法在气动降噪问题的应用中，一般通过类似 LES 方法得到小尺度的流场扰动，以进一步预测辐射声场的宽频特性。在普遍意义上，瞬态流场模拟方法的选取取决于流场特性和流动发声问题的特点，合理的模拟方法需要解析与所关注声波频段范围关系密切的流场扰动。气流声源辐射声波主要集中在低频窄带范围，量级较高的压力扰动主要由流量、静压等宏观流动变量的变化所致。高频气动噪声在总的辐射声功率中占据很少份额。这使在气流声源问题中，流场与声场的尺度差距相对较小，需要解析的流场扰动尺度范围显著缩小。基于 RANS 方法的工程仿真模型在应用中具有相对较高的计算效率，所以内气动系统流动过程的解析选择了 RANS 方法。

3.2.1.1 稳态流场

高气室压力时内气动系统内部为跨声速流动，控制方程为二维轴对称可压缩 N－S 方程，不考虑守恒方程源项和旋流，对应的连续性方程为[3]：

$$\frac{\partial \rho}{\partial t}+\frac{\partial}{\partial x}(\rho u)+\frac{\partial}{\partial x}(\rho v)\frac{\rho v}{r}=0 \tag{3.1}$$

其中，u 和 v 为 x 和 r 方向上的速度。轴向和径向的动量守恒方程分别为：

$$\frac{\partial}{\partial t}(\rho u)+\frac{1}{r}\frac{\partial}{\partial x}(r\rho uu)+\frac{1}{r}\frac{\partial}{\partial r}(r\rho vu)=-\frac{\partial p}{\partial x}+\frac{1}{r}\frac{\partial}{\partial x}\left[r\mu\left(\frac{2\partial u}{\partial x}-\frac{2}{3}(\nabla\cdot\vec{v})\right)\right]+\frac{1}{r}\frac{\partial}{\partial r}\left[r\mu\left(\frac{2\partial u}{\partial r}+\frac{\partial v}{\partial x}\right)\right] \tag{3.2}$$

$$\frac{\partial}{\partial t}(\rho v)+\frac{1}{r}\frac{\partial}{\partial x}(r\rho uv)+\frac{1}{r}\frac{\partial}{\partial r}(r\rho vv)=-\frac{\partial p}{\partial r}+\frac{1}{r}\frac{\partial}{\partial x}\left[r\mu\left(\frac{\partial v}{\partial x}+\frac{\partial u}{\partial r}\right)\right]+\frac{1}{r}\frac{\partial}{\partial r}\left[r\mu\left(\frac{2\partial v}{\partial x}-\frac{2}{3}(\nabla\cdot\vec{v})\right)\right]-2\mu\frac{v}{r^2}+\frac{2}{3}\frac{\mu}{r}(\nabla\cdot\vec{v}) \tag{3.3}$$

其中，μ 为动力黏度系数，$\vec{v}$ 为速度向量，其散度$\nabla\cdot\vec{v}=\partial u/\partial x+\partial v/\partial r+v/r$。以温度 T 为变量的能量守恒方程为：

$$\frac{\partial(\rho T)}{\partial t}+\nabla\cdot(\rho\vec{v}T)=\nabla\cdot\left(\frac{k_T}{c_p}\mathrm{grad}T\right)+S_T \tag{3.4}$$

其中，c_p 为定压比热，T 为温度，k_T 为流体的传热系数，S_T 为黏性耗散项。用 ϕ 表示通用变量，上述守恒方程(3.1)～(3.4)可写为由瞬态项、对流项、扩散项和广义源项组成的通用形式：

$$\frac{\partial(\rho\phi)}{\partial t}+\nabla\cdot(\rho\vec{v}\phi)=\nabla\cdot(\Gamma\text{grad}\phi)+S_\phi \tag{3.5}$$

其中 Γ 为广义扩散系数。声源工作介质为常温空气，可由理想气体状态方程描述：

$$\rho=\frac{pM_\omega}{RT} \tag{3.6}$$

其中，M_ω 为分子量，R 为气体常数。更一般的压缩气体工作介质可通过修正的 Benedict-Webb-Rubin（MBWR）状态方程描述（即所谓真实气体模型）。该方程首先由 Jacobsen 和 Stewart 提出，能够精确描述温度、压力和密度大范围变化内的流体属性，方程将压力表示为温度和分子密度的显式函数，具有以下形式：

$$p=\sum_{n=1}^{9}\alpha_n\rho^n+\exp[(\rho/\rho^{crit})^2]\sum_{n=10}^{15}\alpha_n\rho^{2n-17} \tag{3.7}$$

其中 α_n 为温度的简单函数，其中包括 32 个可调参数。由于在目前工况参数条件下，声源内局部超声速流动马赫数不高，因此并未采用真实气体模型。

为得到描述内气动系统流场的 RANS 方程，需要在远小于声源调制周期的平均时间尺度范围内对上述守恒方程组进行雷诺平均。N－S 方程的雷诺平均导致了未知雷诺应力项的出现。要使方程组封闭，必须对雷诺应力做出某种假设，建立应力的表达式把湍流脉动值与时均值联系起来，这类表达式称为湍流模型。目前为封闭 RANS 方程而提出的众多湍流模型，分为雷诺应力模型和涡粘模型两类。计算实践表明，工程中常用的 $k-\varepsilon$ 和 $k-\omega$ 涡粘模型各有特点[4]：标准 $k-\varepsilon$ 模型稳定性好，计算经济，在预测尾流中精度较高，然而对近壁面流动预测结果不佳；$k-\omega$ 模型适于预测剪切流和近壁面流动，但在尾流预测中精度不高。剪切应力输运 SST $k-\omega$ 模型结合了两种模型的优点，适于速度范围较宽的内流场模拟，在气动声学计算中获得了广泛应用。SST $k-\omega$ 模型中湍动能 k 和比耗散率 ω 的输运方程为：

$$\frac{\partial(\rho k)}{\partial t}+\frac{\partial(\rho k\omega_i)}{\partial x_i}=\frac{\partial}{\partial x_j}\left[\Gamma_k\frac{\partial k}{\partial x_j}\right]+\widetilde{G_k}-Y_k \tag{3.8}$$

$$\frac{\partial(\rho\omega)}{\partial t}+\frac{\partial(\rho\omega\omega_i)}{\partial x_i}=\frac{\partial}{\partial x_j}\left[\Gamma_\omega\frac{\partial\omega}{\partial x_j}\right]+G_\omega-Y_\omega+D_\omega \tag{3.9}$$

其中 $\widetilde{G_k}$ 表示由于平均速度梯度引起的湍动能产生项，G_ω 表示比耗散率的产生项，Γ_k 和 Γ_ω 分别代表湍动能和比耗散率的扩散率，Y_k 和 Y_ω 代表两者的耗散率，D_ω 为交叉扩散项。考虑到声源喉道内瞬态流动比较复杂，流动分离不可避免，后面章节中将比较不同湍流模型得到声源内流场的差别，进一步分析说明采用 SST $k-\omega$ 湍流模型的原因。

3.2.1.2 瞬态流场与动网格模型

混合气动声学方法中，流场计算必须能够解析与主要发声过程相对应的流场结构和特性。内气动系统中瞬态流场的演化由音圈运动驱动，音圈边界往复运动对射流的调制作用由动网格技术模拟，调制信号由用户自定义函数（UDF）指定。正弦满调制条件下音圈边界速度为：

$$V_{yq} = 2\pi f A_0 \sin 2\pi f t \tag{3.10}$$

其中 A_0 为音圈处于平衡位置的喷口出口宽度，f 为调制频率。网格重分方式采用动态顶部铺层方法，其定义为[3]：

$$\begin{cases} h_{\min} > (1+\alpha_s) h_{ideal} & \text{运动边界附近网格重分} \\ h_{\min} < \alpha_c h_{ideal} & \text{运动边界附近相邻网格合并} \end{cases} \tag{3.11}$$

其中 $h_{\min}$ 为运动边界相邻网格高度，h_{ideal} 设定为理想网格高度。α_s 和 α_c 称为分离和合并因子，两者默认值分别取 0.4 和 0.04。动网格区域的任意一个控制体 V 中，广义标量 ϕ 的通用积分守恒方程为：

$$\frac{\mathrm{d}}{\mathrm{d}t}\int_V \rho\phi \mathrm{d}V + \int_{\partial V} \rho\phi(\vec{v}-\vec{v}_g)\cdot \mathrm{d}\vec{A} = \int_{\partial V} \Gamma \nabla\phi \cdot d\vec{A} + \int_V S_\phi \mathrm{d}V \tag{3.12}$$

其中 $\vec{v}_g$ 为动网格运动边界的移动速度，Γ 为扩散系数，S_ϕ 为源项，dV 代表控制体 V 的边界。其中瞬态项用一阶后向差分格式写为：

$$\frac{\mathrm{d}}{\mathrm{d}t}\int_V \rho\phi \mathrm{d}V = \frac{(\rho\phi V)^{n+1} - (\rho\phi V)^n}{\Delta t} \tag{3.13}$$

其中 n 和 $n+1$ 代表不同的时间层。$n+1$ 层上的 V^{n+1} 由下式计算：

$$V^{n+1} = V^n + \frac{\mathrm{d}V}{\mathrm{d}t}\Delta t \tag{3.14}$$

依据网格守恒定律，控制体的时间导数 dV/dt 由下式计算：

$$\frac{\mathrm{d}V}{\mathrm{d}t} = \int_{\partial V} \vec{v}_g \cdot d\vec{A} = \sum_{j=1}^{n_f} \vec{v}_{g,j}\cdot \vec{A}_j = \sum_{j=1}^{n_f} \frac{\delta V_j}{\Delta t} \tag{3.15}$$

其中 n_f 是控制体积的面网格数，$\vec{A}_j$ 为面 j 的面积向量，δV_j 为控制体积面 j 在时间间隔 Δt 中扫过的空间体积。当运动边界速度为零时，动网格守恒方程退化为通用流体力学方程（式 3.5）。

3.2.2 建模软件

Fluent 是目前功能较全面、适用性较广、国内使用较为广泛的 CFD 商业软件之一[5]。它基于有限体积方法，提供了非常灵活的网格特性，用户可使用结构或非结构网格来求解边界具有不同几何复杂程度的流动。Fluent 可用于二维平面、二维轴对称和三维条件下的流动分析，可完成多种参考系下定常与非定常、不可压与可压缩流动计算以及层流和湍流的模拟。它的湍流模型包括众多流行的 $k-\varepsilon$、$k-\omega$ 两方程模型、雷诺应力模型、LES 模型等。软件自带材料库中包含流动计算中常用材料种类，实现的近壁面处理有标准和增强壁面函数等。

Fluent 提供给用户多种类型的边界条件，通过 UDF 可实现边界条件随空间和时间的变化而变化。Fluent 可在多种操作系统下运行，支持通过并行计算降低瞬态流场求解等大规模问题的运行时间。软件支持 Client/Server 结构，允许同时在用户桌面工作站和强有力的服务器上分离运行程序。在近期部分人发声机理研究的工作[6-8]中，该软件被用于计算声门内稳态流场压力的分布。

气流声源问题的求解包括声源内部瞬态流场和外部强声场两部分。内气动系统仿真模型的建立使用到的功能包括可压缩流动模型、动网格模型、气动声学计算模块等。在 Fluent 的动网格处理中，网格更新依据运动边界的新位置在每一个时间步中自动完成，内部节点的自动调整依据物体边界运动方式、网格单元类型和指定的网格重生方法进行。使用动网格模型时，需要提供初始网格和网格内移动/变形区域的运动描述。Fluent 中提供的动网格模型具有良好兼容性，可与绝大多数物理模型和三种求解器共同使用，网格更新不会影响并行计算功能。

此外，为满足不同特点（频率、声压级、传播距离）气动声学计算的需求，Fluent 提供了四种方法：通过瞬态流场计算直接同时求解流场和声场，通过瞬态流场计算和一般化的 FW - H 积分相耦合，RANS 稳态流场计算和宽带噪声源模型相结合，与第三方声场计算软件相联合（CFD 耦合波动方程）。软件同时还提供了各种声压级计算和频谱分析等声场后处理的工具。

3.2.3 计算区域与网格划分

网格生成对于绝大多数 CFD 计算来说至少需占据一半以上的工作量。网格质量对计算精度和稳定性有很大的影响，高质量的计算网格是计算结果准确可靠的前提。

网格生成需依据声源的几何特点和流场结构决定，所以在网格划分之前，需要依据各区域几何尺寸对流动特点做一些基本判定。

3.2.3.1 内气动系统各计算区域的进一步分析

如图 3.2 所示，按照实际装置内气动系统的几何形状特点和流动性质，内流场可分为收缩喷口区、调制区、喉道区三个区域，其中喉道区又可分为截面基本不变的湍流混合区和截面迅速扩大的声学区域。

（1）收缩喷口区

收缩喷口是射流式 AMS 重要的换能部件，高压气体的势能在这里转化为高速流动气体的动能。典型工况下，声源装置收缩喷口出口流速为声速，流动达到或超过临界状态，存在壅塞现象。喷口型线一般设计为流线形状，通过型线设计还可对喷口出口流动的速度分布进行调整。理想情况下，希望在喷口出口尽可能形成比较均匀的流动。为达到这一目标，研究中收缩喷口型线多采用以下三种。

Witozinsky 曲线，国内风洞设计中推荐采用这一曲线[9]：

$$\left|\frac{R_1}{R}\right|^2 = 1 - \left|1 - \frac{1}{m^2}\right| \frac{[1-(x/L)^2]^2}{\left|1 + \frac{1}{3}(x/L)^2\right|^3} \tag{3.16}$$

其中，R_1 为出口半径，m 为收缩比，L 为收缩段长度。

五次曲线，美国风洞设计中多采用该曲线[10]：

$$\frac{R - R_1}{R_2 - R_1} = 1 - 10\left|\frac{x}{L}\right|^3 + 15\left|\frac{x}{L}\right|^4 - 6\left|\frac{x}{L}\right|^5 \tag{3.17}$$

式中，R_2 为入口半径。

双三次曲线，也是一种较为典型的收缩喷口型线[12]：

$$\frac{R - R_1}{R_2 - R_1} = \begin{cases} 1 - \dfrac{1}{x_m^2}(x/L)^3 & 0 \leqslant x/L \leqslant x_m \\ \dfrac{1}{(1 - x_m)^2}(1 - x/L)^3 & \text{else} \end{cases} \tag{3.18}$$

式中，x_m 为前后两段的连接点坐标，也称为双三次曲线的优化参数。

一般收缩型线设计的要求是前部不出现流动分离、后部流场均匀平直和稳定。分离影响喷口内流动的均匀性和稳定性，造成可观的能量耗散。图 3.3(a) 给出收缩喷口在声源装置中位置的示意。图 3.3(b) 比较了上述三种型线的几何特征。Witozinsky 曲线前段收缩比较剧烈，后段比较平滑，这样其出口段速度场均匀，但入口段却可能存在逆压梯度和分离。五次曲线前段缓慢收缩，能够较好满足入口段的要求，但出口速度均匀性较差。双三次曲线整体上变化均匀，兼顾了入口段和出口段两方面的要求，曲线表达中包含优化参数

x_m。工况参数改变时，可对优化参数进行调整。优化参数的改变相当于在有限的收缩段长度内对前后两段作适当调整。该值增加时，有利于满足入口段要求，不利于满足出口段要求，反之则相反。

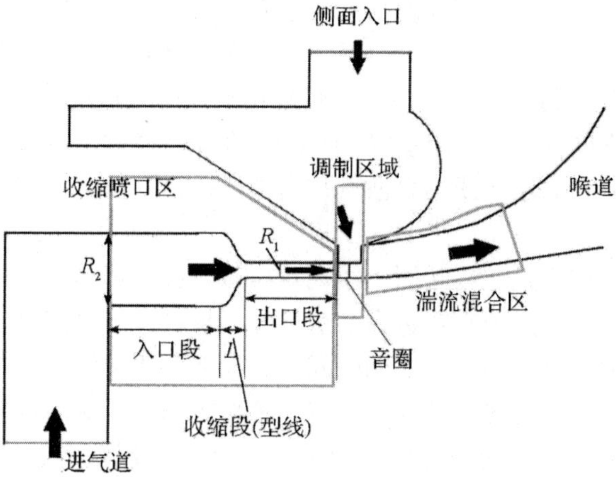

（a）收缩喷口在声源装置中的位置

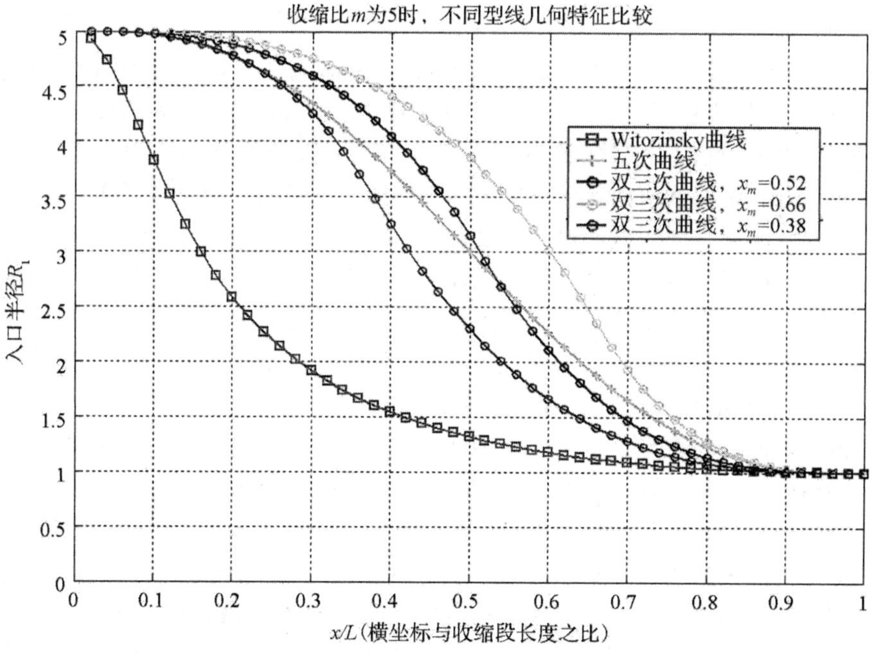

（b）相同入口出口半径和收缩比的三种收缩型线的比较

图 3.3　AMS 内气动系统收缩喷口部件的位置和喷口型线的形状

如图3.3（a）所示，受声源结构的限制，入口段上游流动速度必然经历90°的偏折，因而入口段需要有一定的长度。为使喷口出口流动比较均匀，出口段长度不能过短，然而出口段也并非越长越好。因为当气室压力较高时，过长的出口段内易形成与逆压梯度相关的边界层增厚现象，进而降低喷口的有效出口面积和通过装置的气流流量，最终影响装置的声功率。在喷口半径 R_1 和 R_2 的取值方面，实际声源喷口设计中可采用较大的入口/出口截面面积比（一般大于5），以减缓进气道流速，降低其中的流动损失。仿真模型的建立中，通过样条函数对收缩段曲线的离散点数据进行拟合。

（2）调制区域

该区域主要作用是放置音圈，实现对喷口射流的调制。满调制情况下，喷口出口完全打开时，射流直接进入喉道部件，从喉道出口流出。当喷口完全关闭时，气流沿喷口出口与音圈之间的间隙，经上下两个侧面入口流出。实际声源装置的调制区域具有复杂的几何形状，工作状态下区域内流速较高，且流动的瞬态作用较为明显，使两个侧入口的状态参数难以确定。在模型建立过程中，仅考虑上方的侧入口，同时将调制区域简化为形状比较规则的简单几何区域。

（3）湍流混合区域

射流力学理论给出，雷诺数大于30的自由射流基本上可视为湍流。流体诱发声和振动理论[13]中，将当前声源装置中的喷口部件称为长喷口（long nozzle），给出的临界雷诺数为1000。因此可认为混合区域内湍动射流与下游气体相混合，诱发喉道内流动整体发展为湍流。从喷口出口到喉道入口有一个截面突变，而混合区域截面尺寸则变化不大。在这一区域，声速射流的膨胀、可能产生的旋涡与湍流混合过程交织在一起，因而在同一截面上存在强烈的流动不均匀性。根据气室总压的不同，在混合区域末端可能形成亚声速或跨声速流动。

（4）声学区域

该区域的几何特点是截面尺寸不断扩大，且变化非常剧烈。亚声速流动在扩张管道中经历的是降速增压的收缩过程，而超声速流动经历的过程不好判定，因为截面急剧变化，将不可避免的出现流动分离，超声速流动在喉道中的持续加速可能无法维持。喉道中的流动分离造成流动能量的损失，同时也可能是气动噪声的来源之一。模型建立过程中，实际装置喉道部件的离散点数据，通过样条函数拟合得到声学区域两侧的喉道型线。若喉道型线采用亚声速扩压器的相关设计，在入口/出口尺寸保持不变的前提下，声学区域的轴向尺寸将显著增加。

3.2.3.2　计算网格生成的原则和近壁面处理的要求

高质量的网格是计算结果准确可靠的前提，网格质量对保证求解过程的稳定性也很重要，公认的网格质量判据一般包括节点分布、光滑性以及单元形状和歪斜度等方面。近壁面网格的划分还与计算采用的湍流模型和近壁面处理方式有关。

（1）节点密度和聚集度

连续性的流动区域被离散化后，网格节点的分布与流动的特征（湍流、边界层、剪切层、激波等）直接相关。湍流的数值计算结果比层流更容易受到网格分辨率的影响。在近壁面区域，不同的近壁面模型需要不同的网格分辨率，且需要根据所选用的湍流模型和结果做仔细的分析和检查。大梯度区域如剪切层或者激波区域，网格必须被精细化以保证相邻单元的变量变化足够小。当提前确定流动特征比较困难时，可通过两种方法确定合理的网格节点密度。第一种是先使用低分辨率网格进行无黏或者层流流动的预估计算，然后再改为有针对性的高分辨率网格的湍流计算。第二种是在低分辨率初始网格基础上，计算中通过自适应网格技术实现更经济的网格使用效果。最后，计算和后处理都受到 CPU 时间和计算机资源的限制，这对网格整体的分辨率提出了上限要求。

（2）光滑性

邻近单元体积的快速变化会导致大的截断误差，初始网格划分应保证相邻网格体积没有显著差距。对于关键的湍流混合区和声学区域，网格划分保证相邻网格体积差距在 4 倍之内，大多数网格都在 2 倍以内。当初始网格划分未达到这方面要求时，也可通过基于流场梯度的网格自适应技术来细化网格，从而提高网格的光滑性。

（3）单元的形状和歪斜度

网格单元的形状影响数值解的精度和稳定性。单元的歪斜度 Q_{ES} 表征网格单元与具有同等体积的等边单元外形之间的差别，它可以通过单元角度定义：

$$Q_{ES}=\max\left[\frac{\theta_{\max}-\theta_i}{180-\theta_i},\ \frac{\theta_i-\theta_{\min}}{\theta_i}\right]$$

其中，$\theta_{\max}$ 为单元中最大角的度数，$\theta_{\min}$ 为单元中最小角的度数，θ_i 为等边单元角的度数。歪斜度在 0 和 1 之间取值，等于 0 时对应理想的等边单元。在工程问题的网格划分时，一般认为最大网格歪斜度不应超过 0.85。

依据内部节点在流场中的布置是否规则，可将常见的计算网格分为结构网格和非结构网格两种。结构网格有利于保持流动方向与网格单元的正交性，而且在相同的边界单元剖分数目条件下，结构网格提供了相对较少的网格单元。

非结构网格的优点主要是对复杂几何模型有很好的适应性。本模型中，除侧面入口附近因形状不规则而使用非结构网格外，大多数区域的网格划分都采用了歪斜度较小的结构网格。其中，在边界层中保持结构网格的长宽比小于100，边界层以外的网格中长宽比尽可能小于5。

近壁面网格划分的要求与近壁面处理方法和物理模型中选择的湍流模型有关。定义无量纲壁面单位 y^+：

$$y^+ \equiv \rho u_\tau y/\mu$$

其中 u_τ 是壁面摩擦速度，y 是网格单元到壁面的距离。不同的湍流模型和近壁面处理方法具有不同的适用范围和理论假设，这要求相关的近壁面网格满足不同 y^+ 范围的要求。

最后，需额外关注内流场到声源面间的网格密度和质量，它是决定气动声场计算精度的一个重要因素。由于在本例中 CFD 网格密度远高于关注频段内声场计算的需要，可认为喉道下游至扩展区域间的压力扰动在空间上能够得到充分描述。

3.2.4 边界条件

在 CFD 计算域内的流动是由边界条件驱动的。在一定意义上，求解实际问题的过程就是将边界上的数据，外推扩展到计算域内部的过程，因此提供符合物理实际且适定的边界条件是重要的。作为高速可压缩流动，本模型建立过程中涉及的边界条件有绝热无滑移壁面、压力入口边界、压力出口边界、轴对称边界和 Interface 边界等。

依据对各流场区域的分析，按照前面的网格生成原则，由 Fluent 前处理软件 Gambit 生成的二维轴对称流场计算网格如图 3.4 所示。喷口主入口和侧面入口均指定为压力入口。调制区域定义为额外的流体区域，其与喷口出口、喉道入口的共用网格定义为 Interface，这是铺层动网格模型的要求。两侧喉道壁面均为绝热无滑移固壁。在喉道出口增加了扩展计算区域（或使用无反射边界条件）以避免出口边界虚假反射对流场的影响，扩展区域外围定义压力出口边界（模拟环境压力）。压力出口与喉道出口之间定义声源表面（Interior 类型），它将扩展区域分为两个流体区域。依据可压缩可穿透 FW - H 气动声学计算过程，瞬态流场计算中该声源表面上的压力、密度和速度分量均被保存以计算类比声源项中的 T_{ij}，F_i，Q（方程 2.62）值，再通过积分预测任意位置的时域声信号。同时，在声源出口偏离轴线 0°至 90°方向每隔 10°定义四个声信号接收点，其位置参考声场测试实验，距离喉道出口分别为 1m、5m、10m 和 100m。最后定义轴对称边界条件，通过网格平移变换使对称轴与 x 轴重合。

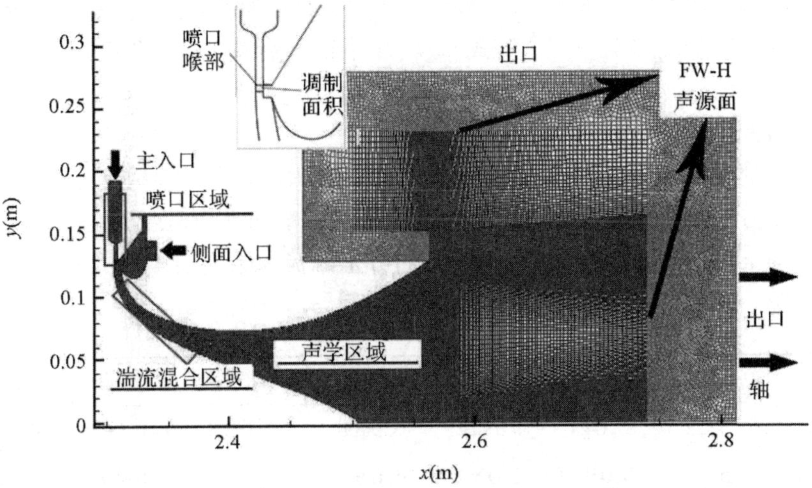

图 3.4　AMS 二维轴对称流场计算区域和网格划分示意

压力入口和压力出口边界指定时，需要给出具体的边界值，特别是需要通过估算给出边界上的湍流参数，边界值的确定可依据以下公式：

（1）压力入口给定总压、总温和湍流参数，压力出口给定静压、总温和回流湍流参数。主入口总压等于气室总压，是工况参数，侧面入口总压等于环境压力。

（2）边界湍流参数由“湍动强度 k 和比耗散率 ω”给定。按以下等式估算：

$$k=\frac{3}{2}(\bar{u}I)^2 \tag{3.19}$$

$$\omega=\frac{k^{1/2}}{C_\mu^{1/4}l}\ (C_\mu \text{ 取 } 0.09) \tag{3.20}$$

其中 $\bar{u}$ 为湍流平均速度，I 为湍流强度，其计算公式：

$$I=u'/\bar{u}=0.16\,(Re_{D_H})^{-1/8} \tag{3.21}$$

其中 u' 为湍流脉动速度，$Re_{D_H}=(\bar{u}D_H)/\nu$ 为按等效水力直径 D_H 计算得到的雷诺数，$D_H=4A/C$，$\nu=14.6\times10^{-6}\mathrm{m^2/s}$ 为 20 摄氏度空气的运动黏度系数，A 为管道截面面积，C 为截面周长。湍流长度尺度 l 的计算公式：

$$l=0.07L \tag{3.22}$$

对于充分发展的湍流，可取关联尺寸 L 等于水力直径 D_H。

（3）对于主压力入口，可由壅塞流量值估算入口平均速度值 $\bar{u}$：

$$\bar{u}=\frac{p_l\times1.29\times A_l\times\sqrt{\gamma RT}}{p_{inlet}A_{inlet}} \tag{3.23}$$

其中 $\gamma=1.4$，$T=300$，$R=8314/29$，A_l 为已知的喉部面积，p_{inlet}和 A_{inlet}分别为已知的主入口总压和面积。令等式(2.6)中喉部马赫数为1，得到：

$$p_{inlet}/p_l=(1+\left[(\gamma-1)/2\right])^{\gamma/(\gamma-1)} \tag{3.24}$$

将(3.24)式代入(3.23)式即得到 $\bar{u}$ 值。

(4) 对于侧面压力入口，由于引射作用吸入的流量小于主流，而且侧面入口和压力出口面积远大于喷口面积，可指定较小的平均速度（小于10m/s）。取气室总压为0.2MPa估算得到的压力边界上湍流参数如表3.1所示。

表3.1　估算压力边界上湍流参数（气室总压0.2MPa）

	$\bar{u}$(m/s)	D_H(m)	Re_{D_H}	I	k(m^2/s^2)	l	ω(s^{-1})
主入口	20.5722	0.04	5.64*e*4	0.0408	1.0568	0.0028	670.3132
侧入口	5	0.059	2.02*e*4	0.0463	0.0804	0.0041	11.1811
出口	1	0.26	1.78*e*4	0.0471	0.0033	0.0182	5.7627

3.2.5　湍流模型与壁面函数

工程问题中，一般将喷口射流视为湍流流动，并且由于内气动系统中喉道截面变化剧烈，内流场流动分离不可避免。因此选择合适的湍流模型以及近壁面处理方法对于确保模拟结果的准确程度至关重要。

目前为封闭RANS方程而提出的众多湍流模型分为雷诺应力模型和涡黏模型。前者包括雷诺应力方程模型和代数应力方程模型，后者按照湍动黏度和湍流时均参数关联方程的数目分为零方程、一方程和两方程模型[5]。零方程模型例如Prandtl提出的混合长度模型，一方程模型例如Spalart-Allmaras模型，流行的两方程模型包括标准 $k-\varepsilon$、RNG $k-\varepsilon$、标准 $k-\omega$ 和SST $k-\omega$ 湍流模型等。目前还没有任何一种湍流模型适合于所有的工程问题，湍流模型的选取主要依赖于所模拟流动的物理机理、精度要求、计算资源和时间要求、同类问题的经验积累等。

Spalart-Allmaras模型[14]主要用于航空领域外部流场模拟，同时在涡轮机械中得到广泛的应用，但是不适合用于模拟复杂的内部流场。

标准 $k-\varepsilon$ 模型[15]方法稳定、简单、经济，在科学研究及工程实际中得到了较为广泛的检验和应用，包括边界层、管内流动、剪切流动等。模型的缺点是难以模拟剪切层中平均流场方向的改变对湍流场的影响，不能反映雷诺应力的各向异性，不能反映平均涡量对雷诺应力分布的影响。该模型已被证实不适合用于强旋流、湍流分离流、弯曲壁面流动和近壁流等明显各向异性流动的建模。人们提出了该模型的一些修正方案。例如 RNG $k-\varepsilon$ 模型[16]，通过修正湍动黏度和增加主流时均应变率的影响，提高了在旋流和大曲率情况下的计算精度。

标准 $k-\omega$ 模型[17]优点之一是，适于低雷诺数情况下的近壁处理，在数值试验和实际应用中表现出准确和及时预测分离的特性。标准 $k-\omega$ 模型的主要弱点是，迭代计算时对流体状态和输入参数比较敏感，入口边界处的极小变化都可能会使整个模拟结果有相当的区别，因此在使用中常以标准 $k-\varepsilon$ 模型计算结果作为初始流场进行迭代计算。

SST $k-\omega$ 模型[18]能适应压力梯度变化的各种流动现象。该模型综合了 $k-\omega$模型在近壁模拟和 $k-\varepsilon$ 模型在外部区域计算的优点，考虑了湍流剪切应力的输运，不但能够对各种来流进行准确的预测，还能在各种压力梯度下精确模拟分离现象。SST $k-\omega$ 模型提供了湍流黏度的低雷诺数修正，可用于近壁面区域的计算。

多数工程中流行的湍流模型一般是针对发展充分的湍流流动建立的，即它是高雷诺数湍流的计算模型。对于近壁面区域内的低雷诺数流动，湍流发展并不充分，湍流脉动影响可能不如分子黏性的影响大，该区域内无法使用一般的湍流模型进行计算。常用的解决方法包括采用壁面函数方法和低雷诺数的湍流模型，而前者因为避免了在壁面附近使用较密的计算网格而在工程中广泛使用。

简单的壁面函数模型[19]基于湍流的壁面律和湍流平衡的概念。忽略紧贴壁面的黏性底层和过渡层，假设离开壁面的第一层网格内节点位于对数律层中，通过由实验验证和相似性原则推导出来的半经验方程（壁面函数）建立第一层网格与壁面特性的关系。壁面函数的局限性在于，由于对数率的假定，它不能准确描述强烈的三维流动、负压梯度和分离点，即使在发展充分的湍流流区也存在很难将最内层节点准确置于合理区域的情况。

作为标准壁面函数的改进，基于壁面附近存在黏性底层的事实，人们提出了非平衡壁面函数[20]。在壁面函数对数律中考虑压力梯度的影响，并将近壁单元划分为黏性底层和等雷诺应力层两部分，分别给出层中壁面剪应力、湍动能和湍动耗散率的表达式，然后求出近壁单元的平均湍流生成项和耗散项。通过改进，非平衡壁面函数改善了对于包含分离、再附和碰撞的复杂流动问题的预测精度。

另一种为克服标准壁面函数缺点而提出的近壁面处理方法是两层湍流模型[3]。该模型中，基于 $Re_y=\rho y\sqrt{k}/\mu$ 的值，将求解区分为黏性影响区和完全湍流区。对于 $Re_y > 200$ 的全湍流区采用高雷诺数模型，对于 $Re_y < 200$ 的黏性影响区使用低雷诺数模型。这两种模型在黏性底层的“边界”实现相互匹配。由于两层模型需要解析黏性底层，近壁面网格需足够精细，这使计算资源的消耗大大增加。

当近壁面网格较粗，不能满足两层模型的需要时，可采用一种称为增强壁面处理[3]的近壁区流动求解方法。该方法将两层模型和增强壁面函数组合在一起，可在较粗的壁面网格上保持两层模型的精度在可接受的范围内。其中，增强壁面函数建立了包括黏性底层、过渡层和对数律层在内的统一壁面率，便于考虑压力梯度等因素，同时保证了过渡区速度分布的合理性。采用增强壁面处理，可以克服标准壁面函数在处理流动分离过大或高逆压梯度下近壁面流动中的局限性，并能够较好地解析边界层。为提高对含流动分离的声源内流场的预测精度，模拟计算中主要采用了增强壁面处理方法。

3.2.6 动网格

计算流体力学中，动网格技术[21]用于模拟由于区域边界随时间的运动/变形而导致流体区域改变的流动过程，例如叶轮泵的转动、活塞在缸体中的运动、动脉血管膨胀和收缩过程、机件分离和稳态流场的参数化研究等。边界的运动可以是预先定义的(平动、转动)或者是由 UDF 描述的非预先指定运动。

边界改变后，流体区域内部网格必然会发生变化，内部网格节点的位置需要重新确定。依据节点位置重新确定的方法，可将常见的动网格生成过程分为铺层(Layering)、弹簧光顺(Spring smooting)和局部重划(Local remeshing)三种。铺层方法在区域的增长和收缩位置增添或删除网格，可用于四边形、六面体和楔形网格，常用于描述简单的直线运动。弹簧光顺方法将运动节点视为连接在一起的弹簧网络，适合描述小变形运动。节点重新调整时相互连接关系保持不变，一般用于三角形和四面体网格。局部重划方法根据指定的网格歪曲度和尺寸阈值重新划分网格，在网格增加和删除过程中其连接性发生变化，仅可用于三角形或四面体网格。若区域边界的改变较为复杂，可根据需要在同一问题的不同区域使用不同的动网格方法，不同动网格区域之间通过非一致滑移界面相连接。

在气流声源仿真模型建立中，动网格模型用于对音圈的调制作用进行建模，其中网格类型和变形特点决定了顶部铺层结构动网格为合适的方法。所建立的结构动网格模型如图 3.5 所示。其中，AB 面左侧为喷口，CDEF 为调制区域，DE 面运动速度等于调制速度 V_{yq}，由 UDF 描述。网格 AB、CD 和 EF、

GH 分别构成两组滑移界面，用于完成动态铺层区域与两侧静止区域之间的通量交互。初始网格中，DE 面的近壁面网格满足增强壁面处理要求，在此基础上，采用顶部铺层方法，可减小网格重生时在喷口出口梯度较大的区域产生的计算误差。

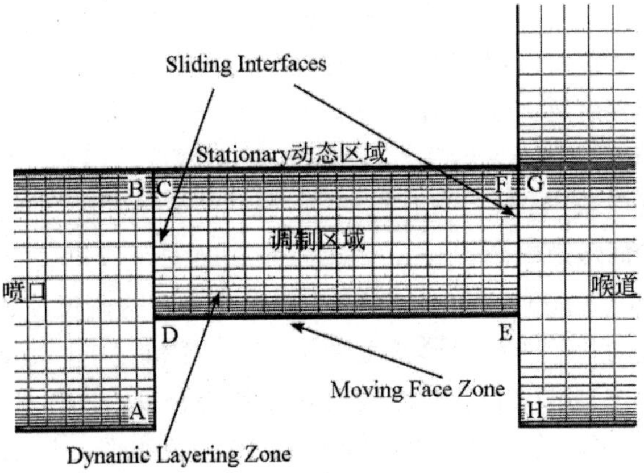

（AB/CD 和 EF/GH 分别构成两组滑移界面）

图 3.5　用于模拟音圈调制作用的动网格模型

动态铺层方法中关键参数之一是 Stationary 动态区域的理想网格高度 h_{ideal}，其值由初始网格尺度决定。令其等于 AB 面的初始平均网格宽度，可使较小的时间步内网格更新不跨越一个网格宽度。模型中的分离和合并因子取默认值。

需要注意的是上述任何一种动网格方法均不允许整个网格的拓扑结构发生变化，因而单独通过动网格模型不能模拟喷口完全关闭的状态。此时可通过在接近关闭状态时降低计算时间步长，将滑移界面类型改变为固壁。也可以取喷口宽度 A_0 值略小于实际值，这样当满调制时，通过喷口的流量近似为零，也可认为达到喷口完全关闭的状态。

3.2.7　模型参数

在前面几节中，建立了仿真计算的物理模型，完成了相关的网格划分、边界条件设置和动网格的实现。本小节重点讨论材料参数、湍流与近壁面模型的确定、瞬态计算时间步的选取和 FW－H 积分中的声源面位置等一些关键模型参数。

声源工作气体由理想状态方程描述，理想气体介质中的黏度参数认为是温度的函数，并由 Sutherland 三系数方法计算。气体黏度的 Sutherland 定律适用于高速可压缩流动。当设置密度、黏度均与温度有关时，严格意义上定压比热和热传导率不是常数。由于内气动系统中局部超声速流动速度较低，温度梯度相对较小，定压比热和热传导率仍可认为是常数。

由3.2.5节中对几种湍流模型和近壁面处理的分析可知，为了提高高逆压梯度下截面剧扩喉道内边界层的解析程度和近壁面流动的预测精度，可采用两种湍流模型和近壁面处理的组合。一种是RNG $k-\varepsilon$ 模型和非平衡壁面函数的组合，另一种是SST $k-\omega$ 模型搭配增强壁面处理的方法。其中，后者所需的近壁面网格精细程度远大于前者。

若计算中采用RNG $k-\varepsilon$ 模型和非平衡壁面函数的组合，壁面附近网格划分需要适当加密以获得较高的边界层求解精度。但是为了保证壁面函数法有效，需要使离壁面最近的节点位于湍流充分发展的对数律层中，即 y^+ 值须大于11.63(取在30至500之间)，这相当于给近壁面网格尺度设定了下限。由于本模型中内气动系统的几何形状无法在任意位置满足上述要求，所以这里考察关键是喉道内外侧壁面的近壁面网格划分是否合理。图3.6(a)和图3.6(c)给出气室总压0.6MPa条件下，采用非平衡壁面处理时，使用的网格(调制区附近)和计算得到的喉道壁面 y^+ 值分布。图3.6(a)中喉道壁面网格单元尺寸约为 10^{-3} 量级，图3.6(c)中喉道壁面上大部分 y^+ 值在20至300范围之间，说明近壁面网格的划分是合适的。使用这样的湍流模型、近壁面网格和处理方法，计算能够达到较快的收敛速度。

若计算中采用SST $k-\omega$ 模型搭配增强壁面处理的方法，可以得到精度较高的低雷诺数复杂近壁面流动的模拟结果，但是需要精细的可以解析黏性底层的近壁面网格。例如需要在受黏性影响的近壁区域划分10个以上的网格，使 y^+ 值接近于1或更高（4~5)，以能够同时解析平均速度和近壁区域中的湍流量。图3.6(b)和图3.6(d)给出气室总压0.6MPa条件下，采用增强壁面处理

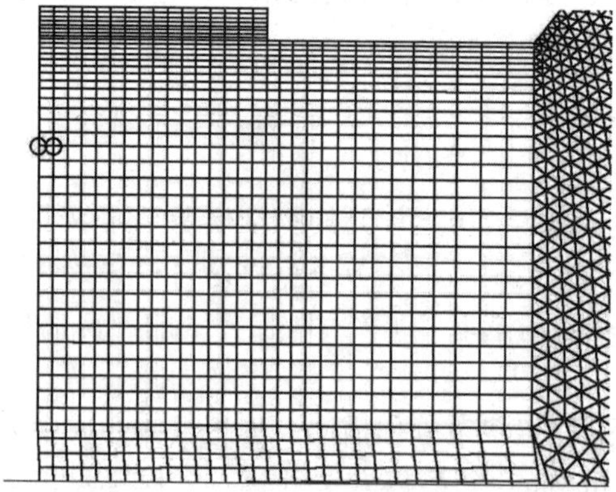

(a) 非平衡壁面处理的近壁面网格

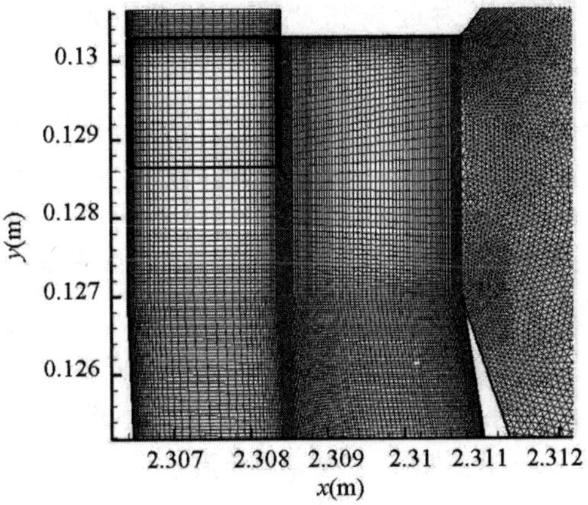

（b）增强壁面处理的近壁面网格

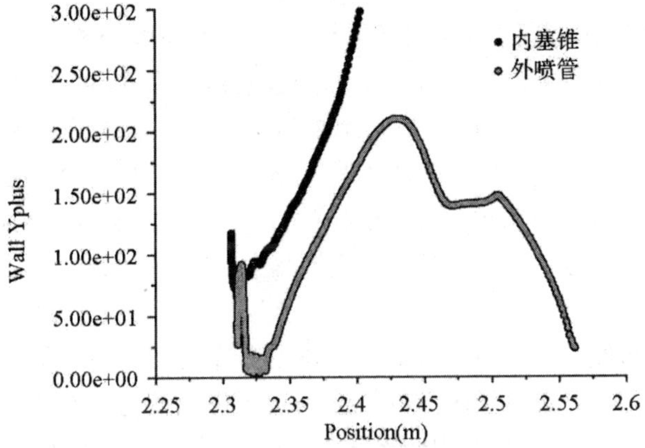

（c）非平衡壁面处理的喉道壁面 y^+ 值

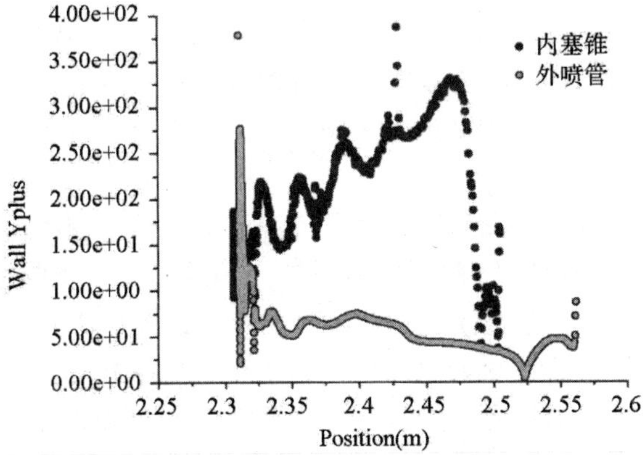

（d）增强壁面处理的喉道壁面 y^+ 值

图 3.6　非平衡和增强壁面处理的近壁面网格划分和 y^+ 值对比

时，使用的网格（调制区附近）和计算得到的喉道近壁面 y^+ 值分布。图 3.6(b) 中喉道壁面网格单元尺寸约为 $10^{-5} \sim 10^{-6}$ 量级，图 3.6(d) 中喉道壁面上大部分 y^+ 值接近于 1，说明近壁面网格划分是合适的。

湍流计算中另一个关键问题是数值解与计算网格的无关性。算法截断误差直接和网格粗细有关，理想情况下，计算的网格需足够精细，以至于截断误差和计算舍入误差为同一数量级，此时得到的解才是与网格无关的解。但对于几何模型较复杂的工程流动问题，一般难以真正实现。

本节考察了内气动系统网格尺度对计算结果的影响，以及湍流模型、近壁面处理与不同尺度计算网格的匹配关系。对同一声源设计制作了两个计算网格，一个比较粗糙（Grid B，如图 3.6(a) 所示），另一个较为精细（Grid E 或 Grid F，如图 3.6(b) 所示），精细网格的单元数约为粗网格的 10 倍。取喷口入口宽度为 10mm，喷口出口宽度为 2mm，工作介质为空气，气室总压为 0.3MPa，分别使用粗糙网格与精细网格，选择不同湍流模型与壁面函数的组合计算内气动系统稳态流动。计算采用的有效组合有 6 种，包括：$k-\varepsilon$ + 标准壁面函数，RNG $k-\varepsilon$ + 非平衡壁面函数，$k-\varepsilon$ + 增强壁面处理，RNG $k-\varepsilon$ + 增强壁面处理，$k-\omega$ + 增强壁面处理，SST $k-\omega$ + 增强壁面处理。其中，标准和非平衡壁面函数与粗糙网格配对使用，增强壁面处理与精细网格配对使用。对于其他的组合，计算中发现存在稳定性方面的问题。

图 3.7(a) 和图 3.7(b) 给出了不同湍流模型和近壁面处理组合得到的内塞锥壁面静压值分布。定性角度方面，基本的分布规律是一致的：上游湍流混合区压力持续振荡，下游声学区域静压值趋近于环境压力，在塞锥末端进入高压区。定量角度，不同组合得到的结果存在一定差别。在采用 $k-\varepsilon$ 和 $k-\omega$ 模型的两个结果中，静压振荡幅值远高于其他结果，反映了这些湍流模型的局限性。$k-\varepsilon$ 和 RNG $k-\varepsilon$ 湍流模型与增强壁面处理相组合的两个预测结果在湍流混合区的部分与其余组合相差较大，这种组合方式可能不利于混合区近壁面流动的准确预测。以上类似的结论可从图 3.7(c) 和图 3.7(d) 的外喷管壁面静压分布结果中得出。

整体上，多个算例稳态流场计算结果比较表明，粗糙网格配对“RNG $k-\varepsilon$ + 非平衡壁面函数”、精细网格配对“SST $k-\omega$ + 增强壁面处理”，这两种组合能够使声学区域壁面 y^+ 值和入口/出口流量偏差处于合理的范围内，能够较好地预测喉道内含流动分离的近壁面流动。两种组合之间，一般认为前者的计算量较小，后者对边界层的解析更为细致。本模型采用了 SST $k-\omega$ 与增强壁面处理的组合。

瞬态计算时间步的选取，首先考虑动网格方面，要求单个时间步网格运动不跨越网格间距，否则会产生负体积网格。其次，是从计算精度和稳定性方面的考虑。一般而言，时间步长越小，计算结果越精确，单个时间步收敛所需迭代步也越小，从而避免了误差积累导致的求解中间发散。然而过小的时间步可能会使整个算例的计算量过大。此时可通过同时调整 Courant 数与时间步长，在计算稳定的前提下取较大的 Courant 数和较小的时间步长，使计算精度与计算量之间达到较好的平衡。最后，需考虑的是接收点位置声信号的频率范围，

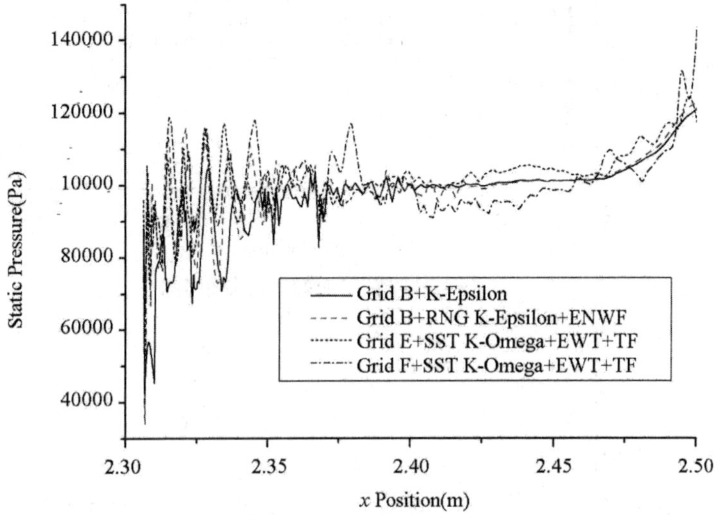

（a）内塞锥壁面静压值分布 1

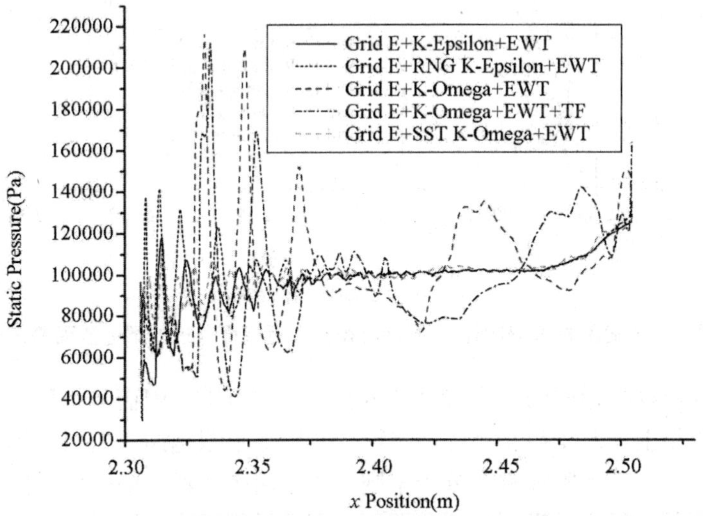

（b）内塞锥壁面静压值分布 2

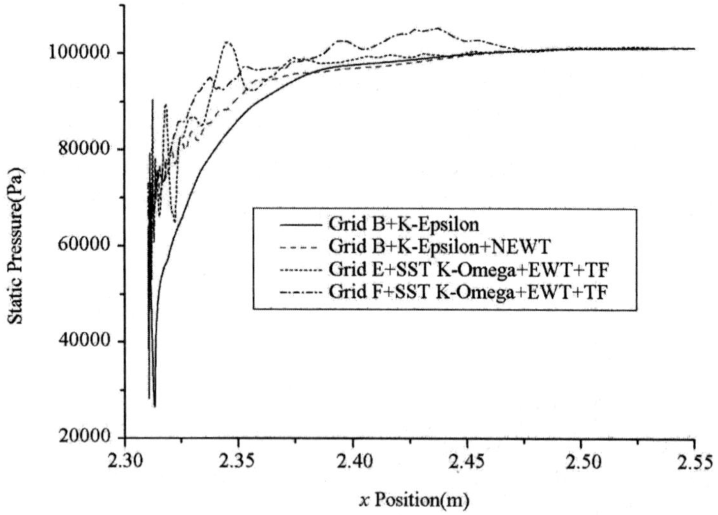

（c）外喷管壁面静压值分布 1

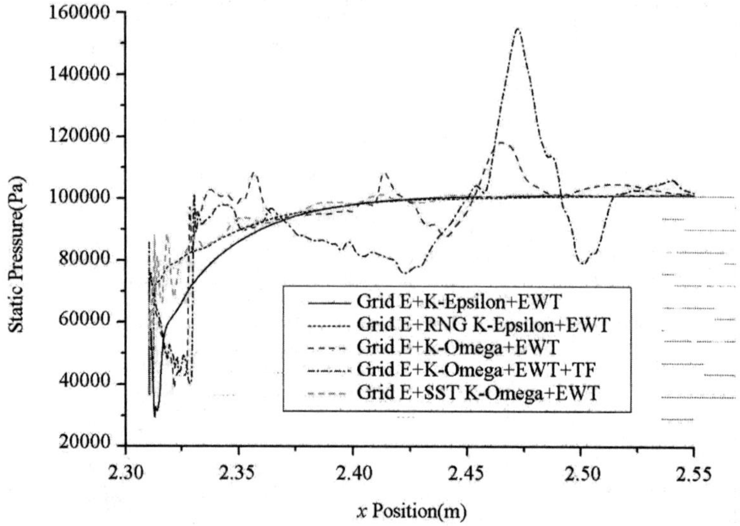

（d）外喷管壁面静压值分布 2

图 3.7　气室压力 0.3MPa，不同湍流模型和近壁面处理的喉道壁面静压值

这取决于湍流模拟得到的压力扰动被解析的频率范围，因而最终反映在流场求解的时间步长上。对于静止声源面，声信号频谱上限越高，所需流场计算的时间步就越小；频谱下限和频谱分辨率则取决于瞬态流场总的模拟时间，下限越低，分辨率要求越小，需要模拟的调制周期数目就越多。即：

$$\Delta t \sim \frac{1}{n_{\text{cycle}}}\frac{1}{f_{\text{uplimite}}} \tag{3.25}$$

$$\Delta f \sim \frac{1}{T_{\text{total}}} \tag{3.26}$$

其中 Δt 为瞬态流场计算时间步，Δf 为声信号频谱分辨率，n_{cycle} 为声信号单个调整周期内的采样点数目，f_{uplimite} 为声信号频谱上限，T_{total} 为整个瞬态计算的模拟时间。受计算资源限制，本模型中同一算例的求解不超过 7 个调制周期，对于这里关注的调制频率范围，这可以保证流场扰动顺利传递至声源面。大量的计算和调试表明，单个调制周期内取 8000 个时间步是比较合适的，这保证了所记录声源面扰动量变化的时间尺度与调制频率相匹配。

为了保证接收点声信号的计算精度，算例求解过程中，保存了每个时间步的声源面信息。

AMS 气动声场所需的声源面位于喉道出口与压力出口边界之间。在忽略 FW－H 方程体积分项的条件下，声信号的准确计算要求声源面封闭主要的声源区域。因而在模型建立过程中，声源面位置是一个关键的参数。声源面距离压力出口边界过近或过远均不合适。若将其置于喉道固壁附近或声源区域中，忽略体积分项得到的结果不能反映部分四极子源的贡献。若声源面距离计算区域压力出口边界过近，与速度扰动相关源项的计算可能出现较大误差，这将影响声场计算精度。

为明确本例中声源面的合理位置，设计如下验证算例，研究声源面位置对声信号计算结果的影响。取气室总压为 0.3MPa，调制频率为 100Hz，从喉道出口到压力出口边界之间划分了 5 个内边界作为声源面。如图 3.8 所示，由内向外声源面 SF1～SF5 距喉道出口的尺寸分别为 1 倍、2 倍、4 倍、6 倍、7 倍的喉道轴向尺寸。流场计算共模拟了 5 个调制周期，取第 3 至第 5 周期的声源面数据，计算得到轴线 10m 声场接收点的时域波形如图 3.9 所示。声压值波形具有较好的周期性，其中由 SF2 和 SF3 声源面数据得到的声信号相当接近，

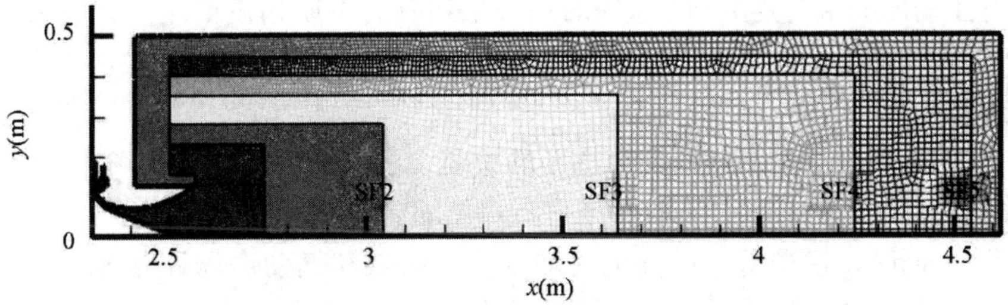

图 3.8　气动声场计算时在气流声源流场区域设置的声源面位置

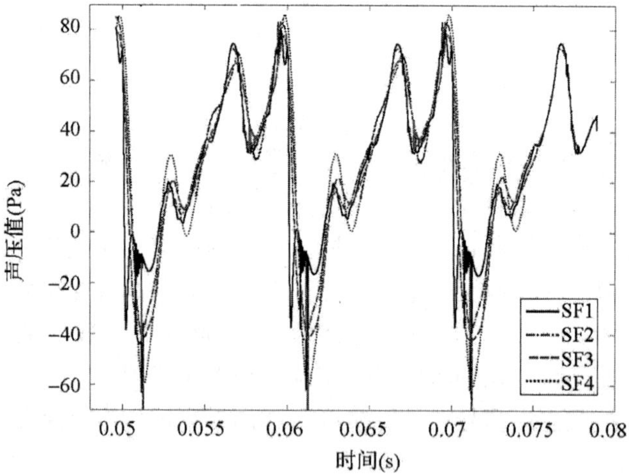

图 3.9　气动声场验证计算得到轴线 10m 测点时域波形

而其余两个声源面(SF1、SF4)得到的信号在负半周与前者差异明显。由 SF5 声源面得到的信号中，高频干扰成分较为严重。时域信号较好的周期性、SF2 和 SF3 对应信号的一致性表明人工压力边界的反射对声场结果的影响并不显著。上述对比分析验证了合理的声源面应包含主要的声源区域并且远离计算区域边界。计算中参考 SF2 或 SF3 的声源面位置，即距喉道出口 1/3 ~ 1/2 波长，并远离压力出口边界。

3.2.8　求解策略

采用有限体积法对可压缩流体力学控制方程进行离散，可保证物理量的积分守恒在任意一组控制体积上都能得到满足，注意到 AMS 准稳态理论是由不同流动区域之间使用守恒关系式导出的，因此两种模型在本质上具有某种相似性。由于所求解的流动过程属高速可压缩内流问题，所以采用耦合隐式求解器(即基于密度的求解器)。瞬态项的积分采用具有一阶精度的全隐式方案，该方案是无条件稳定的。空间离散中对流项采用二阶迎风格式，扩散项采用中心差分格式。

根据前文中对不同区域流动特性的推断，内气动系统内部流场比较复杂，速度值的变化范围较大，在这种条件下可压缩流动的求解很可能出现收敛困难的情况。同时，模型求解过程中还耦合了动网格和气动声场计算等额外的模块。为了保持整个计算过程稳定和具有较快的收敛速度，模型建立中需要确定合理的流场初始化和求解控制参数设定方案，即制定适合于本模型的求解策略。

在稳态流场求解过程中，采用残差与入口/出口流量平衡相组合的收敛判据。首先，从较低的气室压力开始计算，设置较小的 Courant 数(0.2)，对流项采用一阶迎风格式，通过完全多网格初始化(FMG initialization)方法加速求解过程的收敛，消耗极小的计算资源得到比较接近于流场真解的初始解。其次，以较小的 Courant 数迭代一定数目的时间步后，增加到较大的 Courant 数(2)，再迭代一定数目的时间步，增加到较大的 Courant 数(5)，直至残差和流量平衡满足要求。然后，将气室压力增加至应取值，降低 Courant 数(0.2)，重复上述过程，一边迭代一边逐步增加 Courant 数，直至在新的压力条件下达到收敛判据。最后，更改对流项离散格式为二阶迎风格式，继续迭代至稳态计算收敛。

声源内部稳态流场求解完毕后，以稳态结果为初值，设置并启动动网格模型，模拟音圈轴向往复运动对射流的调制以及对下游流场的影响。同时，设置并启动 FW－H 模型并给出声源面位置。最后设定时间步长，开始瞬态计算，并在单个调制周期内以一定的时间间隔保存瞬态流场数据。气室压力 0.6MPa、调制频率 50Hz 的稳态和瞬态计算过程中，残差和监视流量的变化如图 3.10 所示。残差和流量结果都能较好地符合判据要求，说明所制定的求解策略是合理的。

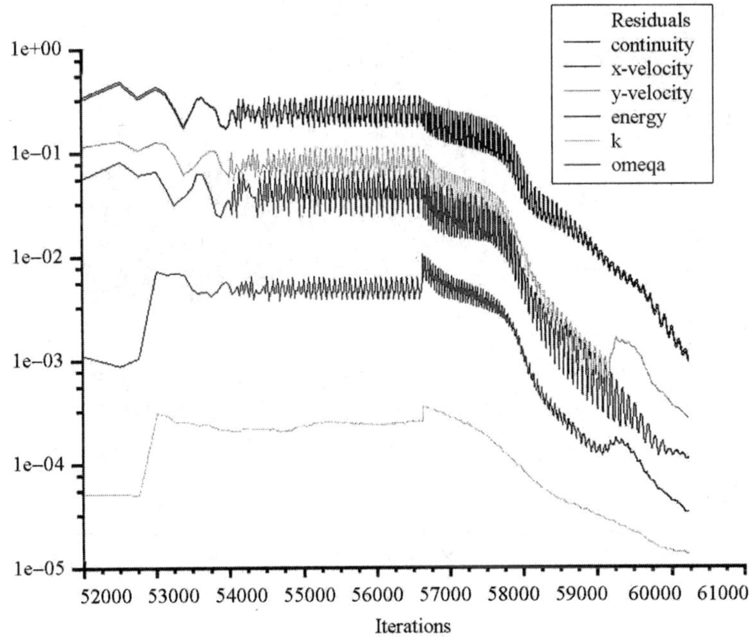

（a）稳态流场计算的残差值

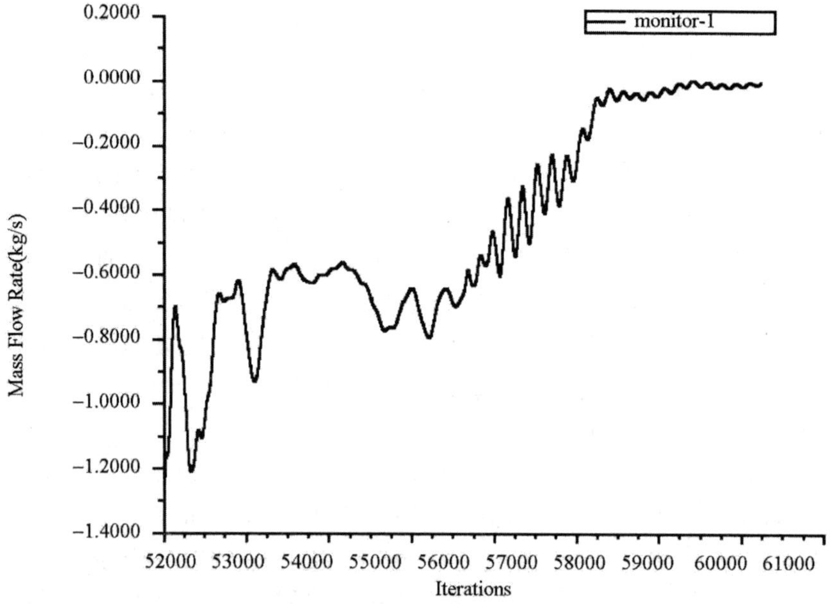

（b）稳态流场计算的入/出口流量差值的变化

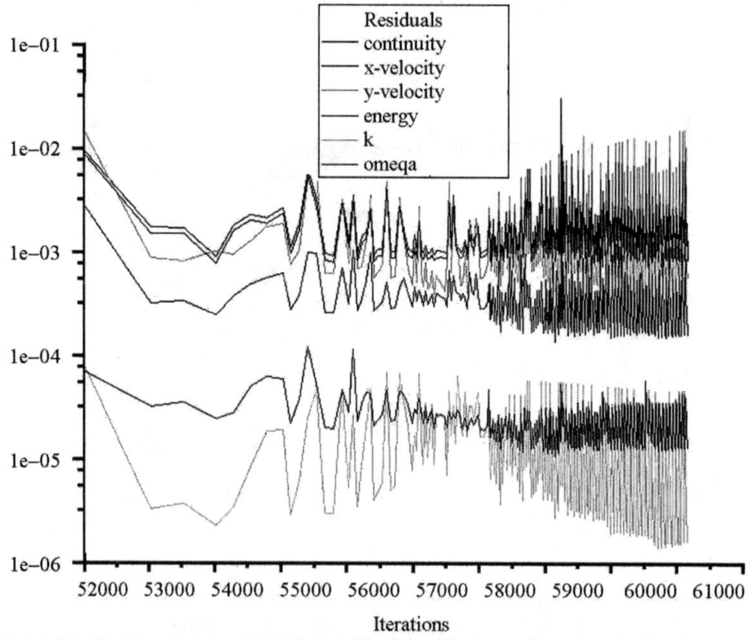

（c）瞬态流场计算的残差值

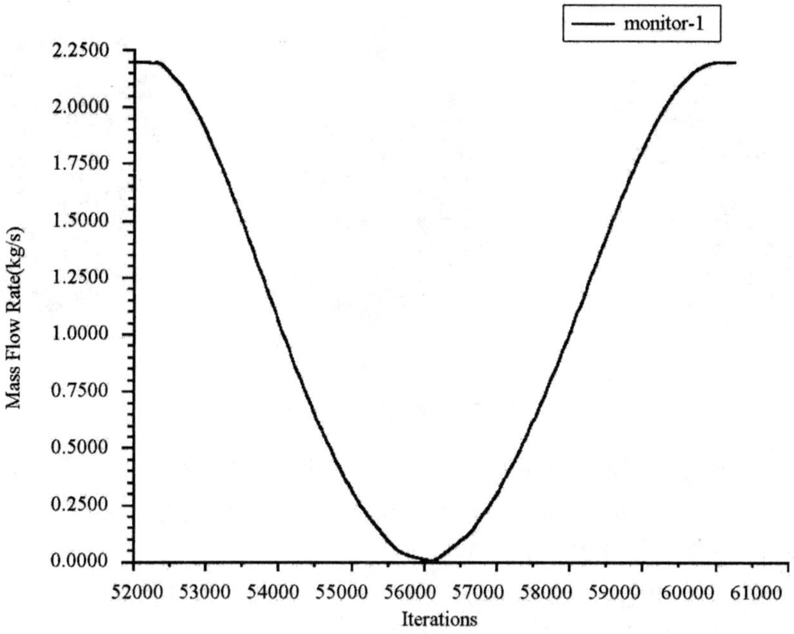

（d）瞬态流场计算的主入口流量变化

图 3.10　气室压力 0.6MPa、调制频率 50Hz 的计算中监视残差和流量的变化

为了进一步降低计算时间，我们还成功尝试了在多节点集群环境下的声源内流场并行计算，对于同时使用 8 个以下 CPU 的情况，计算达到了较好的并行效率。无论是单个工作站或是集群计算环境，上述求解策略都通过自动化脚本方式在后台执行。

3.3　振动系统模型

AMS 振动系统一般由磁路系统、支撑圈、音圈和固定在音圈上的载流线圈组成，类似于音圈电机（图 3.11），系统特性分析中将其简化为一维受迫振动问题。等效电路模型是早期分析振动系统的理论方法，但严格意义上音圈所受的电磁驱动力与磁隙的场强分布有关，在高频调制情况下还存在集肤效应，所以需要将音圈振动与磁路系统耦合在一起求解。

随着计算机和数值分析方法的发展，工程设计中采用数值模拟方法求解置于强磁场缝隙中动组件的运动过程。该方法能够充分考虑动组件的结构特点、弹性元件的结构响应以及磁隙中磁场强度的分布等，揭示更加丰富的振动系统工作状态信息。目前对于永磁体磁路分析一般使用基于有限元方法的电磁分析

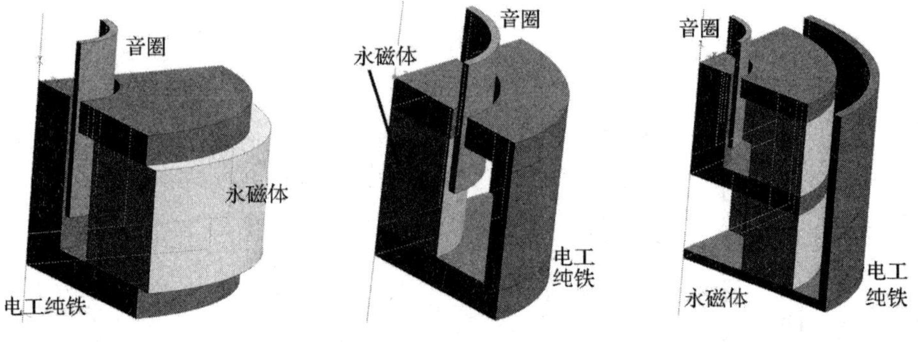

（a）外磁式　　（b）内磁式　　（c）磁屏蔽式

图 3.11　不同类型音圈电机的示意

软件，其中比较著名的有 Maxwell V10/V11、Magnet V6.22 等。它们在提供瞬态磁场计算功能的同时包含了一定的运动物体耦合求解能力。这为本节建立含磁路分析在内的振动系统仿真模型提供了基础。

模型基于通用电磁分析软件 Maxwell V10，音圈的振动由运动物体耦合模块引入。首先依据实际声源内磁式磁路的几何尺寸绘制导磁环、磁芯、band 和音圈，band 附近网格划分较密，磁体部分则较为稀疏。然后指定物体的材料属性，设置音圈为恒压线圈激励源并给出电压函数，计算区域外围定义为气球边界。最后设置运动物体的属性及重力、弹性力等力学参量，指定瞬态计算时间步并求解。

AMS 仿真模型中，内气动系统与振动系统的联系主要体现在两个方面：喷口出口的径向位置与音圈的直径（即磁隙的径向尺寸）相匹配，振动系统位移输出与动网格运动函数相一致。

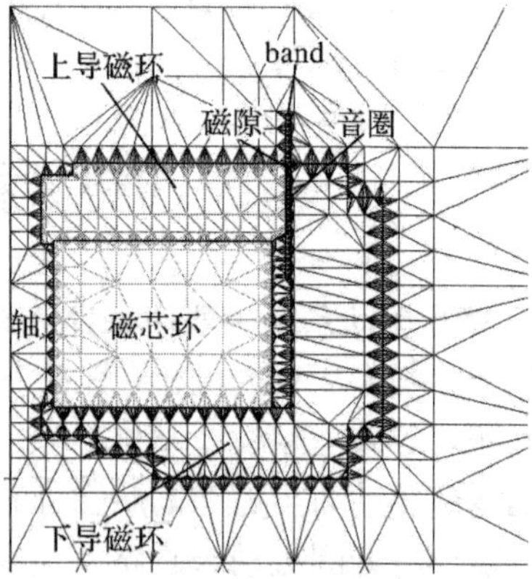

图 3.12　磁路系统模型的网格划分

对于磁路系统进一步的优化设计，可以参考 Sussex 大学工程与设计系的 J. D. Edwards 的音圈电机设计指南[22]，其中考虑了电流、位移非线性和磁饱和等因素。所建立的模型包含了磁路和音圈细节的众多参数和尺寸，给出了以性能或成本为目标函数的铁氧体陶瓷外磁式和钕铁硼内磁式音圈电机的优化设计流程、计算程序和设计数据表格。磁路系统模型的网格划分见图 3.12 所示。

参考文献

[1] 席葆树．阻挡射流扬声器：92102274.3[P]．1992.

[2] 席葆树．一种用于语音广播的高频气流扬声器：200710064137.3[P]．2007.

[3] FLUENT Inc.. FLUENT 6.3 user's guide[M]. 2006.

[4] A. Fine. Computational aeroacoustics of aerofoil wake interaction [D]. Cranfield College of Aeronautics, 2007.

[5] 王福军．计算流体动力学分析——CFD 软件原理与应用[M]．北京：清华大学出版社，2004：1－143.

[6] R. C. Scherer, K. J. D. Witt, B. R. Kucinschi. The effect of exit radii on intraglottal pressure distributions in the convergent glottis [J]. J. Acoustic. Soc. Am., 2001, 110: 2267－2269.

[7] S. Li, R. C. Scherer, M. Wan, et al. The effect of glottal angel on intraglottal pressure[J]. J. Acoustic. Soc. Am., 2006, 119: 539－548.

[8] S. Li, R. C. Scherer. Numerical study of the effects of inferior and superior vocal fold surface angle on vocal fold pressure distrubutions [J]. J. Acoustic. Soc. Am., 2006, 119: 3003－3010.

[9] 陈志敏，等．风能涡轮引信电机吹风装置的轴对称收缩段设计研究[J]．机械科学与技术，2001，20：397－398.

[10] 张连河，范洁川．三元收缩段优化设计研究[J]．空气动力学学报，2003，21：417－423.

[11] 焦予秦．基于 Navier－Stokes 数值计算的风洞收缩段设计[J]．流体力学实验与测量，2003，17：1－6.

[12] 刘卫红．轴对称收缩段设计研究[J]．空气动力学学报，1998，16：250－254.

[13] W. K. Blake. Mechanics of flow-induced sound and vibration [M]. Orlando: Academic Press, 1986: 130－218.

[14] P. Spalart, S. Allmaras. A one-equation turbulence model for aerodynamic flows[R]. American Institute of Aeronautics and Astronautics, Technical Report AIAA－92－0439, 1992.

[15] B. E. Launder, D. B. Spalding. Lectures in mathematical models of turbulence[M]. London: Academic Press, 1972.

[16] V. Yakhot, S. A. Orzag. Renormalization group analysis of turbulence: basic theory[J]. J. Scient. Comput., 1986, 1: 3-11.

[17] D. C. Wilcox. Turbulence modeling for CFD [M]. California: DCW Industries, Inc., 1998.

[18] F. R. Menter. Two-equation eddy-viscosity turbulence models for engineering applications[J]. AIAA Journal, 1994, 32(8): 1598-1605.

[19] B. E. Launder, D. B. Spalding. The numerical computation of turbulent flows[J]. Computer Methods in Applied Mechanics and Engineering, 1974, 3: 269-289.

[20] S. E. Kim, D. Choudhury. A near-wall treatment using wall functions sensitized to pressure gradient[C]. In ASME FED Vol. 217, Separated and Complex Flows. ASME, 1995.

[21] 内部资料. Fluent 动网格技术培训讲义[Z]. 上海: 飞昂软件技术有限公司, 2006.

[22] J. D. Edwards. Design of a moving-coil driver, electrical design project module[R]. Department of Engineering and Design at the University of Sussex, 2006.

[23] 叶云岳. 直线电机原理与应用[M]. 北京: 机械工业出版社, 2000: 68-73.

[24] J. P. Webb. Application of the finite-element method to electromagnetic and electrical topics[J]. Rep. Prog. Phys., 1995, 58: 1673-1712.

[25] 刘国强. Ansoft 工程电磁场有限元分析[M]. 北京: 电子工业出版社, 2005: 130-144.

[26] C. Hirsch. Numerical computation of internal and external flows: fundamentals of computational fluid dynamics[M]. John Wiley & Sons, 2007: 1-140.

[27] C. Wagner, T. Hüttl, P. Sagaut. Large-eddy simulation for acoustics[M]. Cambridge University Press, 2007, 1-166.

[28] R. D·白莱文斯. 流体诱发振动[M]. 北京: 机械工业出版社, 1981: 118-146, 255-287.

[29] FLUENT Inc.. Fluent 6.0 acoustics models manual[M]. 2002.

第四章　内流场与近距离声场

调制气流声源已有的实验研究多集中于强声场测试，如文献［1］对该类声源的声辐射问题开展了实验测试，结果表明，0.25～2kHz 范围内声场指向性与无限大障板圆活塞相近。从气动声学的观点看，声源内部的流动过程是强声波产生的来源，声场特性与流场演化的物理过程密切相关。因此，为进一步研究气流声源的换能机理和改进声源输出，需要明确内部流场特性，并将流动过程与声场特性相关联。

一个典型的例子是声源频响特性的预测问题。计算声场频响数据需要以流场演化的频率相关性为基础，而目前预测声源性能的理论或已有实验研究均未讨论调制频率与流场演化的关系。一方面，准稳态理论忽略了部分流动区域中控制方程的瞬态项，因而不能反映内部流场随调制频率的变化。另一方面，用于求解调制部件振动的等效电路方法尽管能够给出位移输出的频率响应，但与工程中关心的声场频响特性有较大的差别。而基于气动力学的一些典型实验方法对声源流场演化过程开展测量，可以明确流场特性及其随调制频率等声源参数的变化而变化，从而弥补以往相关实验工作的不足。

所以，完整的 AMS 实验测量应分为内部流场和外部声场两部分。声源内流场的测量可分为振动系统处于空载（没有输入）和加载（输入调制信号）两种情况，分别对应稳态和瞬态流场的测量。为避免测试环境的影响，声场测量一般针对声源外部近距离范围内的强声场进行。

内流场测试中，由于声源能量转换过程主要集中于喷口下游的喉道内部，而内部的空间狭小且存在复杂的非定常流动，所采用的流场测试方法需避免对主要的流场结构产生干扰，因而准确地获取喉道瞬态流场数据有一定困难。

近年来，得益于流体力学实验技术的发展，国外学者已将单点测压、测速和粒子图像测速（Particle Image Velocimetry，PIV）等流场测量方法应用于与 AMS 同属受限调制射流问题的人发声机理的流场演化特性研究，并获得了较大成功。前文 1.2.3.3 节已对这些实验工作进行了介绍。从早期的静态声门模型到 Barney 等[2] 和 Shadle 等[3] 建立的含矩形快门的声襞动态模型，再到 Bogdan[4] 等为逼真模拟声襞运动和真实瞬态流动过程而设计的含复杂调制机构的模型，实验模型日趋完善。Triep 等[5]和 Erath[6]通过 PIV 方法，在动态声门模型实验中观察到 Coanda 效果。在类似的实验研究中，不仅发现了受限射流中存在旋涡串等较为复杂的流动特性，而且观测到流场－声场相互作用和循环反馈机制等比较复杂的能量转换机理。然而，已有流场测试工作多是在低速条件下进行的，对于 AMS 内部高速流动的测试结果还少见报道。高速条件下，PIV 等流场测试方法的一些参数需要进行调整。

本章的流场测试内容包括对单点静压值的测量和以高速 PIV 为基础的整体速度场的测量。PIV 方法作为一种非接触、对流场无扰动的全场定量显示技术，是从 20 世纪 70 年代末发展起来的，它克服了单点测速技术的局限性，可在同一时刻测量整个流动空间的速度矢量分布，而且具有较高的测量精度，能够提供流场中流动结构的丰富信息。PIV 技术的基本原理是在流场中投放示踪粒子，用脉冲激光片光照射所测量的流场，通过连续两次或多次曝光，获得 PIV 底片，然后采用自相关或互相关算法处理 PIV 底片，从而获取流场的速度场分布。目前，以高精度、快速测量和实时处理为特点的数字式粒子图像测速（DPIV）系统已达到商品化，从而使 PIV 技术发展到实用阶段。

本章的声场测试内容包括在不同声源参数条件下，辐射声场的频率特性以及近距离声场的指向性等。获取的声源内部流场测试数据也被用于验证前文所建立的声源数值仿真模型的准确性。

4.1 实验系统

为获取声源内部流场和外部声场两方面的实验数据，所采用的流动致声实验系统包括两个部分：

一是以实际声源装置为中心的流动静压和声压单点测试系统（简称单点测试系统）。通过在声源装置的喉道壁面布置多个动态压力测点记录扰动压力的变化，通过在近距离声场布置多个传声器测点记录强声波的辐射和传播。

二是以气流声源实验模型为中心的 PIV 速度场测试系统。设计和试制与实际装置几何尺寸等比例的二维近似实验模型。基于准稳态假设忽略内流场的瞬态特性，借助高速 PIV 系统捕获声源内部不同调制面积对应的稳态速度场分布，并且通过在喉道两侧壁面布置的多个静压测点同步记录不同调制面积对应的稳态静压值数据。

4.1.1　单点测试系统

AMS 内部流场和外部声场数据由单点测试系统测得。系统组成如图 4.1 所示，由 6 通道的动态压力采集、3 通道高声强声压值和 4 通道声压值采集组成。其中 6 通道动态压力的测量由 1 通道喷口气室总压的采集（0#）和 5 通道喉道静压值扰动的采集（1～5#）组成。

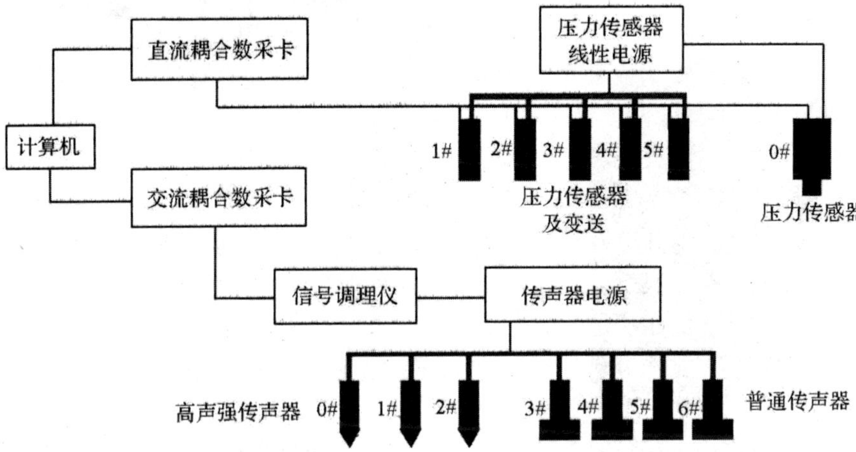

图 4.1　AMS 装置的单点测量系统组成

各压力传感器的位置如图 4.2 和图 4.3 所示，1～5#按从上游到下游的顺序依次安装。安装孔的轴向与当地喉道型面的切线方向垂直，安装孔的长度尽可能缩短以减小其对高频压力扰动的过滤作用。3 个高声强传声器 0#、1#和2#

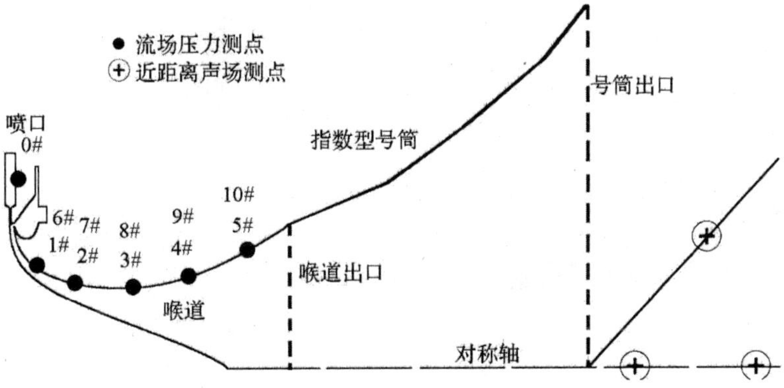

图 4.2　流场声场测点分布示意图

分别位于轴线上距离号筒出口1m、5m和5m偏离轴线20°位置。而3～6#普通传声器分别位于轴线10m、10m偏离轴线20°、40°和60°的位置。动态压力信号经压力变送器放大后通过直流耦合输入数据采集卡，声压信号则由信号调理仪滤波放大后通过交流耦合输入数据采集卡。实验中每次工况的采集时间不超过10秒。

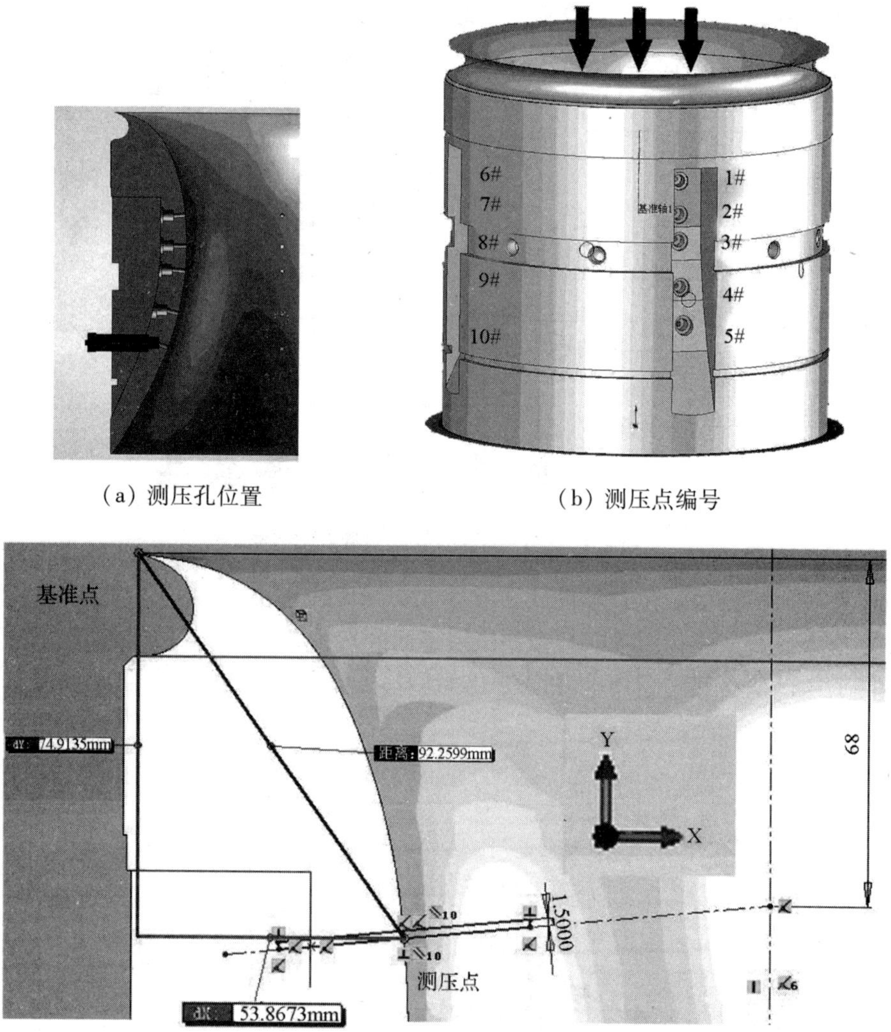

（a）测压孔位置

（b）测压点编号

（c）基准点和测压点的相对位置

图4.3　声源装置喉道部件测压孔分布和编号

其中，1～5#压力传感器的布置需要对原始气流声源的喉道部件进行改造。

如图 4. 3 所示，在喉道部件侧壁两个方位（方位夹角 90°）上加工了静压测孔，测压孔轴线与所在型面曲线上点的切线方向垂直。测孔的数目是 10 个，不同方位上测孔编号从流场上游至下游分别为 1#至 5#、6#至 10#。测点的具体位置在表 4. 1 中列出，由测点在 X 方向和 Y 方向距基准点的位置描述。

表 4. 1　AMS 装置内各压力测点位置

测点编号	X 方向距基准点距离（mm）	Y 方向距基准点距离（mm）
1#　6#	53. 8673	74. 9136
2#　7#	54. 7485	97. 9627
3#　8#	54. 0235	116. 2887
4#　9#	48. 9858	147. 4162
5#　10#	41. 1226	172. 5935

4. 1. 2　稳态流场 PIV 测试系统

上节 AMS 装置的单点测试系统尽管可方便测得瞬态流场及对应的声场数据，但是数据在空间上仅局限于若干个测点。PIV 实验可以弥补它的不足，直接获取整个喉道内的流场分布结果。

图 4. 4 为本章搭建的 AMS 模型 PIV 实验系统框图，系统可分为气流声源实验模型、静压单点测试和 PIV 速度场测试三部分。对于内流场结构的测量，

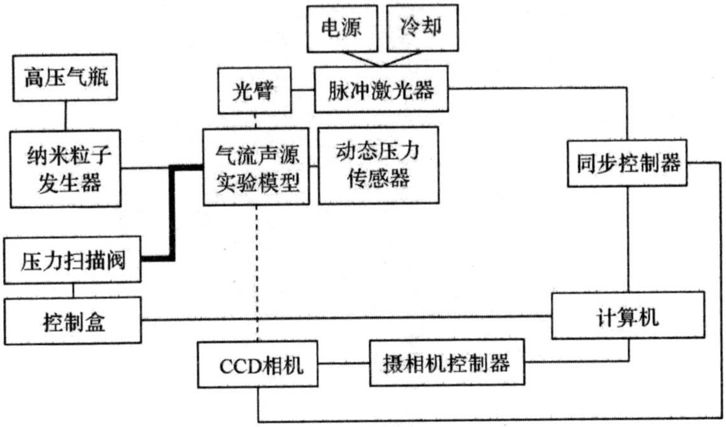

图 4. 4　AMS 模型 PIV 实验系统框图

二维模型和二维 PIV 技术是首选，所以需要设计二维实验模型用于近似实际的轴对称声源结构。二维近似的合理性主要取决于流道的宽度和径向距离的比值，该值越小，近似效果越好，反之则误差较大。分析气流声源的喉道形状，可知湍流混合区及其邻近下游区域都基本满足这一条件，只在出口内壁面附近有一些差别。因而对于主要流场结构的测量来说，二维近似是合理的。此外，模型具有足够的横向宽度尺寸以消除可能的边界效应。

实验模型具体结构和组成如图 4.5 所示。高压气体在实验模型喷口本体中

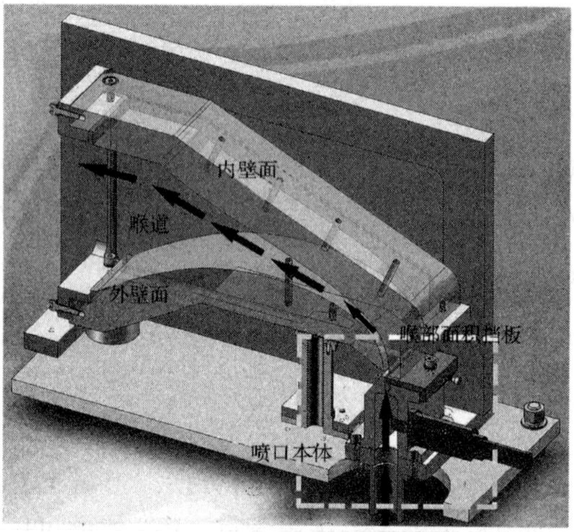

(a) 实验模型装配图剖面

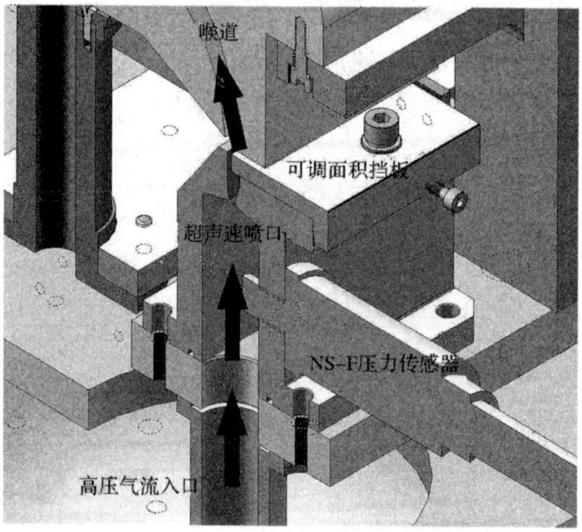

(b) 装配图局部放大

图 4.5　PIV 实验系统中的气流声源实验模型

加速，喷口入口布置有气室总压测孔，通过压力传感器监控气室总压。喷口本体喉部位置安装有可调面积挡板，借助螺旋机构可对其轴向位置进行准确调节。工作时喷口出口形成射流，可调挡板通过改变喷口出口宽度模拟音圈的调制作用。上游总压一定时，挡板控制了通过实验模型的流量。喷口本体下游是由透光性较好的有机玻璃内外型线壁面和两个 K9 光学玻璃侧板构成的二维喉道。PIV 实验中 CCD 相机拍照方向与侧板垂直，脉冲片光照射穿透内外壁面并与侧板平行。因为湍流混合区流动状态较为复杂，又与流动分离的形成密切相关，因此令打光位置接近内壁面并靠近喷口，打光方向与内壁面某点的切线方向垂直。声源实验模型中喉道内外壁面加工有静压测试孔，喉道内部测点数目共 11 个（编号 P1 ~ P11）。其位置如图 4.6 所示，分布于喉道上游至出口的整个空间范围内，其中外壁面测点编号从上游至下游依次为 P1 ~ P6，内壁面测点编号从下游至上游依次为 P7 ~ P11。测孔轴线同样与当地表面的法线方向重合。

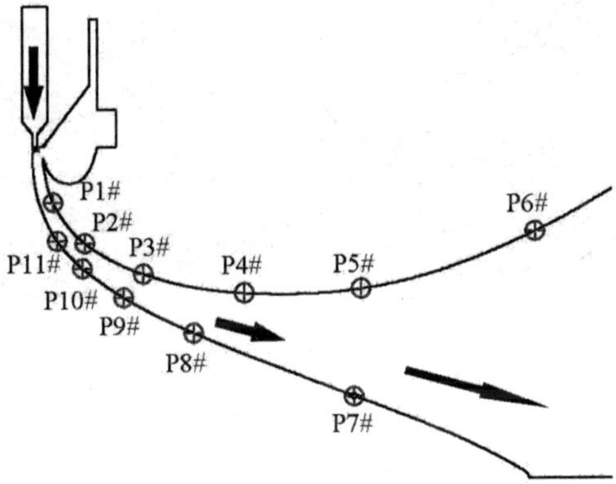

图 4.6　静压单点测量测点布置及编号

PIV 实验系统中的静压单点测试硬件与上节单点测试系统中的硬件相同。图 4.4 中，PIV 速度场测试硬件包括脉冲激光器及其传输和冷却设备、支持跨祯技术的高速 CCD 相机及控制器、同步控制器和纳米粒子发生器。PIV 实验对散播粒子浓度的要求可归结为：粒子必须有足够小的粒径，以便能够代表所在位置上流体的瞬时运动参数；粒子还必须有足够大的直径，以便产生足够的散射信号。实验采用的示踪粒子是比重与空气相近的纳米尺寸粒子，适于跟踪高速流动。

图 4.7 为 PIV 实验系统现场照片。测试时整个系统的时序控制由同步器严格按照确定的时间次序实现，而同步器也接受外部同步信号控制。同步器依次触发两台激光器 A/B，在确定的时间间隔 Δt 先后发出激光脉冲，脉冲

光束经光臂传输到打光位置，由一组透镜展开成片光照亮流场中分布的粒子。在激光照亮流场的同时，CCD 相机进入工作状态，使被照亮流场中的分布粒子成像，图像经由接口板传输到计算机的系统内存。在进行图像采集时，由于同步器对整个测量过程的时序控制，使得两幅图之间的时间间隔 Δt 为一定值。对每两幅图进行相关计算就可得到粒子的运动速度矢量，最后在流场后处理软件中，通过后处理得到粒子的速度矢量图、流线分布图等系列图表。

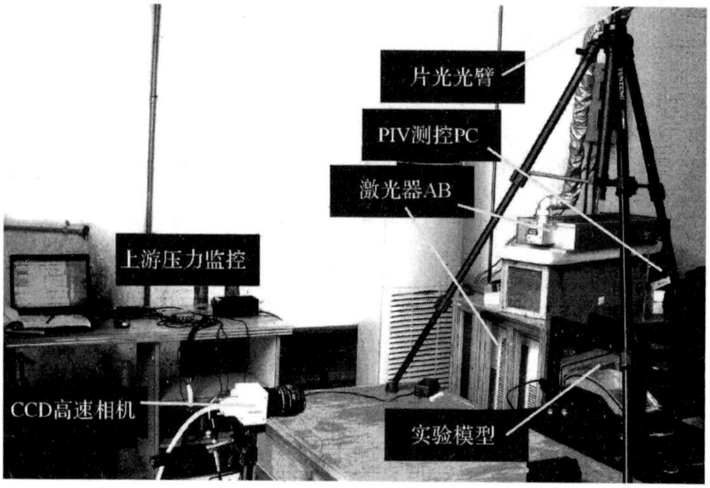

图 4.7　PIV 实验现场照片

由 PIV 实验正式获取实验模型速度场之前，需要确定若干关键的实验系统参数，即对 PIV 实验系统进行调试。PIV 系统的调试过程按顺序可分为以下几步：

（1）按能量由低到高调节片光打光，使流场边缘尽量清晰，散射杂光较少。

（2）确定合理的 A/B 脉冲激光产生间隔（脉冲延时 Δt）。

气流声源实验模型中，喉道内部不同位置流动速度差异很大，因此 Δt 间隔的确定是一个关键的问题。一般来说，为保证 CCD 成像的清晰和测试的精度，Δt 依据粒子运动速度来设定。当气室压力较高时，主流速度较高，Δt 设置较小值（例如 1 微秒至几十微秒）；低速区或者气室压力较低时可适当增大（例如数百微秒）。受限于喉道内部特定的流场结构和粒子发生器所产生粒子浓度随气室压力的变化，在喉道内部和出口各处实现示踪粒子的均匀布撒比较困难。因此，同时准确测量近壁面、回流低速区和喷口出口附近高速区比较困难，需要在整体速度场和局部流动细节之间进行折中。由于目前主要关注高速主流和受限射流流动的整体结构，本章实验中一般取脉冲延时为 20μs。

(3) 确定合理的 CCD 相机曝光和脉冲激光器触发的时间间隔（称为第五通道数）。

相机曝光和脉冲激光器触发的时序控制关系与激光器和 CCD 相机的型号有关，同时随脉冲延时的变化而略有改变。正常的情况是，当激光器 A 或 B 分别打光时，CCD 拍到的一组图像尽可能是单独被某个激光器照亮后得到的。在此基础上进一步调整两个激光器的光强，使 CCD 拍摄到图像的亮度基本一致，增加相邻两幅图的相似性，便于速度场的相关计算。

(4) 向被测流场喷入少许粒子，调整 CCD 相机，使其聚焦于粒子所在平面。

保持光臂、实验装置和 CCD 相机的位置不变，调节相机焦距使图中粒子最清晰。设置脉冲延时 Δt，先试采一组图像，若边缘比较清晰、粒子对焦比较好，则可计算一组速度场。若认为结果比较理想，则开始该状态下的正式实验，否则重新调试。

(5) 速度场的计算和速度向量的修正。

由相关计算得到的速度场中，若相邻位置速度向量相差过大，则可进行向量修正，即由一定判读区域内的平均速度值代替直接计算值。在判读区内有足够数目粒子的前提下，所设置的计算判读区越小，计算精度越高。速度场计算时，计算步长一般取判读区的一半。若向量修正的速度场计算结果在相邻位置仍然存在不正常的速度差异，可进行迭代计算。迭代次数与区域间的速度差异成正比。

(6) 绝对速度值标定，得到绝对速度场结果。

PIV 测速后处理直接得到的是速度场的相对值，为将其转化为绝对速度场，需要对图中的长度单位进行标定。标定过程中，首先在喉道内部的片光位置放置标尺，然后采集图像，通过标尺的实际长度标定图像中的图像放大率，依据 CCD 相机拍照的曝光时间，确定图像的速度放大率，即被测速度场的缩放比例。

(7) 保存原始图像文件和速度场结果。

在保存速度场向量文件的同时，保存 tif 的原始图像序列，以方便后续处理和分析。

4.1.3 设备型号

AMS 装置内部流场数据的测试中，喷口气室总压由 NS－F 传感器（0#，量程 0～2Mpa）获取，喉道内动态静压值由 NS－2 传感器（1#～5#，量程 0～0.2Mpa）获取，获取的动态压力信号由支持直流耦合输入的 NI－4472 数采卡采集。AMS 装置外部声场数据的测试中，距离号筒出口 1m 和 5m 测点（0#、1#和 2#）的声信号由 B&K 4941 高声强传声器获取，距号筒出口 10m 测点（3#、4#、5#和 6#）的声信号由 B&K 4192 传声器获取，获取的声压信号则由支持交流耦合的 NI－9233 数采卡采集。声场测试中，各传声器的电源型号为 B&K 2829。AMS 装置流场和声场的单点测试采用的测试软件为 NI 公司的声与振动软件包，它可完成流场和声场数据的采集、回放、统计和后处理分析。

PIV 测试系统中，主要的设备型号如下：脉冲激光器为 Beamtech Vlite－350，摄像机控制器为 Redlake Fx20 Camera Controller，拍照设备为 Imperx 高速 CCD 相机，同步控制器为立方天地科技公司 Micropulse 725，粒子图像分析和测试控制系统软件为 MicroVec。气流声源实验模型的气室和喉道内压力测量使用的压力传感器型号与 AMS 装置流场测试相同。

4.2 稳态流场

4.2.1 装置单点测压实验

4.2.1.1 亚声速/声速流动条件下的测量结果

单点静压测量实验中的压力工况覆盖了亚声速和声速调制。空载条件下声源内安放音圈、喷口出口宽度 0.6mm、喉道入口宽度 6.1mm 的测量结果如图 4.8 所示。而去除音圈、喷口出口宽度 1mm，改变喉道入口宽度分别为 6.1mm、4.1mm 和 2.1mm 的结果，如图 4.9、图 4.10 和图 4.11 所示。

以上测量对应气室表压的变化范围覆盖了 0.1MPa 到 0.7MPa，当喷口出口宽度较大时，因气源供给流量的限制，气室压力略有下降。对测量结果的初步分析表明，10 个测点中，6#测点结果规律性较差，所以本节给出的结果中，除图 4.8 (b)外，图 4.9 至图 4.11 统一去除了 6#测点值。为考察所测数据的重复性，每个工况重复测试一组。

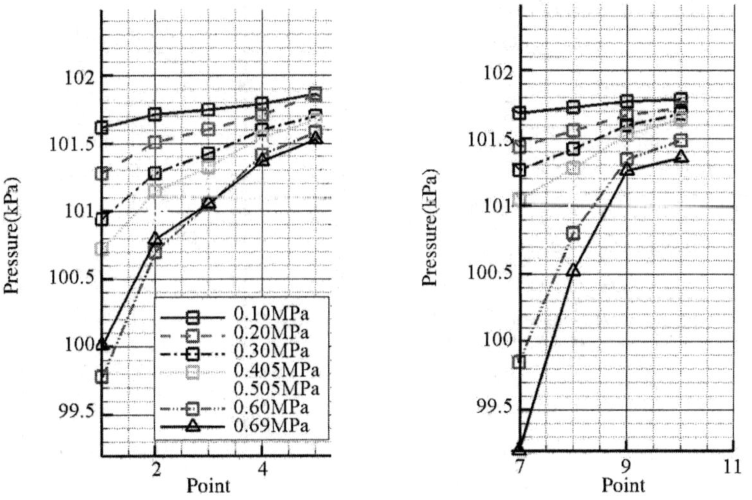

（a）第一组

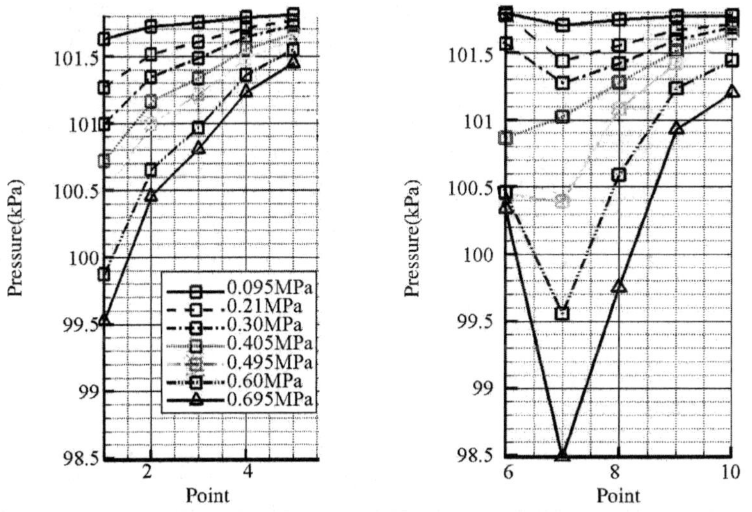

（b）第二组

图 4.8　安置音圈、喷口出口 0.6mm，喉道入口 6.1mm 的静压值测量结果

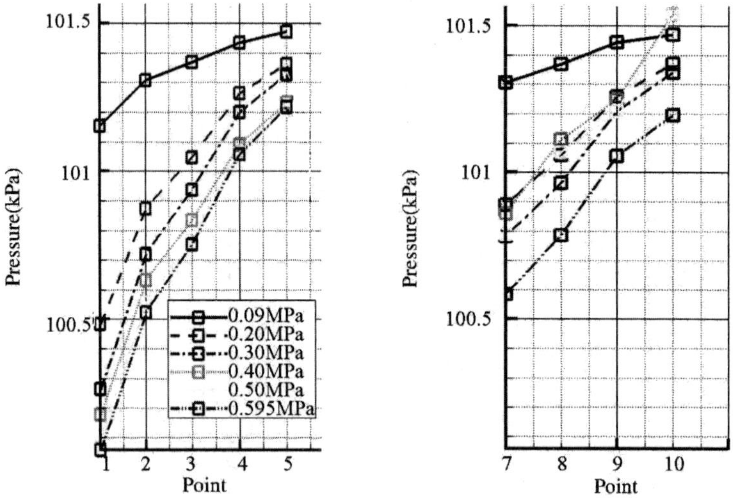

（a）第一组

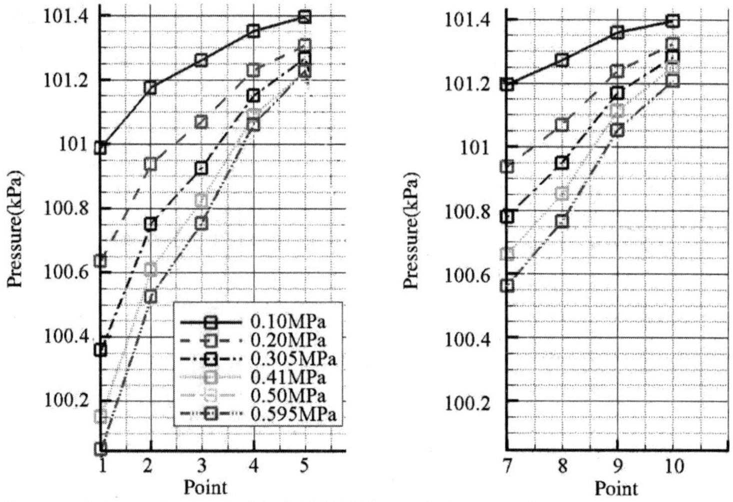

（b）第二组

图 4.9　去除音圈、喷口出口 1.0mm，喉道入口 6.1mm 的静压值结果

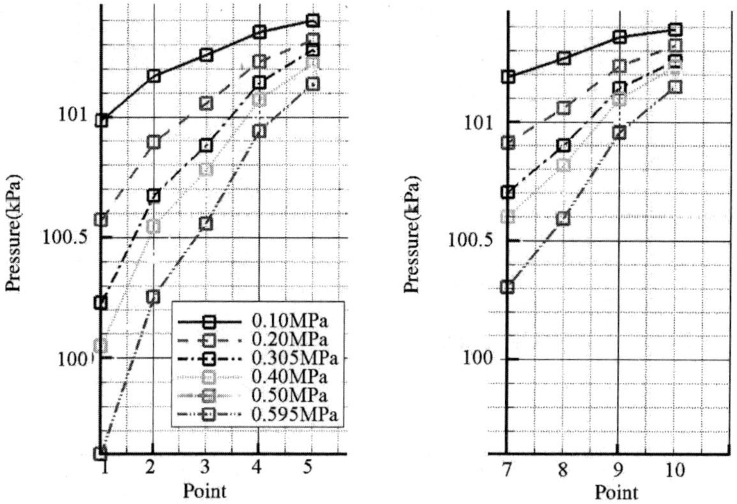

(a) 第一组

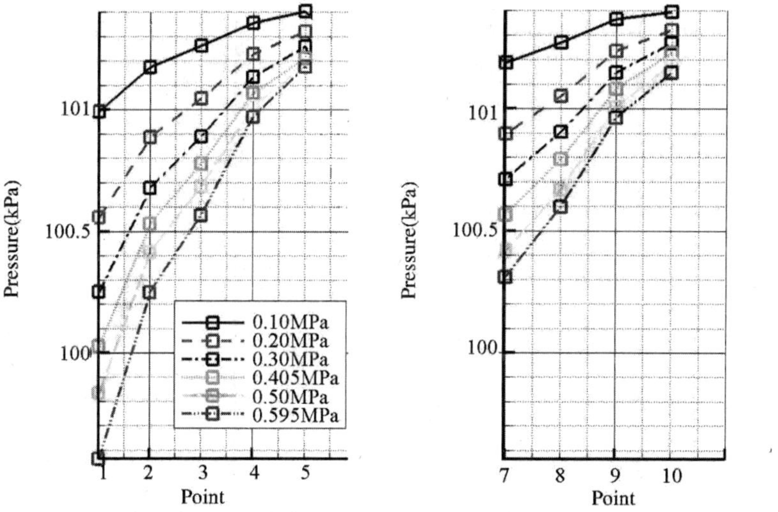

(b) 第二组

图 4.10　去除音圈、喷口出口 1.0mm，喉道入口 4.1mm 的静压值结果

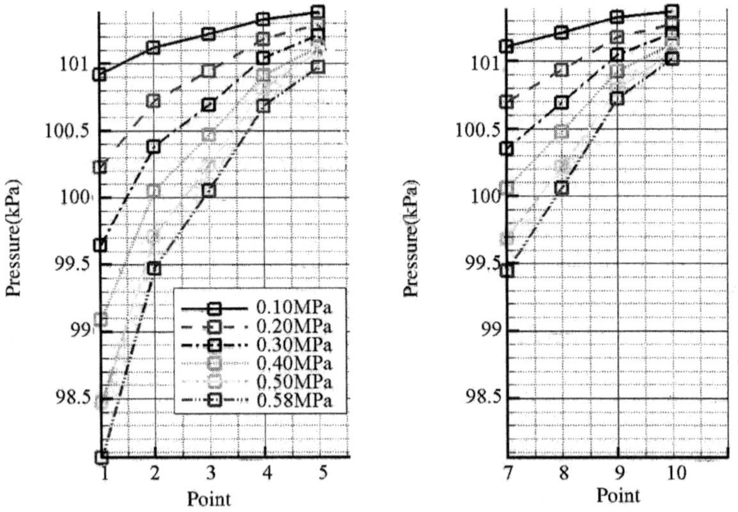

(a) 第一组

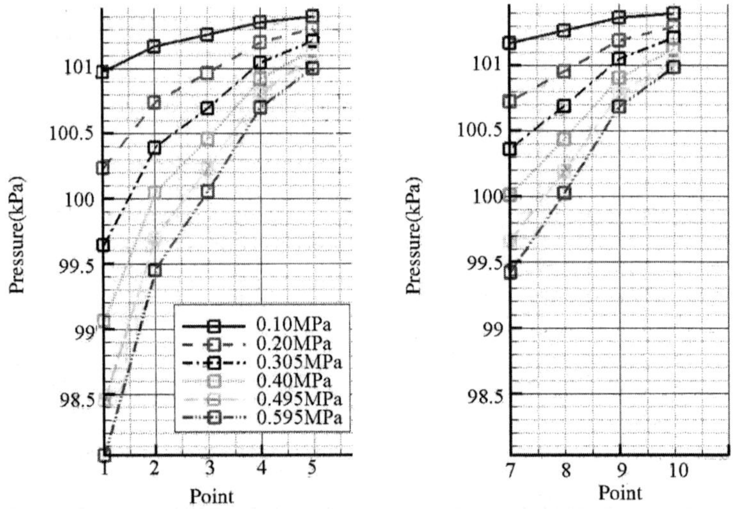

(b) 第二组

图 4.11　去除音圈、喷口出口 1.0mm，喉道入口 2.1mm 的静压值结果

4.2.1.2　气室压力对流场的影响

几乎所有的实验结果都给出了类似的流场静压值分布。不同测点结果相比较，接近喉道入口的静压值低于接近喉道出口的静压值，这反映了稳态流场中从上游至下游气流逐步减速，静压值逐渐接近环境压力。喉道内稳态流动类似于亚声速扩压器中的压力恢复过程。气室压力较高时，上下游测点间的静压梯度较大。因而当声源处于外加调制信号的工作状态时，若假定喷口全关闭时喉道内部压力等于环境压力，则较高的气室压力对应喉道内更大的静压值变化或压力扰动。

图 4.9 至图 4.11 的实验结果中，可见静压值数据的重复性较好，0°和 90°方向对应测点的压力基本接近，这说明声源装置内气动系统各部件在加工平行度方面满足要求。

为考察音圈对稳态压力测量可重复性的影响，将图 4.8 内置音圈的实验结果与图 4.9 去除音圈的实验结果相比，可见内置音圈时在 0°和 90°方向上对应测点的静压值差距比较大，其中上游测点的差距非常显著，高的压力工况下甚至出现了上游测点静压值高于下游的情况。相同总压条件下，内置音圈时的两次测量结果之间的差别也很明显，测量结果的重复性不好。这说明未加调制信号时，音圈与气流很可能存在一定的流固耦合作用，受其影响音圈产生了一定的轴向振动或者侧向摆动，且这些作用随气室压力的增大而增强。

分别比较图 4.9 至图 4.11 中的静压值结果，分析改变气室压力对稳态流场的影响。

图 4.9(喉道宽度 6.1mm) 中：第一组数据，压力为 3.0/4.0/5.0kgf/cm^2，测点 6～9#的数据偏离了一般规律；第二组数据重复性较好，随着气室总压的提高，同一测点的静压值一直保持下降趋势，但是降低量逐渐减小直至最后趋近饱和，总压 5.0atm 和 5.95atm 对应的静压值基本重合。

图 4.10（喉道宽度 4.1mm）中：两组数据重复性较好，随着气室总压的提高，同一测点的静压值一直保持下降趋势。

图 4.11（喉道宽度 2.1mm）中：两组数据重复性较好，随着气室总压的提高，同一测点的静压值保持下降趋势，但在较高的气室压力下降低量有趋于饱和的趋势。假定喷口全关闭时，喉道内部压力等于环境压力，则所测静压值数据表明，较高的气室总压下声源内压力扰动将出现饱和。

4.2.1.3　喉道入口宽度对流场的影响

图 4.9 至图 4.11 中，通过同种压力工况静压值结果的比较来看，喉道入口宽度对下游局部静压值的分布有一定影响。首先，相同气室压力，喉道入口宽度较小时，靠近上游同一测点的静压值更低，而靠近下游的测点静压值的变化则不明显。其次，对于较高的气室压力，喉道入口宽度的增加，使测点静压值的下降更容易趋近饱和。综合上述两点，较小的喉道入口宽度对于提高喉道

上游的压力扰动有利，但对于喉道出口压力扰动的影响不明显。这与后文5.5节中，数值模拟给出的喉道入口宽度改变并不能显著改变声源声压级输出的结论是一致的。

4.2.2 实验模型单点压力

静压测试中实验模型可调参数包括气室压力和喷口出口宽度。实验中调节气室压力分别为0.11MPa、0.12MPa、0.13MPa、0.14MPa、0.15MPa、0.16MPa，调节喷口出口宽度分别为0.5mm、1.0mm和1.5mm。单次实验的压力数据采集和记录在气室压力稳定后进行，每次数据采集时间不少于3秒，实验结果取其平均值。

喷口出口宽度分别为0.5mm、1.0mm、1.5mm，图4.12给出不同气室压力下测点静压值结果。可见各测点压力数据均低于环境压力，从测点P1到测点P2静压值增加很快，内外壁面处于同一截面上的静压值相近，喉道出口回流平衡了主流与附近区域的压力差异。对于相同的工况，不同位置的测点结果具有相同的变化趋势：上游测点静压值低于下游，喉道入口附近测点静压值低于环境压力，喉道出口附近的静压值接近环境压力。这一趋势反映了稳态流场从上游至下游气流逐步减速，静压值逐渐恢复的过程。静压值结果随气室压力的变化呈现较好的规律性。外喷管和内塞锥壁面上相邻测点之间的压差均表明，较大的气室压力能够产生较大的喉道内部负压梯度。

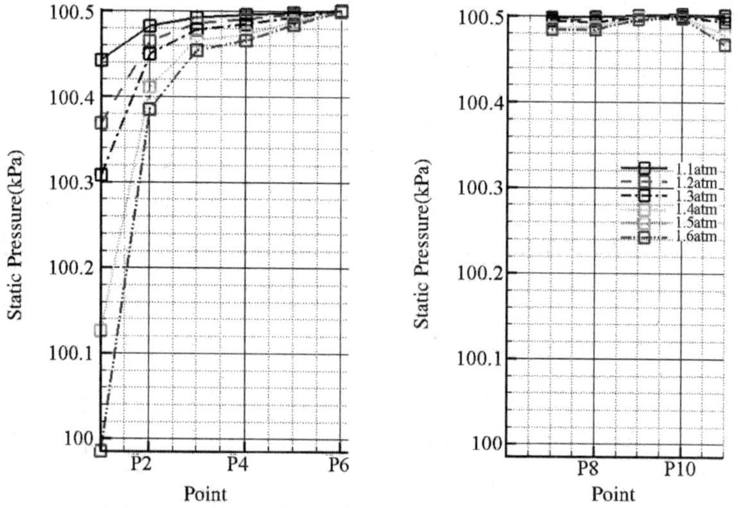

(a) 喷口出口宽度0.5mm

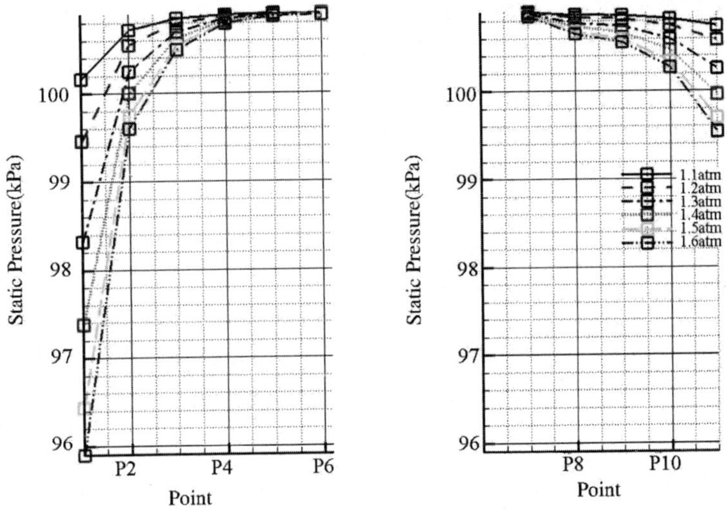

(b) 喷口出口宽度 1.0mm

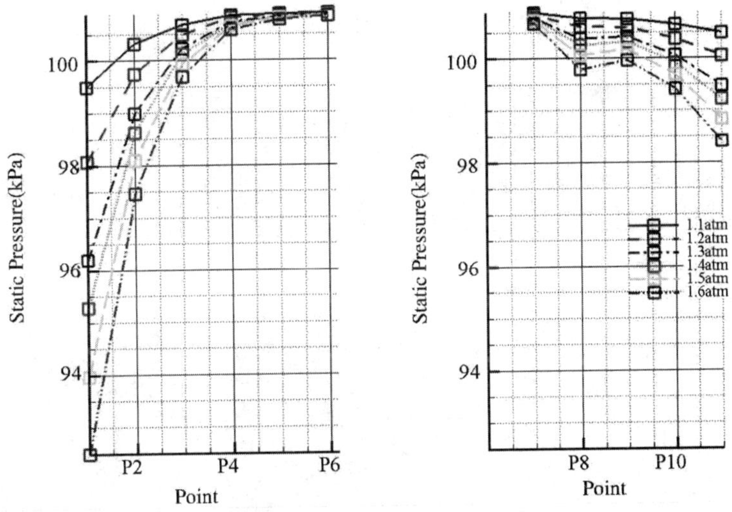

(c) 喷口出口宽度 1.5mm

图 4.12　改变喷口出口宽度，不同气室压力下喉道壁面 11 个测点静压值

对于相同的气室压力，随着喷口出口宽度的增加，流入喉道的流量逐步增加，喉道入口附近的射流流速逐渐增加。因而上游测点的静压值逐渐下降，上游和下游测点间的压差逐步增加。在图 4.12 (a) 中，当喷口出口宽度为 0.5mm 时，内塞锥测点的静压值随气室压力的变化没有外喷管测点那样显著，说明此时射流并未完全贴近内塞锥。而对于喷口面积宽度较大的图 4. 12(b) 和图 4. 12(c)，内塞锥测点静压值和外喷管测点一样随气室压力的增加而明显降低。图 4. 12 (c) 中，可见气室压力为 0. 16MPa 时，下游测点 P8 的静压值低于上游测点 P9，这应该来自实验中的测量误差，例如与测压管道在压差条件下的收缩变形、压力传感器的零点漂移和气室压力的波动等有关。

4. 2. 3 实验模型 PIV 速度场

速度场测试实验中，气室压力和喷口出口宽度等工况参数与 4. 2. 2 节中测压实验相同。由于 CCD 相机像素的限制，将整个喉道及其出口附近划分为三个测量窗口，从喉道入口下游沿流动方向直至喉道出口外侧分别将测量窗口编号为“外、上、中”（图 4. 13(w1) ~ (w3)）。图 4. 13、图 4. 14 和图 4. 15 给出部分速度场测量结果。

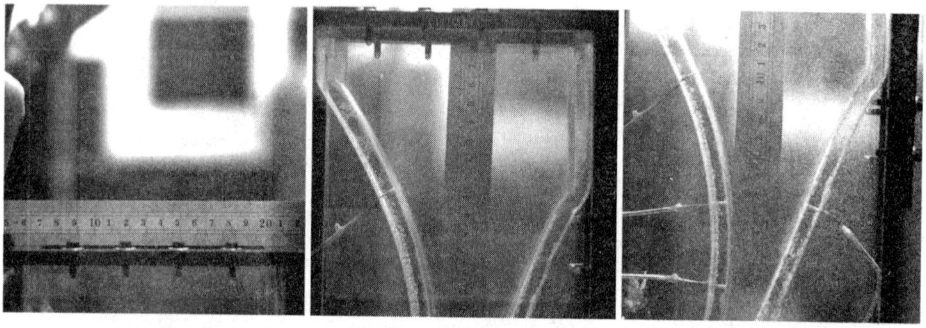

（w1）外测量窗口　（w2）上测量窗口　（w3）中测量窗口

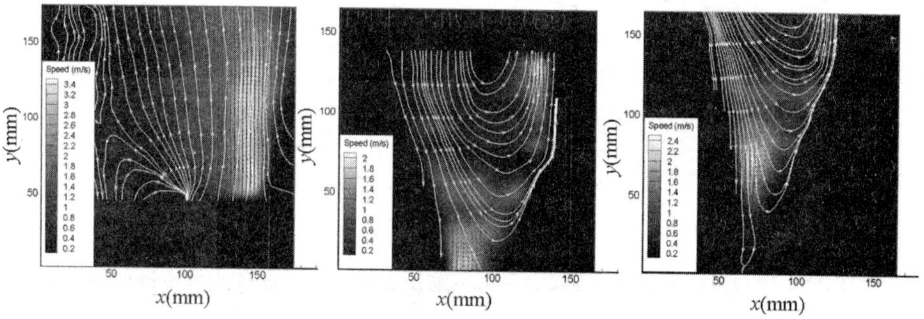

（a1）0. 12MPa – 外窗口　（a2）0. 12MPa – 上窗口　（a3）0. 12MPa – 中窗口

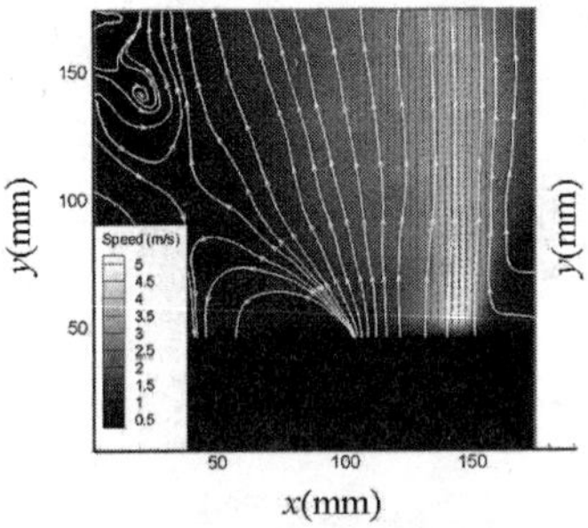

（b1）0.14MPa－外窗口

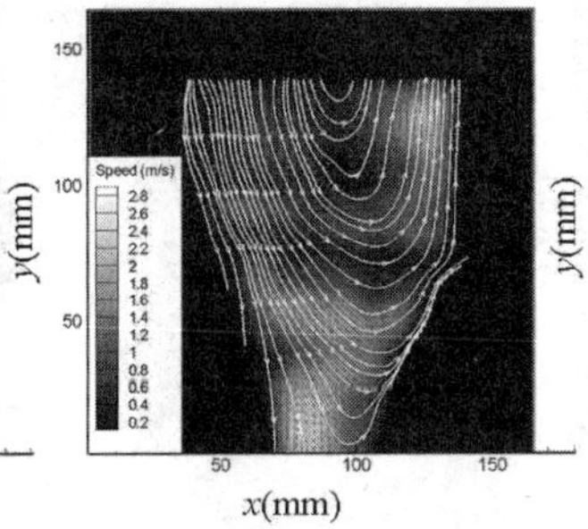

（b2）0.14MPa－上窗口

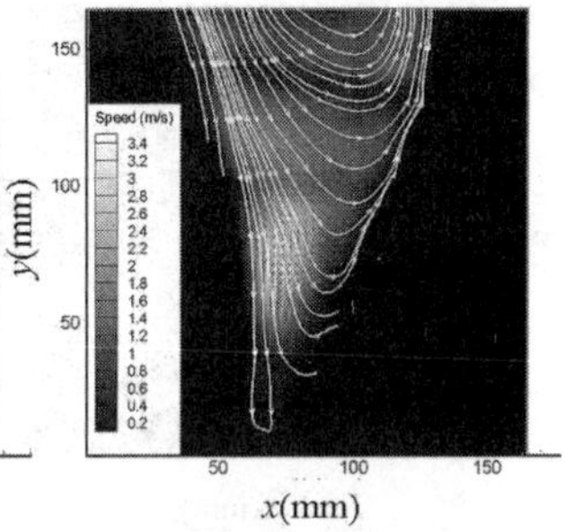

（b3）0.14MPa－中窗口

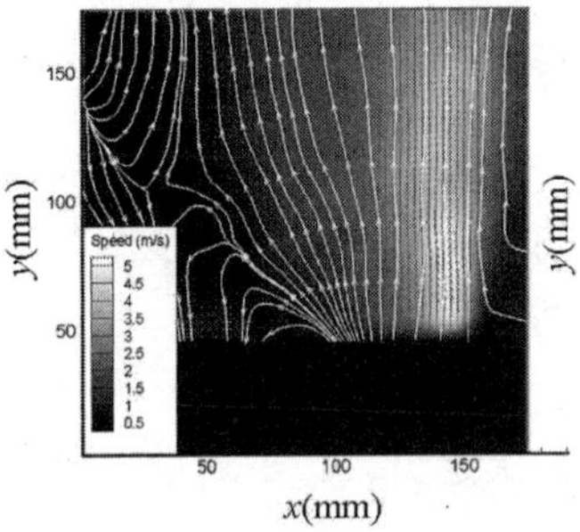

（c1）0.15MPa－外窗口

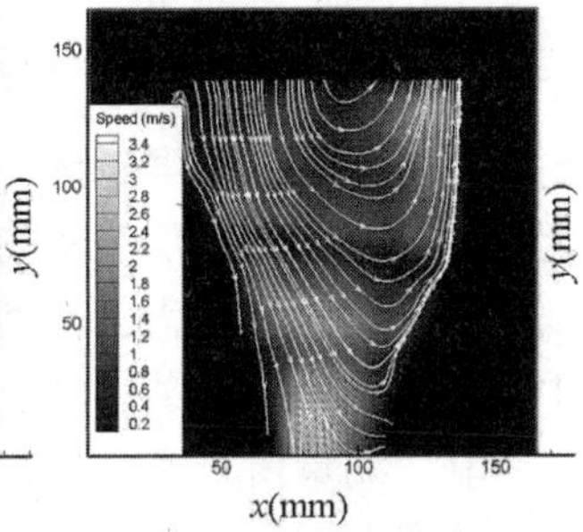

（c2）0.15MPa－上窗口

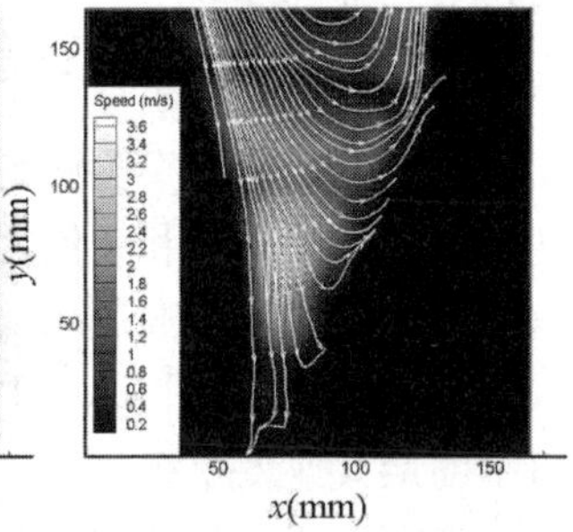

（c3）0.15MPa－中窗口

图4.13　喷口出口宽度0.5mm，不同气室压力下的各测量窗口速度场结果（外、上、中窗口分别编号w1，w2，w3）

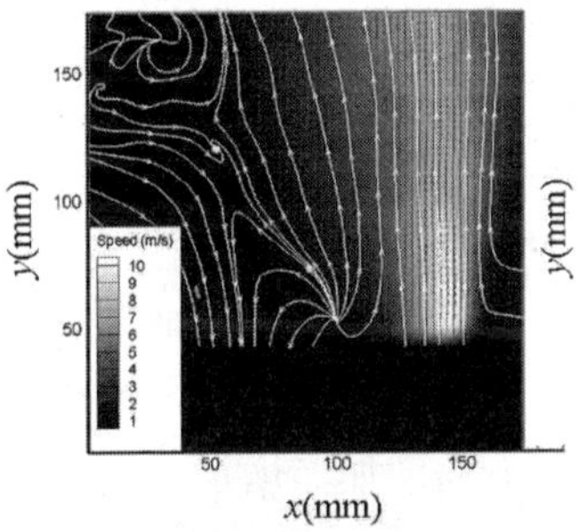

（a1）1.0mm－0.11MPa－外

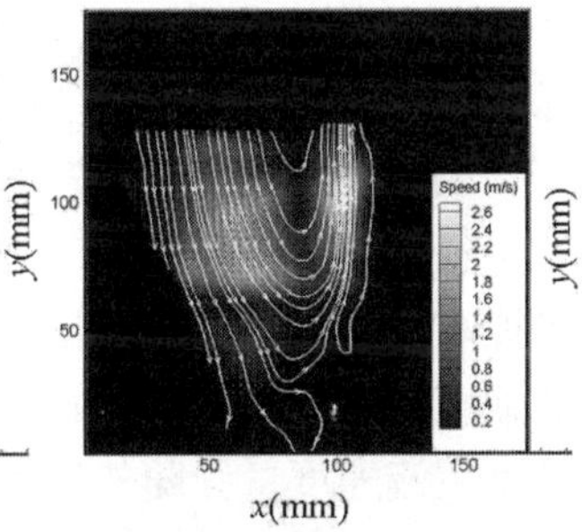

（a2）1.0mm－0.11MPa－上

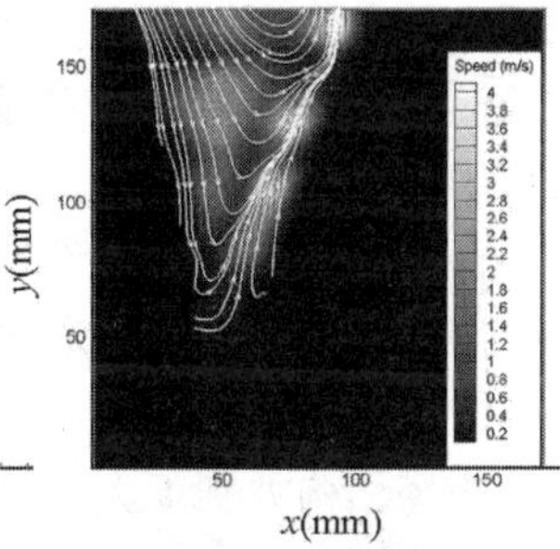

（a3）1.0mm－0.11MPa－中

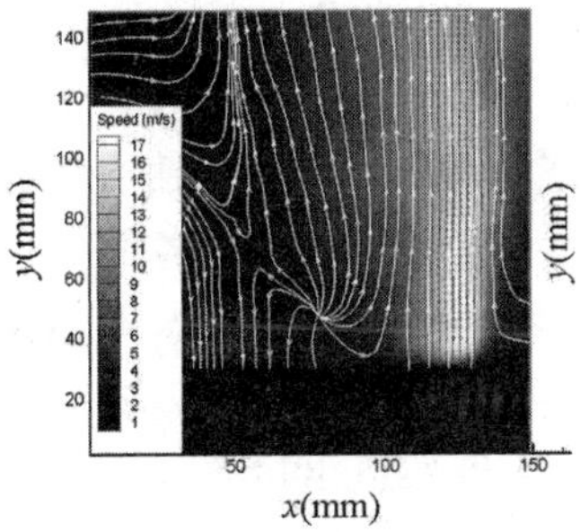

（b1）1.5mm－0.11MPa－外

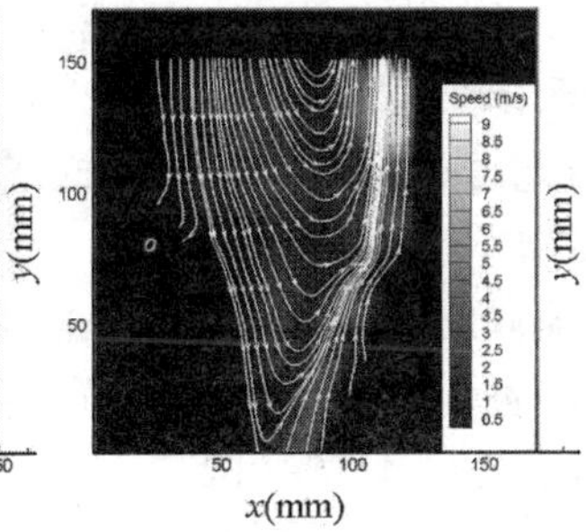

（b2）1.5mm－0.11MPa－上

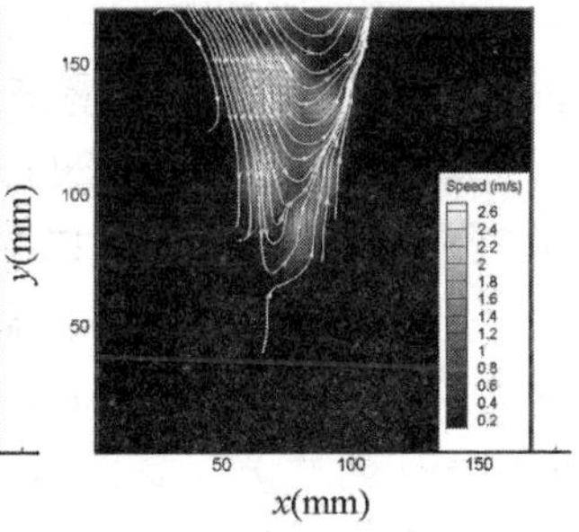

（b3）1.5mm－0.11MPa－中

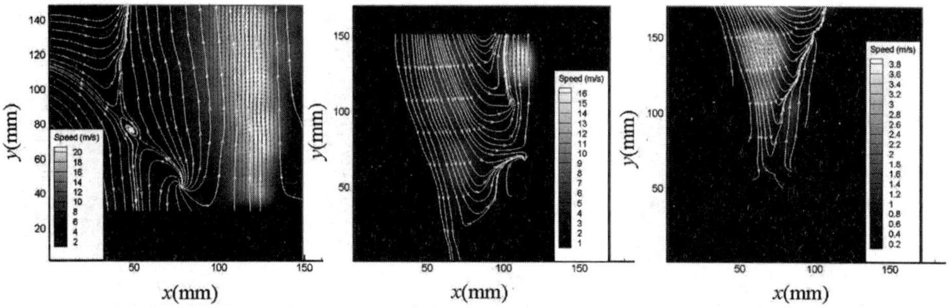

(c1) 1.5mm - 0.14MPa - 外　(c2) 1.5mm - 0.14MPa - 上　(c3) 1.5mm - 0.14MPa - 中

图 4.14　喷口出口宽度 1.0 和 1.5mm，不同气室压力下的速度场结果

在定性方面，实验测得的速度场表明，喉道内主流靠近塞锥一侧，外喷管一侧是回流。回流和主流之间形成剪切层，层中有明显的旋涡存在。在本节所有的工况条件下，喉道内流动分离都在相当大的范围内存在。

在图 4.13 和图 4.14 中，对于同种工况条件的速度场结果，“外”测量窗口中的最大速度量级最高，“中”测量窗口速度量级次之，“上”测量窗口最小。然而受流动分离的影响，在低气室总压条件下，各窗口中流速最高位置应该是主流，而且从上游到下游主流速度量级应逐渐降低。产生这一矛盾的原因是由于部分位置近壁面高速流动的测量不够准确。在“上”和“中”窗口中的速度最大值实际上对应于回流区的速度，而“外”窗口中速度最大值对应主流流速。即实验结果实际上说明的是“外”窗口中的主流速度最大，“中”窗口中的回流速度次之，“上”窗口中的回流速度最小。

保持喷口出口宽度不变，气室压力从 0.11MPa 增加至 0.16MPa 的过程中，同一测量窗口速度量级逐步提高。这反映出气室压力的增加使通过喉道的流量增加，进而使主流和回流的强度都获得提高。不同气室压力下，“外”测量窗口的流场结构差别不大，只是主流速度量级随气室压力的增加而增加。由于黏性耗散作用对于高速流动的影响相对较小，喉道出口主流宽度随气室压力的增加而降低。当喷口出口宽度为 1.5mm、气室压力 0.14MPa 时（图 4.14（c1）），喉道出口主流宽度未超过整个出口尺寸的 1/3。

图 4.15 给出喷口出口宽度为 0.5mm 时，不同气室总压条件下的速度场分布。气室压力相同，喷口宽度为 1.5mm 时，与其他两种情况相比，各测量窗口的速度量级明显增加。喷口出口宽度的增加使通过喉道的流量增加。喷口宽度较小时，喉道出口主流宽度比较大。喷口宽度为 0.5mm、气室压力为 0.16MPa 的“上”窗口结果（图 4.15（b2））中，接近喉道出口有一大尺度旋涡。喷口宽度增加至 1.0 和 1.5mm 后，该区域旋涡向下游运动，出现在喉

道出口以外的位置。

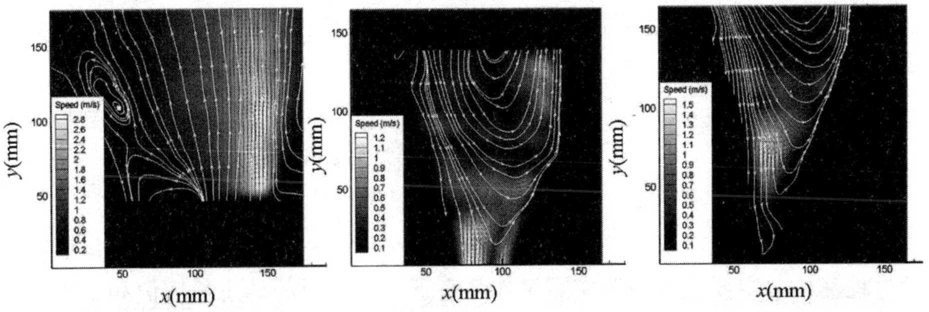

（a1）0.11MPa－外　　（a2）0.11MPa－上　　（a3）0.11MPa－中

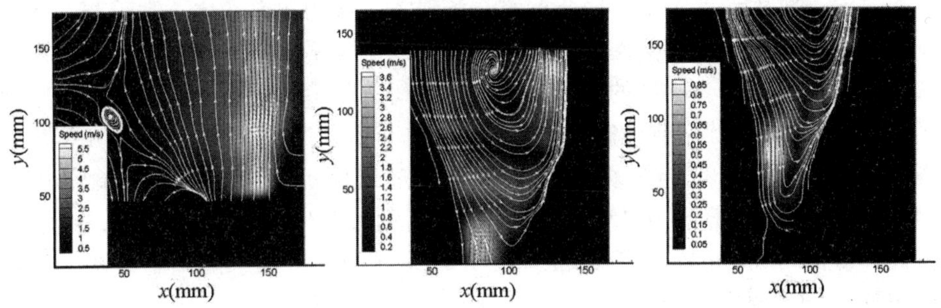

（b1）0.16MPa－外　　（b2）0.16MPa－上　　（b3）0.16MPa－中

图 4.15　喷口出口 0.5mm，不同气室压力下三测量窗口的速度场结果

理论上，当气室总压足够高时，喷口声速射流在下游继续膨胀，而在喉道入口附近由于内壁面的偏折产生压缩波。压缩波分别在两侧的壁面和剪切层交界面上反射，同时受大范围回流区的影响，在喉道内部可能形成复杂的膨胀波系与压缩波系相互作用。结果使静压分布中贴近喉道内壁面高低压交替出现，对应于速度场分布结果中主流交替的减速和加速。这些流场特性在后面的模拟结果中得到了证实。然而在这里由于实验的气室总压较低，速度场中未发现主流有交替减速和加速的过程。

本节借助高速 PIV 稳态流场测试系统，获取了低气室总压条件下不同喷口宽度的速度场，初步分析了气室压力和喷口宽度对稳态流场的影响。实验测得的流场结构与 5.1 节的模拟结果基本一致（回流和主流之间形成剪切层，层中有明显的旋涡存在）。整体上速度场测量结果随工况参数变化具有较好的规律性。“外”测量窗口中的速度场结果，能够满足验证速度场模拟结果的要求。说明所设计的实验模型和 PIV 实验方案是合理的，能够满足基本的流场特性分析的需要。然而从定量角度来看，喉道内部的速度场测量精度还不够理想。这主要是由于模型的喉道内外壁面散光、折射比较严重，使主流速度部分存在较大的偏差。此外，粒子在内流场中均匀布撒的实现也需要进一步研究，在部分实验结果中大尺度旋涡中心粒子浓度不足，导致部分旋涡形状不够规则。

4.3 瞬态流场和声压级

上一节分析了声源内稳态流场。然而与声源换能过程密切相关的是瞬态流动过程，本节主要分析声源实际工作状态下，所测得的动态静压值和近距离声场结果。

气流声源工作状态下，由于激励系统输入信号的频率变化范围较宽，从几十赫兹到数千赫兹，相差两个数量级。不同调制频率下声源内瞬态流场和近距离声场的特性可能有明显的差异。作为实验研究的参考数据，对未与号筒耦合的单频信号输入的调制气流声源进行测试。其中，激励系统由低频信号发生器、功率放大器、阻抗匹配仪、调音台和过载保护器组成，最大输出功率2400W。保持气室压力0.4MPa，采用出口宽度为1.6mm的收缩喷口，在轴线上距声源出口5m布置高声强传声器。25V恒压激励得到不同调制频率下的最大RMS声压级列于表4.2。

表4.2　气室压力0.4MPa，轴线距声源5m的RMS声压级随调制频率的变化

调制频率（Hz）	100	200	500	700	1000	2000
测点最大声压级（dB）	115.2	115.1	125.0	131.2	127.0	115.6

可见不同调制频率对应的声压级输出有明显差别，气流声源声场的频率响应与多方面的因素有关。首先是振动系统中音圈位移输出的频率响应，即不同调制频率下相同激励信号驱动的音圈位移幅值可能有较大差异。其次，瞬态流场的演化过程与调制频率相关。最后，对于相同的喉道出口面积，声源辐射效率和指向性也与调制频率有关。这些因素都会对最终测得的声场频响结果产生重要影响。

例如，对于表4.2中的结果，若将振动系统简化为单自由度受迫振动系统，由音圈重量和弹性支撑的参数可知，系统共振频率在1kHz左右。调制频率从100Hz向700Hz增加的过程中，振动系统位移频率特性变化应该不明显，轴线上最大声压级的提高很可能是来自瞬态流场的频率特性，或是辐射效率的提高和声场指向性的增强。而频率从700Hz向2kHz的增加过程中，辐射效率和指向性进一步增强。但此时，振动系统工作于共振频率以上的频段，调制位移幅值可能随频率的增加迅速下降，同时强声波传播中非线性及相关额外衰减作用有可能较快增加。这两者产生的效果要强于辐射效率增加和指向性增益的效果，因而轴线上声压级反而下降。本小节中，首先通过不加气条件下声源的频率特性研究调制部件的频率响应，然后在此基础上，分析一般的低强度信号激励下流场扰动和声场信号的频响特性。

4.3.1　调制部件频响

图4.16给出了不加气20 V恒压激励条件下有无喉道两种状态对应的声压频响曲线。由于两者的电流频响曲线基本一致，低频电流较大，高频电流较小，可认为调制部件的状态基本没有变化，所以图4.16（a）中声压频响的区别来自声波在喉道中的传播。无喉道时，800Hz以下声压级随频率的增加而增加，800Hz以上声压级基本保持一定的数值，这是由于尽管调制部件位移输出峰值位于0.75～1kHz之间，但更高频率时声波的指向性增强。有喉道情况下，频响曲线中有明显的峰值，位于1.3kHz左右。

进一步分析声压频谱结果可知，对于调制频率在0.8～1.5kHz范围内且未加喉道的情况，声波能量主要集中在基频、二次和三次谐波（图4.16（b））。这说明调制部件的位移输出本身就携带有谐波信号，谐波信号的产生很可能与振动系统中的各种非线性作用有关。而调制频率增加至1.5～3kHz范围内时，谐波信号消失，应该与振动幅值降低后非线性作用降低以及高频声波具有较强的吸收作用有关。

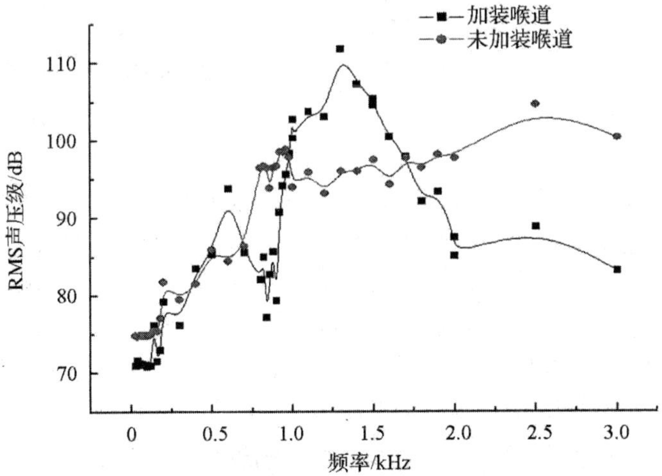

（a）轴线1 m处RMS声压级的频率特性

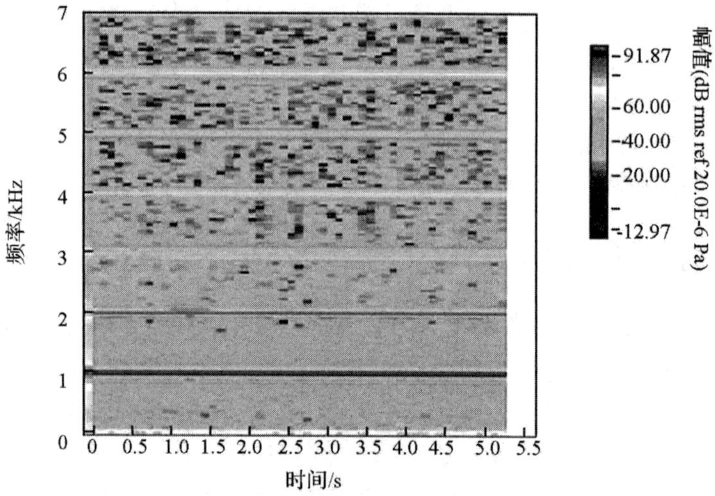

（b）未加喉道时 1kHz 时频图

图 4.16　不加气 20V 恒压激励条件下，声场频响结果和 1kHz 的时频图

对于加装喉道的情况，800Hz 以下谐波分量明显，这时喉道的高阶模态可能被激发。调制频率在 0.8～3kHz 范围内，声波能量主要集中于基频。加装喉道且调制频率为 1.3kHz 和 1.5kHz 时，时频图中出现频谱分布随时间呈低频周期性变化的现象，而且变化的周期随调制频率的不同而不同。

4.3.2　流场频响结果

气室表压 0.4 MPa，喉道入口宽度 4.34mm，激励电流 7.5 A，测量得到了调制频率在 0.05～2kHz 范围内的瞬态静压值。除 500Hz 外，所测压力扰动量级从 1#传感器到 5#传感器依次下降，即上游位置的压力扰动结果高于下游，这与扩张型喉道面积逐渐增加有关。类似于声波的传播，压力扰动量级在非均匀流动的变截面管中的传播也随截面面积的增加而降低。对各测点压力扰动的时域信号进行频谱分析，发现 50Hz 和 100Hz 调制的频谱图中含四次以上的谐波，谐波量级与基频量级相近；而调制频率为 0.2kHz，0.5kHz，1.0kHz 和 2.0kHz 的结果中谐波分量明显降低，扰动能量集中在二次谐波以内，谐波量级一般较基频低 15 dB。

1#压力传感器测得 7.5A 激励电流下不同调制频率对应压力扰动量级（由压力波形的峰峰值表示）和压力基频分量如表 4.3 所示，可见扰动量级与调制频率相关。频率为 500Hz 时，2#压力传感器测得的压力扰动峰峰值最高，达到 20.54 kPa。

表 4.3　7.5 A 激励电流条件下的压力扰动和声压级频响测量结果

频率/Hz	50	100	200	500	1 000
1#压力扰动量级/kPa	9.09	6.16	9.68	13.67	13.65
1#压力基频分量/dB re 1Pa	60	60	68	68	67
声压测点 RMS 声压级/dB	145.8	142.6	143.4	153.2	157.3
声压测点基频声压级/dB	122	124	128	152	156

测量动态压力的同时，在喉道出口上方设置了声压测点，距离喉道出口1m左右。测量得到7.5A 激励电流下不同调制频率对应的 RMS 声压值和基频分量在表4.3 中给出，可见声压值和基频分量随频率的变化与动态压力结果基本一致。声压值的频谱结果中，调制频率取 50Hz，100Hz，200Hz 时，前 3 次谐波比较明显；调制频率高于 500Hz 的频谱图中仅有二次谐波比较明显，其量级较基频下降了约 20 dB。以上分析可看出，在扰动量级和频谱特性方面，喉道内静压值和近距离声压值具有相近的特性。

4.3.3　声场频响结果

25V 恒压激励，气室表压分别取 0.2MPa 和 0.4MPa，测得的激励电流和 RMS 声压级频率特性如图 4.17 所示。对比电流频率特性曲线可看出，气室压力对调制部件的振动过程有明显影响，区别主要是在低频段（1.5kHz 以下）。

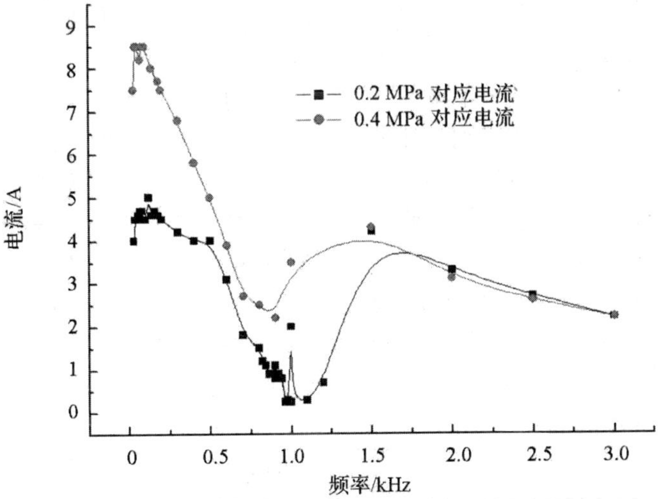

(a) 电流频率特性

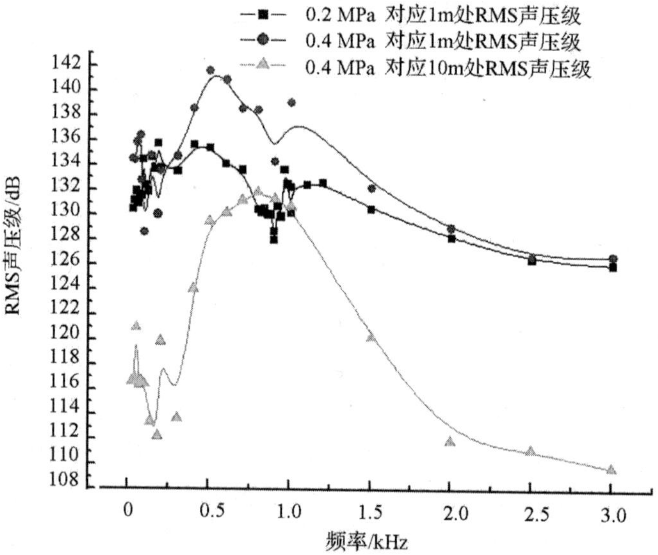

(b) 1 m 和 10 m 处 RMS 声压级的频率特性

图 4.17　25V 恒压、表压 0.2MPa 和 0.4MPa，电流和声压级频率特性实测结果

0.2MPa结果与不加气条件下的相近，但在0.4MPa结果中，低频段电流值明显降低。这说明低频段调制部件振动过程的流固耦合作用较明显，可能是因为高频段位移输出较小，因而流固耦合作用较弱。

RMS 声压级频率特性与不加气相比，峰值频率都位于 0.5 ~ 1kHz 之间，即声源输出基本上取决于调制部件的位移幅值，但是加气时的频响峰值略有下降。如气室压力为 0.2MPa 时，1 m 处 RMS 声压级共振频率在 400 ~ 500Hz 之间，0.4MPa 时是在 500 ~ 600Hz 之间，而 0.4MPa 时 10m RMS 声压级在 0.5 ~ 1kHz 范围内仅有 2dB 的差别。加气后共振频率的变化表明流固耦合的作用相当于使调制部件的质量增大或者弹性元件的弹性系数降低。对比不同气室总压条件下 RMS 声压级，总压增加使 2kHz 以下频段的声压级普遍获得了增益，但在中间的 100 ~ 200Hz 频段，声压级反而出现 5dB 以内的下降。

进一步分析该频段内的频谱结果，对比图 4.18 中气室表压分别为 0.2MPa 和 0.4MPa、调制频率 180Hz 时轴线 5m 处的声压频谱图。可见，尽管前者的 RMS 声压级高于后者，后者的基频声压级仍然较高。低气室总压条件下宽频噪声较强，低频段的谐波能量分布也较高。

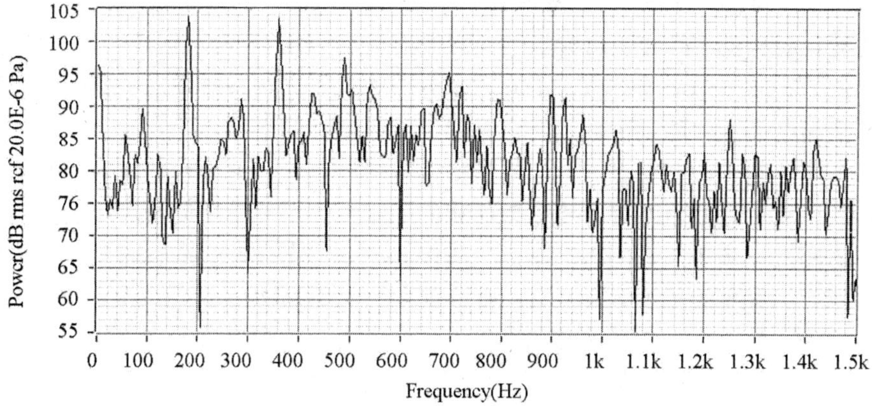

（a）气室压力 0.2MPa

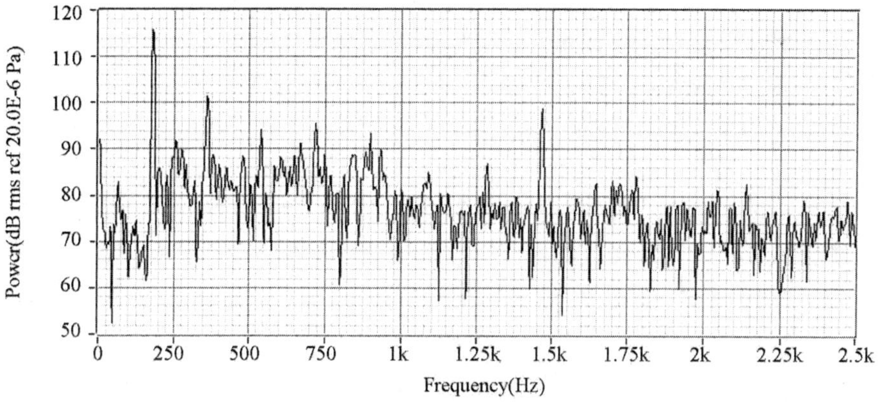

（b）气室压力 0.4MPa

图 4.18　25 V 恒压、调制频率 180Hz，不同气室压力下轴线 5m 声压频谱结果

4.4　声源参数的影响

4.3 节讨论了典型工况下声源流场和声场的频响结果。本节给出单独改变激励信号强度、气室压力、喷口出口宽度和喉道入口宽度后的压力扰动和声压级结果，重点讨论这些声源参数对流场和声场频响特性的影响。

4.4.1　激励电流

调制部件输入激励电流的大小直接影响调制面积。气室表压为 0.6 MPa、喷口出口宽度为1.1mm时，发现激励电流5A和7.5A的电压和声压级频响结果的变化趋势基本一致：低频段和高频段电压和声压级都较低，700Hz附近的结果最高。激励电流增加后，不同频率电压和声压级均有所增加，其中电压频响结果随电流变化的规律性较好，近似于沿纵坐标的平移。

声源达到满调制状态时对应的激励信号强度是一个关键参数。满调制情况下音圈振动位移幅值刚好等于喷口面积的一半。为了确定满调制对应的激励信号，需要进一步提高音圈振动幅值，所以在7.5A激励信号的基础上进一步提高电流值。气室表压为0.4 MPa、喷口宽度为1.1mm时，对比10 A和12.5A恒流激励下的电压和声压级频响结果，发现电流增加后电压和声压级频响曲线接近整体平移。电流增加2.5A，获得2～3dB以上的声压级增益，说明7.5A的恒流驱动下声源未达到满调制。与前面的低激励强度信号驱动下的频响结果类似，表压为0.4MPa、大电流驱动下，声压频响峰值也在0.5～1kHz之间。

为增加参与调制的气流流量，气室表压增加至0.54MPa，喷口出口宽度增加至1.6mm。取激励电流分别为5A，7.5A，10A和12.5A，测得电压和RMS声压级频响结果如图4.19所示。不同电流驱动下，电压和声压级频响结果的变化趋势与本节前述结果基本一致：电压和声压级的峰值出现在0.5～1kHz之间，低频段电压值和声压级随频率的降低而降低，高频段随频率增加而降低。激励电流取5A，7.5A和10A时，随着电流值的增加，电压值和声压级的频响曲线沿纵坐标平移。5A，7.5A，10A对应声压级的增加具有较好的规律性，可知该过程中声源调制度一直处于增加状态。

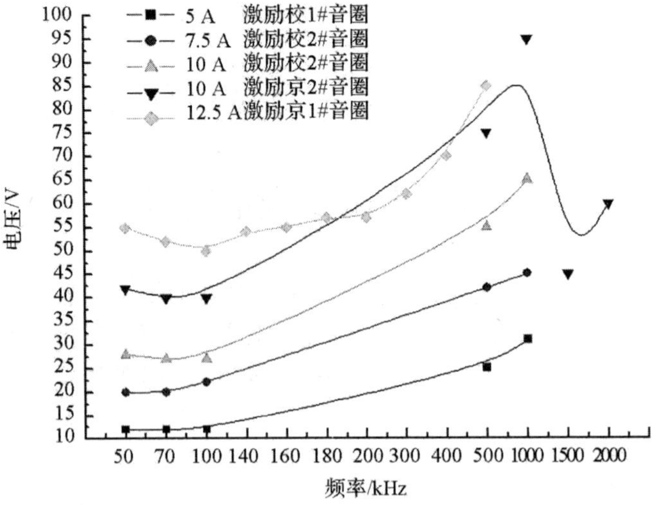

(a) 电压频率特性

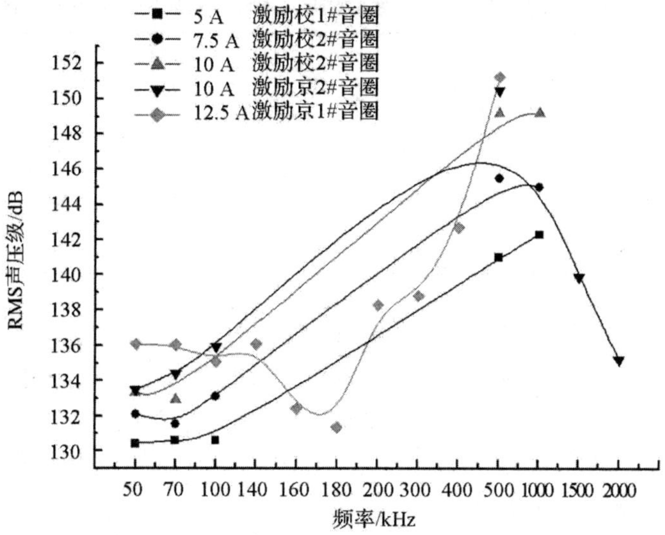

（b）1m 处 RMS 声压级的频率特性

图 4.19　恒流激励、表压 0.54MPa，电压和 1m 处声压级频响特性实测结果

图 4.19 中，实验使用了不同编号的音圈，其中校 1#、校 2#音圈的绕线电阻值小于京 1#和京 2#音圈。对于相同的激励电流（10A），京 2#音圈与校 2#音圈的声压级频响结果基本接近，但是京 2#音圈的电压曲线高于校 2#音圈。为达到相近的声源性能，绕线电阻更大的京 2#音圈所需的驱动电压更高。本节测试结果中，最大 RMS 声压级输出（151.26dB）对应调制频率为 500Hz，由 12.5A 恒流激励驱动京 1#音圈得到。

4.4.2　气室压力

取调制频率 100Hz、喷口出口宽度 1.1mm、喉道宽度 4.34mm，测得 7.5A 恒流激励对应的电压值为 22V，比较了气室表压分别为 0.05MPa，0.1MPa，0.2MPa，0.3MPa，0.4MPa 条件下的动态压力结果。同样，上游位置压力传感器所测扰动量级高于下游。

上游的 1#传感器测得，不同气室压力对应扰动压力峰峰值和压力基频分量如表 4.4所示。随着气室总压的提高，测点压力扰动量级均有明显增加。表 4.4 中还列出了喉道出口 1m 处声压参考测点得到的不同气室压力对应的 RMS 声压值及基频分量，可见相同气室压力的喉道内静压值和近距离声场在量级和频谱特性方面基本保持一致。

表 4.4 7.5A 激励电流、调制频率 100Hz，不同气室表压下的频响测量结果

气室压力/MPa	0.05	0.10	0.20	0.30	0.40
1#压力扰动量级/kPa	1.88	1.94	3.25	4.28	5.62
1#压力基频分量/dB re1Pa	48	51	55	57	61
声压测点 RMS 声压级/dB	128.7	133.2	136.3	136.6	141.6
声压测点基频声压级/dB	104	97	108	117	123

分析压力频谱结果，可知各测点动态压力的频谱结果中，能量集中于基频和二次谐波。实验中发现各工况的压力频谱图中均存在 1.8kHz 附近的能量集中频段，且其幅值随气室压力的增加而降低。在较低气室压力下，该频段幅值可接近基频和二次谐波的幅值。此外，在 60 ~ 80Hz 低频段内也有能量的集中分布，部分工况下其幅值甚至高于基频。

在声压级频谱图中，1.8kHz 附近的能量集中现象更加明显。0.05MPa，0.1MPa，0.2MPa，0.3MPa，0.4MPa 气室压力条件下得到 1.8kHz 的频谱分量分别为 127dB，116dB，117dB，117dB，123dB，高于或接近基频声压级。

声源工作状态下，考虑零件加工和装配过程中产生的周向对称性方面的误差，以及音圈振动和瞬态气流相互作用的影响，实际流场和理想的轴对称流动之间可能存在差距。测量中改变 NS - 2 传感器位置分布于 0°（从上游至下游 1#、2#、3#）和 90°位置（从上游至下游 4#、5#）。图 4.20 中，对比气室表压 0.3MPa 和 0.4MPa 条件下各测点的压力扰动峰峰值。0.3MPa 瞬态压力规律性较好，即 1#和 4#测点扰动量级最大，2#和 5#测点扰动量级次之，3#测点最

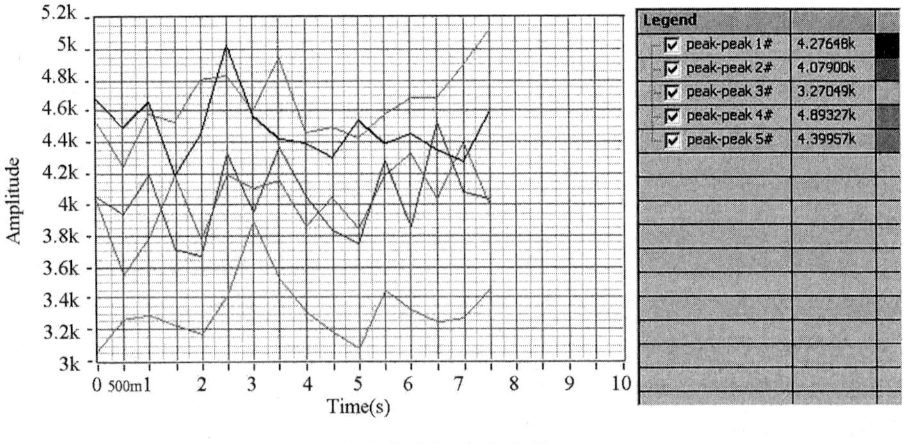

(a) 气室压力 0.3MPa

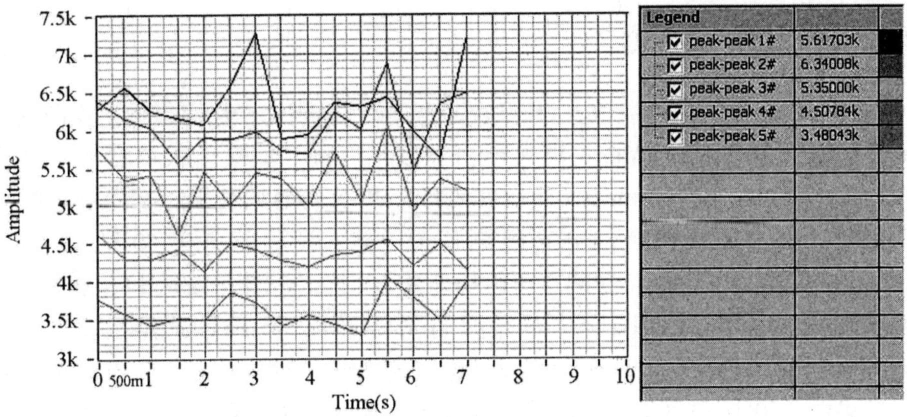

（b）气室压力 0.4MPa

图 4.20　调制频率 100Hz、喷口出口 1.1mm、喉道宽度 4.34mm、7.5A 恒流激励，不同气室压力条件下的瞬态压力扰动峰峰值

低。而 0.4MPa 则完全不满足这一规律。这说明流场是否满足轴对称假设与装置本身的尺寸误差及其工作状态有关，由于音圈运动易于变化，实际装置内部流场可能远比轴对称流动复杂。

4.4.3　喷口出口宽度

喷口出口宽度是气流声源关键的几何参数之一。在内气动系统中，影响参与调制气流的流量，振动系统中，影响调制面积比。对激励电流 5A、喷口宽度分别为 1.1mm 和 1.6mm、对应气室表压分别为 0.6MPa、0.54MPa 的电压和 RMS 声压级频响数据进行比较。两种喷口和工况的组合所需的气流流量和气流功率相近。两者的电压频响结果基本一致，说明振动系统的工作状态相近。而1.1mm喷口各调制频率对应的 RMS 声压级均明显高于 1.6mm 喷口。这是因为，一方面，相同流量条件下后者的气室总压较低；另一方面，在 5A 恒流驱动下，调制部件没有达到满调制，在欠调制情况下，1.1mm 喷口对应调制度高于 1.6mm 喷口。

比较了激励电流为 7.5A 和 10A 时两种喷口的频率特性。尽管调制度增加后，它们各自的声压级输出相对 5A 激励的结果均有显著增加，但是相同工况下 1.1mm 喷口的声压级输出始终高于 1.6mm 喷口。这说明在实际应用中，为了使声源达到最高的换能效率，需要根据音圈振动的频率特性选择合适的喷口出口尺寸。

4.4.4　喉道入口宽度

在准稳态理论中，喉道入口宽度决定了调制面积比，从而影响了声源的性能。保持气室表压 0.4MPa、喷口出口宽度 1.1mm，取喉道入口宽度分别为 4mm，4.34mm，5mm，6mm，比较实测的压力扰动频响结果。不同喉道宽度条件下各测点的压力扰动分布规律基本一致：调制频率为 50Hz，100Hz，200Hz，2kHz 时，上游位置测点压力扰动高于下游，扰动量级从 1#传感器到 5#传感器依次下降。500Hz 基本满足扰动递减规律，但 1#传感器扰动量级偏低；1kHz 则不满足递减规律，原因可能是流场的非对称性。各测点压力的频谱结果中，50Hz 和 100Hz 的谐波成分较多，低于基频分量 20dB 内存在 5 次以上的谐波，其余高频调制结果中能量主要集中于基频和二次谐波，且后者比前者低 20dB 左右。相同工况参数下，改变喉道入口宽度，仅有上游 1#和 2#测点的压力数据有一定变化，下游测点数据基本不变，这说明降低喉道宽度并不能显著提高内流场的压力扰动。但是当喉道入口宽度进一步降低为 2mm 时，各测点的压力扰动均有明显提高。

表 4.5 列出了调制频率在 0.05 ~ 2kHz 范围内 4.34mm 和 2mm 两种喉道入口宽度流场和声场频响的部分测点数据。不同喉道入口宽度的压力扰动结果中，无论是喉道入口附近的 1#传感器还是接近喉道出口的 5#传感器，频响变化规律均与 4.3 节低激励信号强度的结果类似：峰值位于 0.5 ~ 1kHz 之间。2mm 喉道入口宽度时，1#和 5#测点压力扰动量级和基频分量均高于 4.34mm 的结果。考虑到其余喉道宽度结果中未出现类似效果，原因可能并非来自调制面积比的影响。由于 2mm 的喉道入口宽度最接近于喷口出口宽度，气室压力较高时，可能诱发射流的不稳定性，使射流方向在喉道和侧面入口之间切换，达到增强内部压力扰动量级的作用。

对比表 4.5 中不同喉道宽度声压测点数据，无论是 RMS 声压级或是基频分量，2mm 喉道入口宽度的结果基本上均高于 4.34mm。频谱结果的比较说明，无论是低频还是高频调制，2mm 喉道宽度对应声场结果中的谐波能量比重均高于 4.34mm 的结果。这说明喉道宽度接近喷口宽度时，声源换能过程很可能更加复杂。此外，表 4.5 的数据表明，压力扰动与声压级结果随频率和喉道入口宽度的变化规律呈现较好的一致性，此时压力扰动强度可在一定程度上作为声源输出的度量。

表 4.5　气室压力 0.4 MPa、喷口出口宽度 1.1mm，喉道入口宽度对频率特性的影响

	频率/Hz	50	100	200	500	1 000	2 000
喉道入口宽度 2mm	1#压力扰动量级/kPa	23.431	25.256	24.498	27.401	11.696	4.584
	1#压力基频分量/dB re1Pa	68	72	73	76	66	52
	5#压力扰动量级/kPa	11.420	13.577	11.275	17.368	8.721	3.246
	5#压力基频分量/dB re1Pa	58	61	62	66	65	40
	声压测点 RMS 声压级/dB	147.0	147.2	150.0	158.3	161.5	151.5
	声压测点基频声压级/dB	116	129	142	156	160	148
喉道入口宽度 4.34mm	1#压力扰动量级/kPa	9.088	6.162	9.676	13.662	13.653	3.887
	1#压力基频分量/dB re1Pa	60	60	68	68	67	42
	5#压力扰动量级/kPa	7.270	2.588	5.540	10.251	7.395	1.542
	5#压力基频分量/dB re1Pa	49	50	60	66	60	38
	声压测点 RMS 声压级/dB	145.8	142.6	143.4	153.2	157.3	145.8
	声压测点基频声压级/dB	122	124	111	152	156	144

4.5　强声场指向性

前面几节分析声场频响特性时，主要依据轴线 1m 和 5m 测点的 RMS 声压级和频谱结果。本节主要关注近距离声场的空间分布，例如分析声场指向性随调制频率的变化等。近距离声场内测点的布置如图 4.21 所示。

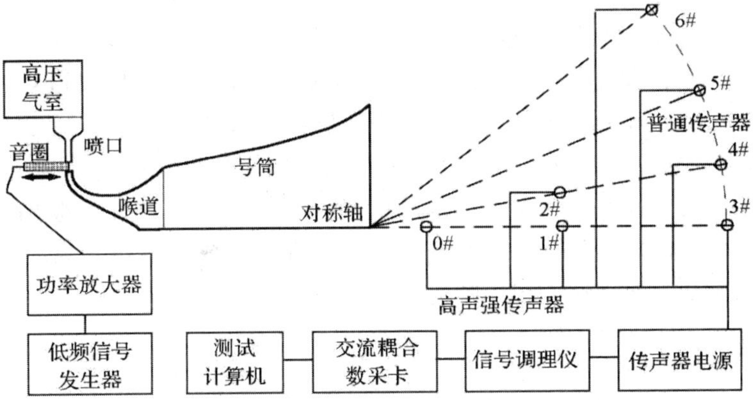

图 4.21　AMS 近距离声场测试的测点布置示意

表4.6中给出气室压力0.2MPa、喷口出口宽度1.1mm、25V恒压激励条件下，不同调制频率的声场结果。相同频率下在距声源出口相同距离的测点中，轴线测点的声压级最高。轴线1m RMS声压级在130dB左右，而轴线5m在120dB左右，至轴线10m声压级下降至115dB左右。对于距声源出口10m的测点，声压级基本随偏离轴线角度的增加而下降，但20°方向声压级偏低。对比轴线和60°方向的结果，可知低频调制时RMS声压级下降了5dB左右，而高频调制时下降了10~15dB，说明高频调制具有更好的指向性。此外，除20°方向4#测点外，同一测点当调制频率为500Hz时得到的声压级最高。

表4.6　气室压力0.2MPa、喷口宽度1.1mm、25V恒压激励，不同频率的RMS声压级

调制频率/Hz			50	100	200	500	1k	2k
测点位置和编号	1m 0°	（0#测点）/dB	131.5	132.2	133.7	134.1	131.5	127.5
	5m 0°	（1#测点）/dB	120.1	119.1	119.6	121.5	118.3	115.5
	5m 20°	（2#测点）/dB	118.5	116.1	117.4	121.2	116.5	109.0
	10m 0°	（3#测点）/dB	115.5	116.8	116.1	118.2	114.8	110.2
	10m 20°	（4#测点）/dB	100.6	99.6	102.1	97.9	94.7	95.5
	10m 40°	（5#测点）/dB	113.5	114.8	111.7	113.5	109.6	102.7
	10m 60°	（6#测点）/dB	109.3	111.7	102.1	104.5	100.2	96.4

表4.7中给出气室压力0.4MPa、喷口宽度1.1mm、25V恒压激励条件下，不同调制频率的声场结果。同样，相同频率和相同距离的测点中，轴线上的声压级最高。轴线上测点的声压级普遍在0.2MPa气室压力结果的基础上增加了5dB左右。其中轴线1m声压级为135dB左右，而轴线5m为125dB左右，轴线10m声压级为120dB左右。对于距声源出口10m的测点，除20°方向以外，声压级随着偏离轴线角度的增加而下降。对比轴线和60°方向的结果，可知低频调制声压级下降了5dB左右，而高频调制下降了10dB左右，说明高频调制具有更好的指向性。此外，气室压力增加后，同一测点声压级最高的频率发生了偏移，增加至500Hz~1kHz频段范围内。

表 4.7　气室压力 0.4MPa、喷口宽度 1.1mm、25V 恒压激励，不同频率的 RMS 声压级

调制频率/Hz			50	100	200	500	1k	2k
测点位置和编号	1m 0°	（0#测点）/dB	135.0	128.2	133.3	140.7	139.0	127.7
	5m 0°	（1#测点）/dB	124.9	116.1	120.8	129.6	135.2	116.5
	5m 20°	（2#测点）/dB	124.8	115.6	117.0	126.4	127.0	114.2
	10m 0°	（3#测点）/dB	120.3	116.1	119.6	128.8	130.6	111.3
	10m 20°	（4#测点）/dB	107.2	101.6	108.8	113.7	117.1	95.1
	10m 40°	（5#测点）/dB	117.8	114.6	112.6	116.2	120.9	108.6
	10m 60°	（6#测点）/dB	119.5	111.9	112.2	114.8	117.9	100.5

表 4.8 中给出气室压力 0.54MPa、喷口宽度 1.6mm、5A 恒流激励条件下，不同调制频率的声场结果。同样，距声源出口相同距离的测点中，轴线上的声压级最高。其中轴线 1m 声压级在 130～140dB，而轴线 5m 在 120～140dB，轴线 10m 声压级下降至 115～135dB。同一测点的声压频响峰值位于 1kHz 附近，1kHz 声压级比 50Hz 高 10～20dB。对于距声源出口 10m 的测点，声压级基本随着偏离轴线角度的增加而下降，仅有 40°方向高频调制结果例外。对比轴线和 30°方向的结果，可知低频调制声压级下降了 5dB 左右，而高频调制下降了 10dB 左右，高频调制具有更好的指向性。

表 4.8　气室压力 0.54MPa、喷口宽度 1.6mm、5A 恒流激励，不同频率的 RMS 声压级

调制频率/Hz			50	100	500	1k
测点位置和编号	1m 0°	（0#测点）/dB	129.9	130.3	139.7	140.7
	5m 0°	（2#测点）/dB	122.0	121.5	132.3	142.8
	10m 0°	（3#测点）/dB	116.6	117.7	131.8	135.1
	10m 10°	（4#测点）/dB	113.1	112.1	128.1	125.1
	10m 20°	（5#测点）/dB	113.9	114.5	122.4	125.1
	10m 30°	（10#测点）/dB	109.4	111.1	110.9	117.0
	10m 40°	（6#测点）/dB	111.0	109.4	121.7	126.2

表 4.9 中给出气室压力 0.54MPa、喷口宽度 1.6mm、7.5A 恒流激励条件下，不同调制频率的声场结果。同样，相同距离的测点中轴线上的声压级最高。对于距声源出口 10m 的测点，声压级随着偏离轴线角度的增加而下降。对比轴线和 30°方向的结果，可知低频调制声压级下降了 5dB 左右，而高频调

制下降了 10dB 左右，高频调制具有更好的指向性。同样，对于同一测点，在 500Hz ~ 1kHz 频段得到的声压级最高。激励电流增加 2.5A 后，各测点声压级均较 5A 激励的结果有一定提高。其中相对于其他频率，1kHz 调制的声压级增量相对偏小。

表 4.9　气室压力 0.54MPa、喷口宽度 1.6mm、7.5A 恒流激励，不同频率的 RMS 声压级

	调制频率/Hz		50	100	500	1k
测点位置和编号	1m 0°	（0#测点）/dB	132.1	132.7	145.0	144.9
	5m 0°	（2#测点）/dB	126.2	125.6	138.6	143.4
	10m 0°	（3#测点）/dB	120.8	122.7	137.4	136.7
	10m 10°	（4#测点）/dB	118.2	119.6	137.2	134.5
	10m 20°	（5#测点）/dB	117.5	120.3	133.2	129.3
	10m 30°	（10#测点）/dB	115.2	118.0	125.5	127.3
	10m 40°	（6#测点）/dB	116.3	112.8	122.5	129.9

表 4.10 中给出气室压力 0.54MPa、喷口宽度 1.6mm、10A 恒流激励条件下，不同调制频率的声场结果。同样，相同距离的测点中，轴线测点的声压级最高。对于距声源出口 10m 的测点，声压级仍然随偏离轴线角度的增加而下降，只有 40°方向的高频调制结果例外。对比轴线和 30°方向的结果，可知低频调制声压级下降了 5dB 左右，而高频调制下降了 10dB 以上，高频调制具有更好的指向性。同样，对于同一测点，500Hz ~ 1kHz 频段得到的声压级最高。激励电流增加后，各测点声压级均有一定提高。同样，相比其他频率 1kHz 调制得到的声压级增量偏小。

表 4.10　气室压力 0.54MPa、喷口宽度 1.6mm、10A 恒流激励，不同频率的 RMS 声压级

	调制频率/Hz		50	100	500	1k
测点位置和编号	1m 0°	（0#测点）/dB	132.3	133.5	148.7	148.5
	5m 0°	（2#测点）/dB	127.3	127.5	141.8	144.7
	10m 0°	（3#测点）/dB	122.3	125.2	139.8	137.1
	10m 10°	（4#测点）/dB	120.1	122.1	135.8	135.7
	10m 20°	（5#测点）/dB	120.3	123.8	128.7	130.0
	10m 30°	（10#测点）/dB	118.5	122.0	121.7	127.6
	10m 40°	（6#测点）/dB	119.7	116.8	131.3	130.6

参考文献

[1] 沈嶸．强噪声学[M]．北京：科学出版社，1996：137－138.

[2] A. Barney, C. H. Shadle, P. O. A. L. Davies. Fluid flow in a dynamic mechanical model of the vocal folds and tract. I. Measurements and theory[J]. J. Acoustic. Soc. Am., 1999, 105: 444－455.

[3] C. H. Shadle, A. Barney, P. O. A. L. Davies. Fluid flow in a dynamic mechanical model of the vocal folds and tract. II. Implications for speech production stydies[J]. J. Acoustic. Soc. Am., 1999, 105:456－466.

[4] B. R. Kucinschi. An analysis of the flow through a driven mechanical model of the vocal folds[D]. The University of Toledo, 2004.

[5] M. Triep, C. Brücker, W. Schröder. High-speed PIV measurements of the flow downstream of a dynamic mechanical model of the human vocal folds[J]. Experiments in Fluids, 2005, 39: 232－245.

[6] B. Erath. An experimental investigation of velocity fields in diverging glottalmodels of the human vocal tract [D]. Indiana: Purdue University, 2005.

[7] L. Mongeau, N. Franchek, C. H. Coker, R. A. Kubli. Characteristics of a pulsating jet through a small modulated orifice, with application to voice production[J]. J. Acoustic. Soc. Am., 1997, 102: 1121－1133.

[8] Z. Zhang, L. Mongeau, S. H. Frankel. Experimental verification of the quasi-steady approximation for aerodynamics sound generation by pulsating jets in tubes[J]. J. Acoustic. Soc. Am., 2002, 112: 1652－1663.

[9] F. Alipour, R. C. Scherer. Pulsatile airflow during phonation: An excised larynx model[J]. J. Acoustic. Soc. Am., 1995, 97: 1241－1248.

[10] Z. Zhang, L. Mongeau, S. H. Frankel, S. Thomson, J. B. Park. Sound generation by steady flow through glottis-shaped orifices [J]. J. Acoustic. Soc. Am., 2004, 116: 1720－1728.

[11] M. Deverge, X. Pelorson, C. Vilain, P. Y. Lagree, F. Chentouf, J. Wilems and A. Hirschberg. Influence of collision of the flow through in-vitro rigid models of the Vocal folds[J]. J. Acoustic. Soc. Am., 2003, 114: 3354－3362.

[12] G. C. J. Hofmans, G. Groot, M. Ranucci, G. Graziani, A. Hirschberg. Unsteady flow through in-vitro models of the glottis [J]. J. Acoustic. Soc. Am., 2003, 113: 1658 – 1675.

[13] 刘胤. 用 PIV 技术测量压气机内流的试验研究[D]. 北京: 北京航空航天大学, 2000: 11 – 34.

[14] 宋国亮. 绕圆柱非稳态流动研究及无叶扩压器内流动的 PIV 测量[D]. 西安: 西安交通大学, 2002: 13 – 23.

[15] 张燕. 横流冲击射流涡旋结构的实验和数值研究[D]. 上海: 上海大学, 2005: 10 – 30.

[16] 刘宝杰. 复杂流动的 PIV 研究[D]. 北京: 北京航空航天大学, 2000: 23 – 40.

[17] 代钦. 超音速喷流流场的 DPIV 实验测量[D]. 北京: 北京航空航天大学, 2000: 1 – 19.

第五章　不同参数下气声转换过程

2.1.5 节回顾了准稳态理论给出的工况参数对声源性能的影响规律，包括气室压力和面积比对输出声压级、声功率和换能效率的影响等。然而，考虑到准稳态理论的局限性，为确定声源最优工况参数和内部细致的声能转换过程，本章通过数值模拟方法对声源换能过程的参数敏感度进行系统的研究。这里所提到的参数，不仅包括工况参数，而且包含声源的结构参数和工作介质参数。

射流式 AMS 的主要可调参数包括高压气室的压力和工作介质的种类、喉道入口宽度、调制频率和调制度等。它们可分别通过调节动力源、内气动系统机械结构和音圈驱动电信号而在一定范围内变化。正弦调制是最基本的输入信号，一般主要关注能够产生强声波的情况，所以假定输入信号刚好使音圈达到正弦满调制输出。本章首先通过比较模拟计算和实验测试得到的压力、速度和位移结果，对前文第三章所建立 AMS 仿真模型的准确性进行验证。然后以此为基础，在参数敏感度分析中，保持其余声源参数不变，分别改变气室压力、调制频率、结构参数和工作介质类型，计算给出相关的流场和声场模拟数据。分析这些数据，对瞬态流场演化过程中的静压值、速度分布变化以及辐射强声场特性进行比较，研究声源参数的影响，探讨脉动声源形成过程中的声能转换特点。

声源参数选取中，气室压力的改变覆盖了亚声速和声速调制的情况，范围是 0.15 ~ 0.6MPa；调制频率的变化范围是 10 ~ 2kHz；喷口出口宽度取 2mm，喉道入口宽度的变化范围是 2 ~ 6mm；声源工作介质包括典型的单、双、多原子气体。

本章给出的模拟数据包括稳态流场、瞬态流场、气动声场三部分结果。从稳态流场中提取湍流混合区最大马赫数、最小静压值、声源主入口流量、侧入口流量、喉道总压比等结果，由后处理软件输出全场速度图和静压图。瞬态流场中通过批处理操作提取喉道截面的面平均静压值、声源入口和出口的流量以及典型位置测点静压值随时间的变化结果，由批处理输出系列时刻的全场快照。气动声场结果中首先得到声场接收点的时域波形，提取 RMS 声压级和峰值声压级，然后对时域信号进行频谱分析，提取调制频率对应的基频声压级，绘制近距离声场的基频声压级指向性图。

5.1 仿真模型验证

为确定前文所建立内气动系统和磁路系统仿真模型的准确性，本节将相同模型和工况参数下的模拟结果与实验结果进行比较，其中1:1实验模型的速度场通过粒子速度成像（PIV）方法获取，单点静压值由动态压力传感器测得，具体实验系统组成和方法的细节已在4.1节中给出。振动系统的输出由线阵CCD位移测量系统测得。

内气动系统的计算模型中，收缩喷口入口段长45mm、截面宽度10mm，出口段长10mm、截面宽2mm，收缩段长4mm且采用双三次曲线的设计（优化参数 x_m 取0.52）；喷口出口径向尺寸为135mm；喉道出口半径为128.3mm。若无特殊说明，以下模拟计算中收缩喷口和喉道采用相同的几何参数。

5.1.1 稳态速度场

图5.1比较了喷口出口宽度1.5mm、喉道入口宽度4.34mm、气室总压0.13MPa的模拟计算和PIV实验得到的速度场结果。两者给出的内流场结构基本相似，主流沿喉道内壁面流动，喉道出口贴近外壁面呈大范围回流，外壁面附近形成流动分离，外侧回流和内侧主流之间是剪切层，其中可形成大尺度旋涡结构。由于喉道截面变化剧烈，主流流速下降很快，喉道出口轴线上速度量级约为9 ~11m/s，实验与模拟结果均处于这一范围内。不考虑流动分离的影响，依据喉道内速度值分布可明显看出准稳态理论的局限性。取湍流混合区典型流速为50m/s，典型长度为0.1m，参照前文表2.1，可知准稳态理论成立对应的调制频率需远小于250Hz，仅接近于远距离广播应用中的低频下限。

5.1.2 稳态压力场

取喷口出口宽度为1mm，气室压力分别为0.13MPa和0.16MPa，实验模型喉道内的静压测点分布和编号如图4.6所示，实验测得和模拟计算得到的外喷管和内塞锥壁面静压值分布如图5.2和图5.3所示。

从图5.2和图5.3中可以看出，两种气室压力下测点静压值的模拟和实验结果满足相同的变化趋势，定量结果比较接近。靠近流动上游的区域为负压，测点静压值较小，而靠近下游的测点静压值接近于大气压。外喷管和内塞锥处于同一截面上的静压值相近，这与模拟得到的静压值分布一致。测点P3和测

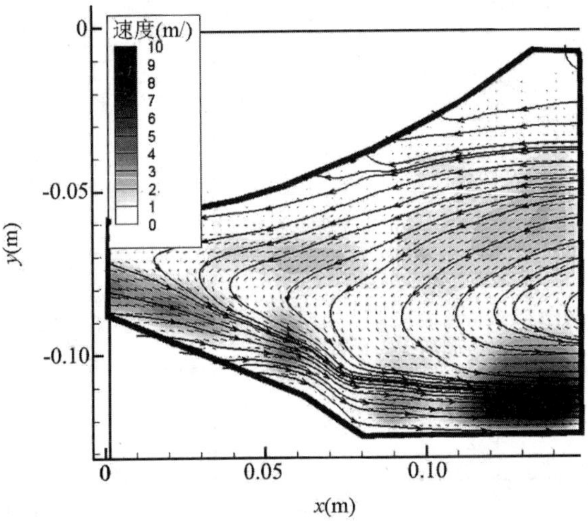

（a）PIV 速度场

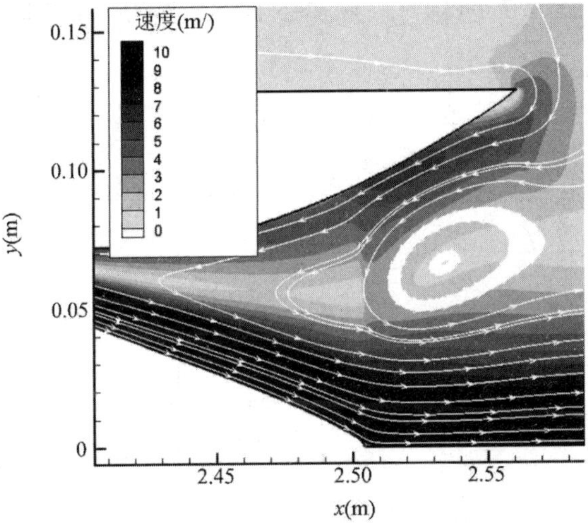

（b）二维模拟的速度场

图 5.1　气室总压 0.13MPa 条件下 PIV 速度场实验与稳态模拟结果

点 P9 的模拟和实验结果的吻合程度最好，以这一截面为界，其上游测点的模拟值低于实验值，其下游测点则相反。实验和模拟结果之间的差别来自单点测压系统本身的测量误差，包括测压管道在压差作用下的收缩变形、压力传感器零点漂移和气室压力波动等。此外，P6 测点静压值应接近于环境压力，而图中实测结果说明测量时的环境气压低于标准大气压，所以计算中，压力出口边界参数的指定也可能是造成差别的一个原因。

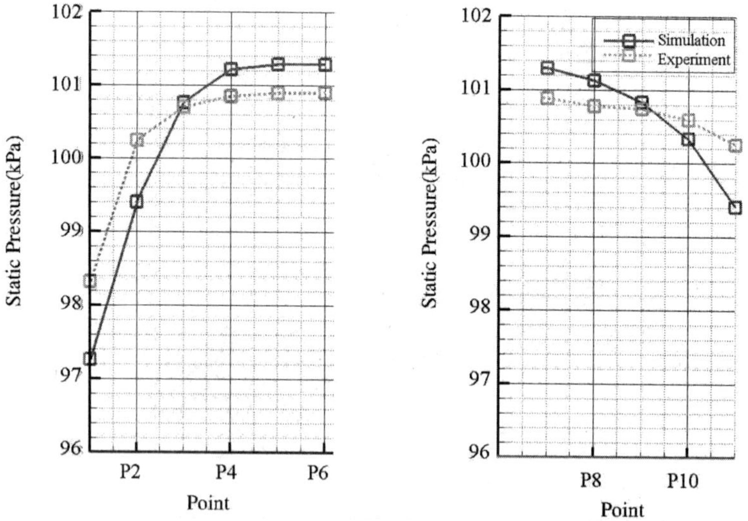

图 5.2　气室总压 0.13MPa，PIV 实验模型实测与模拟的静压值结果比较

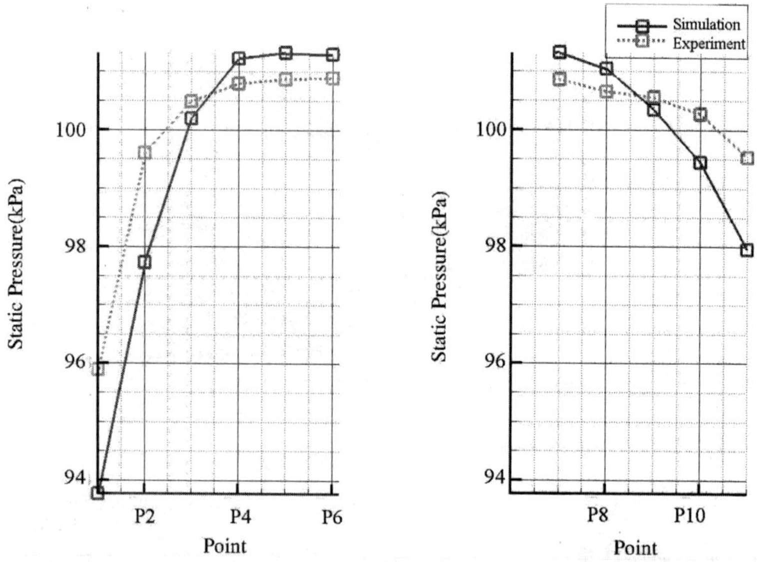

图 5.3　气室总压 0.16MPa，PIV 实验模型实测与模拟的静压值结果比较

5.1.3　振动系统磁场和位移

参考实际 AMS 振动系统的设计参数建立仿真模型，其中采用内磁式磁路、导磁体、磁芯的尺寸关系如图 3.12 所示。导磁体和磁芯的材料分别为电工纯

铁和钕铁硼，磁隙深度为 15.5mm，宽度为 1.25mm，磁隙距中心轴距离为 63.5mm。音圈和线圈总质量为 80g，支撑圈的弹性系数为 300N/mm，音圈绕线为电阻 2.6Ω、30 匝的双股铜线圈。激励信号源为恒压源，电压有效值为 80V。调制频率取 500Hz，瞬态磁场求解的时间步为 2.5E－7s，即单个调制周期对应的时间步数为 8000。

图 5.4 给出了磁路系统的稳态、瞬态磁场变化和振动系统的输出结果。较高的磁感应强度主要出现在磁隙附近和下导磁环转角位置(图 5.4(a))，这些位置未形成显著的磁饱和，磁隙中磁感应强度达到了 1.5T 以上，说明磁环、磁芯和磁隙的尺寸设计是较为合理的。瞬态磁场共模拟了 15 个调制周期(图 5.4(c))，在前 5 个调制周期内，位移输出不稳定，对应时间很短的瞬态启动过程，稳定后电流和位移等物理量呈现周期性变化。瞬态结果中，线圈峰值电流为 37A，峰值反向电动势为 15V，正向位移幅值为 0.75mm，负向幅值略低。

音圈加载信号时，尽管磁路系统的整体场强分布与稳态磁场接近，但磁隙附近的局部磁场分布与稳态磁场有明显差别(图 5.4(b))。随着激励电压的增加，磁场的不均匀性也在增加。例如对于 8V 恒压激励下某时刻磁隙磁感应强度变化范围为 1.52～1.55T，而在 80V 恒压激励下达到了 1.4～1.65T。图

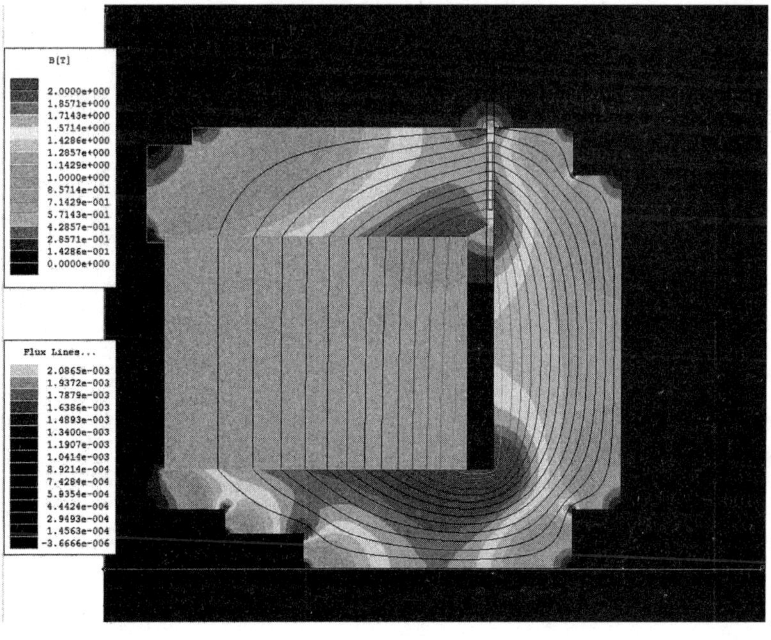

(a) 稳态磁场

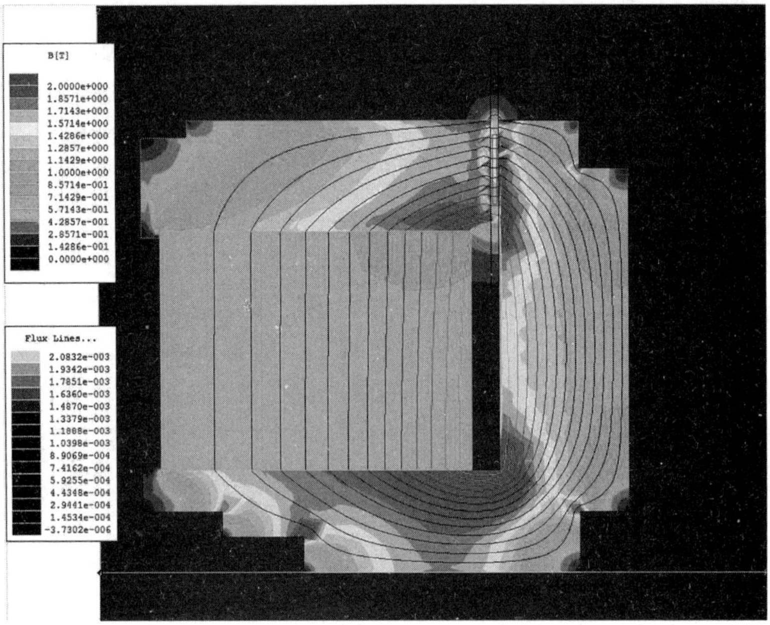

（b）下半周期的瞬态磁场

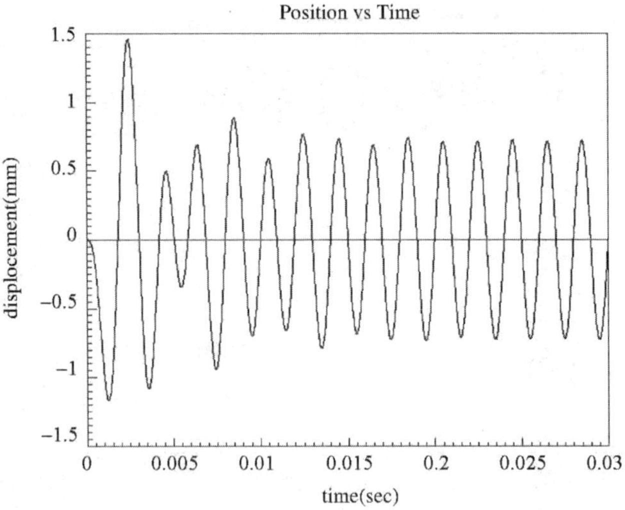

（c）位移输出

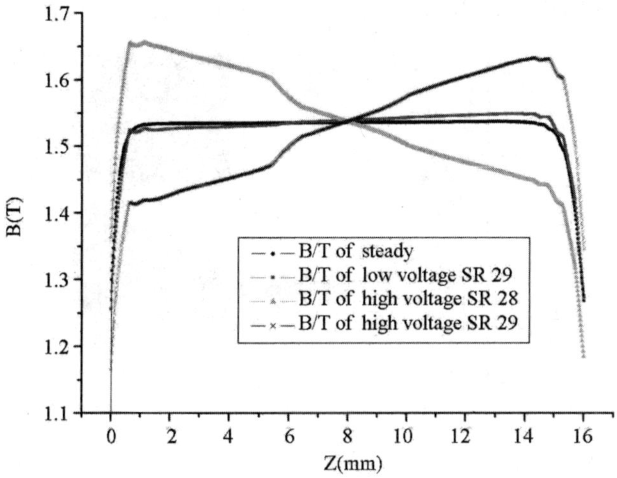

(d) 不同激励电压对应磁隙中的磁场强度分布

图 5.4　磁路与振动系统的计算结果

5.4(d)中，前半个周期内磁隙外端磁感应强度高于内端，后半周期则刚好相反。一般情况下，为了达到较大的位移输出，常采用较高的激励信号强度，从而可能引起磁感应强度分布的不均匀性，进而导致输出信号的失真。这是等效电路理论无法预测的。

改变支撑圈弹性系数为1000N/mm，增加其阻尼为85N·s/m，音圈总质量为0.1kg，采用恒流源激励，调制频率取100Hz，激励电流有效值为5A。求解结束后，音圈瞬态运动的位移结果基本保持正弦形式变化，振幅为0.28mm。而7.5A，100Hz电流激励时的振幅为0.43mm。相同参数条件下，基于线阵CCD的非接触位移测量方法得到的振动系统输出结果为0.288mm(5A)和0.431mm(7.5A)，与计算结果基本一致。

5.2　典型内流场特性

取气室总压0.3MPa，喉道入口宽度4.34mm，模拟得到的稳态速度场结果如图5.5所示。喷口中的气流加速主要集中在喷口收缩段完成，收缩段前部和后部附近壁面均未见明显的边界层分离。在喷口末端，流动达到声速，出口流速分布较为均匀。在湍流混合区，气流进一步加速，形成局部超声速流动，最大马赫数为1.89。在声学区域，气流逐步减速，在其末端下降为亚声速流动。由于喉道截面面积变化剧烈且存在逆压梯度，在声学区域前部，外喷管壁面形成明显的流动分离，分离与声学区域流速下降之间关系密切。在声学区域后部存在明显的回流区，回流与主流之前形成了剪切层。

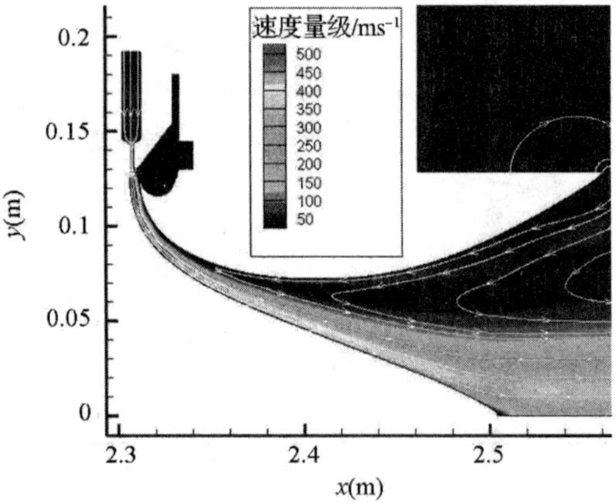

图 5.5　气室压力 0.3MPa，喷口与喉道内流场的速度量级分布

静压分布方面，在喷口区域和湍流混合区域，静压由入口 0.3MPa 下降为局部 0.04MPa。来自喷口上游和侧面进气口的气流在湍流混合区混合。混合区内流动状态比较复杂，在同一截面上压力和速度向量差别较大。在声学区域，同一截面上压力分布则较为均匀。在塞锥末端附近，存在一个局部高压区，它与塞锥型线设计不够理想有关。

取气室总压为 0.6MPa，计算得到稳态流场中湍流混合区最大马赫数为 2.39，混合区最小静压值 0.02MPa，主入口流量 2.2kg/s，副入口流量 0.1kg/s，入/出口流量差占总流量比例达到 10^{-4}量级。喉道内静压值分布如图 5.6 所示。整体上静压值低于环境压力，贴近内侧壁面高低压交替出现，对应

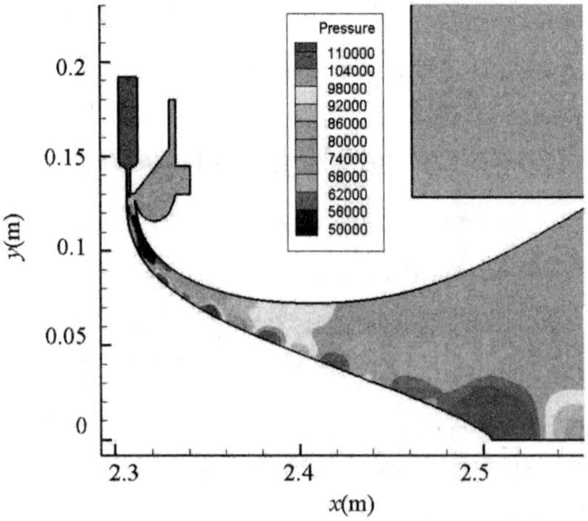

图 5.6　气室总压 0.6MPa，喉道内部稳态静压值分布

于主流交替减速和加速。这种流场结构一直延伸至喉道出口的下游流场中。这是由于气室总压较高，声速射流在下游继续膨胀，同时在喉道入口由于内侧壁面的偏折产生压缩波，压缩波在壁面和剪切层之间来回反射，再加上大范围回流的影响，形成了复杂的膨胀波系与压缩波系相互作用。0.6MPa 时的整体速度结构基本类似于图 5.5，只是主流和回流的流速增加。计算得到喉道出口和入口间总压比为 0.4，可见稳态流场主流的减速增压过程中，流动分离引起的能量损失比较严重。

取气室压力 0.4MPa，正弦调制频率 100Hz，时间步长 5μs，进行瞬态流场计算。图 5.7 为不同时刻调制区附近速度量级分布及流线。图 5.8 为喉道内静压值分布的变化，该过程描述了气流声源的形成。

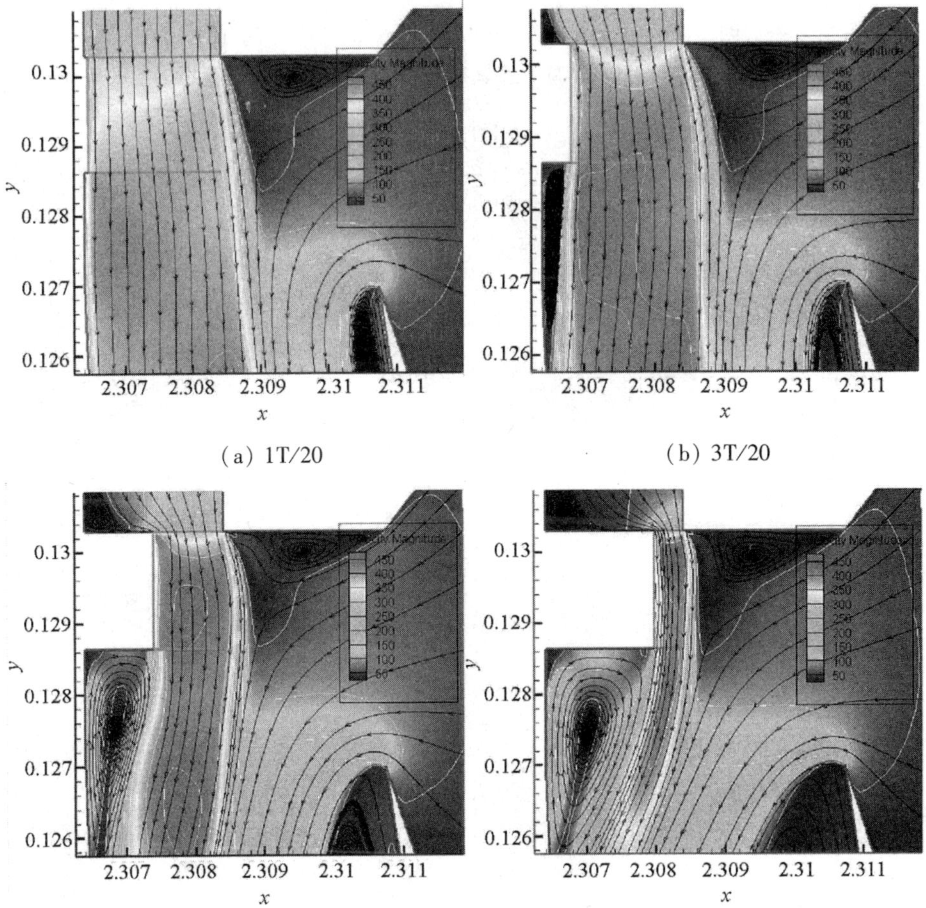

(a) 1T/20　　(b) 3T/20

(c) 1T/4　　(d) 7T/20

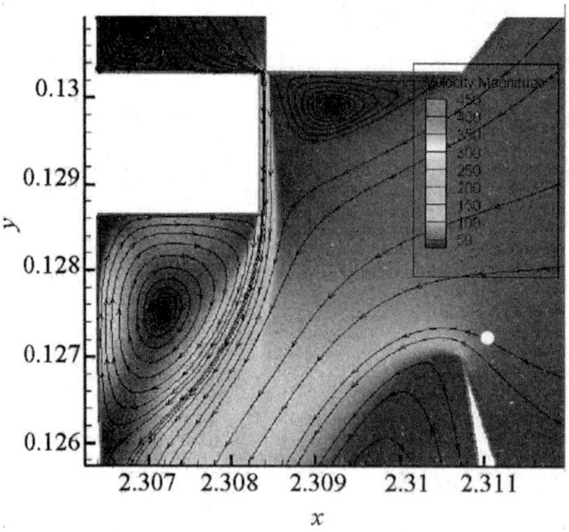

图（e）9T/20

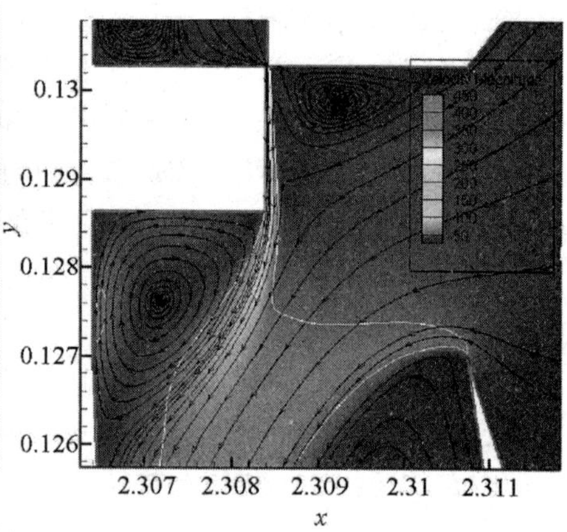

图（f）1T/2

图 5.7　气室压力 0.4MPa、调制频率 100Hz，调制区附近速度量级（T 周期）

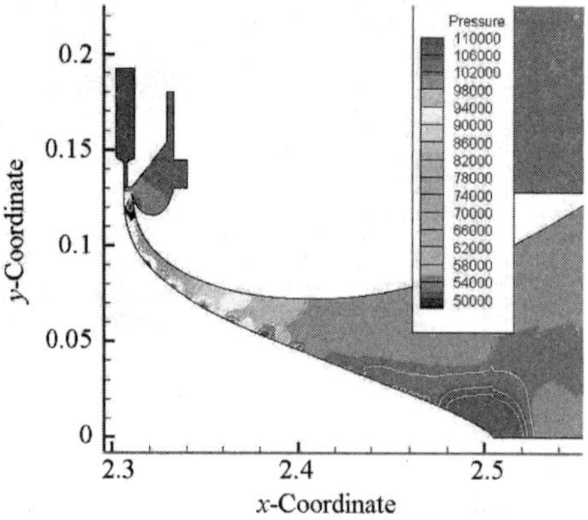

（a）1T/20

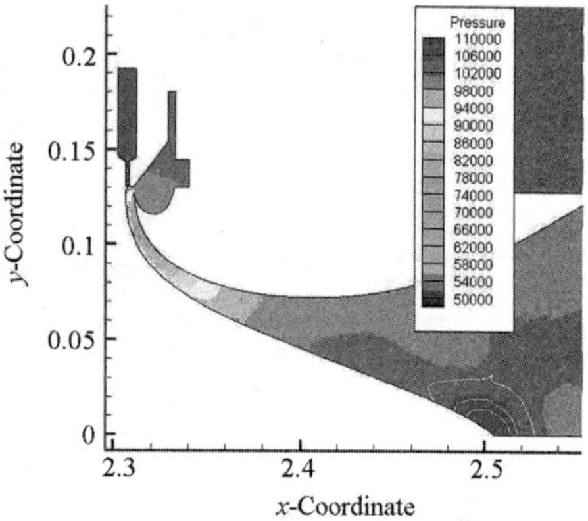

（b）1T/4

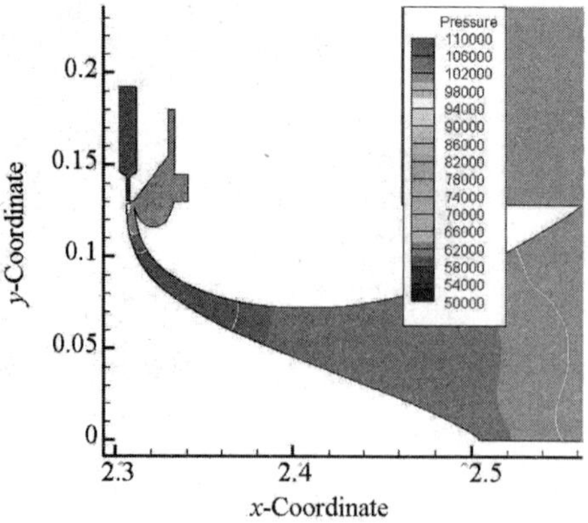

（c）11T/20

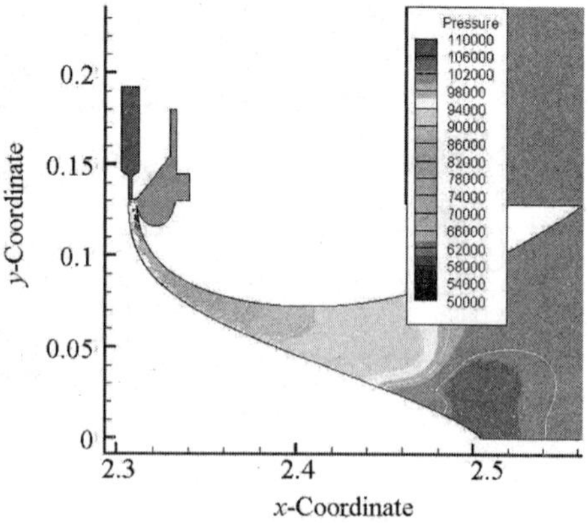

（d）3T/4

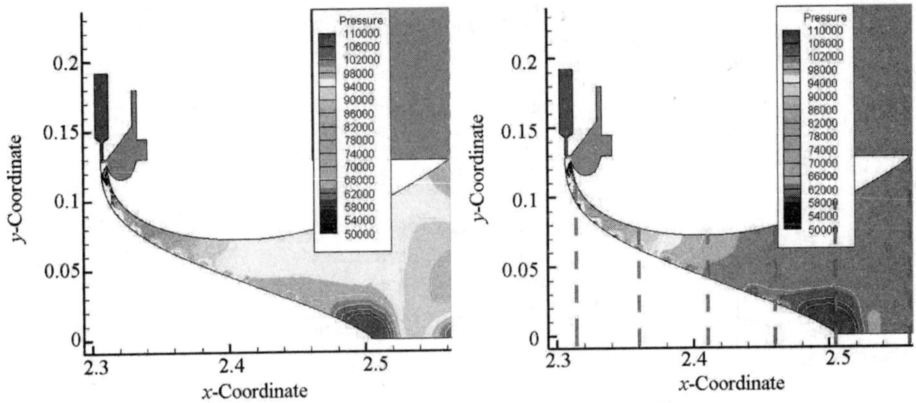

(e) 17T/20　　　　(f) T

图 5.8　气室压力 0.4MPa、频率 100Hz，喉道内不同时刻静压值分布（T 周期）

调制区附近的模拟结果中，音圈沿轴向运动，喷口面积逐渐减小。喷口全开时，在其出口一侧和喉道入口一侧有旋涡产生，调制周期内后者呈现明显的旋涡脱落特征。随着喷口面积的减小，在调制区另一侧形成额外的两个旋涡。在整个调制过程中，侧面入口的气流流向没有改变，喷口面积减小时引射作用减弱，因此侧面入口流入气流的流速逐渐降低。

声学区域中，由喷口调制所引起的下游静压值的变化在同一截面上分布较为均匀，呈现较为规则的压力扰动波向外传播。文献[1]给出 20 世纪的相关研究中曾经由 AMS 声场测量的指向性分布推测其类似于平面活塞声源。从这里给出的压力扰动变化结果看，这一近似存在一定的合理性。低频调制扰动波长远大于喉道尺寸，所以不同周期内对应时刻的流场基本一致。

图 5.9 为半周期内入口和出口流量的变化，可以看到主入口流量基本满足正弦函数的变化规律，即基本上符合壅塞流量的理论表述：

$$q_{mcr} = A\left(\frac{2}{\gamma+1}\right)^{\frac{\gamma+1}{2(\gamma-1)}}(\gamma P_S \rho_S)^{\frac{1}{2}} \tag{5.1}$$

其中 A 为环形喷口面积，P_S，ρ_S 均为高压气体滞止参数。侧面入口流量在前 1/4 周期内基本没有变化，1/4 至 1/2 周期内急剧下降，说明引射作用与混合区的静压值有关，而与主入口流量不直接相关。部分时刻声源总的入口和出口流量不平衡，反映了流动的瞬态作用不可忽略。

依据喉道内部瞬态流场演化结果，可对不同截面上声压级进行预测。考虑图 5.8 (f) 中绘制的截面，对各截面上的静压值取面积平均，其随时间的变化由图 5.10 给出。整体上，各个截面静压值在前半周期逐渐增加，直至接近环境压力，在后半周期逐渐降低和偏离环境压力。喷口全部关闭时，各截面压力

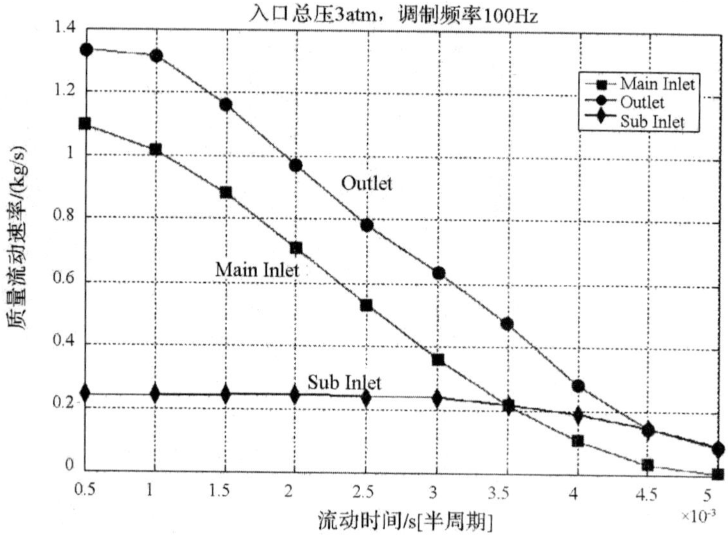

图 5.9　压力 0.3MPa、频率 100Hz，半调制周期内入口和出口的流量变化

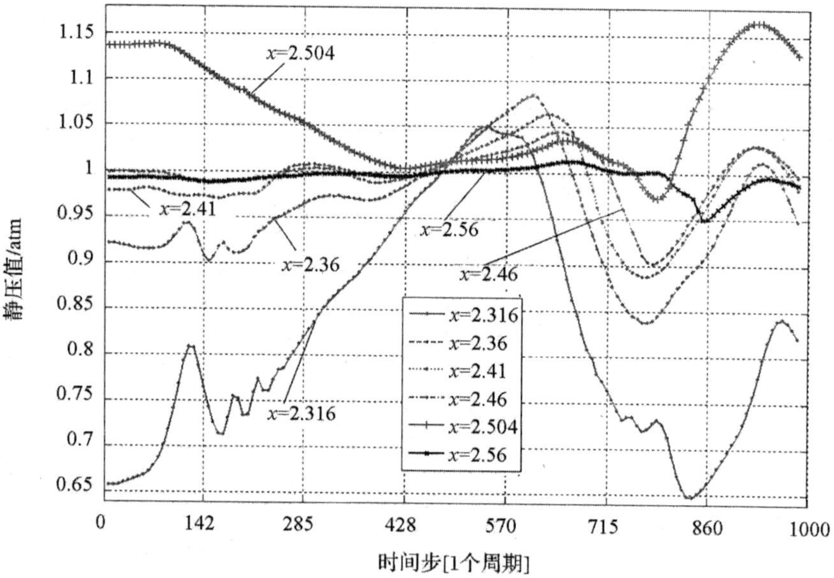

图 5.10　压力 0.4MPa、频率 100Hz，喉道截面的面平均静压值的变化

近似等于环境压力。图中各截面压力曲线峰值出现的位置稍微滞后于喷口全关闭的时刻，这是因为压力扰动从调制区域传播至喉道截面需要一定时间。其中，上游截面曲线的峰值延迟时间小于下游截面。

100Hz 调制时，喉道内压力变化出现了偏离准稳态理论的现象，包括压力曲线峰值高于环境压力、整个调制周期内时域压力波形不完全对称和压力曲线两端出现了反常的压力振荡。这三种现象与瞬态作用的影响有关，在一定程度上反映了气流声源产生过程的复杂性。

由单个周期内静压的变化量估计喉道截面的 RMS 声压级 p_{RMS}：

$$p_{RMS} = \sqrt{\sum_{i=1}^{k} (p_i - p_{steady})^2 / (k-1)} \tag{5.2}$$

其中 p_{steady} 为稳态流场中对应截面的面平均静压值。由上游至下游计算得到 $x=$ 2.316，2.360，2.410，2.460，2.504，2.560(m)；截面上的声压级分别为 186.15，181.91，178.99，177.18，179.72，170.08(dB)。压力扰动基本上随着截面面积的增加而下降，但是在 $x=2.504$ 截面，由于受局部高压区影响，部分时刻静压值高于环境压力，所以计算得到的声压级也偏高。

5.3　气室压力

5.3.1　稳态流场

保持其余参数不变，调制频率仍然取 100Hz，计算中逐步增加气室压力分别为 0.15，0.2，0.3，0.4，0.5，0.6(MPa)，得到声源稳态流量特性如表 5.1 所示。入/出口流量偏差占总流量的 1% 左右，处于合理范围之内。气室总压在 0.15～0.2MPa 之间时，喷口流动达到临界状态，总压大于该值时主入口流量可由高压气体滞止参数和喷口出口截面积确定。表中模拟结果和由壅塞流量公式（5.1）计算得到理论值基本一致，其中理论值未考虑喷口出口边界层的影响，所以略微偏高。

表 5.1　不同气室压力声源流量特性的模拟结果

气室压力 (MPa)	湍流混合区最大马赫数	主入口流量 (kg/s)	副入口流量 (kg/s)	入/出口流量差 (kg/s)	流量理论值 (kg/s)
0.15	0.952	0.5129	0.1808	0.0199	—
0.20	1.348	0.7264	0.2091	-0.0114	0.7707
0.30	1.889	1.0954	0.2389	-0.0012	1.1552
0.40	2.134	1.4632	0.1989	0.0011	1.5398
0.50	2.230	1.8314	0.1480	0.0004	1.9259
0.60	2.378	2.1992	0.1033	-0.0045	2.3104

随着气室总压的增加，主入口流量持续增加，但侧面入口流量存在一个极值。气室压力为0.4MPa时的主入口流量接近为0.15MPa时流量值的三倍，而副入口流量仅有两倍的关系，引射作用引起的侧面入口流量随射流加速而逐渐趋于饱和。注意到，侧面副入口由引射作用吸入的气体流量相对于声源供气量是可观的，而引射气体与主流相混合可引起主流流速的下降，因而侧面入口的存在对于整个声能转换过程应该有一定的影响。

气室压力为0.15MPa时，喷口出口流动加速至高亚声速，马赫数为0.75。喷口和喉道构成的气路形状总体上是先收缩后扩张，形状类似于拉瓦尔喷管，因此喷口射流从喉道入口向下游流动过程中主流继续加速，马赫数达到0.92。由于喉道截面剧烈扩张，在喉道入口附近某一位置，主流开始减速，静压值开始由负压向大气压增加。这一流速变化过程对于不同气室压力是一致的。气室压力0.4MPa时，喷口出口为声速流动，向下游流动过程中主流加速至最大马赫数2.13，而后主流开始减速。

总压比是渐扩喉道中能量损失的一个度量，气室压力0.15MPa时，喉道入口和出口间总压比为0.9794，0.4MPa时该值降低至0.537。可见，低气室压力情况下，流动损失远低于高压情况，更高的声压级输出以更大的主流损失为代价。

气室压力改变时，喉道内稳态流场结构基本一致，速度场分布与图5.5类似：主流贴近内塞锥壁面，喉道外侧是回流；声学区域中随着喉道截面的增加，主流流速开始下降。而在定量方面，主流和回流的速度量级随气室压力的增加而增加，气室压力为0.15MPa时，喉道出口主流为亚声速（马赫数0.4左右），而气室压力为0.6MPa时，喉道出口主流马赫数高达1.5。当气室压力足够高时，喉道内主流呈现交替加速和减速的过程。

喉道内稳态静压值的分布随气室压力有明显的变化。图5.11和5.12分别给出气室压力0.15MPa和0.4MPa的静压值分布。更高的气室压力在下游喉道内产生更低的负压值，在喉道出口塞锥壁面产生更高的局部静压值。随着气室压力的增加，塞锥壁面高低压交替的现象得到增强：图5.11中这一现象不明显，图5.12中仅存在于湍流混合区，气室压力为0.6MPa时（图5.6）在整个塞锥壁面及喉道出口下游都有分布。同时，相邻高压区与低压区之间的间距随气室压力的增加而增加。

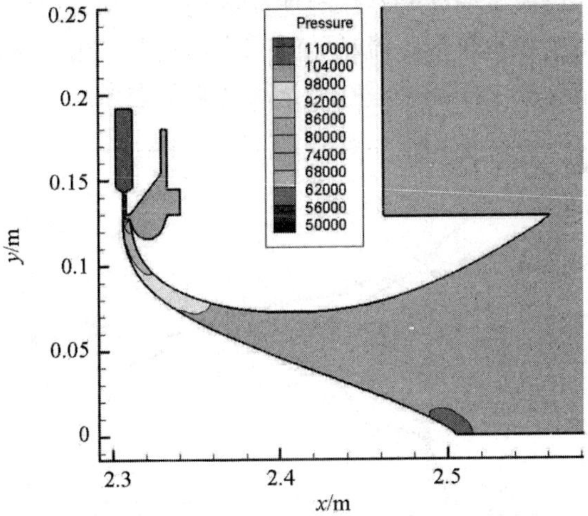

图 5.11　气室总压 0.15MPa 的稳态流场静压值分布

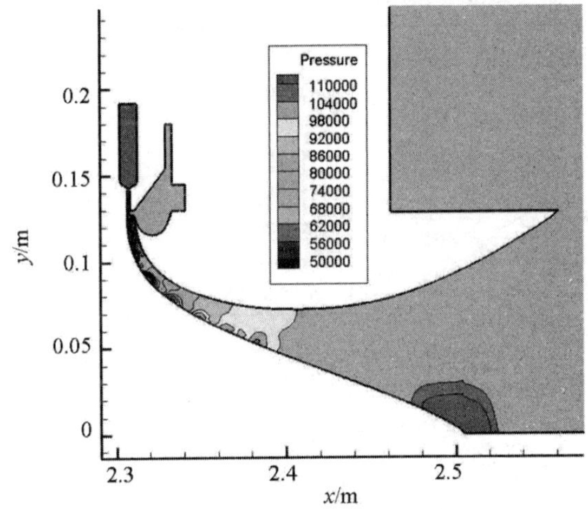

图 5.12　气室总压 0.4MPa 的稳态流场静压值分布

5.3.2　瞬态流场

从 100Hz 瞬态流场结果中提取不同气室压力条件下声源入口和出口流量的变化，如图 5.13 所示。其中主入口流量基本与调制面积的变化规律接近，侧面入口流量的变化主要体现在喷口接近关闭和初始开启阶段，其余时刻侧面流量基本保持稳定。气室压力增加后，主入口流量明显增加，侧面入口流量的增加则不明显。入口流量曲线基本没有明显的高频波动，而出口流量的波动则比较明显。因为调制频率较低，流动的瞬态作用较弱，出口流量在前半周期基本上随主入口流量的减小而减小，在后半周期则随之增加。

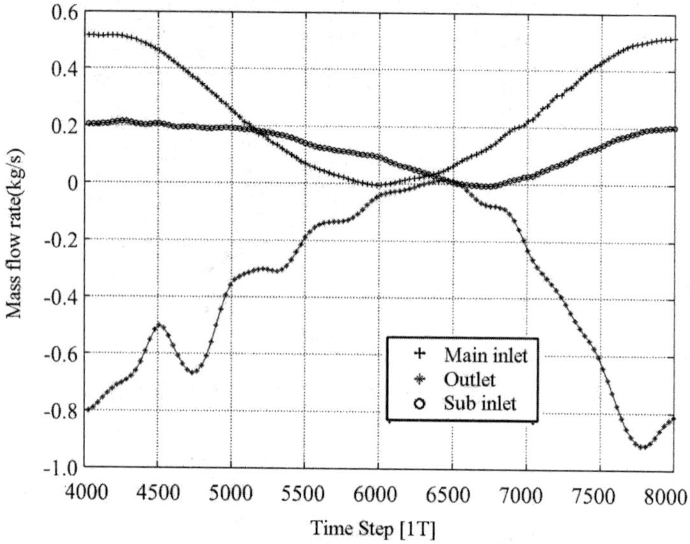

(a) 气室压力 0.15MPa

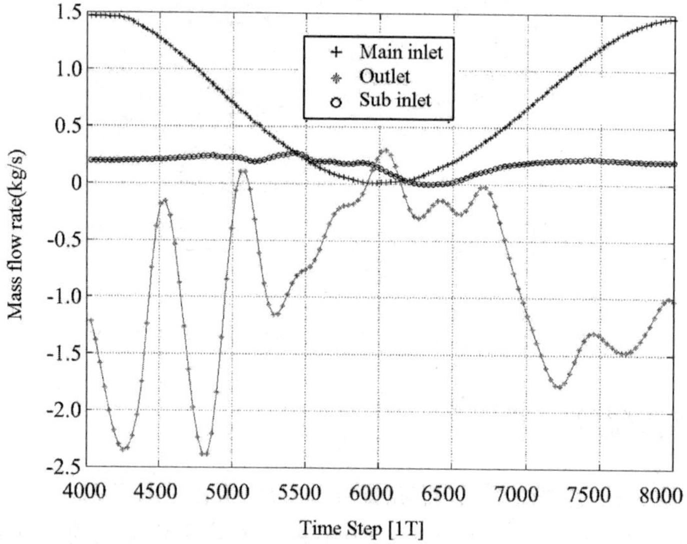

(b) 气室压力 0.4MPa

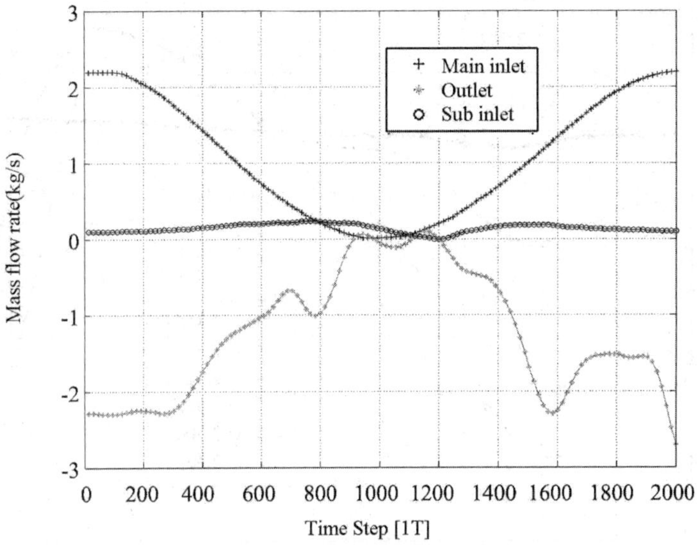

（c）气室压力 0.6MPa

图 5.13　频率 100Hz，调制周期内声源入口和出口流量的变化

图 5.14 给出调制频率 100Hz、不同气室压力条件下，喉道截面静压值随时间的变化而变化。同一气室压力的结果中，不同截面压力值的相对关系与 5.2 节典型工况下的结果相同。湍流混合区压力扰动量级远高于声学区域，即压力扰动在非均匀管道流动中传播时，量级随截面积的增加而降低。随着气室压力的增加，同一截面压力变化的峰峰值明显增加，时域波形的变化主要集中在负压部分的下降，正压值部分则在 0.4MPa 以上基本不再增加。高气室压力条件下，声学区域同一截面扰动量级随气压增加的幅度也越来越小，压力曲线首尾两端的振荡明显增强，使整体负压段的下降并没有峰峰值差距那么显著。这些结果与准稳态理论给出的“声压级输出随气室压力的增加而增加，但增加到 4 个大气压以上声压级的增加逐渐饱和”的结论是一致的。

另外，图 5.14 中，随着气室压力的增加，同一截面压力曲线的峰值延迟时间有所缩短，这可能是由于主流流速的增加在一定程度上提高了压力扰动的传播速度。尽管调制频率较低，图中仍能观察到瞬态作用的影响。压力峰值高于环境压力、时域压力波形不对称、曲线首尾两端的压力振荡等偏离准稳态理论的现象存在于图中所有结果中。

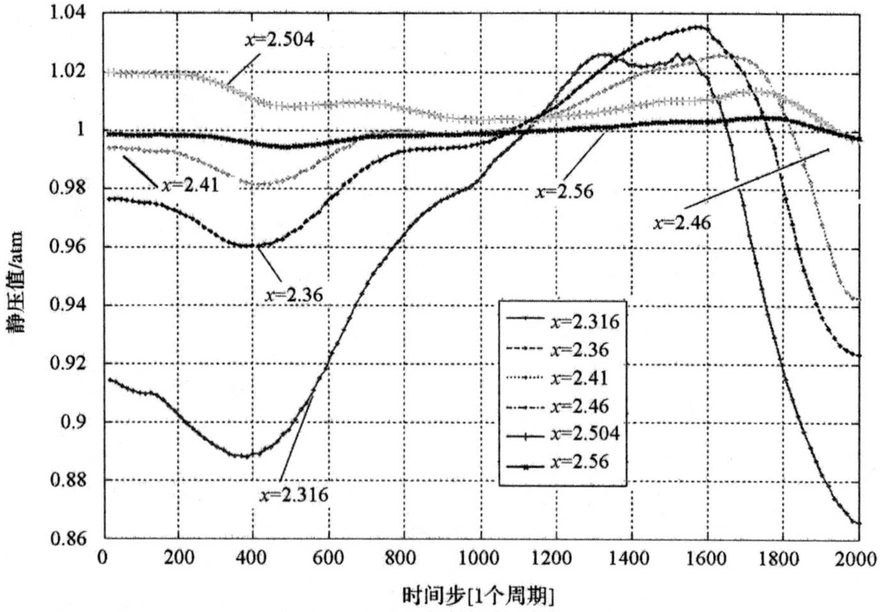

（a）气室压力 0. 15MPa

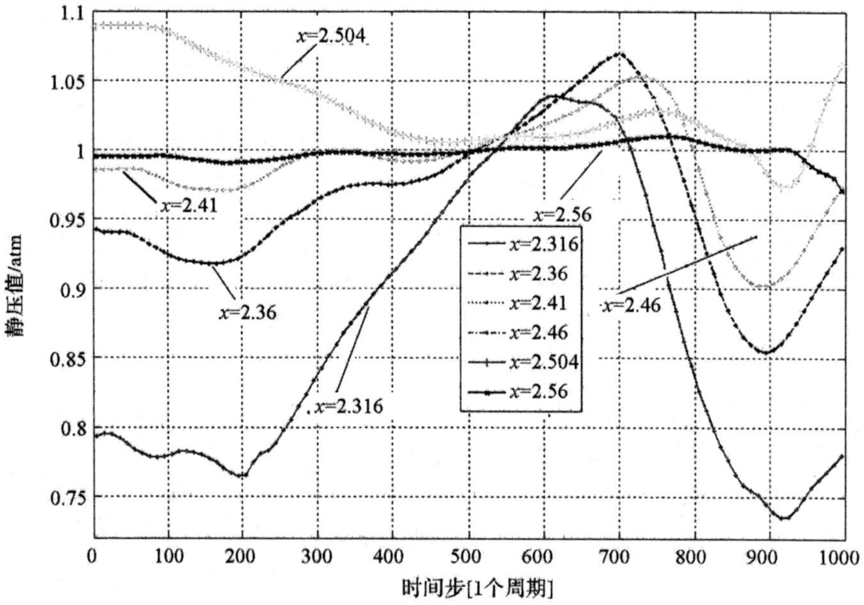

（b）气室压力 0. 3MPa

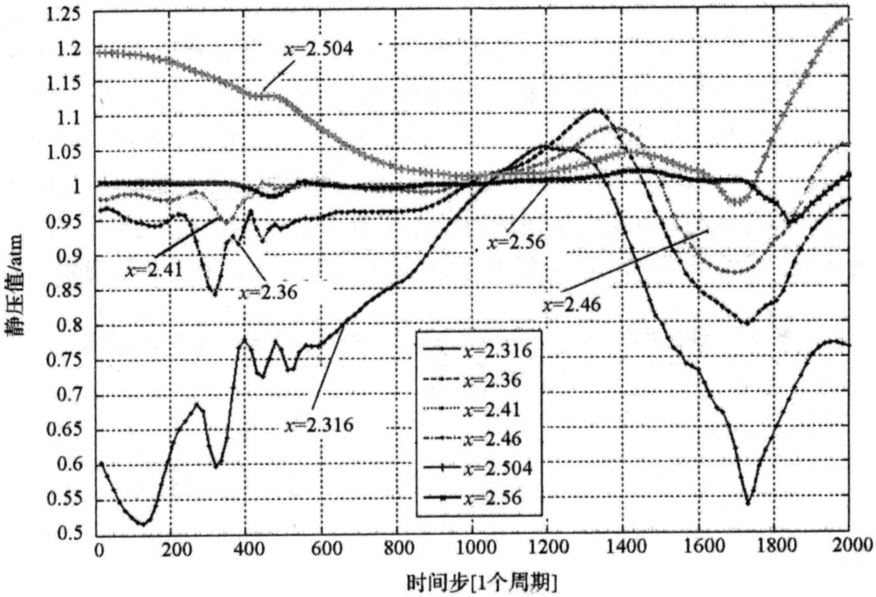

(c) 气室压力 0.5MPa

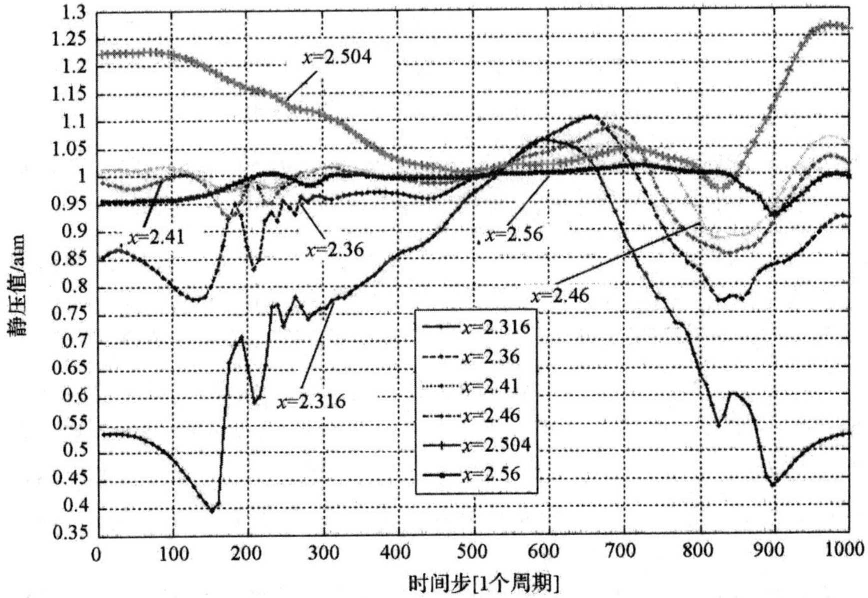

(d) 气室压力 0.6MPa

图 5.14　调制频率 100Hz，不同压力下喉道截面的面平均静压值的变化

表5.2给出了改变气室压力条件下不同截面RMS声压级的结果，其中喉道内部上游的声压级较高，可达170～180dB，下游声压级则在140～160dB之间。气室压力在0.2～0.5MPa范围内变化时，声源出口声压级出现一定的饱和效应。气室压力继续增加时，压力扰动在空间分布的不均匀性明显增加。需要注意的是，$x=2.504$截面声压级总大于出口声压级，这与塞锥型线设计有关，局部高压区的存在影响了局部的压力扰动传播。在给定喉道入口/出口半径条件下，通过对外喷管和内塞锥型线的调整能够减弱或避免类似现象。

表5.2　调制频率100Hz，不同气室压力下喉道截面声压级的模拟结果

气室压力（MPa）		$x=2.316$	$x=2.360$	$x=2.410$	$x=2.460$	$x=2.504$	喉道出口
0.15	Psteady（MPa）	0.08546	0.09581	0.09933	0.10004	0.10140	0.09991
	声压级（dB）	174.94	166.57	159.33	152.89	151.04	143.05
0.20	Psteady（MPa）	0.08570	0.09613	0.09906	0.10001	0.10416	0.09975
	声压级（dB）	173.56	166.91	162.91	159.83	164.01	145.78
0.30	Psteady（MPa）	0.07947	0.09405	0.09870	0.10006	0.10891	0.09918
	声压级（dB）	176.10	169.64	165.35	162.64	170.49	152.94
0.40	Psteady（MPa）	0.06682	0.09196	0.09836	0.10013	0.11403	0.09888
	声压级（dB）	180.02	171.17	166.41	163.78	173.79	156.13
0.50	Psteady（MPa）	0.05338	0.09658	0.09989	0.09993	0.11884	0.10022
	声压级（dB）	183.66	171.37	168.13	165.46	176.62	156.93
0.60	Psteady（MPa）	0.05358	0.08514	0.09948	0.10215	0.12311	0.09502
	声压级（dB）	182.92	175.37	168.80	167.48	178.08	166.91

气室压力为0.15MPa和0.40MPa，分别对应亚声速调制和声速调制。图5.15(d)中选取了四个压力测点，用于分析不同区域的静压值变化特点。其中测点a(2.309857，0.1154323)位于湍流混合区，测点b(2.386887，0.0544153)位于主流上游，测点c(2.560826，0.01)位于主流下游，测点d(2.502295，0.07484511)位于回流下游。

图5.15(a)、(b)、(c)分别给出不同气室压力条件下的静压值模拟结果。从图中可以看出，随着气室压力的增加，各测点记录压力的峰峰值均有明显增加，这与图5.14面平均压力得到的结果一致。主流中，a#和b#测点的压力波形具有一定的相似性。c#和d#测点的波形则差异较大，这与它们所处的区域

有关：c#处于局部高压区下游，而 d#处于回流区。上游压力扰动在喉道中的传播明显受到内流场分布的影响。对比不同气室压力下相同测点的压力数据，可看到高气室压力条件下测点压力的高频波动明显增加，它反映了声源产生过程中的非线性作用。流场演化过程中的非线性作用是强声波波形失真和谐波能

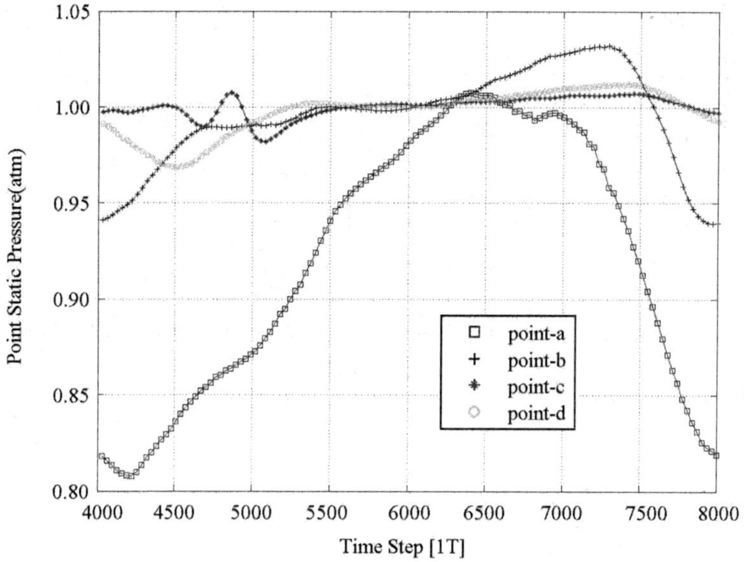

（a）气室压力 0. 15MPa

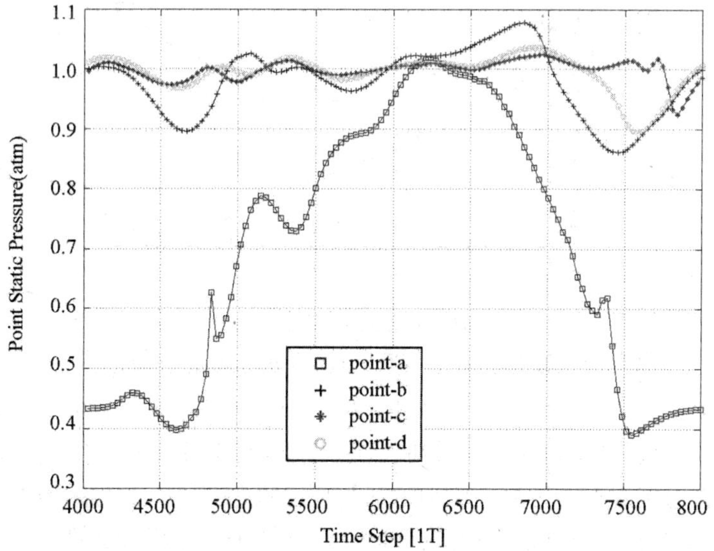

（b）气室压力 0. 4MPa

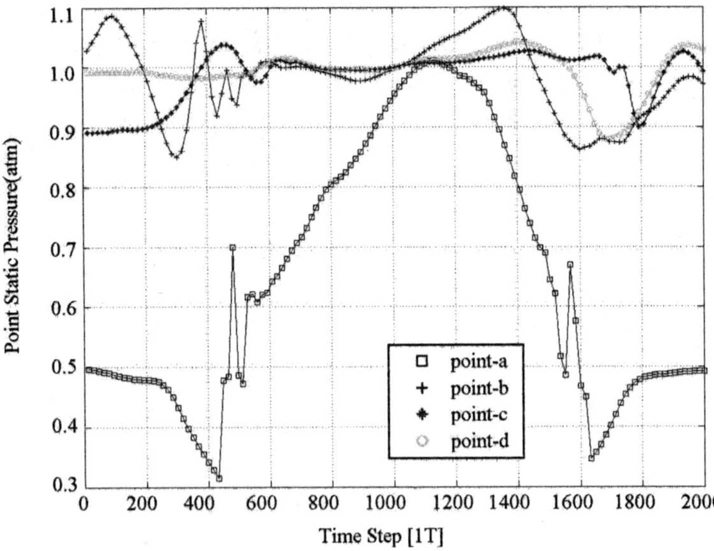

（c）气室压力 0.6MPa

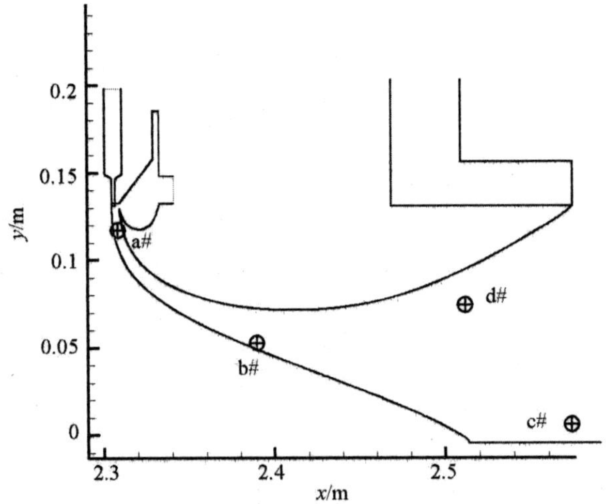

（d）流场静压测点编号和位置

图 5.15　频率 100Hz，调制周期内测点静压值随时间变化

量产生的重要原因。图 5.15(b)和图 5.15(c)中，喷口接近半开时，波形中出现压力突变。在相同时刻喉道入口附近的压力场快照中发现了类似于压力间断的结构，这与湍流混合区局部流动达到超声速状态有关。混合区压力突变是下游压力波形中高频波动的重要来源。此外，尽管主入口流量呈规则的正弦函数变化，受高气室压力条件下气流可压缩作用的影响，喉道内流场的不均匀性明显增加，高频波动在不均匀流场中的传播也可能进一步加剧了波形失真效果。

为考察气室压力对声源性能的影响，重点关注喉道出口附近瞬态静压值数据。图 5. 16 单独比较了 c#和 d#测点静压值随时间的变化。相同测点的压力峰

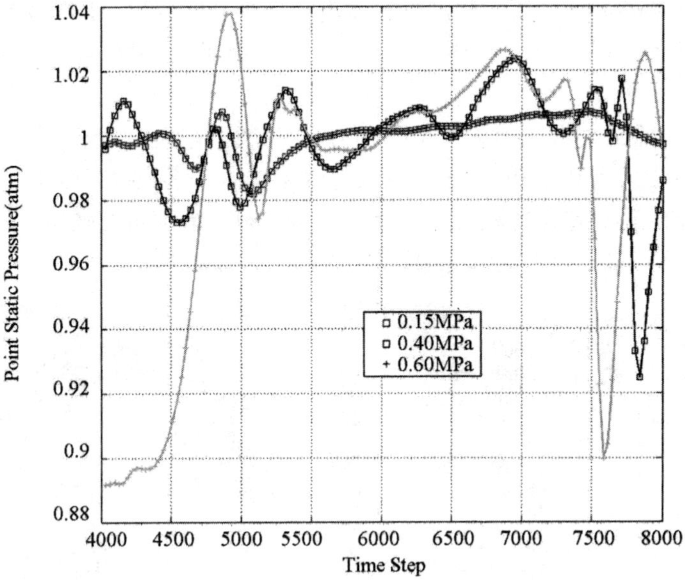

（a）c#测点静压值数据

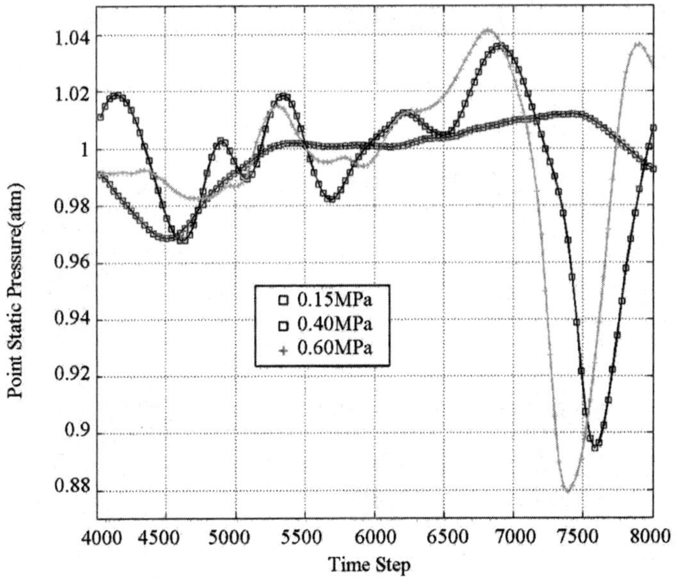

（b）d#测点静压值数据

图 5. 16　不同气室压力条件，喉道下游 c#和 d#测点静压值变化的比较

峰值随气室压力的增加而增加，但气室压力从 0.4MPa 增加至 0.6MPa 的过程中，压力扰动增幅较小。不同气室压力条件下，两个测点的压力波形均有较大变化，高气室压力下静压值波动明显增加。受喉道出口局部高压区的影响，气室压力为 0.6MPa 下 c#测点数据中在接近喷口半开时出现一压力突变。相同气室压力条件下，可见c#和 d#测点波形具有一定相似性，d#测点压力峰峰值较 c#测点略高。

图 5.17 给出气室压力为 0.15MPa 下，调制区附近速度场随时间的变化，将其与气室压力为 0.4MPa 下流场演化过程相比。气室压力较高时，喷口下游流动中射流的膨胀作用比较明显，所以高压下射流能够填充喉道入口外喷管一侧的空间。而低压条件下入口形成的射流没有明显的膨胀，外喷管一侧形成

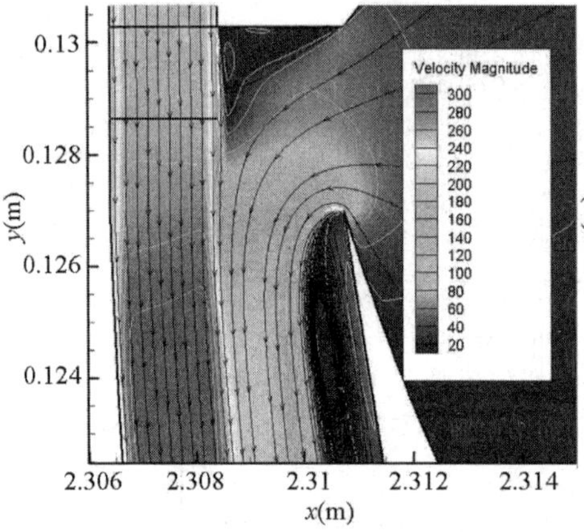

(a) 1T

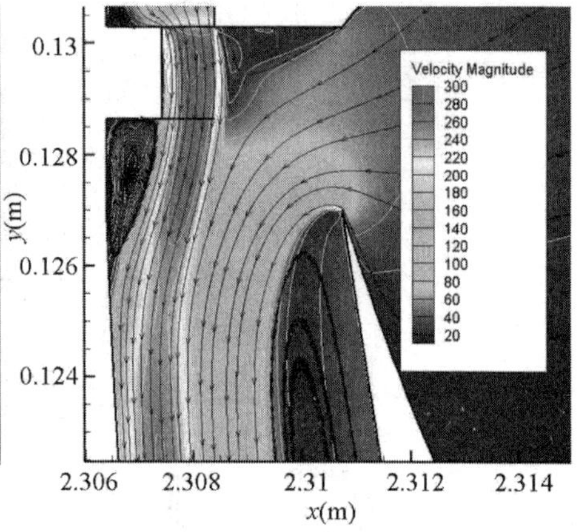

(b) 5T/4

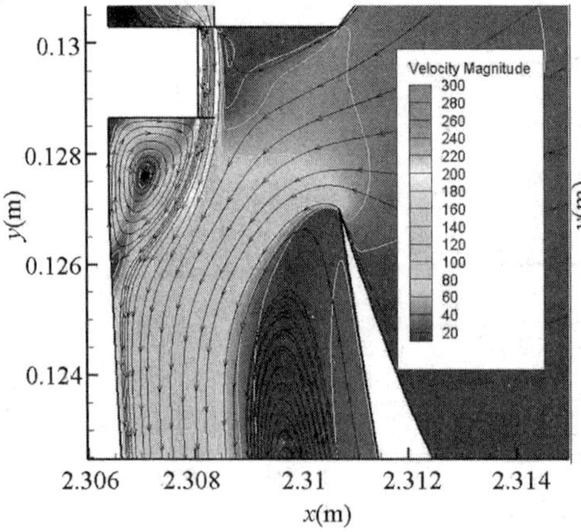

(c) 11T/8

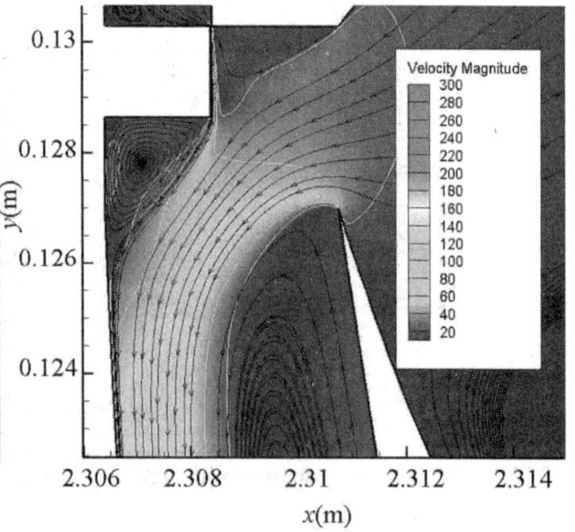

(d) 3T/2

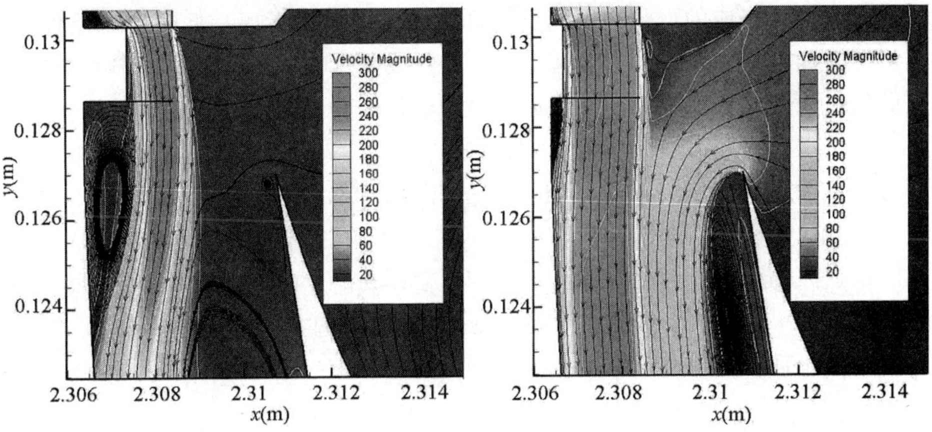

（e）7T/4　　（f）15T/8

图 5.17　气室压力 0.15MPa、频率 100Hz，不同时刻调制区附近速度量级

较大的气流空腔，其中可能形成尺度较大的旋涡。低气室压力下，侧面入口引射气流的宽度明显大于高气室压力结果，这是表 5.1 中高气室压力下侧面入口流量反而降低的原因。

对比不同气室压力下喉道内静压值分布随时间的变化情况，可知气室压力的改变并不影响整体的流场分布结构，在调制周期的起始和结束时刻静压分布是相似的。区别在于，高气室压力下在喷口全开时内塞锥壁面出现了明显的高低压区域相互交替现象，而低压条件下这一现象并不明显。尽管高压情况下的其余时刻高低压交替现象减弱了，整体上静压值分布比低压结果具有更高的空间不均匀性。

通过对 30 个接收点声场计算结果的 FFT 变换，图 5.18 给出气室压力 0.15MPa

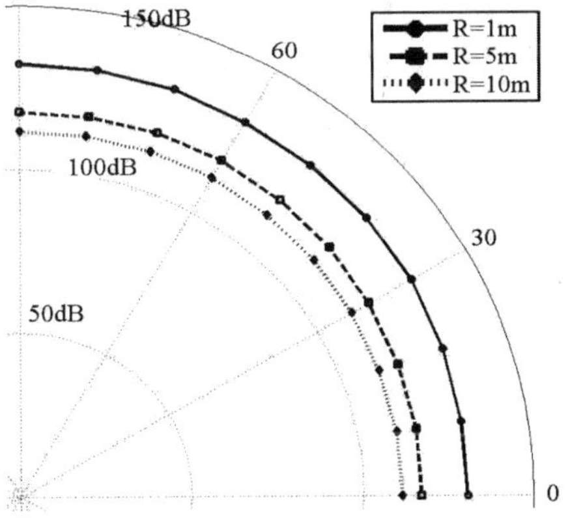

图 5.18　气室压力 0.15MPa，由调制频率 100Hz 对应声压级绘制的指向性图

时基频 100Hz 对应的近距离声场指向性图。图中可以看出，低频调制条件下，声场指向性并不明显。声源喉道出口半径约为 0.13m，远低于空气中 100Hz 声波的波长，因此气动声场结果接近点声源的传播特性。

5.4 调制频率

准稳态理论在喷口区域和湍流混合区域中忽略了瞬态项，所以其计算结果与调制频率无关。然而实际上，AMS 声能转换过程与调制频率密切相关。对于同一内气动系统设计，单个调制周期内不同频率调制产生的流场扰动所影响的空间范围有很大差别。例如，对于所研究的 AMS 装置，喉道轴向尺寸为 0.24m，取标准大气条件下的声速为 340m/s，若调制频率为 20Hz，单个周期内扰动传播距离为 17m，已经靠近近距离声场的外围。而 2kHz 调制时单个周期内扰动的传播范围（0.17m）尚不能达到喉道出口。由于声源高速射流和相关流场结构的存在以及管道受限作用的影响，喉道内压力扰动的传播与近距离声波的传播遵循不同的物理规律。同时，声波传播过程中的热黏性吸收和非线性作用均与声波频率有关。最终，不同调制频率对应的声能转换过程本质上应有明显的差别。

本节中，保持气室压力 0.6Mpa、喉道入口宽度 5mm 不变，稳态计算结果中主入口流量为 2.20kg/s，侧面入口流量为 0.17kg/s。改变调制频率分别为 10Hz，20Hz，50Hz，100Hz，200Hz，500Hz，2kHz，重点考察瞬态作用对声源内流场演化和换能过程的影响。

5.4.1 面平均压力

图 5.19 比较了不同调制频率下喉道内的面平均静压值，其中对于数百和数千赫兹的高频调制，为使压力扰动能够影响整个喉道，计算了多个调制周期，取若干周期以后某一周期的流场数据进行处理。

调制频率很低时(例如 10Hz)，瞬态作用可忽略，前半周期和后半周期的压力波形关于喷口关闭时刻对称。低频调制结果中，除局部高压区所在的截面外，同一时刻上游截面静压值低于下游，压力扰动峰峰值随截面积的增加而降低，在喷口全关时刻，所有截面静压值近似等于环境压力。随着调制频率的增加，在 50Hz 和 100Hz(图 5.14(d))结果中，波形的对称性开始遭受瞬态作用的破坏，各截面波形的峰值位置开始出现明显差异，相对于喷口关闭时刻出现了一定的时间延迟。调制频率越高，各截面延迟时间的差异越大。

图5.19(b)、(c)和(d)等高频调制的压力波形与图5.19(a)低频调制结果相比有较大差异。除了前后半周期波形的差异进一步扩大外，高频截面压力数据具有若干特点：首先，时间延迟大大增加，已经不像低频调制那样与调制面积保持同相位变化，最上游截面($x=2.316$)与最下游截面调制在压力峰值附近出现了显著正压区。相比于200Hz调制的结果，500Hz的($x=2.56$)间的相

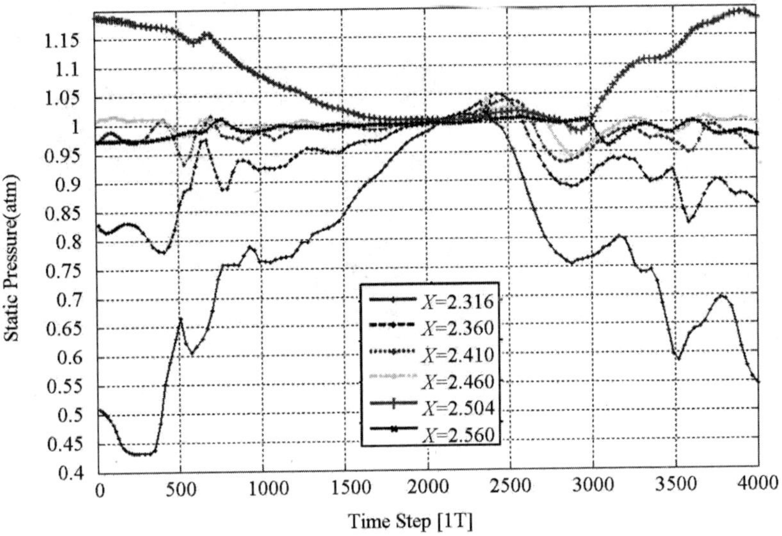

(a) 调制频率50Hz

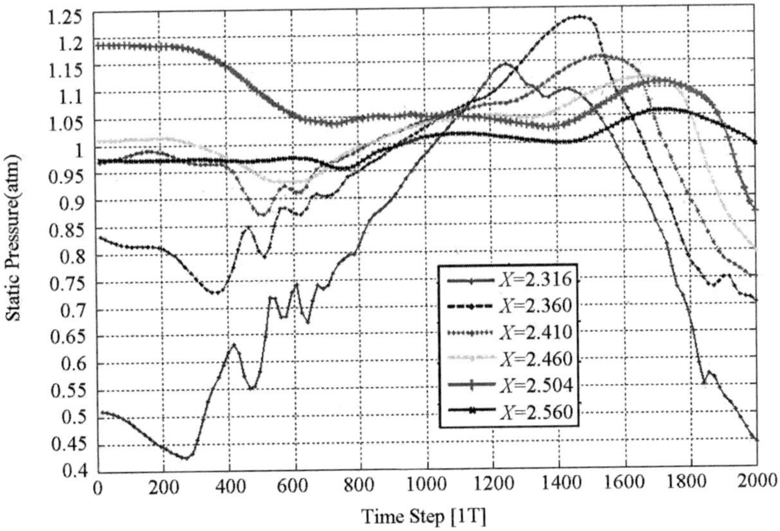

(b) 调制频率200Hz

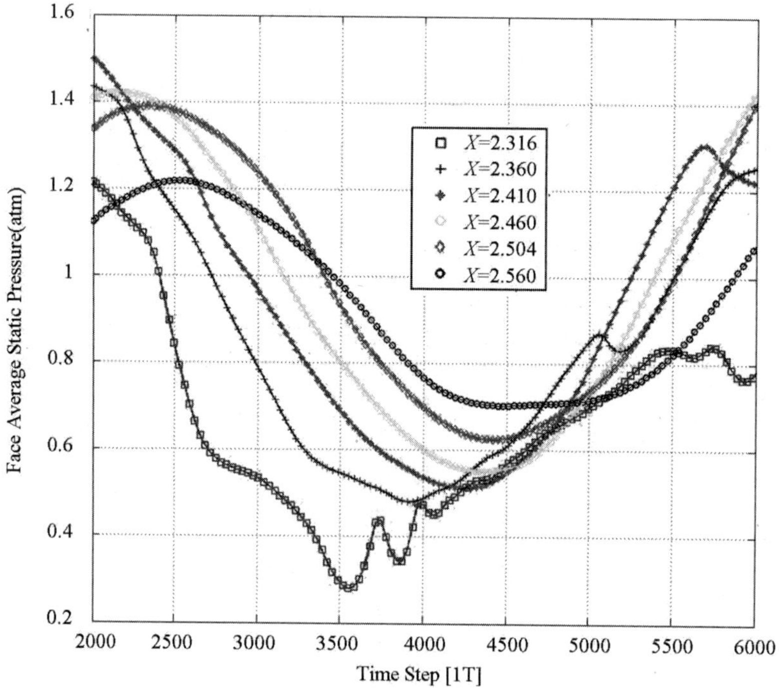

（c）调制频率 500Hz

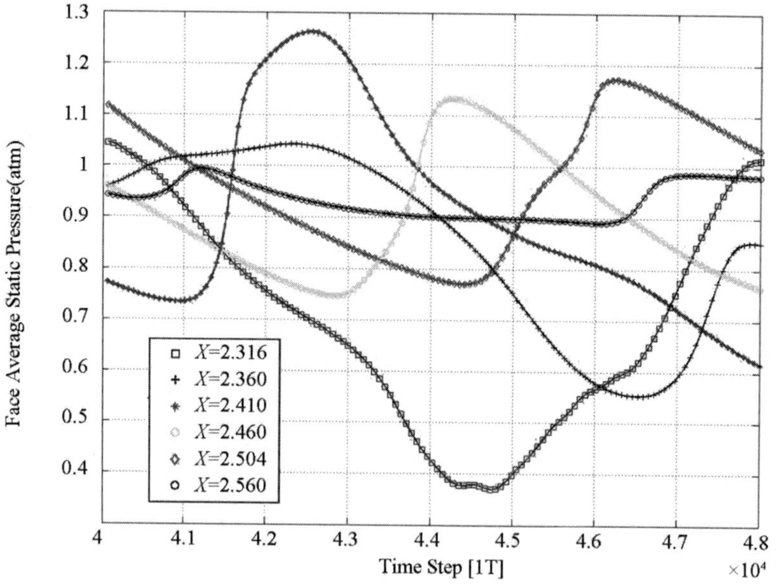

（d）调制频率 2kHz

图 5.19　压力 0.6MPa，不同调制频率下喉道截面的面平均静压值的变化

位差异已经接近于1/2周期；其次，对于相同截面，500Hz截面压力的波谷值远低于200Hz的结果，加上正压区的显著增强，500Hz整体的压力扰动量级明显增加；最后，500Hz不同截面压力峰峰值之间的差距显著小于低频调制，说明此时压力扰动在截面急剧扩张管道中的传播衰减大大降低。

对于调制频率更高的2kHz情况，压力波形出现了更加有趣的变化。对比图5.19中，500Hz和2kHz静压值数据，可见时间延迟进一步扩大，2kHz时最上游截面与最下游截面间的相位差异已经接近1个调制周期。对于相同截面，2kHz压力波峰值反而比500Hz的更低，波谷值反而更高，于是调制频率更高时压力扰动量级反而更低。对波形的进一步观察给出了扰动量级下降的原因。图5.19(c)中$x=2.41$截面及其下游三个截面的静压值波形接近正弦函数，而图(d)中对应截面波形接近N形波，存在明显的非线性波形失真。众所周知，强声波非线性作用的强度与频率成正比，2kHz时扰动量级大幅下降正是由于非线性附加衰减的作用。图5.19(d)中$x=2.56$截面的扰动量级比$x=2.504$低很多，而且前者N形波的陡峭程度有所下降，可知两者之间很可能形成了冲击波。上述分析说明，对于高频调制，由于压力扰动波长小于喉道尺寸，喉道内包含了声源产生和传播两个物理过程。在这种情况下若将声源近距离声压级作为性能指标参数，则需将非线性附加衰减和可能的冲击波形成考虑在内。

由式（5.2）计算得到不同调制频率下喉道内部各截面RMS声压级的比较如表5.3所示。由于10Hz，20Hz，50Hz低频调制瞬态作用的影响较小，三者对应的不同截面RMS声压级相当接近。由于正压区的出现和负压幅值随调制频率的变化，100Hz，200Hz，500Hz三者声压级随调制频率的增加而增加，500Hz时，喉道出口RMS声压级接近180dB。对于2kHz，由于前面提到的非线性附加衰减和冲击波形成的影响，各截面声压级都明显小于500Hz的结果。比较同一工况下不同截面的声压级数据，可知对于调制频率低于200Hz的情况，除去含局部高压区的截面，基本上仍然满足声压级随着喉道截面的扩大而降低的规律。对于500Hz和2kHz的高频调制，声压级随截面扩大而下降的趋势并没有低频调制那样显著。

上述截面静压值数据的比较，可以说明，喉道内瞬态流场演化和AMS性能参数具有频率相关性。特别是500Hz调制下的声源输出明显高于低频调制结果，这是准稳态理论无法解释的。关于高频调制下正压区出现等特殊现象的进一步分析，将在后续几节中结合内流场快照结果进行。

表 5.3 气室压力 0.6MPa，不同调制频率时，喉道截面声压级的模拟结果

调制频率（Hz）		x = 2.316	x = 2.360	x = 2.410	x = 2.460	x = 2.504	喉道出口
10	Psteady（MPa）	0.05100	0.08365	0.09683	0.10095	0.11868	0.09741
	声压级（dB）	183.4809	174.4964	160.2864	154.9063	176.1823	160.2826
20	声压级（dB）	183.4349	174.4458	160.4453	155.5394	176.1320	160.2266
50	声压级（dB）	183.3619	174.6279	162.9565	159.2058	175.9717	160.3882
100	声压级（dB）	183.8872	176.4292	169.8652	167.4061	176.5462	163.3270
200	声压级（dB）	185.2596	179.4289	174.3393	170.7130	176.0121	165.5833
500	声压级（dB）	182.9472	183.2149	184.1270	184.0484	184.7294	179.9964
2k	声压级（dB）	182.8728	178.9983	180.2919	178.2538	182.2430	168.6134

高频调制结果中正压区的出现不仅对瞬态流场的演化产生了重要影响，而且使高频调制的流量特性与低频相比出现了显著差异。图 5.20 给出气室压力 0.6MPa，不同调制频率下主入口和侧面入口流量随时间的变化。对于主入口流量，50Hz 和 200Hz 低频调制的结果相近，前 1/2 周期内由最大流量减小到零，后 1/2 周期则相反。500Hz 时的流量变化与低频基本相近，只是出现了一定的高频波动。2kHz 时流量特性发生了显著变化：首先是主入口流量值显著增加，而且出现了流量为负即气流由喷口入口流出的情况；其次是相位方面的改变，当喷口全开时主入口流量达到最大流出值（4kg/s 以上），喷口全关时达到最大流入值（接近 8kg/s）。

对于图 5.20（b）中的侧面入口流量值，50Hz 和 200Hz 低频调制的结果基本相近，喷口全关时流量急剧下降至零，其余时刻流量基本不变。差别在于，200Hz 流量为零的时刻与喷口全关时刻之间存在一定的时间延迟。500Hz 时侧面入口流量在喷口全关时刻接近最大值，它是低频调制侧入口流量最大值的两倍以上。2kHz 侧面入口流量特性也发生显著变化，出现了流量为负的情况。其中，在 1/4 周期时刻流出流量达到最大值，在 3/4 周期时刻流入流量达到了最大。

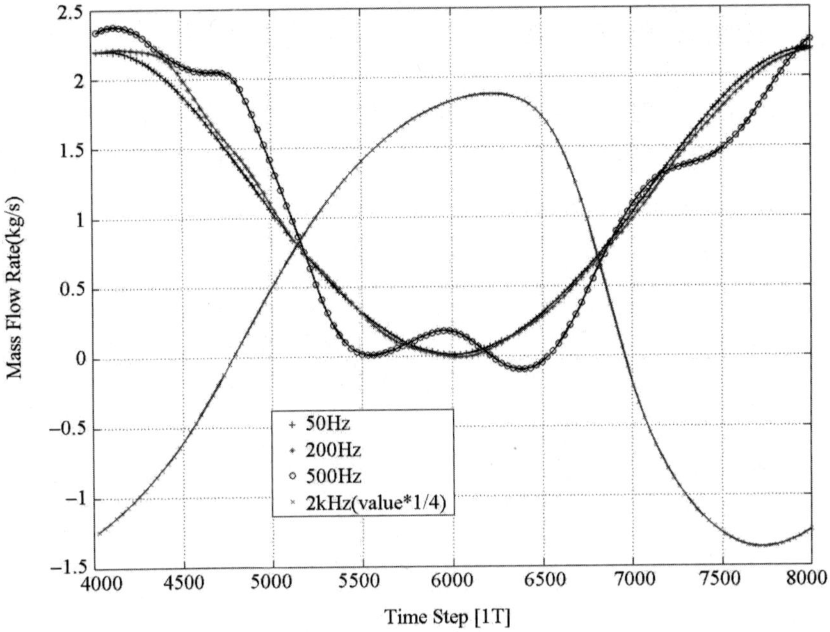

（a）主入口流量

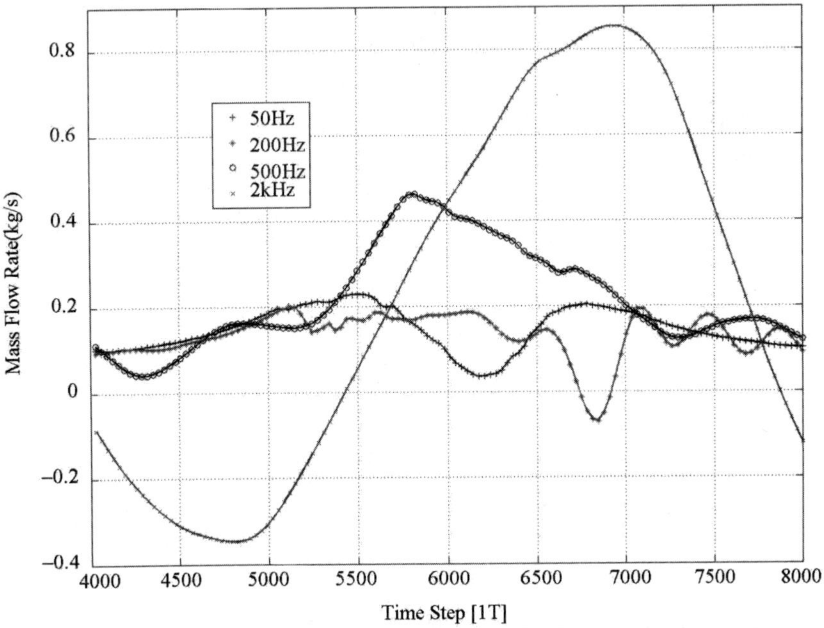

（b）侧面入口流量

图 5.20　压力 0.6MPa，不同调制频率下入口流量的变化

5.4.2 喉道内测点静压值

在喉道内不同流动区域选取测点 a，b，c，d，位置与图 5.15(d)中的测点相同。图 5.21 给出不同调制频率下单个调制周期内测点静压值的变化。

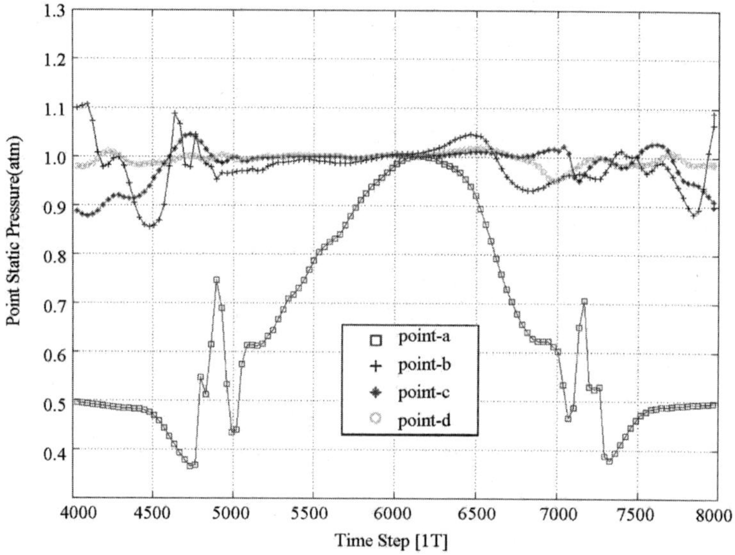

(a) 调制频率 50Hz

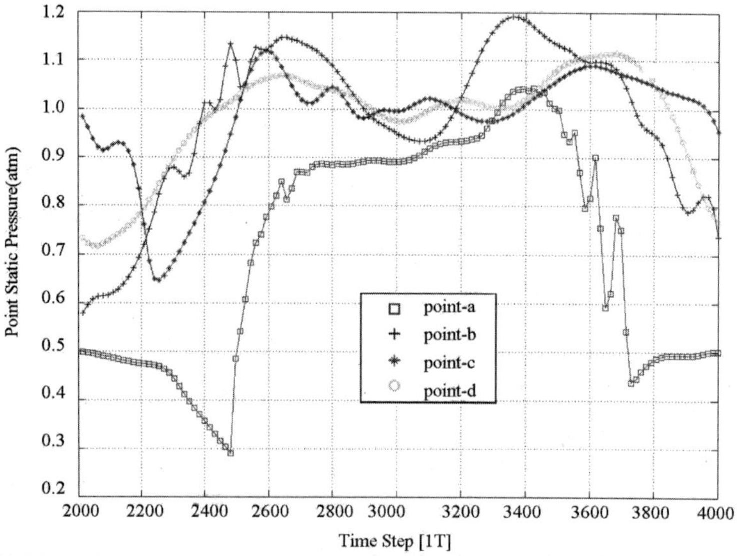

(b) 调制频率 200Hz

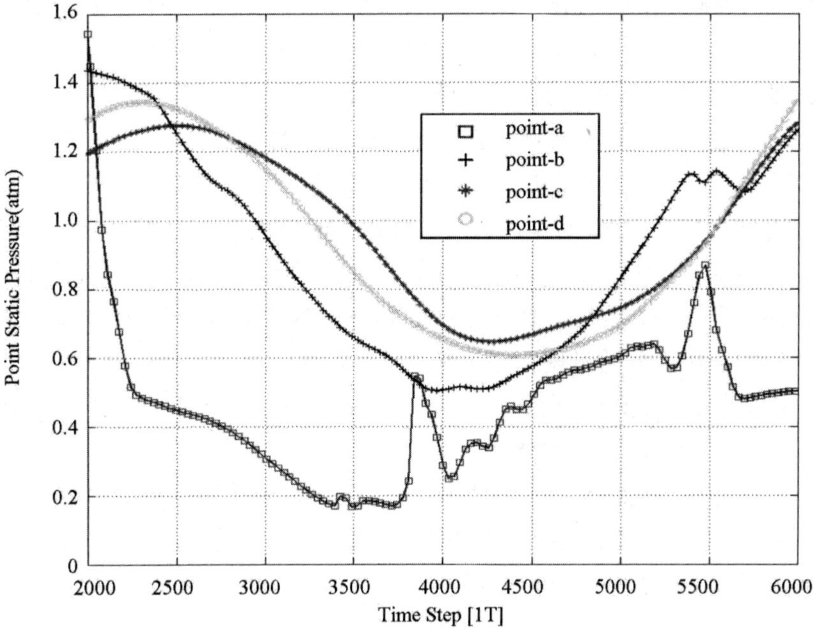

（c）调制频率 500Hz

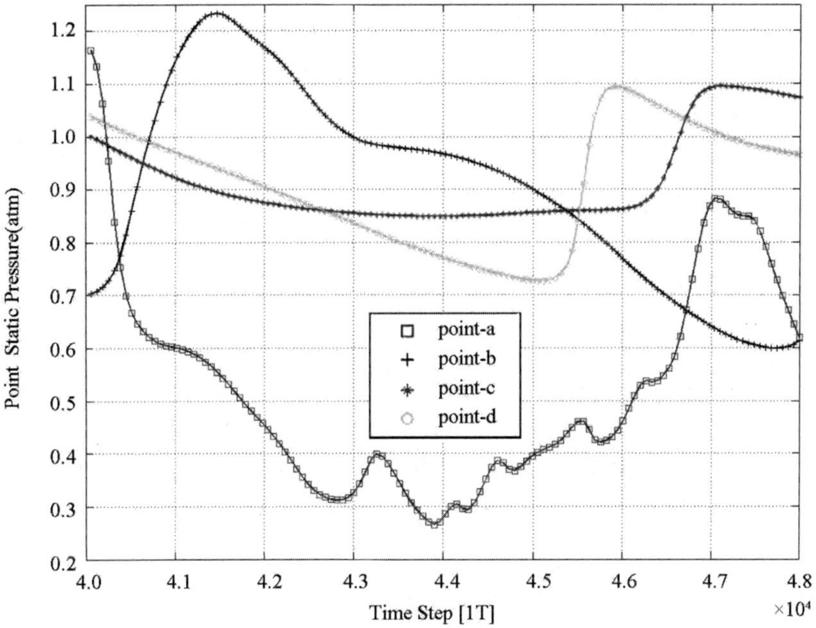

（d）调制频率 2kHz

图 5.21　压力 0.6MPa，不同调制频率下测点静压值的变化

50Hz 低频调制时，前半周期和后半周期的压力波形基本上关于喷口关闭时刻对称，压力扰动峰峰值随截面面积的增加而降低，在喷口全关时刻所有测点静压值近似等于环境压力。该频率下，湍流混合区 a 点静压值的相位变化与调制面积变化基本一致，在喷口接近半开时 a 点波形中出现了压力的突变。当调制频率为 200Hz 时，a 点波形接近于方波，喷口半开时刻附近的压力突变量更加显著（达到 0.06MPa）。声源形成过程中的类似于压力间断的结构有可能导致流动能量的损失。200Hz 时，b，d 两点波形基本关于 1/2 周期位置对称，受局部高压区影响，c 点波形对称性受到一定程度破坏。200Hz 时，b，c，d 三点波形中正压区开始出现，与 a 点的波形相近，在 1/4 周期和 3/4 周期时刻 b，c，d 波形中形成两个压力峰值。200Hz 调制时，c，d 两点的扰动量级比较接近，且均低于上游 b 点的结果。

同样，测点压力波形也反映出高频与低频调制换能过程的显著差异。首先，与低频调制时的结果相比，500Hz 波形的相位发生明显变化，图 5.21(c) 中首尾两端压力最高，中间压力最低，各测点波形间存在一定的相位延迟。其次，压力峰值附近出现了显著正压区，500Hz 调制时，b，c，d 三点波形的负压幅值高于 200Hz 的结果，加上前者正压区的显著增强，500Hz 调制的压力扰动量级明显增加。最后，500Hz 调制时，b，c，d 三点压力波形比较接近，峰峰值之间的差距显著小于低频调制结果，同样说明此时压力扰动在截面急剧扩张管道中的传播衰减大大降低。

调制频率增加至 2kHz(图 5.21(d))，将其结果与图 5.21(c) 中 500Hz 的结果相比，前者的压力波形在正压区、相位延迟、波形失真等方面发生了有趣的变化。首先，2kHz 波形中的相位延迟比 500Hz 更加显著，上游测点相位延迟较小，下游测点相位延迟较大，最上游的 a 点与最下游的 d 点间的相位差已接近一个调制周期。其次，由于非线性作用与频率成正比，图 5.21(d) 中 b，c，d 三点呈现明显的不同程度的非线性波形失真，c，d 两点波形已成为典型的 N 形波。在非线性附加衰减的影响下，相同测点 2kHz 压力波形幅值显著低于 500Hz，于是前者的声源出口声压级输出较后者大幅下降。在面平均静压数据分析中推测 $x=2.56$ 和 $x=2.504$ 截面间形成了冲击波，而 d 点位置靠近前一截面，c 点靠近后一截面，图 5.21(d) 中 c 点的峰峰值明显小于 d 点。因此测点静压值的比较同样说明，对于高频调制，喉道内不仅包含了声源的产生，而且存在强声波的传播过程。

5.4.3　压力场快照

为了进一步分析和解释 5.4.1 小节和 5.4.2 小节得到的高频调制结果中存在的一些特殊现象，例如正压区形成、压力波形相位延迟、非线性波形失真直至冲击波形成等，本小节分析了 500Hz 和 2kHz 部分压力场快照结果。

图 5.22 给出调制频率 500Hz 时，第二个周期内喉道静压值分布的变化。高频调制时扰动波长与喉道尺寸可比，喉道内部流动的瞬态作用增强，不能再看作系列稳态流场的迭加。与图 5.8 低频调制结果相比，高频调制内部压力场的演化过程更加复杂。单个周期内流场扰动影响的空间范围有限，入口流量的增加并不能立刻提高喉道出口的流速，因而在内部造成流量的累积，在某些时段形成了高压区。与图 5.8 相比可看出，500Hz 调制结果中高压区的出现增加

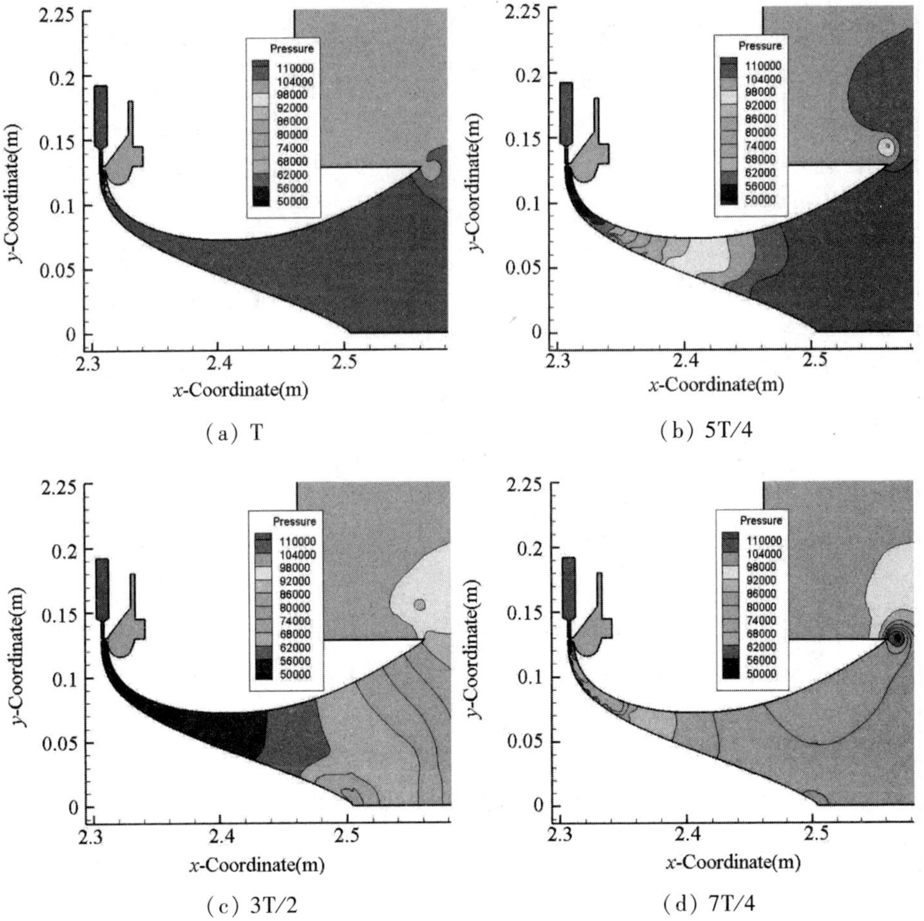

(a) T　(b) 5T/4

(c) 3T/2　(d) 7T/4

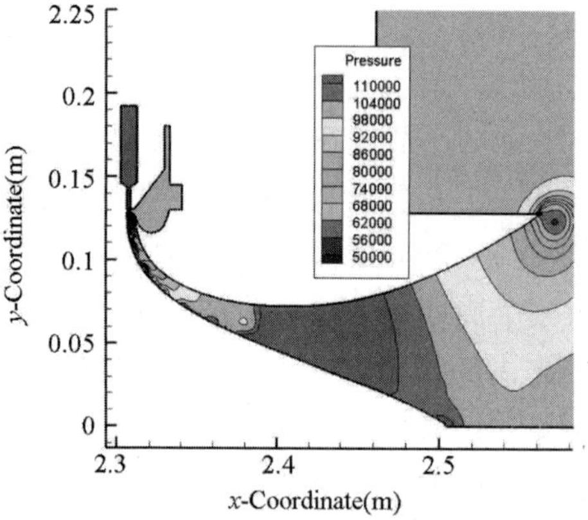

（e）15T/8

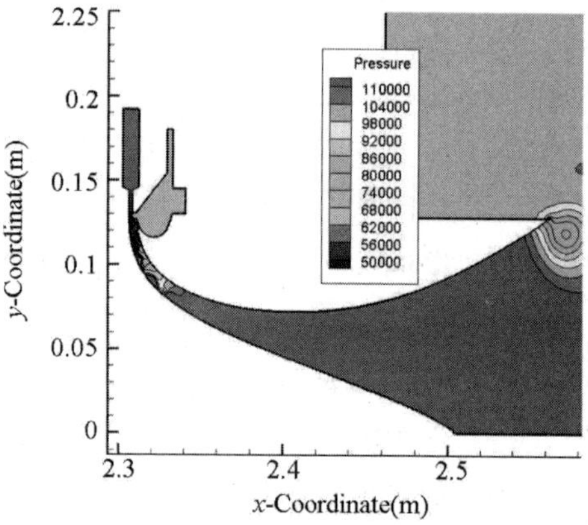

图（f）2T

图 5.22　压力 0.6MPa、频率 500Hz，喉道内部静压值分布的变化

了声学区域的压力扰动量级。静压结果中，喉道入口附近绝大多数时刻均为负压，而声学区域内则经历从正压值的下降、负压区形成、达到最低压力、静压值逐步升高、由负压转为正压、达到压力峰值的压力扰动传播过程。该过程类似于管道中行波的传播。因此，声学区域上游和下游测点的压力波形之间存在明显的相位差异。

图 5.23 给出调制频率 2kHz 时第六个周期内喉道静压值分布的变化。由于压力扰动波长小于喉道轴向尺寸，喉道内同样形成了完整的扰动传播过程，同样存在显著的正压区。根据前面单点静压值结果的分析，冲击波形成时刻应该在 23T/4 ~ 6T 之间，形成位置应位于 $x=2.504$ 和 $x=2.56$ 截面之间，即图 5.23(f) 中框选的位置。可见冲击波位于高压区和负压区交界处。从图 5.23(b) ~ (f) 过程中，该交界面始终是一个压力梯度较高的位置，它伴随压力扰

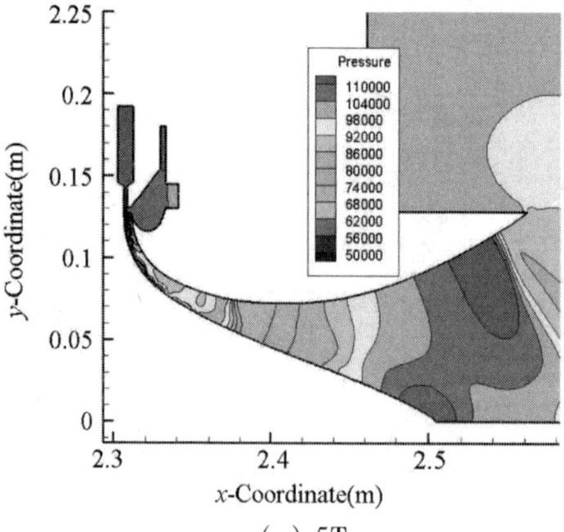

（a）5T

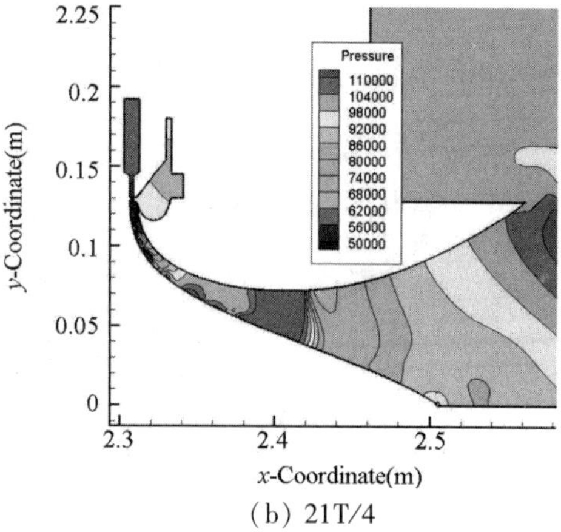

（b）21T/4

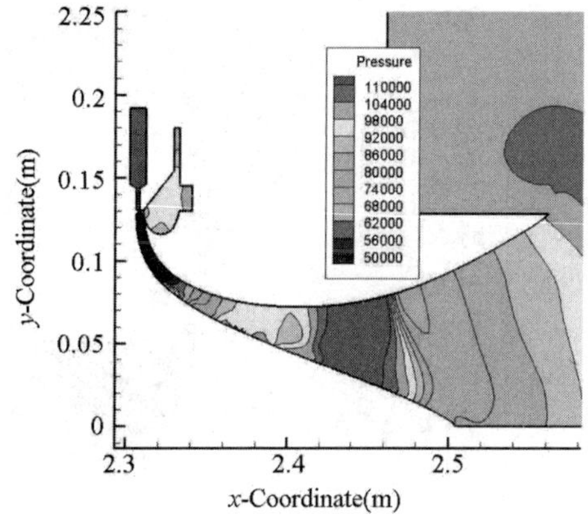

(c) 11T/2

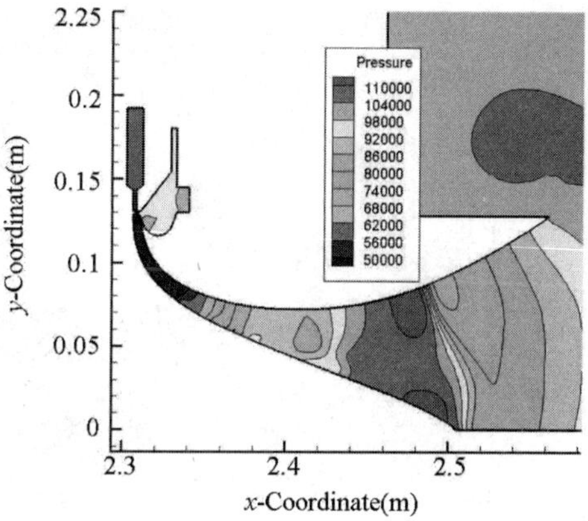

(d) 45T/8

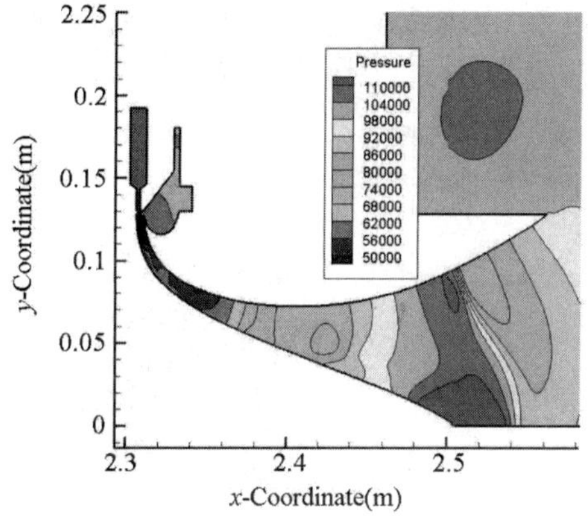

(e) 23T/4

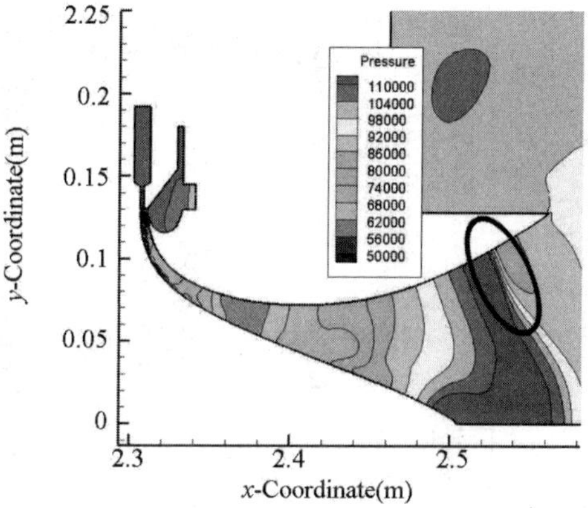

(f) 47T/8

图 5.23　压力 0.6MPa、频率 2kHz，喉道内部静压值分布的变化

动的传播从喉道上游逐渐移动至下游，然后在下一周期重新产生于上游。因此，冲击波是在压力扰动传播过程中逐渐累积形成的，而非突然出现的，这符合非线性声学中关于非线性波形失真的理论描述。

5.4.4　高频调制流场和声场特性

前面重点讨论了压力场的演化过程，本小节对 500Hz 调制其他方面的流场和声场结果进行分析。图 5.24 给出了音圈附近速度量级和流线随时间的变化。随着喷口面积的减小，主流宽度减小，声速射流流量降低，而侧面入口流量在前半周期没有显著变化而变化。喷口全关时(图 5.24(d))，引射作用没有像低频调制那样消失，引射流体的惯性使侧面入口流入的流量仍然较高

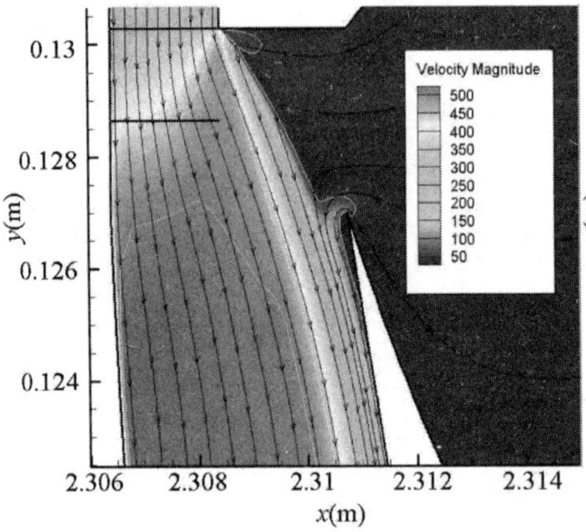

(a) T

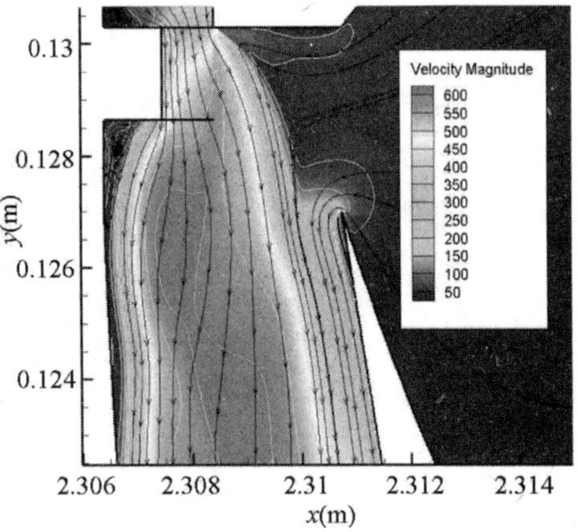

(b) 5T/4

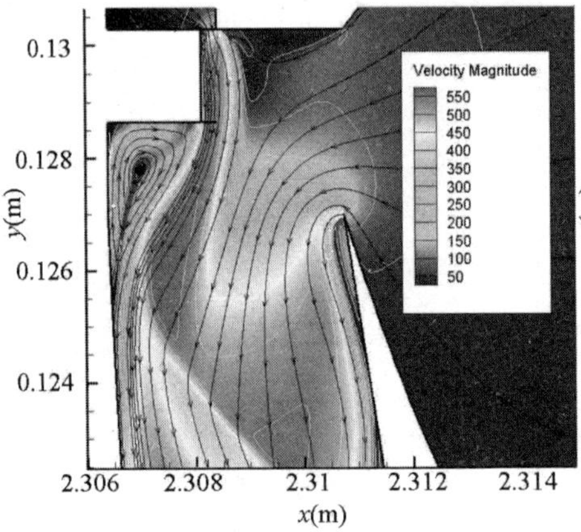

(c) 11T/8

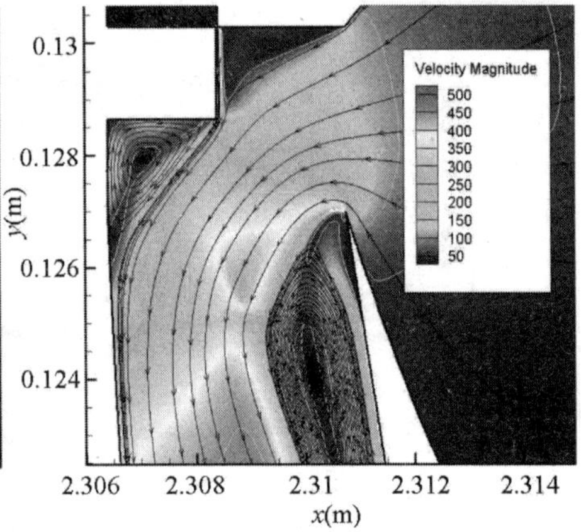

(d) 3T/2

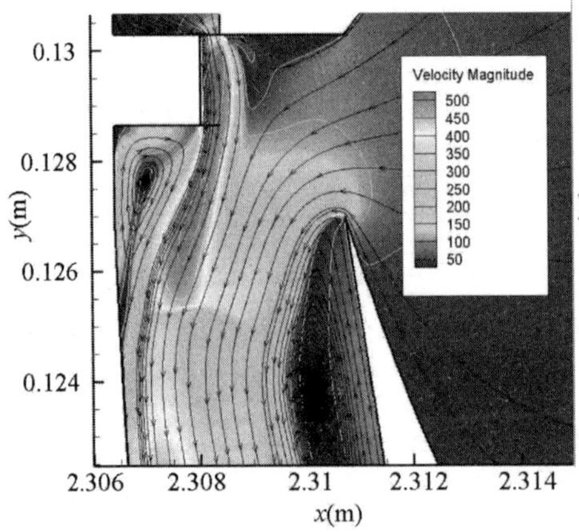

(e) 13T/8

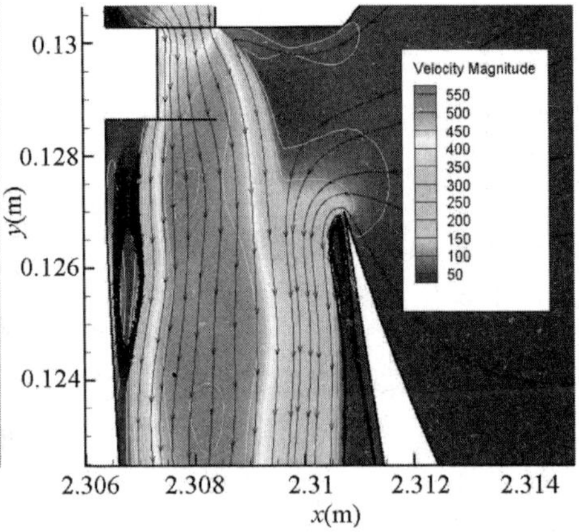

(f) 7T/4

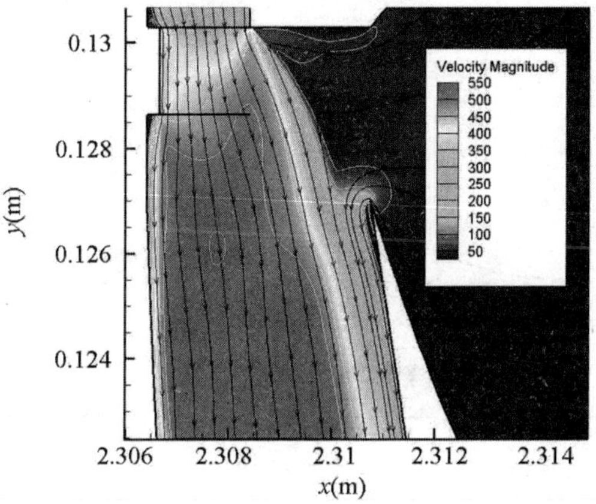

(g) 15T/8

图 5.24　压力 0.6MPa、频率 500Hz，音圈附近速度量级随时间的变化而变化

(图 5.20(b))。喷口开启过程中，受喷口下游高压区域的影响，主入口流量曲线中出现了较高幅度的高频振荡(图 5.20(a))。

图 5.25 喉道内流线随时间的变化结果中，可见剪切层内清晰的旋涡产生和对流过程。高于环境压力区域的形成使部分时刻流场中逆压梯度消失，在一定时段内减弱了流动分离程度。高频调制流量特性的改变、高压区域的出现和旋涡脱落现象的增强都可能对辐射声场的波形和幅值产生影响，这再次表明，声源换能过程与调制频率密切相关。

图 5.26 给出由 FW－H 积分计算得到轴线上接收点的时域信号及其频谱结果。时域波形中，正半周幅值明显高于负半周，声场实测结果和准稳态理论

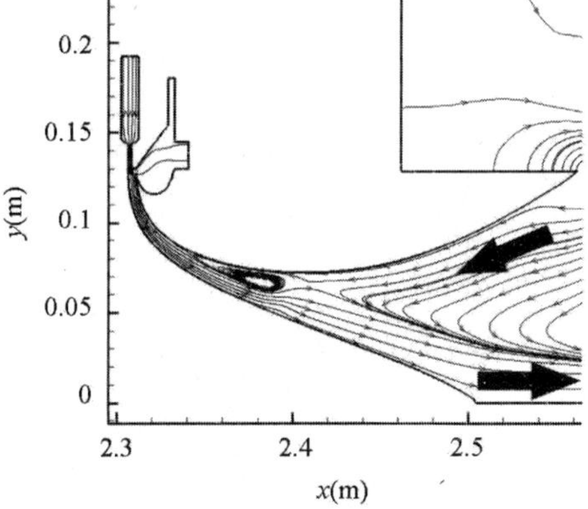

(a) 15T/8

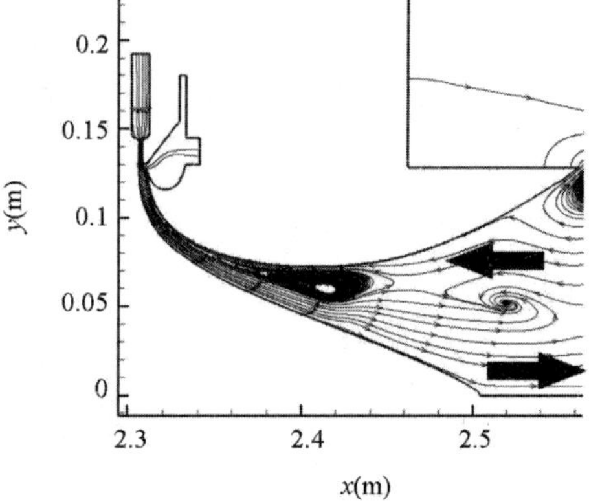

(b) 2T

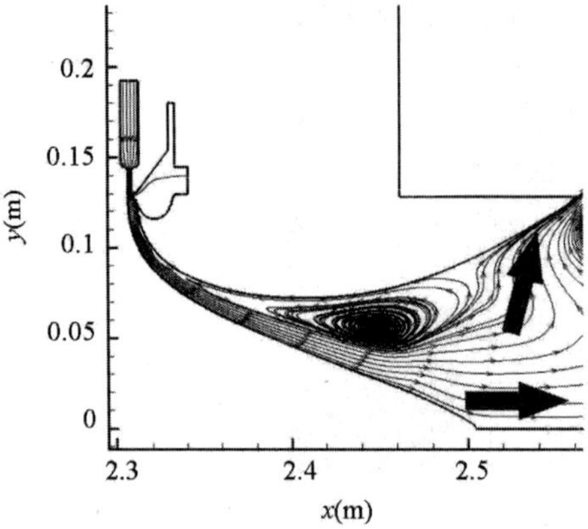

(c) 17T/8

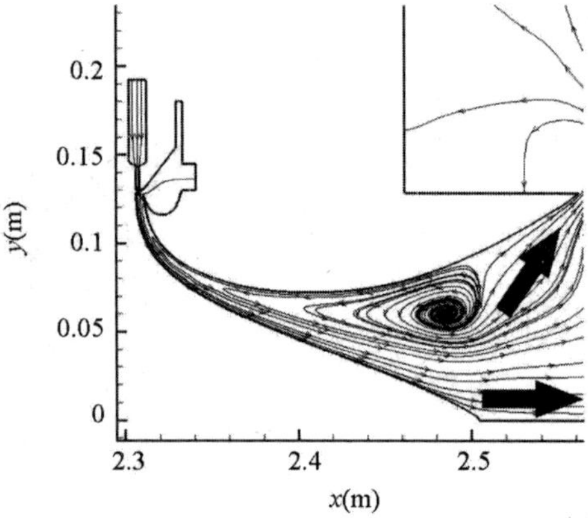

(d) 9T/4

图 5.25　压力 0.6MPa、频率 500Hz，喉道内流线随时间的变化情况

的计算结果也存在类似现象。它来源于声源产生过程的非线性。各测点波形的频谱结果中，基频近似等于调制频率，高频分量以谐波为主，谐波能量主要集中在前三次谐波中。随着传播距离的增加，谐波失真比呈增加趋势。因此，基于 FW－H 声类比的气动声场计算结果能够反映强声波近距离传播的非线性效应。

由于声源质量流动速率和喉道固壁的瞬态力均呈周期性变化，计算得到不同调制周期对应的声场信号重复性较好。瞬态流场演化过程中，回流区域流速

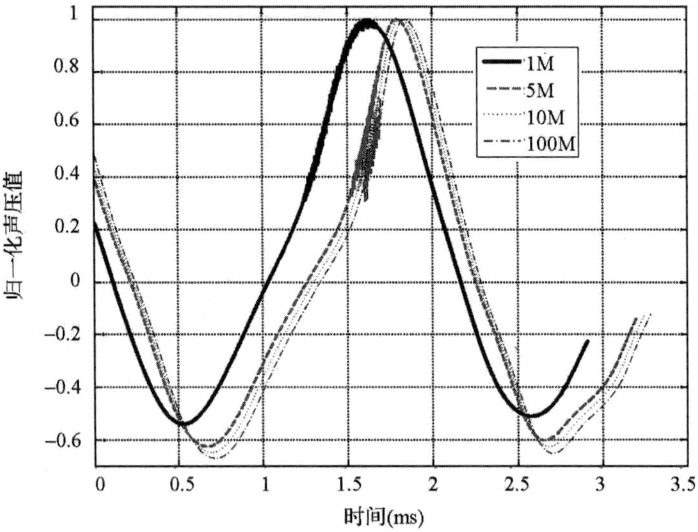

(a) 时域波形

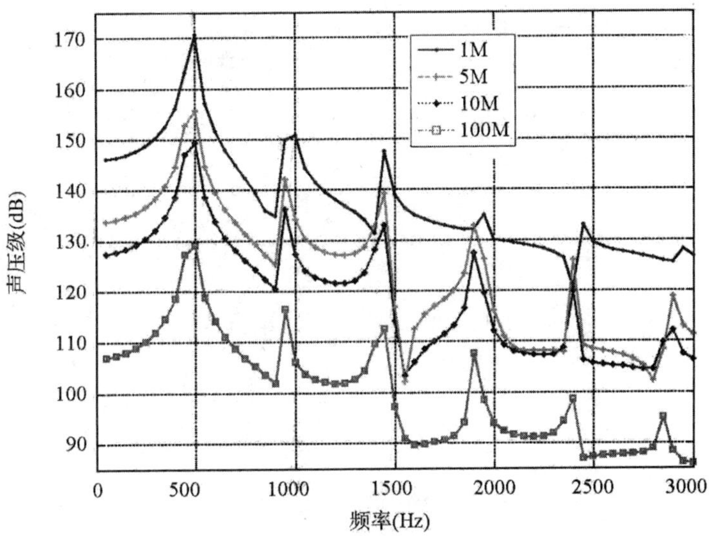

图（b）频谱图

图 5.26　压力 0.6MPa、调制频率 500Hz 轴线测点信号归一化时域波形和频谱图

较低，剪切层强度不大，对应四极子源等高阶源的重要性低于单极子和偶极子声源。调制频率较高时，与旋涡脱落相关的偶极子强度可能增强。声源产生过程中的非线性和近距离声场传播的非线性两者共同的作用使声信号中谐波分量较为显著。

比较不同调制频率下轴线接收点的气动声场数据，可知 500Hz 时域信号幅值高于 50Hz，其中 500Hz 时波形负半周幅值的增加更加明显。频谱结果中，500Hz 基频声压值也更高。由于强声波传播的非线性，对于相同接收点，高频调制结果中的谐波分量同样高于低频结果。由于实际应用中常关注基频声压级，从频谱图中提取基频分量，绘制调制频率对应的声场指向性如图 5.27 所示。50Hz 和 500Hz 调制时，声源出口尺寸均小于声波波长，波数与声源半径乘积小于 1，所以近距离声场指向性均不明显。50Hz 低频调制时，调制频率对应分量的衰减规律与单极子声源相近。图 5.27 中，可见同一接收点位置的高频调制声压级明显高于低频，除前面提到的换能过程的差别外，另一个因素是辐射效率的差异，在出口面积不变的前提下高频调制具有更高的辐射效率。实际使用中，AMS 一般与截止频率较低的大尺寸号筒相耦合，不同调制频率下辐射效率方面的差异可能并不显著。

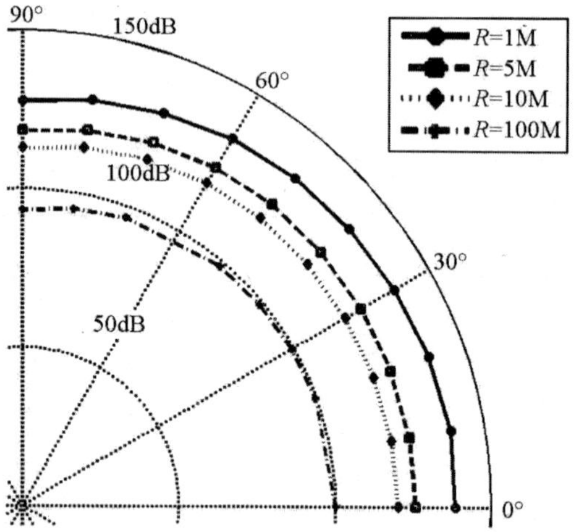

(a) 50Hz 调制的指向性图

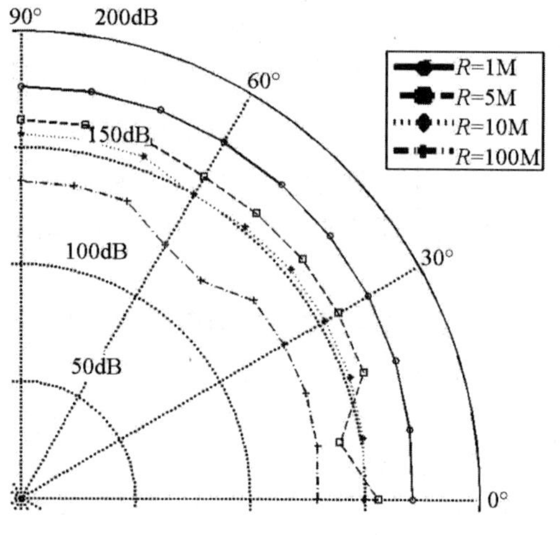

(b) 500Hz 调制的指向性图

图 5.27　压力 0.6MPa，低频和高频调制下调制频率对应声压级的指向性

5.5　结构参数

声源结构参数包括内气动系统几何尺寸方面的可调参数。对于所研究的射流式 AMS，喉道外喷管部件可在一定行程范围内沿轴向调节，调节的作用类似于改变准稳态理论中的面积比 A_l/A_T。准稳态理论的结论中，输出声压级随

面积比 A_l/A_T 的增加而增大，但增加程度是渐减的；面积比增加时，气流产额和换能效率都增加，但面积比超过 0.3 后就逐渐趋于饱和。在准稳态理论框架内，无论实际声源尺寸和喉道型线如何改变，只要保持面积比不变，声源特性和输出就不变。

然而，对于面积比这一关键尺寸，准稳态理论中的定义却不够清晰。文献[2]中 A_l 定义为半开时的喷口出口面积，A_T 的定义则有些含混。准稳态理论分析简图中，A_T 代表喉道入口尺寸，而从“喇叭喉面积”的文字描述看，又应该是号筒入口即喉道出口的尺寸。除非喉道是等截面管，这两者一般差距较大。文献 3 将 A_T 定义为湍流混合区末端管道截面的面积，认为该值实际上是随时间变化的，仅在理论分析时假定为定值，在实际应用中 A_T 的选取带有一定主观因素。

另一个问题是，对于确定的声源设计，准稳态理论中关于面积比的结论，也可能有两种解释。一种是描述工况条件改变后声源性能的变化，另一种是相同工况下喉道内不同截面性能预测结果的比较。如果是前者，准稳态理论仅能预测喉道内一个固定截面上的声压级。然而，由于理论在导出时，未对 A_T 的位置作具体的限制，原则上 A_T 可位于喷口下游的任一位置，即任意截面上的声压级都可预测。若为后者，则改变面积比的理论结果表明，固定的内气动系统设计和工况条件下，喉道截面增加时，面积比降低，声压级降低，谐波分量减少。这里谐波能量的减小与强声波在管道中的传播规律相反，可看作是声源形成中的特殊规律。

本小节基于数值仿真模型，对低频调制（50Hz）和高频调制（500Hz）条件下不同喉道入口宽度 L（分别取 2mm，4mm，4.34mm，5mm，6mm）的计算结果进行对比，分析该结构参数的影响，并试图进一步解释相关规律的原因。

5.5.1　低频调制下改变喉道入口宽度

图 5.28 比较了气室压力 0.6MPa、调制频率 50Hz 条件下，不同喉道入口宽度对应的声源入口流量。低频调制下主入口流量依然与喷口面积变化基本一致，而不随喉道入口宽度的改变而改变。侧面入口流量随时间的变化规律与图 5.20（b）中 50Hz 调制的结果相近，在接近喷口半开时流量达到最大值，喷口全关时流量达到最小值。定量的角度，侧面入口流量随喉道入口宽度的增加而增大。在前 1/4 周期和后 1/4 周期，6mm 喉道宽度的侧面入口流量几乎是 4mm 的两倍，但在 1/4 至 3/4 周期内不同喉道宽度的侧面入口流量基本接近。

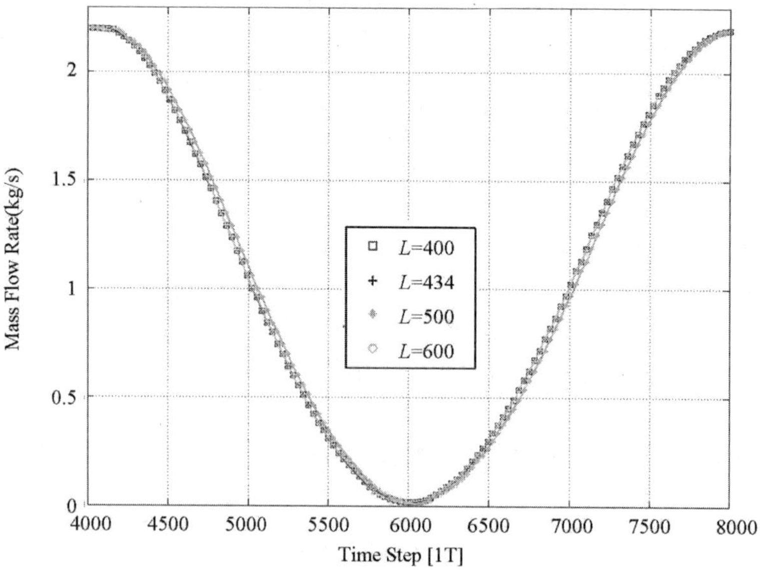

（a）主入口流量

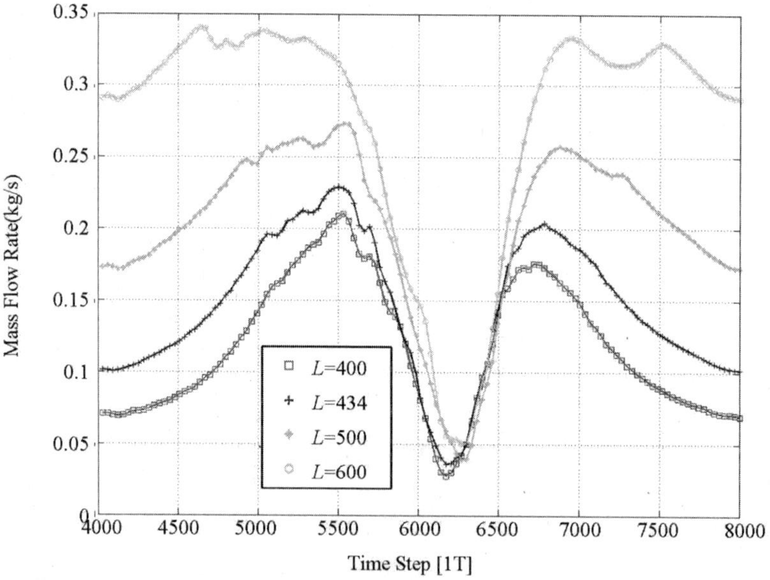

（b）侧面入口流量

图 5.28　压力 0.6MPa、频率 50Hz，不同喉道入口宽度下的流量特性

流量差别形成的原因可以从速度量级的对比中看出，图 5.29 和图 5.30 给出了 4mm 和 6mm 喉道入口宽度下，调制区附近速度场的系列快照结果。稳态流场结果中，前者湍流混合区最大马赫数 2. 40、最小静压值 0. 025MPa，主入口流量 2. 2kg/s，侧面入口流量 0. 07kg/s；后者湍流混合区最大马赫数 2. 43、最小静压值 0. 034MPa，主入口流量相同，侧面入口流量 0. 29kg/s。两种喉道宽度条件下将图 5. 30(a)与 5. 30 图(b)相比较可看出，两者在喷口下游的主流宽度相近，但在 4mm 喉道入口宽度下，主流膨胀后可以填充整个喉道入口，而 6mm 喉道宽度时主流边界与外喷管壁面间存在空隙。这一空隙成为侧面入口流入气体的通道。空隙是导致两种喉道宽度下侧面入口流量在前后 T/4 存在差异的主要原因。在 5T/4 至 7T/4 时段内，由于主流流量和宽度较小，两种喉道入口中都有侧面入口流动的空间，因而差距并不显著。

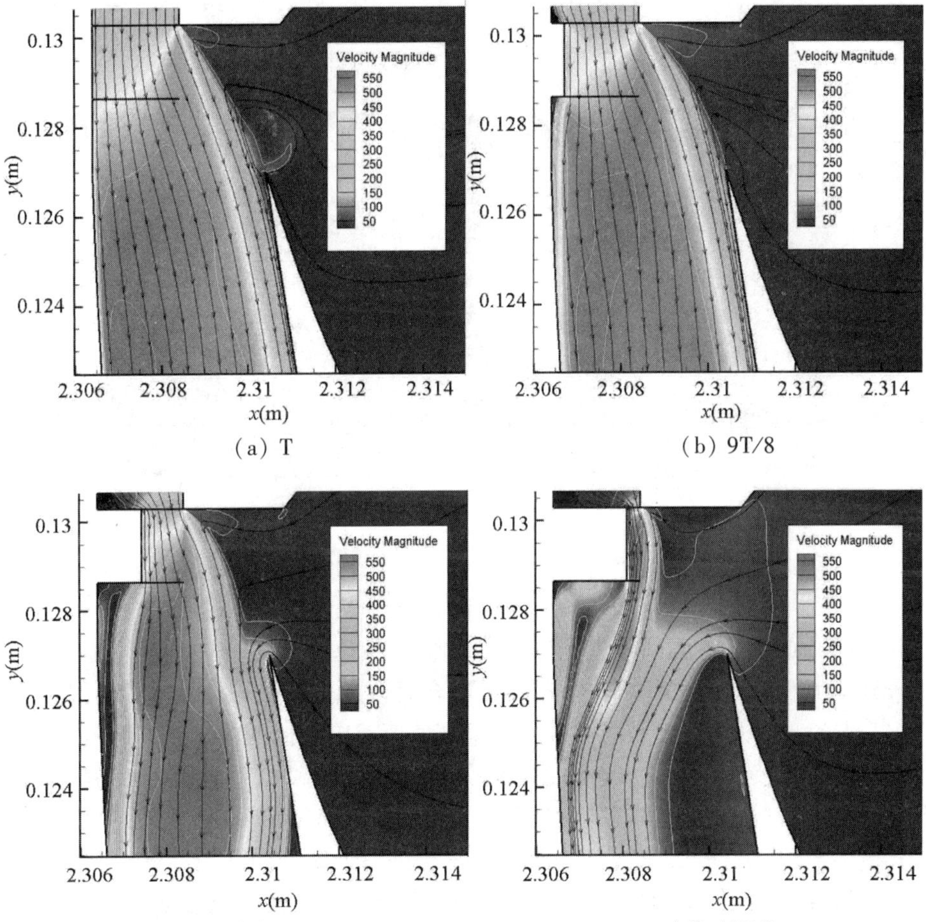

(a) T　　(b) 9T/8

(c) 5T/4　　(d) 11T/8

图 5. 29　压力 0. 6MPa、频率 50Hz、喉道入口宽度 4mm，调制区速度量级

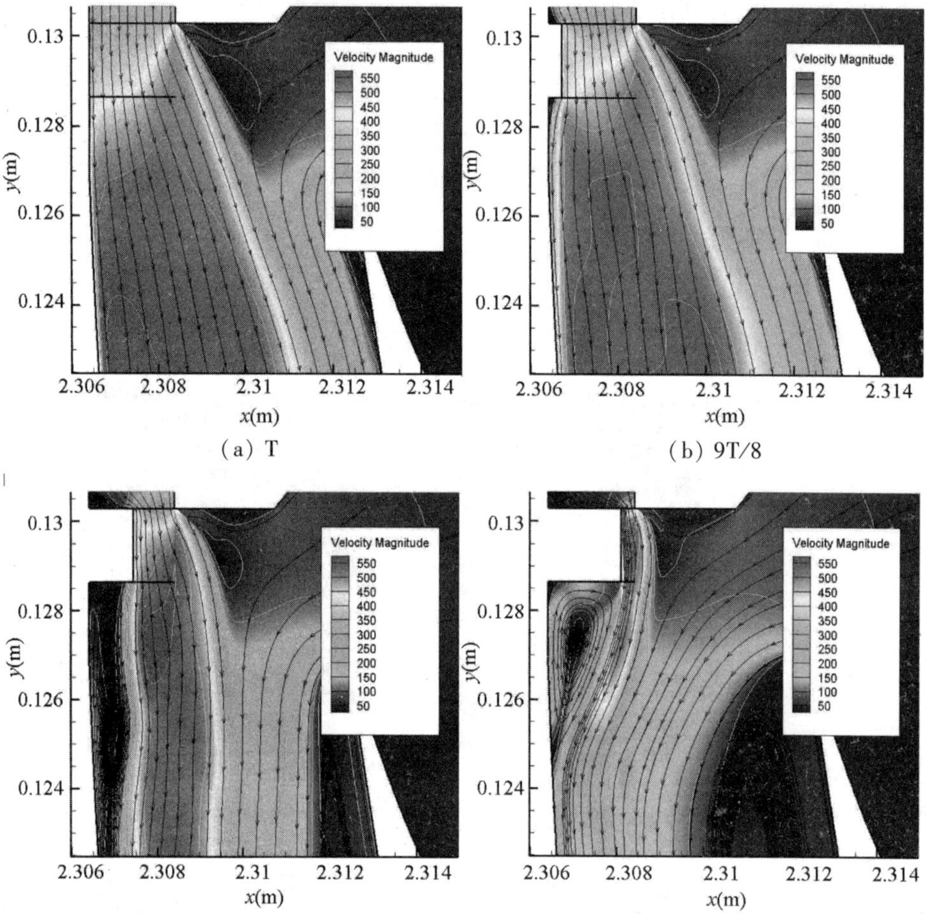

(a) T　(b) 9T/8

(c) 5T/4　(d) 11T/8

图 5.30　压力 0.6MPa、频率 50Hz、喉道入口宽度 6mm，调制区速度量级

图 5.31 给出了不同喉道入口宽度下喉道内 a，b，c，d 四测点(位置同图 5.15(d))静压值随时间的变化。湍流混合区内测点 a 的结果中，静压值的变化呈现较好的规律性。较小的喉道入口宽度值对应较低的静压值，而较大喉道宽度的结果中，两处压力突变的强度较高。图 5.32 和图 5.33 给出喉道宽度分别为 4mm 和 6mm、压力突变出现时段(时间步为 4512 ~ 5024)的测点 a 附近压力场快照。从中可见，a 点压力突变的来源是贴近塞锥壁面的高低压交替区随喷口面积减少而向上游移动。4mm 喉道宽度时，a 点压力突变形成于 49T/40 附近(图 5.32(c))，而 6mm 时形成于 47T/40 附近(图 5.33(b))。在高低压交替区向上游移动过程中，由于喷口流入的气流流量减小，高低压交替区的压差

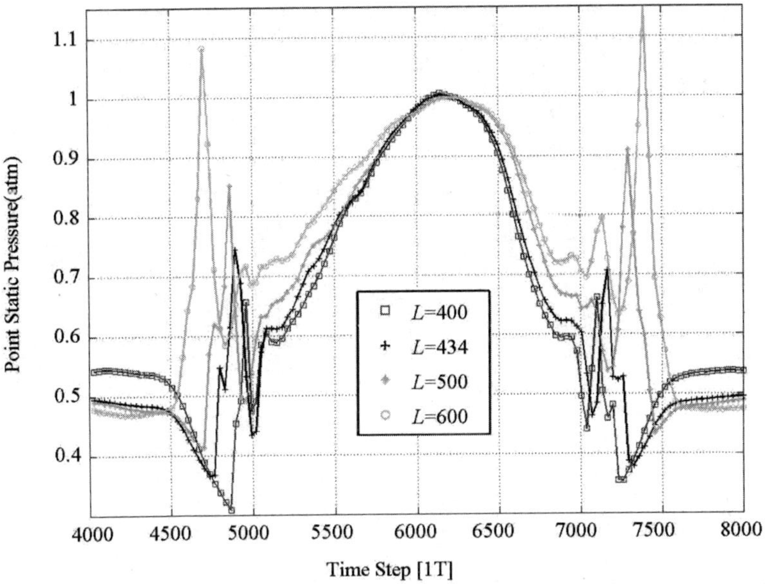

（a）静压测点 a

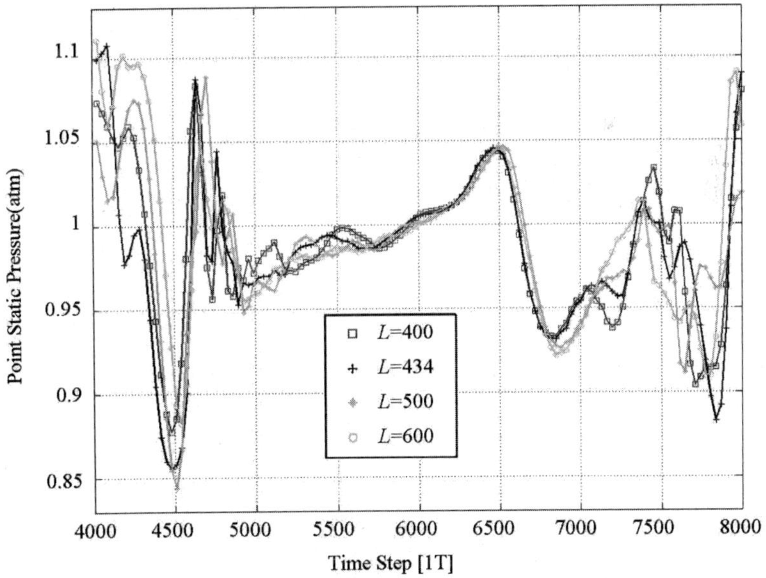

（b）静压测点 b

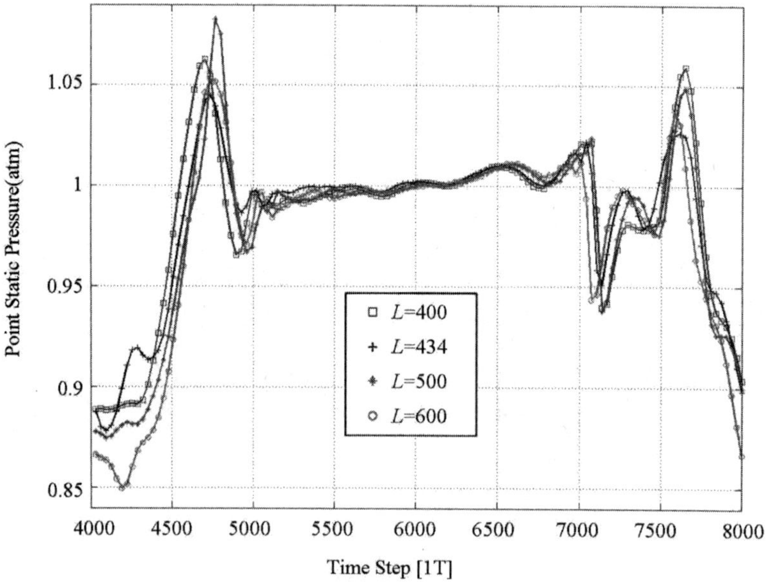

（c）静压测点 c

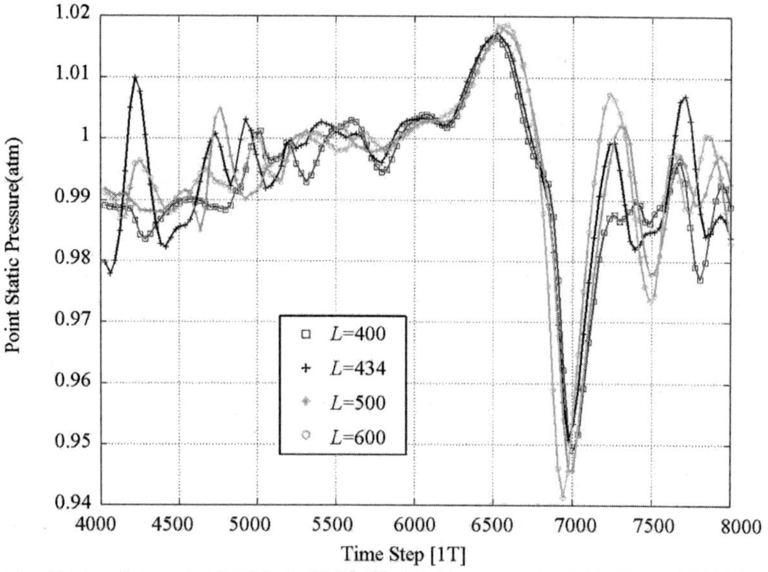

（d）静压测点 d

图 5.31　压力 0.6MPa、频率 50Hz，不同喉道入口宽度下测点静压值的变化

值逐渐减小并趋向于环境压力。图 5.32(a)和图 5.33(a)的比较可看出，4mm 喉道宽度时测点 a 与第一个高压区之间的间距远大于 6mm 的结果。在交替区移动至 a 点的过程中，6mm 喉道宽度的压力扰动衰减较小，因而其波形中存在更强的压力突变。

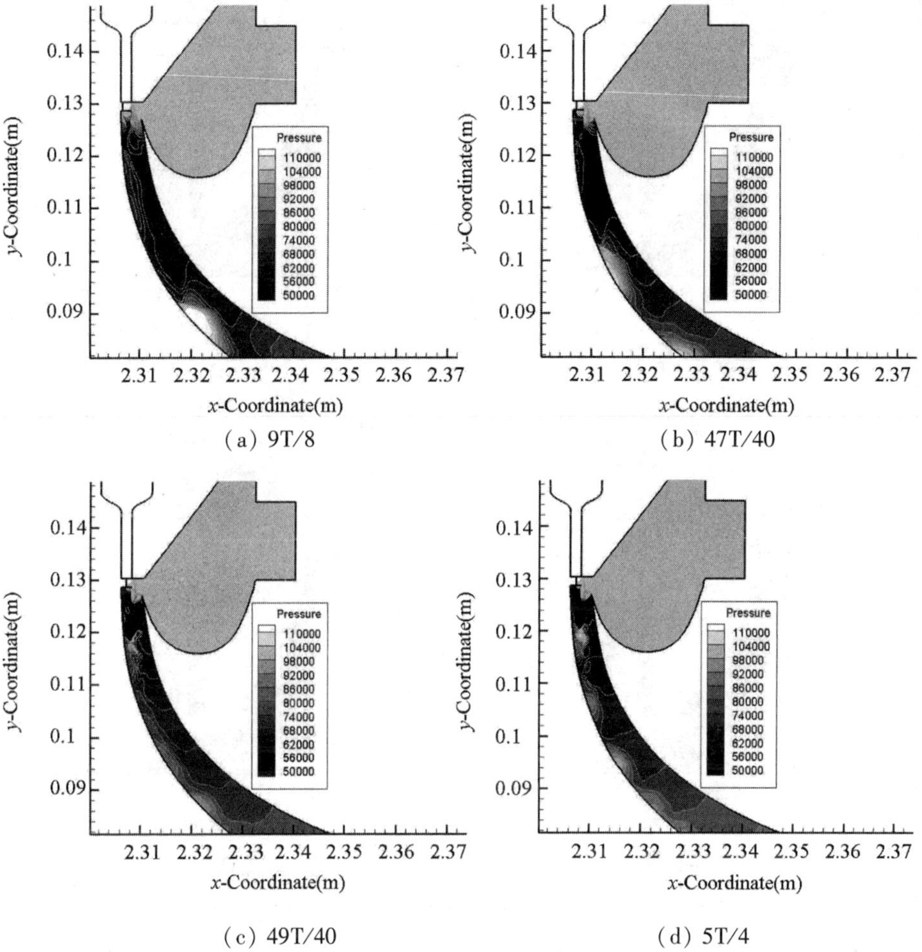

图 5.32　压力 0.6MPa、频率 50Hz、喉道入口宽度 4mm，调制区附近静压值

图 5.31 测点 b，c，d 的结果中，可见不同喉道宽度的静压值变化基本相近。这表面上与准稳态理论中关于面积比对声压级影响的结论产生了矛盾。进一步分析流场快照结果（图 5.32 和图 5.33）可知，较小的喉道入口宽度对应较大的混合区长度，较大的喉道宽度条件下时所需完成混合过程的空间长度减小。于是不同喉道宽度下，湍流混合区末端面积基本相近，所以真实的调制面积比并未随喉道入口宽度的改变而改变。而在准稳态理论的假设中，将不同面积比条件下混合区末端设定为相同的位置，这引起了上述的矛盾。这也说明，

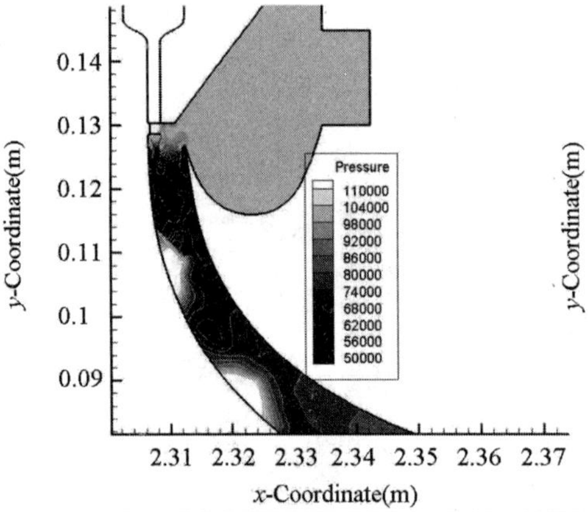

(a) 9T/8

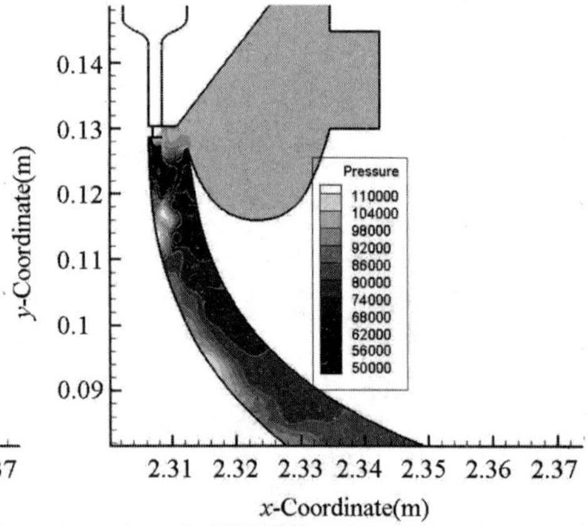

(b) 47T/40

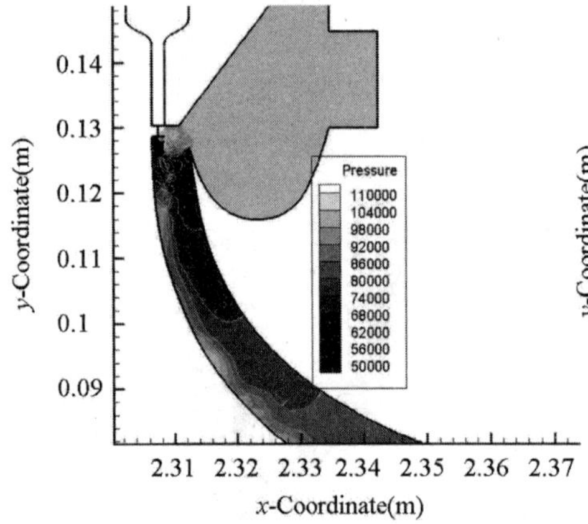

(c) 49T/40

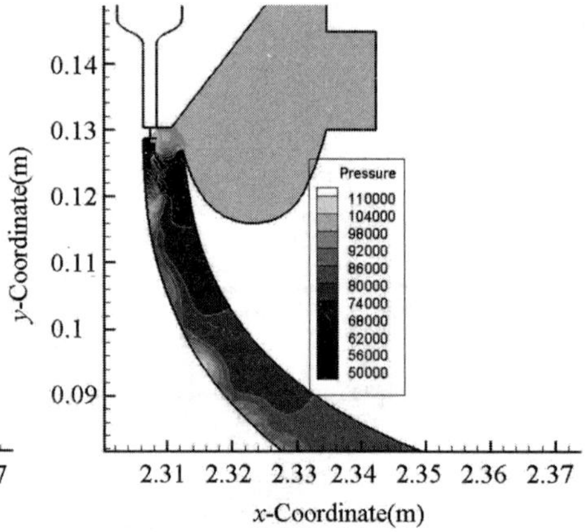

(d) 5T/4

图 5.33　压力 0.6MPa、频率 50Hz、喉道入口宽度 6mm，调制区附近静压值

对于低频调制，只要喉道入口能够容纳喷口射流，改变喉道入口尺寸对声源性能基本没有影响。即低频调制时瞬态作用的影响较小，模拟结果背离准稳态理论主要来自一维假设的影响。

5.5.2　高频调制下改变喉道入口宽度

图 5.34 给出 500Hz 调制时，不同喉道宽度下的主入口和侧面入口流量的变化，其中主入口流量依然不随喉道入口宽度而变化(图 5.34(a))。气室压力 0.6MPa、喷口出口 2mm 的主入口流量略高于气室压力 0.729MPa、喷口出口 1.46mm 的结果。图 5.34(b)中，不同气室总压和喉道宽度的侧面入口流量在

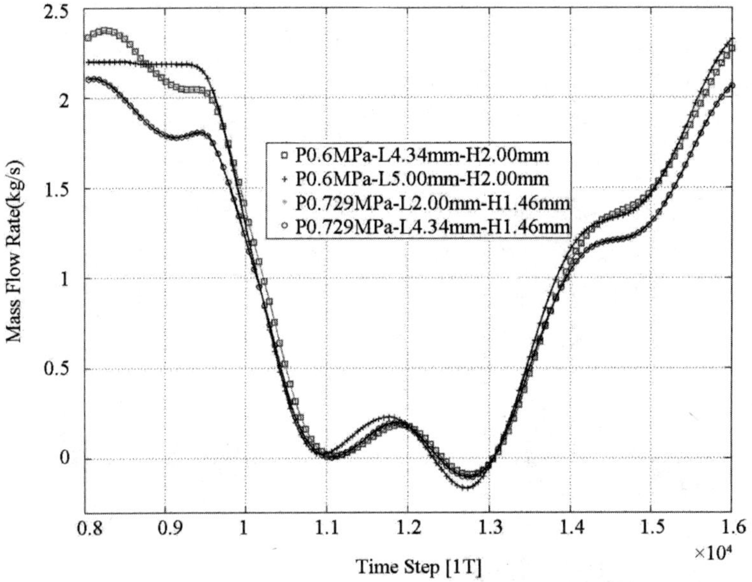

（a）主入口流量

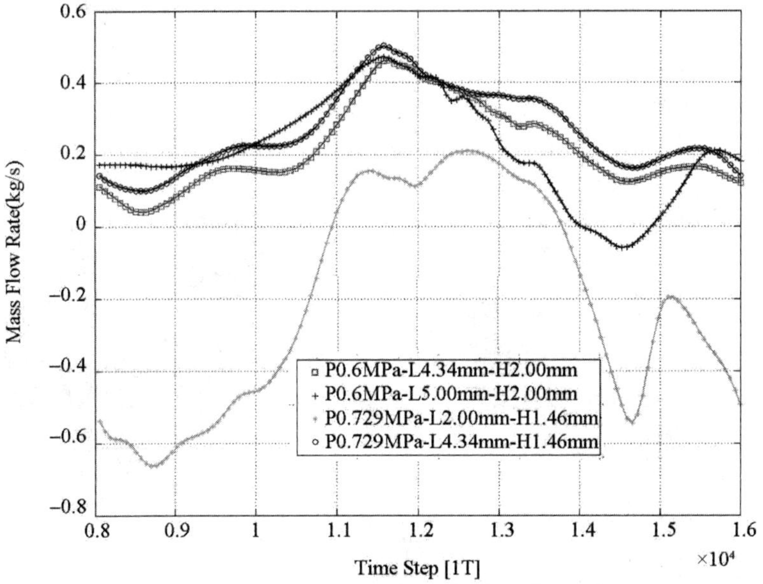

（b）侧面入口流量

图 5.34　调制频率 500Hz，不同喉道入口宽度下的流量特性

（*P* 气室压力，*L* 喉道宽度，*H* 喷口出口）

喷口全关时达到最大。喉道宽度为 4. 34mm 时较高的气室压力(0. 729MPa)对应较高的侧面入口流量。气室压力为 0. 6MPa 时，前 1/2 周期较大的喉道宽度对应较大的侧面入口流量。3/4 周期时刻喉道宽度 5mm 的侧面流量接近于零，进一步分析发现，此时受高频调制喉道内高压区的影响，喉道入口的静压值接近于环境压力，引射作用消失。

图 5. 34(b)中，喉道宽度 2mm 的流量曲线与其他工况相比差异明显。此时侧面入口流入流量明显偏低，而且在前 1/4 和后 1/4 周期侧面流量为负值，即由典型的引射作用改变为气流从侧面入口流出。进一步分析该工况条件下，调制区附近速度量级和流线结果(图 5. 35)，可知在部分时段由于喉道入口宽

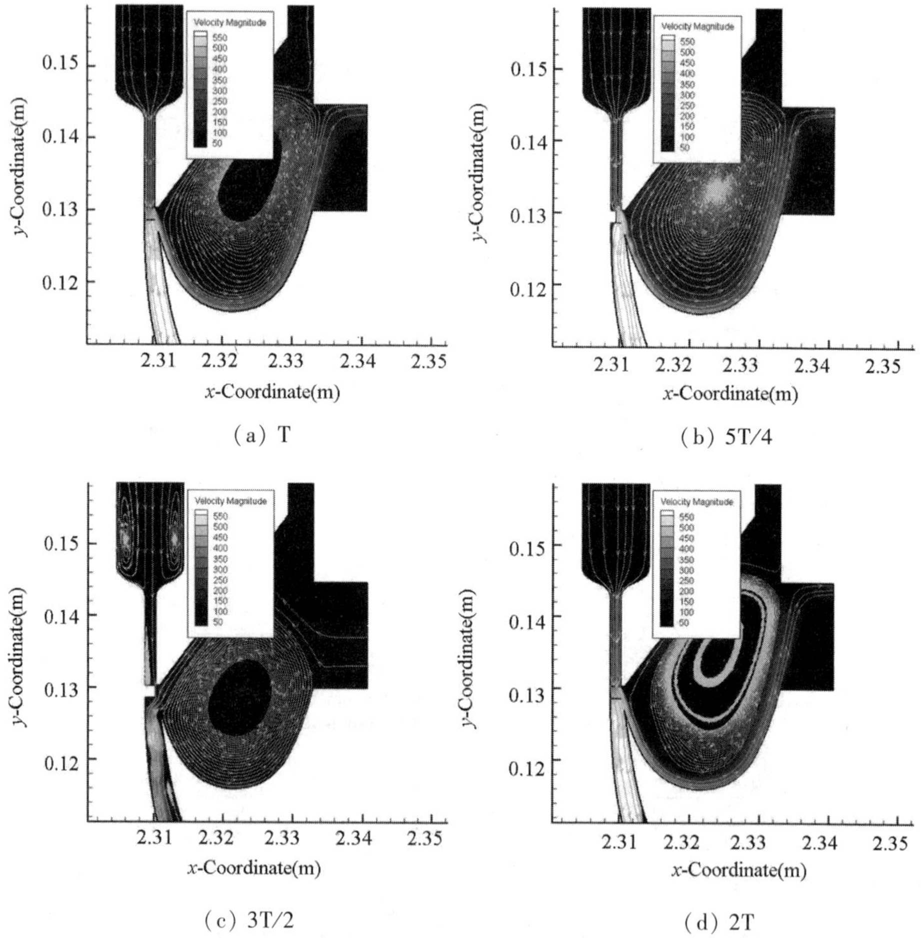

(a) T　　(b) 5T/4

(c) 3T/2　　(d) 2T

图 5. 35　气室压力 0. 729MPa、频率 500Hz、喉道入口宽度 2mm，调制区附近速度量级

度小于喷口出口射流的宽度，部分高速主流进入侧面空腔中，沿空腔一侧曲线壁面从侧面入口中流出。图 5. 35 中，侧面入口附近的流场结构发生变化。仅在喷口全关时刻附近，侧面入口存在引射气流(图(c))，而且整个调制过程中，主流分流的流量明显高于引射作用的流量。在准稳态理论中，面积比最大可取 0. 5。从这里的结果看，在高气室压力条件下，需要仔细估计喷口射流膨胀后的宽度，并以此作为喉道入口宽度的下限，否则主流的分流过程将会影响流场特性，进而影响声源性能。

为分析主流分流过程对声源性能的影响，图 5. 36 给出不同喉道宽度下，a，b，c，d 四个压力测点静压值随时间的变化。喉道宽度 2mm 时，测点 a 结果(图 5. 36(a))中，高于环境压力的高压区消失，而且 T 至 9T/8 时间段内没有形成压力突变。进一步分析对应的压力场快照可以发现，在整个调制周期内 2mm 喉道入口附近始终是负压区，这与喉道宽度 4. 34mm 时的负压与高压区相邻的压力分布结果不同。由于主流中 1/4 左右的流量从侧面入口中分离出去，因而影响了喉道内压力扰动的量级。在下游测点 c 和 d 的压力变化结果中(图 5. 36(c) 和(d))，可看到喉道宽度 2mm 的压力扰动量级明显低于 4. 34mm 时的结果，而且前者的波形失真也比后者要明显。此外，对比图 5. 36(c) 和(d)中相同工况不同测点的压力变化，可知测点 d 的压力扰动量级和波形失真程度均低于测点 c，这是由于 c 点所在截面面积大于 d 点，同时 c 点的压力波形受到喉道出口局部高压区的影响。

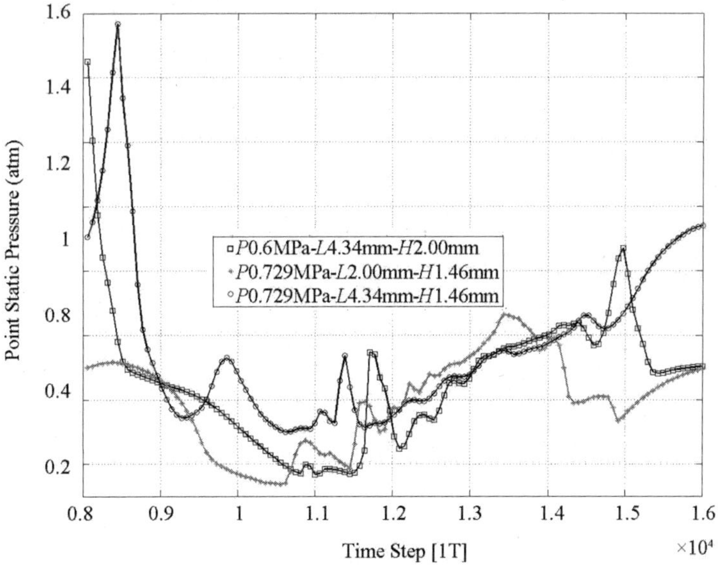

(a) 静压测点 a

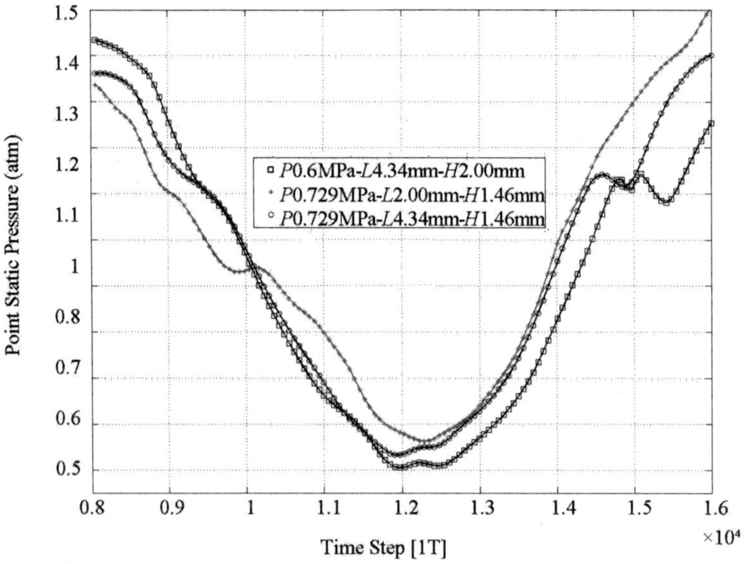

（b）静压测点 b

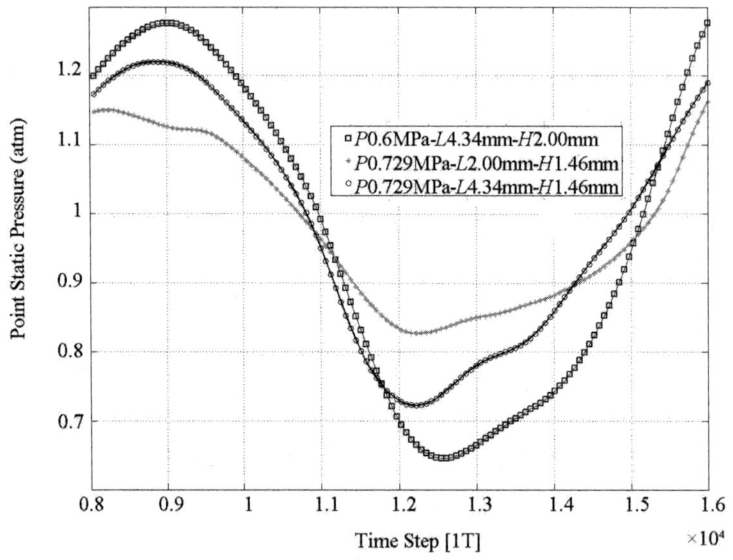

（c）静压测点 c

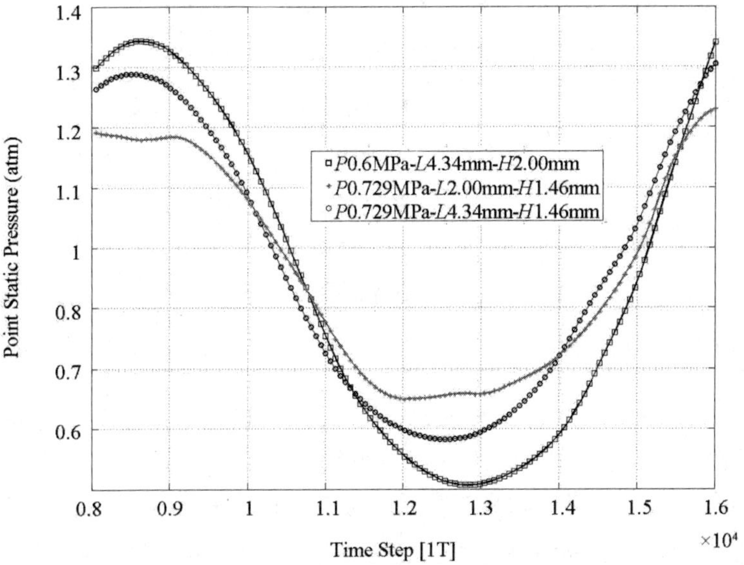

（d）静压测点 d

图 5.36　调制频率 500Hz，不同喉道入口宽度下测点静压值的变化

（*P* 气室压力，*L* 喉道宽度，*H* 喷口出口）

值得注意的是，图 5.36(b)～(d)中，气室压力 0.729MPa 时的压力扰动量级低于 0.6MPa 时的结果，同时图 5.34(a)中前者的主入口流量也略低于后者。这是由于前者喷口出口宽度(1.46mm)小于后者(2.00mm)，加上较高气室压力下喷口出口段边界层增厚、有效管道截面减小的影响，使在较高气室压力时的调制面积和参与调制的气流流量反而减小，从而降低了喉道中压力扰动的量级。这里的比较说明，进入喉道的气流流量也是衡量声源性能的一个重要参考指标。

5.6　工作介质

本章前五节计算中采用的工作介质均为常温空气，因为压缩空气是 AMS 常用的工作介质。2.1.5 节基于准稳态理论对比了采用不同类型气体作为工作介质的声源性能，相同气室压力下，采用较高多方指数的工作介质能够提高声源输出声压级。本节对采用典型单原子、双原子和多原子气体作为工作介质的换能过程进行模拟计算。气室压力取 0.6MPa，喉道入口宽度 4.34mm，调制频率 100Hz，单原子气体取氦气(He)，双原子气体取氢气(H_2)和氮气(N_2)，多原子气体取水蒸气(H_2O)，不同气体的密度和黏度参数如表5.4所示。

表5.4　改变声源工作介质计算中采用的气体参数

	密度（kg/m^3）	黏度（kg/m·s）
空气	1.2250	1.789E-05
氦气（He）	0.1625	1.990E -05
氢气（H_2）	0.0819	8.411E -06
氮气（N_2）	1.1380	1.663E -05
水蒸气（H_2O）	0.5542	1.340E -05

图5.37给出不同工作气体条件下主入口和侧面入口流量随时间的变化。图5.37(a)中可见，主入口流量特性与调制函数基本一致，只是流量值的定量结果各有差别。其中密度较高的空气和氮气，流量值最高，密度较小的水蒸气流量也较小，密度偏低的氢气和氦气流量值最低。回顾壅塞流量关系式5.1，其中与气体类型相关的参数除气体密度外还有多方指数，流量随多方指数的增加而增加。然而，在本节的参数取值范围内气体密度对流量幅值的影响大于多方指数的影响。图5.37(b)中，侧面入口流量的变化规律均与典型的低频调制结果相近，不同气体类型的差异也主要表现在定量结果方面，侧面入口流量同样也随气流密度的增加而增加。

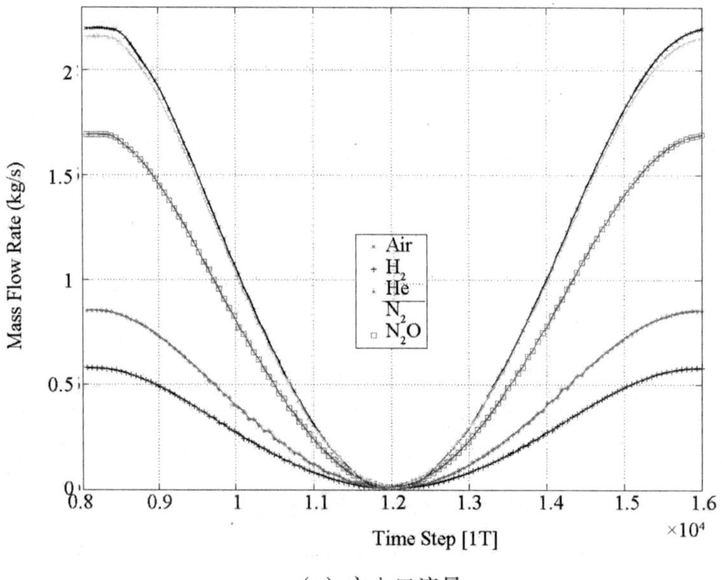

(a) 主入口流量

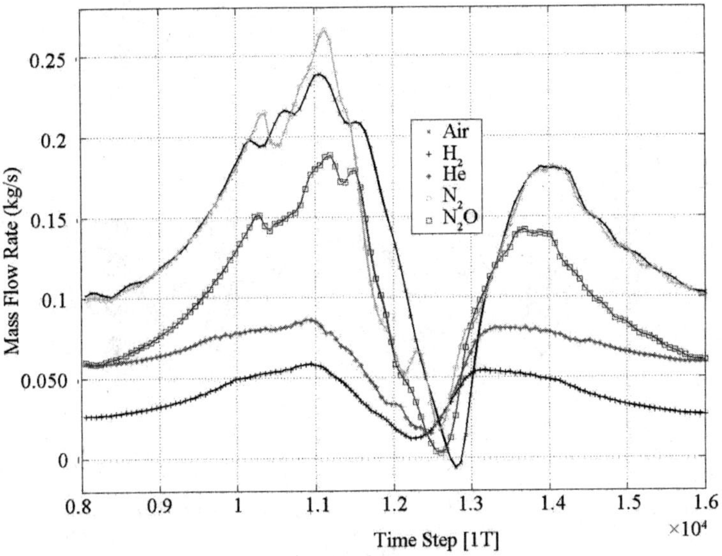

(b) 侧面入口流量

图 5.37 气室压力 0.6MPa、**频率** 100Hz、**喉道宽度** 4.34mm，**不同工作气体的流量特性**

图 5.38 分别给出 a，b，c，d 四个测点记录的不同工作气体类型下静压值的变化。测点 a 波形(图 5.38(a))中可见，不同气体静压值随时间变化的过程

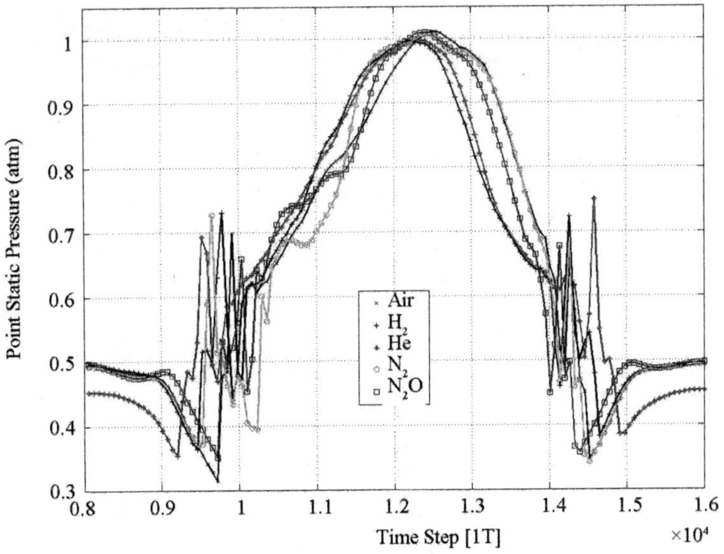

(a) 静压测点 a

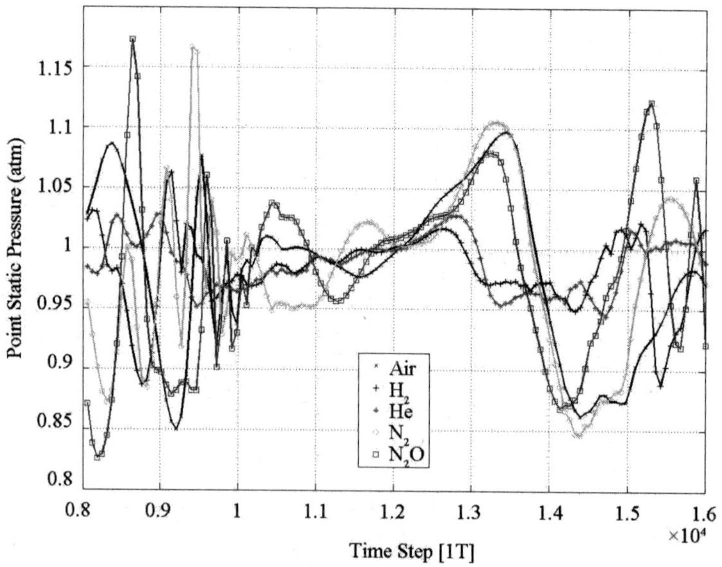

（b）静压测点 b

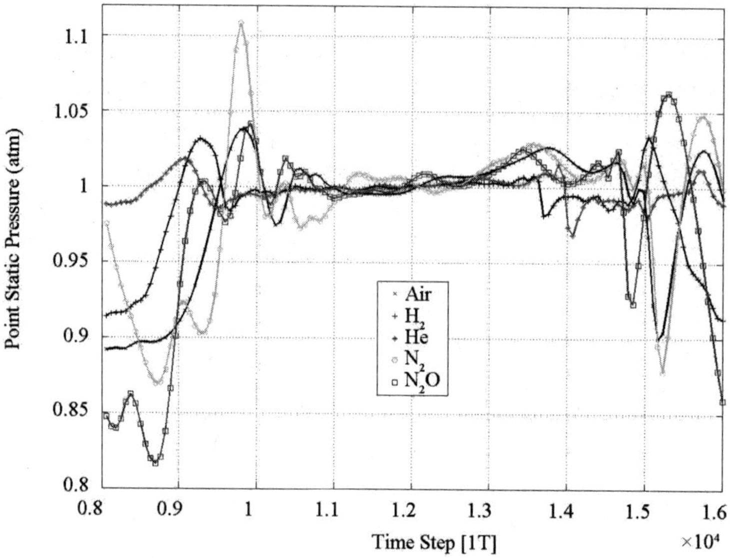

（c）静压测点 c

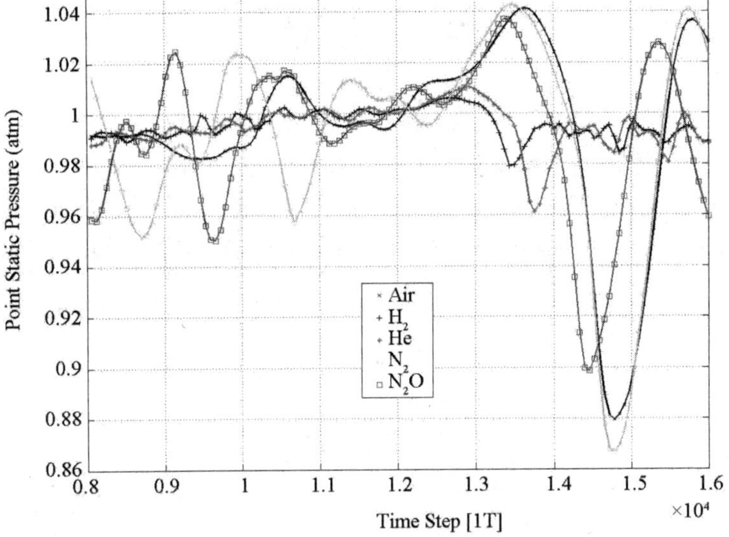

(d) 静压测点 d

图 5.38　气室压力 0.6MPa、频率 100Hz、喉道宽度 4.34mm，不同气体的测点静压值

基本相近：前 1/2 和后 1/2 周期的波形基本对称，负压最小值出现在波形两端，与之相邻的是两处压力突变和尖峰。区别是密度较大气体（例如空气、氮气和水蒸气）的结果中最小静压值偏低，而且压力突变波峰的宽度略大。

测点 b 波形(图 5.38(b))中可见，密度较大的空气、氮气和水蒸气结果中，压力扰动量级明显高于密度较低的氢气和氦气。前者静压值的变化范围为 0.085 ~0.115MPa，而后者的变化范围为 0.095 ~0.105MPa。同时，不同类型气体测点 b 结果的共同特点是静压值变化比较复杂，即使是密度比较接近的空气和氮气，两者的波形之间差距也比较显著。测点 c 波形（图（c））中，仍然可看出密度较大气体的压力扰动量级高于氢气和氦气等密度较小的气体。

回流区测点 d(图 5.38(d))的结果中，在前 1/2 周期，静压值在环境压力周围上下做小幅振荡，在后 1/2 周期出现一处幅值较大的负压位置。从中同样可看出密度较大气体产生的负压跃变的强度较高，同时可见密度较大气体结果中的高频振荡频率低于密度较小的气体。对于 100Hz 的低频调制，不同气体类型对应的压力波形均具有较为严重的波形失真，不同气体的定量结果之间存在着较大的差异。

参 考 文 献

[1] 沈嵃. 强噪声学[M]. 北京：科学出版社，1996：137－138.
[2] 马大猷. 调制气流声源的原理[J]. 物理学报，1974，23(1).
[3] W. A. Meyer. Theoretical analysis of the performance of an air-modulated speaker[J]. J. Acoustic. Soc. Am.，1969，45(4)：957－965.

第六章　超声速调制

在一些实际应用（例如远距离广播、强噪声测试）中，人们希望 AMS 能够在现有基础上提供更高的辐射功率和声压级。依据准稳态理论，通过改变工况参数提高声速调制所产生的声压级输出具有局限性。气室压力提高到一定程度，声压级就会接近饱和，因此需要从基本原理上寻求进一步提高声源输出的途径。

作为 AMS 准稳态理论的创立者之一，Meyer 在其论文[1]中较早地提到了超声速调制的概念，即将声源的喷口曲线由目前常用的收缩型改为收缩－扩张型，于是射流在参与调制之前可以加速至超声速流动状态。文献［2］气流压力特性曲线中，声速线右侧是亚声速区，声速线左侧速度比值 1.0 以上部分是超声速区。对于相同的面积比变化范围，尽管超声速区的压力比变化范围低于声速区结果，但由于前者的气室压力高，所以得到扰动压力的绝对值可能更高。然而，尽管 Meyer 依据准稳态理论结果认为，超声速调制能够获得更高的声压级输出，他并未对超声速调制流场和声场特性做进一步的研究。目前也少见公开文献探讨超声速调制方面内容，已有实验研究结果也没有相关的参考数据。

在准稳态假设下，超声速调制实际上是一系列气动力学中多喉道管流的集合。由多喉道管流的理论可知，超声速调制对应的瞬态流动过程将会相当复杂，不同时刻喷管内流速在亚声速至超声速范围内变化，同时还伴有冲击波的产生和运动。考虑到 AMS 气声转换方式并不单一，超声速调制的声场特性很可能更加复杂。

本章内容包括两个方面，一方面完成射流式 AMS 的超声速喷口设计，通过实验测试验证，超声速调制声压级输出的增益效果，另一方面通过数值仿真模型研究超声速调制的换能过程，明确其与一般声速调制换能过程的差异。为此本章首先回顾收－扩喷管中，超声速流动和多喉道管流的相关理论，然后依据特征线方法完成了收－扩喷管的型线设计。其次，对声速和超声速调制的近距离声场开展了实验测试和比较，并通过分析实测数据研究不同参数对超声速调制声场特性的影响。然后，本章对不同气室压力下超声速调制瞬态流场进行了模拟计算，分析了相关流场细节和增益效果的成因。最后，为了进一步发挥超声速调制的增益效果，本章提出了延时调制概念，通过模拟计算对其效果进行了验证。

6.1 概 述

6.1.1 多喉道管流理论

超声速调制很可能是解决声压级输出瓶颈问题的可行途径。为了在喷口出口获得超声速射流，气室压力应足够高。气室压力远高于背压时，气流在喷管内没有得到完全膨胀，在出口截面上气流压力高于外界压力，超声速气流流出喷管后继续膨胀，在喷口出口产生膨胀波系，称为欠膨胀状态[3]。此时因为气流在出口截面上的速度是超声速的，外界压力的扰动不影响喷管内部的流动。气室压力下降至某一值时，喷管内流动没有变化，在出口之外不再膨胀，称为完全膨胀状态。

气室压力进一步下降，喷口出口截面上超声速气流压强小于外界反压，因此出口处将产生激波。气室压力的下降使出口截面压力与环境压力的比值越来越小，激波强度不断增强，气室压力下降到某一值时，激波变成贴在出口的正激波。在这一过程中，激波上游喷口内超声速流动仍不受外界压力扰动的影响。在此基础上，气室压力进一步下降，激波传播速度大于出口截面上气流的速度，激波将向喷管内移动，移动过程中波前马赫数降低，正激波传播速度越来越小。因此，当激波传播速度与当地气流速度相等时，激波又会稳定在新的位置上。激波波后是亚声速气流，亚声速气流在扩张管道中减速增压，到出口截面上气流压强与背压相等。气室压力越低，管内激波的位置越靠近喉部，且激波越弱。直至气室压力下降至某个数值时，管内激波移到喉部，喉部下游全部为亚声速流动。以上过程中喷管内形成冲击波、管内全部或部分流动达到了超声速，称为过膨胀状态。

以上是不同气室压力下超声速喷管流动状态的变化过程，可看出欠膨胀、完全膨胀和过膨胀三种情况下流动状态存在显著差异。

在稳态流动状态确定后，采用准稳态假设，音圈调制引起的喷口出口面积的变化可等价于一系列不同出口面积的多喉道管流[3]。超声速调制时，调制面积与喷口喉部之间的比例随时间变化(图 6.1(b))，管道中存在两个喉部，对应的稳态流动在气动力学中称为多喉道管流。在超声速风洞设计(图 6.1

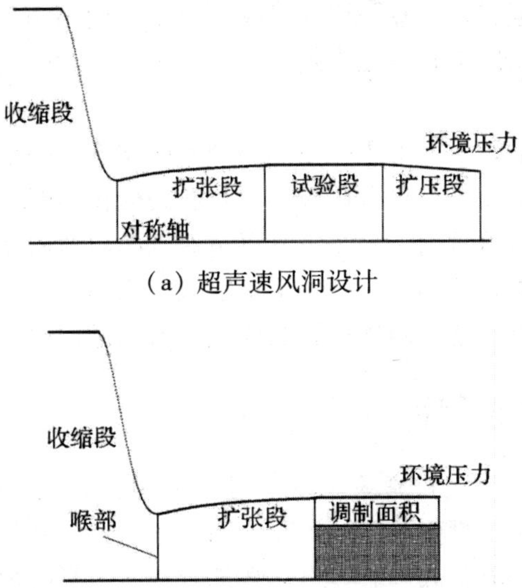

(a) 超声速风洞设计

(b) 超声速调制

图 6.1　多喉道管流示意图

(a))中，为了使试验段始终处于超声速流动状态，要求扩压段的出口面积大于喷管的喉部面积，即扩压段喉部需满足面积下限的要求。

对于超声速调制，当喷口全开时，调制面积大于喉部面积，随着调制面积的减小，在某一时刻两者的面积相等。在这一过程中的任一时刻，当上游压力从零逐渐增加时，超声速喷管中将出现以下流动状态：

(1) 开始时气室总压稍高于外界环境压力，此时气体在整个管道内作低速流动，扩压段和调制区出口的气流速度都是亚声速流动的；

(2) 气室总压继续增加，气流在喷管喉部加速为声速流，但总压还不够高，所以在喉部下游的流动又减速为亚声速，在调制区出口截面上仍是亚声速流动；

(3) 气室总压再增大，则喷管扩张段中就会形成激波，激波下游（包括调制区）仍然是亚声速流动；

(4) 气室总压进一步提高，激波在喷管扩张段顺气流移动，直至通过调制区，某一气室总压下激波运动到调制区出口截面，激波达到最强，气流总压损失最大。激波移动到出口截面后，在整个喷管中建立了超声速流动。

调制面积进一步减小，并开始低于喉部面积，正激波将移动至喷管的扩张段内，而调制区中又重新下降为亚声速流，激波的存在使调制区中气流总压下降。

若调制面积继续减小，直到比喷管喉部还小，则调制区出口成为真正的喉部。此时，除了调制区下游可能为超声速流动外，喷管的其余部分均为亚声速流动。

以上是准稳态假设下前 1/2 周期，即调制面积逐渐减小过程中，喷管内流动状态的变化过程。在后 1/2 周期，流动状态的变化刚好相反。从上述分析可知，超声速调制过程喷管内流动经历从亚声速到超声速的变化过程，其中可能伴随有冲击波的形成和运动，而且并不是在调制周期内所有时刻，喷管扩张段中都能建立起超声速流动。超声速调制的流动特性远比声速调制复杂。

6.1.2 超声速型线设计

超声速喷管的型线设计常采用特征线（MOC）方法，基于特征线方法的直接设计技术最早可追溯到 1929 年 Busemann 的工作。其基本思想是，给定喷管出口均匀流动的马赫数和中心线上从喉部到出口的马赫数单值分布，就足以建立一个特征线网格，从喷管出口开始向上游步进计算，求得流动中的任意流线均可作为一组无黏喷管壁面定义。

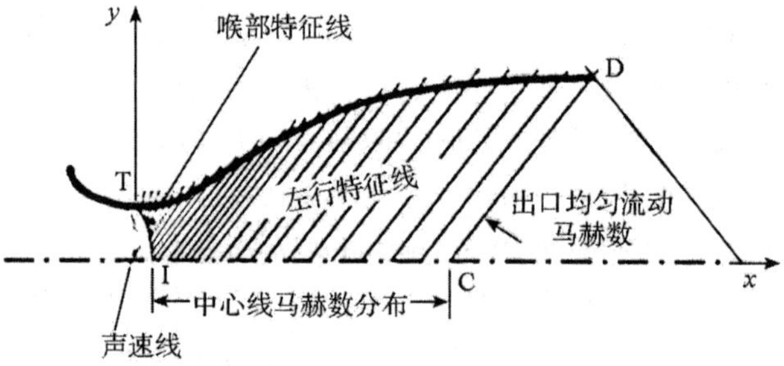

图 6.2　超声速喷管型线直接设计过程示意

基于特征线方法的超声速喷管直接设计过程如图 6.2 所示。首先，指定喷口出口条件，包括出口马赫数和出口半径；其次，假定沿特征线 CD 的出口流动是平行和均匀的，由于沿 CD 的解（ν，θ，μ，M）是已知的，令 CD 边上的网格点为出口条件；再次，由于从喉部中心 I 点到型面上 T 点的流场解已知，指定右行特征线 TI 作为入口条件；最后，指定中心线马赫数单值分布作为一侧边界条件，分布函数的阶数一般小于等于三，且与入口和出口条件相兼容。

基于特征线方法的喷管设计过程就是已知入口、出口条件和一侧边界条件，沿 TICD（图 6.3）在选定的网格点上可计算另一侧边值的问题。从中心线上的 C 点开始，建立内部特征线相交点，以特征线 CD 为基础建立上游与其相邻的一条左行特征线。沿每条建立的特征线积分可得到质量通量，左行特征

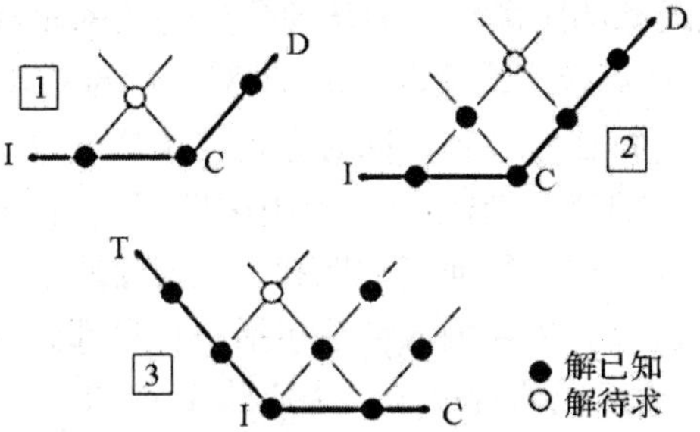

图 6.3　特征方程解的构建

线可视为质量流经的表面，于是令每条新建立特征线上的质量通量积分都等于穿过 CD 的通量，就可得到喷管壁面上一系列点的定义。当整个特征线网格建立时，喷管壁面也得到了完全的定义。注意到基于特征线的型线设计方法并不继续对喉部上游网格进行处理，所以这种方法设计的无黏型壁面不依赖于喷管上游的滞止条件。

图 6.4 给出基于特征线方法的二维超声速喷管型线设计过程中，相关流动区域的划分。设计中假定气体为完全气体，通过无黏无旋流动的级数解析解可建立喉部右行特征线（即入口条件）。该特征线起点位于喷管壁面的喉部位置。图 6.4 中，在特征网格内引入径向流动区域，对于无黏完全气体，径向流动满足源流方程：

$$\left(\frac{r}{r^*}\right)^{\sigma+1}=\frac{1}{M}\left[\frac{2}{\gamma+1}\left(1+\frac{\gamma-1}{2}M^2\right)\right]^{\frac{\gamma+1}{2(\gamma-1)}} \tag{6.1}$$

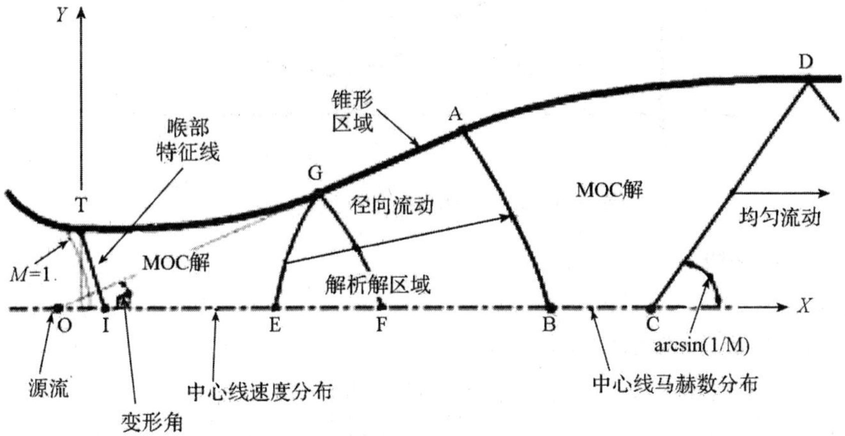

图 6.4　超声速喷管型线的特征线设计方法中内部流动区域的划分

其中 r 为流场中某点距源的距离，r^* 为从源到声速线的距离，M 为 r 点的马赫数，γ 为比热比，$\sigma=0$ 对应二维流动，$\sigma=1$ 对应圆锥或轴对称流动。径向流动区域内部不需要进行特征线计算，同时它提供了型线设计更多的选择。径向流动区域两侧是两个新的特征网格，一个网格 TIEG 位于喉部和径向流动区之间，另一特征网格 ABCD 位于径向流动区和测试段之间。

超声速喷管型线设计的主要输入参数包括：从喉部到径向流动区域的距离（OG 和 OA）、径向流动区域的转折角、中心线 F 点和 B 点的马赫数、特征线 CD 上的马赫数、无黏喷管出口半径或半高度、点 C 的位置等。两处中心线 IE 和 BC 上的马赫数可分别由 3 阶或 3 阶以下多项式描述。在 MOC 求解结束后，可对无黏喷管型线进行黏性修正。其中假定边界层为湍流，边界层内速度型面按指数率变化，对 von Karman 动量方程进行数值积分即可得到边界层位移厚度。

喷管收缩段的设计可参考 3.2.3.1 节，然而为保持收缩段曲线与扩张段型线在喉部相匹配，收缩段型面可分为三部分[5]，中间是圆锥段，两侧是四次多项式。如图 6.5 所示，收缩段各部分表示为：

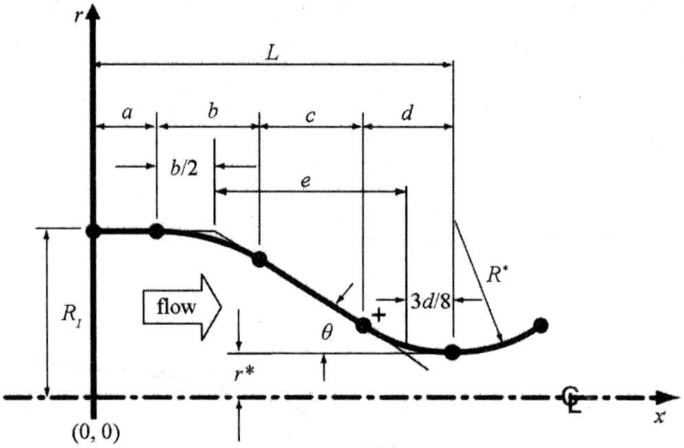

图 6.5　超声速喷管收缩段型线设计

（1）圆柱段（$0\leqslant x\leqslant a$）

$$r(x)=R_I \tag{6.2}$$

（2）上游四次曲线段（$a\leqslant x\leqslant a+b$）

$$r(x)=R_I-\frac{b\tan\theta}{2}\left(\frac{x-a}{b}\right)^3\left(2-\frac{x-a}{b}\right) \tag{6.3}$$

（3）圆锥段（$a+b\leqslant x\leqslant a+b+c$）

$$r(x)=R_I+\left(a+\frac{b}{2}\right)\tan\theta-x\tan\theta \tag{6.4}$$

（4）下游四次曲线段（$a+b+c\leqslant x\leqslant L$）

$$r(x)=\frac{(L-x)^2}{12R^*}\left[6-\left(\frac{L-x}{d}\right)^2\right]+r^* \tag{6.5}$$

收缩段设计时的输入参数包括 R_I，R^*/r^*，r^*。θ，a 和 L，以上等式中的未知量包括 x^+，r^+，b，c，d，e，它们均在图 6.5 中标明，且由以下等式给出：

$$x^+=L-d \tag{6.6}$$

$$r^+=\frac{5d^2}{12R^*}+r^* \tag{6.7}$$

$$b=2\left(x^++\frac{r^+-R_1}{\tan\theta}-a\right) \tag{6.8}$$

$$e=\frac{R_I-r^*}{\tan\theta} \tag{6.9}$$

$$d=\frac{3}{2}R^*\tan\theta \tag{6.10}$$

$$c=e-\frac{b}{2}-\frac{5}{8}d \tag{6.11}$$

6.1.3　超声速喷口部件及效果

已有声速/亚声速调制的声源装置实测结果表明，在气室压力 0.55 ~ 0.58MPa、调制频率 100Hz 的工况条件下，距声源出口 5m 位置轴线上的声压级可达 140 ~ 150dB。在某些应用中为达到良好的信噪比，按照点声源的辐射规律折算，要求距声源 5m 处声压级为 160 ~ 170dB。若进一步考虑强声波的非线性效应及传播过程的衰减，需要达到的声压级将更高。

已公开的声源内气动系统结构中，喷口部件型面大多可分为突然收缩和缓变收缩两种，因此无论上游压力如何变化，喷口出口参与调制的气流所能达到最高流速为声速。声速调制所产生的声压级随气室压力的增加逐渐趋于饱和，同时采用收缩型喷口部件还存在壅塞流量的限制。这两方面限制了声源声压级和声功率的进一步提高。

超声速调制有望成为解决上述问题可行的技术途径，为了确认其效果，需要对采用环形超声速喷口部件的 AMS 装置开展实验测试。实验中采用超声速喷口部件的喉部对应径向半径 138.32mm，喷口入口宽度 10mm、出口宽度 1.1mm，设计马赫数 4.5，特征线法计算得喉部宽度为 0.6474mm，由等熵关系式得到真实马赫数为 1.955。声源装置采用这一环形超声速部件后可达到如下技术效果：

（1）喷口部件的型面采用收缩扩张曲线，将目前 AMS 中的亚声速或声速调制提高到超声速调制。马赫数小于 3h，超声速调制所需流量没有显著增加，但引起下游流场的扰动比声速和亚声速调制更强，因而可使声压级输出在现有基础上进一步提高。表 6.1 列出了气室总压 0.4MPa、激励信号为标准语音的条件下，采用声速和超声速喷口部件获得的轴线 5m 峰值声压级的比较。可见该工况条件下，语音广播中采用超声速喷口部件可在近距离测点获得 7dB 以上的声压级增益。

表 6.1　气室压力 0.4MPa 条件下声速与超声速调制轴线峰值声压级的比较

声源工况参数	声速调制（5m 测点）	超声速调制（5m 测点）	增益
男声标准语音	125.2dB	132.5dB	7.3dB
女声标准语音	129.8dB	138.5dB	8.7dB

（2）喷口部件型面的入口段宽度为出口段宽度的 10 倍以上，使气流加速过程集中在收缩段和扩张段，这样可降低进气道部件的流动损失。型面段设计基于特征线方法，满足光滑渐变的流线型要求，可进一步避免流动损失，提高喷口部件能量转化效率。

（3）喷口部件内设置有可调节喷口出口宽度的垫圈，通过改变垫圈的厚度，可达到改变超声速气流马赫数的目的。理论上，马赫数约可调范围为 1 至设计值。

（4）当对声压级增益没有要求时，声源采用环形超声速喷口可以减小喉部对应的径向半径值或喷口出口宽度。减小径向半径可使声源体积更小，重量更轻，便于使用，提高经济性，减弱音圈侧摆引起的非对称作用。而减小出口宽度可降低振动系统位移幅值和输入电功率方面的要求，或者在相同输入功率条件下扩展声源的高频响应。

6.2　超声速调制增益

本节对采用环形声速和超声速喷口部件的 AMS 装置进行实验测试，以验证超声速调制在提高喷口部件下游压力扰动强度和声压级输出，或者扩展频响范围等方面的作用。

超声速调制增益特性测试基于前文4.1.1节介绍的单点测试系统，系统提供8通道声场测试功能，声压数据分别由0#、1#、2#高声强传声器和3#、4#、5#、6#、10#标准传声器获取。其中，0#、1#、2#三个高声强测点分别位于轴线上距辐射器出口1m、5m和5m偏离轴线20°位置；3#、4#、5#、6#四个测点分别位于轴线10m、10m偏离轴线10°、20°和40°位置；10#测点位于10m偏离轴线30°位置。实验主要内容包括：获取典型工况条件下，超声速调制声源频响特性，对比相同工况条件下声速和超声速调制的测试结果，研究声压级增益的频率相关性，探讨气室压力和激励信号强度等工况参数对增益特性的影响等。相对于第四章声速调制的实验工况，本章还测试了高气室压力和大激励电流条件下，相同喷口出口宽度的声速和超声速调制的单频发声性能。

6.2.1　声场特性

本节对不同气室压力和激励信号条件下，喷口出口宽度1.1mm的超声速调制声场频响结果进行分析。

图6.6给出激励电压25V、气室压力分别为0.2MPa和0.4MPa条件下，电流和RMS声压级的频响数据。图6.6(a)中，不同气室压力的电流频率特性曲线基本一致，相差在0.5A之内。与前文4.3节结果比较可知，超声速调制的电流频响数据接近不加气条件下的结果，但与声速调制共振频率明显前移的结果不同。这可能是由于超声速调制音圈振动所受的流场作用力较小。在图6.6(b)中，在0~3kHz的频段内、0.4MPa气室压力下，1m RMS声压级相对于0.2MPa增加了3~5dB。两者的声压级频响特性与不加气时类似，共振频率与不加气时接近，均位于1.5kHz左右。与声速调制相比，气室压力增加后，超声速调制在2~3kHz的高频段也获得了较大的声压级增益。而对于100~200Hz的低频段，超声速调制结果中，没有出现声速调制时的声压级随气室压力的增加反而下降的情况。

上述比较表明，在恒压激励条件下，超声速和声速调制的电流和声压值频响结果存在较大差异。这可能是由于两种情况下内部流动与振动系统之间流固耦合作用力的差异，也可能来自两种情况下流场演化过程的频响特性差异。

将气室压力进一步增加至0.6MPa，图6.7比较了激励电压25V条件下气室压力分别为0.4MPa和0.6MPa的频响结果。图6.7(a)中，气室压力为0.4MPa电流频率特性结果中，1kHz左右有个最低值，之前电流值随频率的增加而降低，之后随频率增加略有增加至1.5kHz，最后又随着频率的增加而下降。气室压力为0.6MPa电流随频率的变化基本类似，但是曲线最低值前移至800Hz。图6.7(b)中，0.4MPa气室压力下的声压级频响曲线与0.6MPa压力

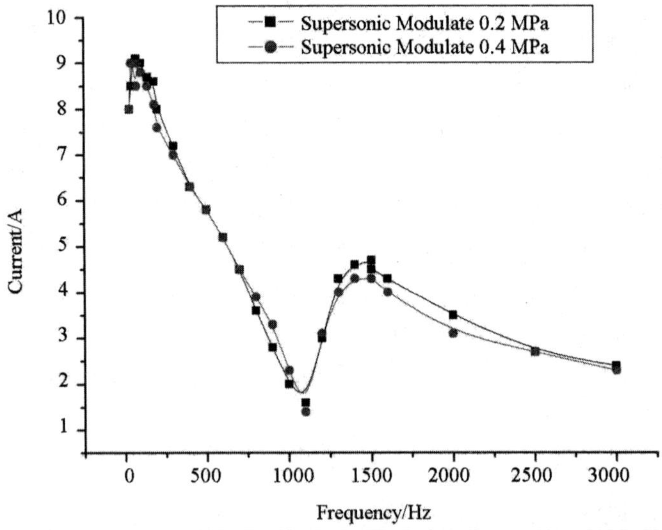

(a) 电流频率特性

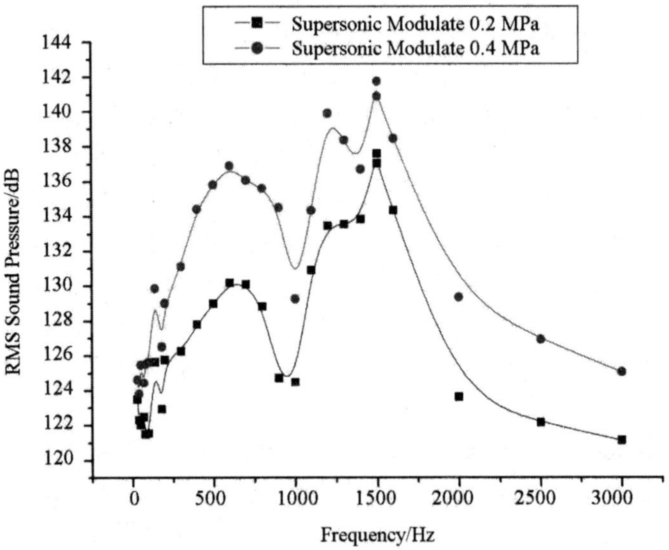

(b) 1m 处 RMS 声压级的频率特性

图 6.6　超声速喷口 1.1mm、25V 恒压激励、0.2 和 0.4MPa 压力下的频响结果

相比存在较大差距。压力为 0.6MPa 结果中，频响峰值前移至 500Hz，接近于声速调制的结果，然而在声速调制结果中高频段的频响结果是下降的，而这里的声压级频响曲线在高频段接近不变。

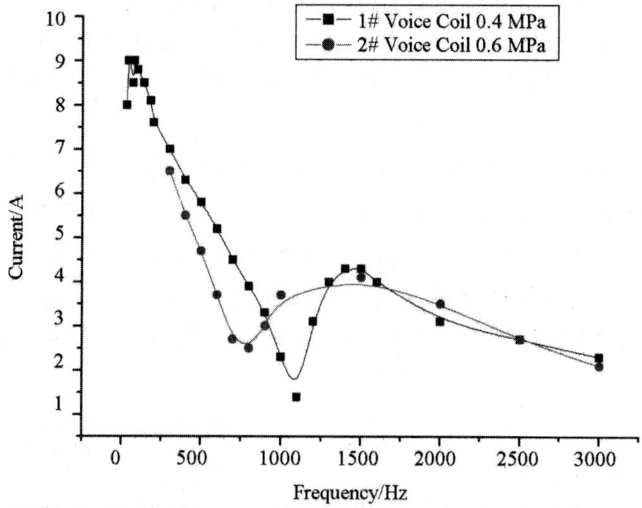

（a）电流频率特性

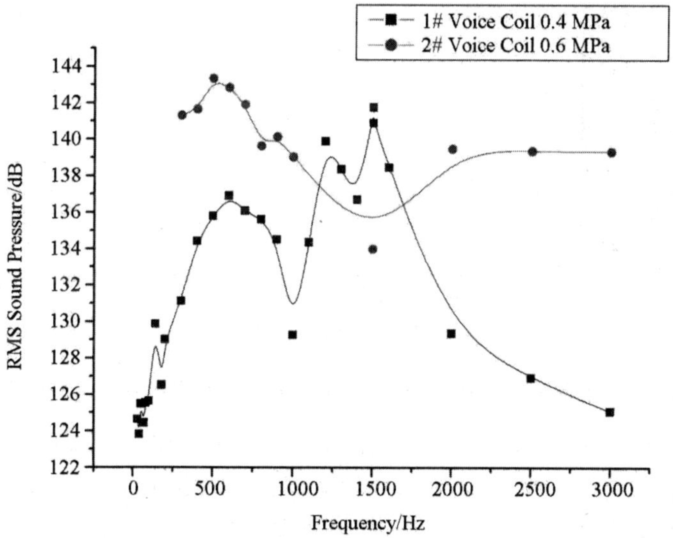

（b）1m 处 RMS 声压级的频率特性

（2#音圈绕线骨架有断涡流槽，其余参数同 1#音圈）

图 6.7　超声速喷口 1.1mm、25V 恒压激励、0.4 和 0.6MPa 压力下的频响特性

图 6.7 中频响结果的差异主要来自音圈结构。1#和 2#音圈基本参数（质量、绕线方式等）是一致的，为了消弱音圈在磁隙中振动时产生的反向电动势，2#音圈在 1#音圈基础上增加了断涡流槽。两种音圈声压级频响结果的差

异，应该与涡流对振动系统的影响有关。在个别频率点上，比较25V恒压激励、相同气室压力条件下两个音圈输出的大小，可知减轻涡流阻尼作用后，2#音圈声压级结果普遍高于1#音圈的数据，因而涡流的存在对提高声源声压级输出不利。

图6.8中对比了0.4MPa、不同强度恒流激励与25V恒压激励下，超声速调制的声压级结果。相同激励信号结果中，500Hz对应声压级最高。恒流激励条件下，相同调制频率对应声压级一般随激励电流的增加而增加。图6.8中，恒流激励条件下的输出明显高于25V恒压激励的输出。激励信号强度对于超声速调制是一个重要的参数，为获得较大的声压级输出，应尽可能使振动系统工作于满调制状态。

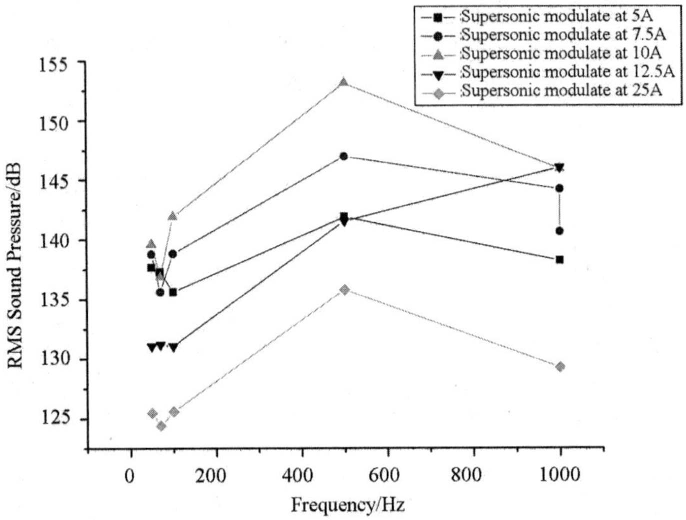

图6.8　超声速喷口1.1mm、0.4MPa、**不同强度恒流激励下轴线**1m**声压级**

图6.8中，电流为12.5A时，部分频率点上不仅没有获得高于10A的声压输出，而且低于了7.5A。原因可能是10A左右接近了满调制，也可能来自音圈装配方式的改变。此外，进一步分析25V恒压激励的数据，50Hz，70Hz，100Hz，500Hz对应的电流分别为9.0A，8.5A，8.8A，5.8A，均超过了5A，而得到声压级反而低于5A恒流激励的结果。这是与激励信号有关的另一个反常现象。

恒流激励条件下，进一步增加气室压力。图6.9中给出气室压力0.6MPa、不同激励电流条件下的声压级频响结果。与25V恒压激励的结果相比，恒流激励条件下的超声速调制得到了较高的RMS声压级，声压级随频率变化趋势与25V恒压激励的规律基本一致，峰值声压级位于500Hz，500Hz以下低频段的声压级较低。对比不同激励电流的声压级数据可知，随着激励电流的提高，声压级输出明显增加。但存在一个反常现象，电流为12.5A时，不仅没有获得高于10A的声压输出，而且多数频率低于了7.5A。激励电流10A、调制频率500Hz时，1m处RMS声压级达到157.66dB，而1kHz调制时，RMS声压级也达到150.06dB。可见，当气室压力和激励电流均较高时，超声速调制的声压级输出明显增强。

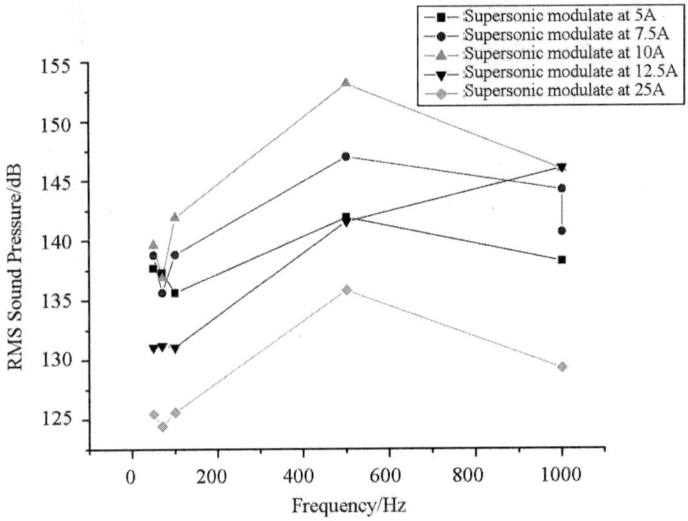

图6.9　超声速喷口1.1mm、压力0.6MPa、不同强度恒流激励下1m声压级频响

图6.10给出气室压力0.4和0.6MPa、不同激励电流条件下，超声速调制的电压和RMS声压频响曲线对比。可见，随着激励电流的增加，电压和声压级的频响曲线整体向上平移。从5～14.5A对应电压和声压级增加满足较好规律性来看，音圈调制度一直处于增加状态。14.5A大电流激励条件下，气室压力（0.4和0.6MPa）对电压频响的影响不明显。其中0.6MPa的声压级输出高于0.4MPa，但已趋近饱和。0.4MPa、14.5A工况条件下的声压级输出高于0.6MPa、10A工况，调制度的增加提高了声源的换能效率，说明为获得较高的声压级输出，提高调制度比提高气室压力更经济。图6.10（b）中，最大声压级输出（152.7dB）出现在10A、600Hz信号激励的情况，预计对于更高频段内10A激励可获得更高的声压级输出。

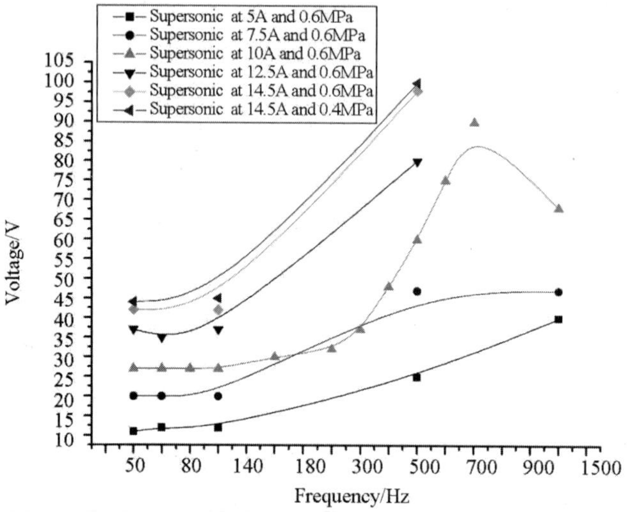

(a) 电压频率特性

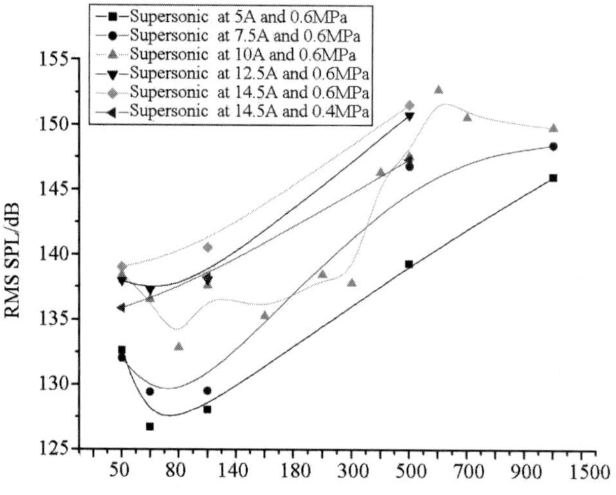

(b) 1m 处 RMS 声压级的频率特性

图 6.10 喷口 1.1mm，不同气室压力和电流激励下超声速调制频响特性

6.2.2 增益效果

为验证相同工况条件下，超声速调制较声速调制的声压级增益效果。本节比较了 25V 恒压激励、气室压力 0.2MPa 和 0.4MPa 条件下，声速与超声速调制的电流和 RMS 声压级频响结果。

图 6.11 中给出气室压力 0.4MPa、喷口宽度 1.1mm 的超声速和声速调制的频响结果。25V 恒压激励条件下，两者电流频谱特性基本一致，超声速调制曲线中最小值对应的频率有所降低。0.4MPa 条件下的声压频谱结果中，超声速调制整体上获得了更高的声压级。两者的声压级频响曲线峰值均为 600Hz 左右。180Hz 以上两者声压级频响曲线的形状较为类似，而 180Hz 以下低频段内超声速调制的增益较为显著。

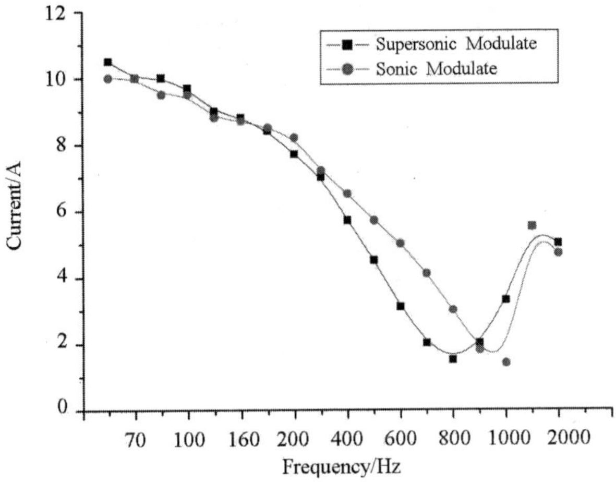

（a）电流频率特性

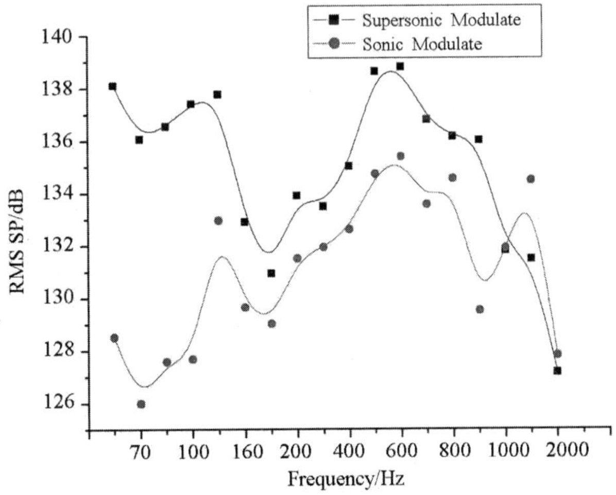

（b）1m 处 RMS 声压级的频率特性

图 6.11　25V 激励、压力 0.4MPa、喷口 1.1mm，声速和超声速调制频响曲线

图6.12(a)中，气室压力对超声速调制的电流频率基本没有影响，而声速调制对应的两条电流频响曲线在低频段存在较大差异，气室压力较高时，电流值偏大且最小值位置向低频偏移。流动对声速调制时振动系统的状态产生了影响。图6.12(b)中比较相同气室压力下，声速和超声速调制的声压级频率特性，可看出除了峰值频率及附近(中心频率1.5kHz，带宽约1kHz)的范围内超声速调制高于声速调制外，其余部分超声速调制均低于声速调制结果。考虑到

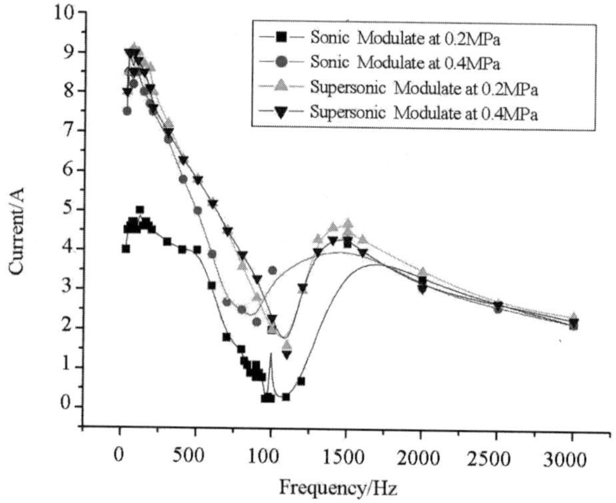

(a) 电流频率特性

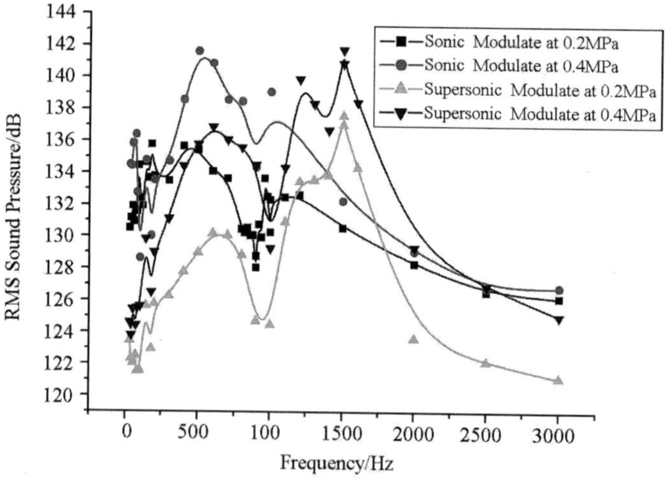

(b) 1m处RMS声压级的频率特性

图6.12 喷口1.1mm、25V恒压激励，不同压力下声速/超声速调制频响特性

声速和超声速喷口出口宽度均为 1.1mm，相同气室压力条件下，超声速调制所需流量低于声速调制，所以超声速调制的优点是能够在频率响应峰值及其附近位置产生更强的声信号输出。这对于单频信号应用来说是较为有利的。

气室压力提高后，超声速调制声压级有明显提高，特别是在峰值附近和低频段，提高的幅度比声速调制明显。在这两个频段内，超声速调制对调制面积的变化更加敏感。此时提高激励信号强度，振动系统可获得较高的位移幅值，所以与超声速调制增益效果直接相关的是音圈位移幅值。图 6.12(b) 中可看出，相同气室压力下，声速与超声速调制在频率响应方面有明显差别。与无气流加载时振动系统的频响结果相比，可知声速调制时流固耦合作用对振动系统的影响更加显著。

最终，由上述实验结果可知，相同工况条件下，与声速调制相比，超声速调制的声场频率响应有明显改变，在部分工况下，超声速调制实现了较大程度的声压级增益。同时，超声速调制的增益具有一定的频率相关性，增益频段主要集中在共振频率附近和低频段，增益效果主要出现在大激励电流或音圈位移幅值较高的情况中。

6.2.3 喷口参数影响

相同工况条件下，不同的喷口设计可产生不同流速的射流，进而对声源性能产生显著影响。在相同的恒流激励下，比较了不同出口宽度的声速和超声速喷口对应声场结果。图6.13～图6.16 给出 1.1mm 声速、1.6mm 声速、1.1mm 超声速三种喷口对应的电压和 RMS 声压级频响结果。选取的激励电流由小到大分别为5A，7.5A，10A，12.5A。其中 1.1mm 声速和超声速喷口的气室压力相同，均为 0.6MPa，1.6mm 声速喷口的气室压力稍低，为 0.54MPa，三种喷口提供的气体流量相近。

图 6.13 激励电流 5A 的频响结果中，1kHz 位置，三种类型喷口的电压结果有一定差别，原因来自不同喷口条件下气流对音圈的作用力的差异。1.1mm 声速喷口 1#和 2#音圈的电压结果差异可能来自涡流的作用。5A 电流驱动下，声源未达到满调制，所以图 6.13（b）的声压级结果比较中，最高的是 1.1mm 声速喷口，在低频段 1.6mm 声速喷口高于 1.1mm 超声速喷口，而在高频段则刚好相反。欠调制情况下，1.1mm 声速喷口对应调制度高于 1.6mm 声速，所以前者声压级高于后者。

图 6.14 电流 7.5A 的频响结果中，1.1mm 超声速喷口的电压值高于 1.6mm 声速。这与 5A 激励的结果一致，但不同的是 1.1mm 声速的电压值最低。图 6.14(b) 声压级结果中，400Hz～1kHz 范围内，1.1mm 超声速高于

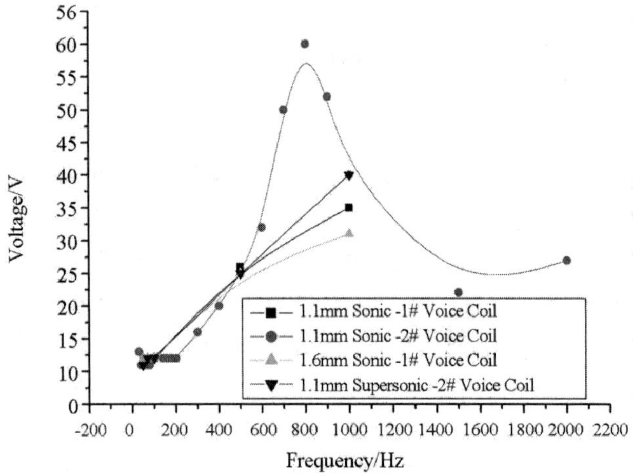

（a）电压频率特性

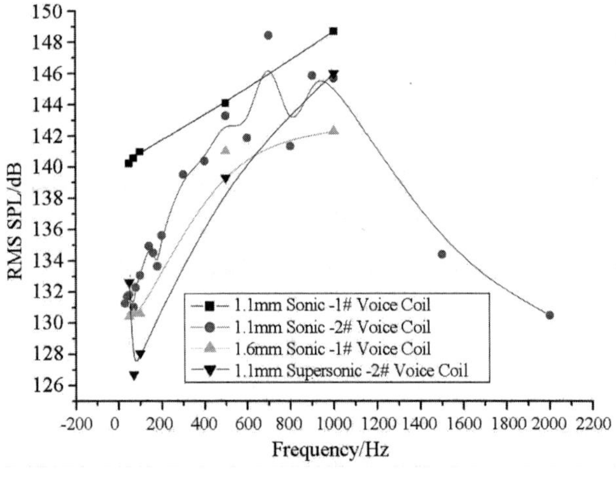

（b）1m 处 RMS 声压级的频率特性

（喷口宽度 1.1mm 时气室压力 0.6MPa，喷口宽度 1.6mm 时气室压力 0.54MPa）

图 6.13　5A 恒流激励、三种喷口类型下，声速和超声速调制频响曲线

1.1mm 声速，1.6mm 声速的结果最低。在较大电流激励下，超声速调制在高频段实现了输出增益。1.1mm 声速喷口对应声压级在整个频段内均高于 1.6mm 声速喷口。这与喷口出口宽度增加后相同流量下气室压力的下降有关，另一方面也与 1.1mm 声速喷口的调制度高于 1.6mm 声速有关。对于 400Hz 以下低频段的声压级结果，则有 1.1mm 声速高于 1.6mm 声速，1.1mm 超声速最低。

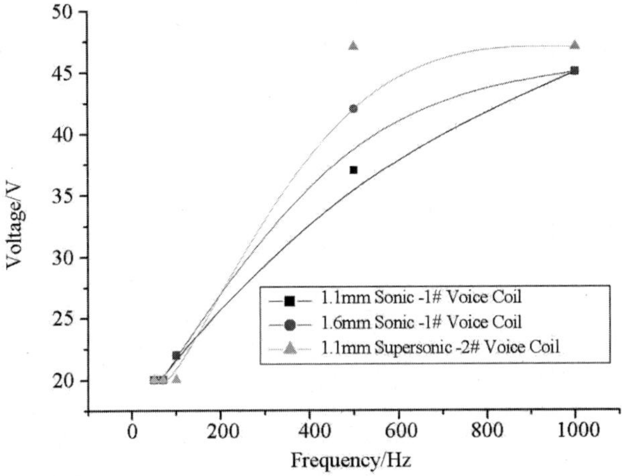

（a）电压频率特性

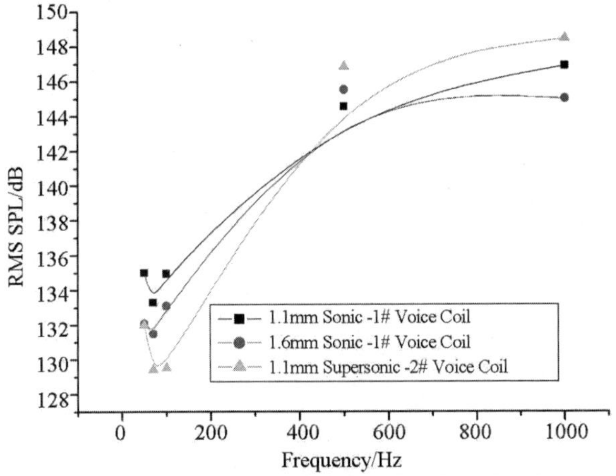

（b）1m 处 RMS 声压级的频率特性

图 6.14　7.5A 恒流激励、三种喷口类型下，声速和超声速调制频响曲线
（气室压力同图 6.13）

图 6.15 激励电流 10A、1.6mm 声速喷口的两组频响结果中，由于采用不同的绕线线径，3#音圈的电阻值高于 2#，因此两者电压值的频率特性有较大差异。对于同样是 2#音圈的两组电压值数据，1.1mm 超声速高于 1.6mm 声速，这与 5A 和 7.5A 恒流激励的结果是一致的。图 6.15(b)声压级结果中，可看出 2#音圈共振频率在 600～800Hz 内，高于 3#音圈的共振频率。400Hz～1kHz 范围内，1.1mm 超声速喷口的声压级输出高于 1.6mm 声速，400Hz 以下

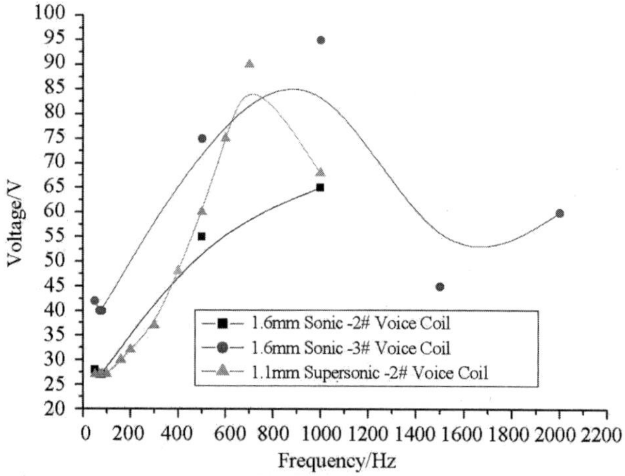

（a）电压频率特性

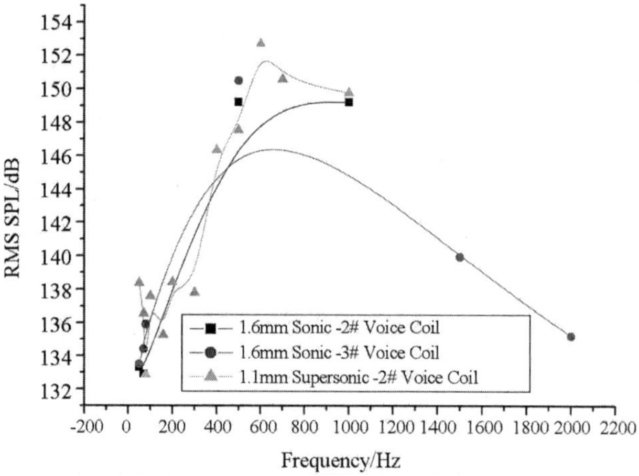

（b）1m 处 RMS 声压级的频率特性

图 6.15　10A 恒流激励、三种喷口类型下，声速和超声速调制频响曲线

（喷口宽度 1.1mm 时气室压力 0.6MPa，喷口宽度 1.6mm 时气室压力 0.54MPa）

的频率段，两者的结果相近。

图 6.16 电流 12.5A 的频响结果中，由于音圈绕线电阻的差异，1.6mm 声速喷口的电压值高于 1.1mm 超声速。图 6.16(b) 的声压级结果中，1.1mm 超声速喷口在所测相同调制频率时高于 1.6mm 声速，获得了一定的输出增益。

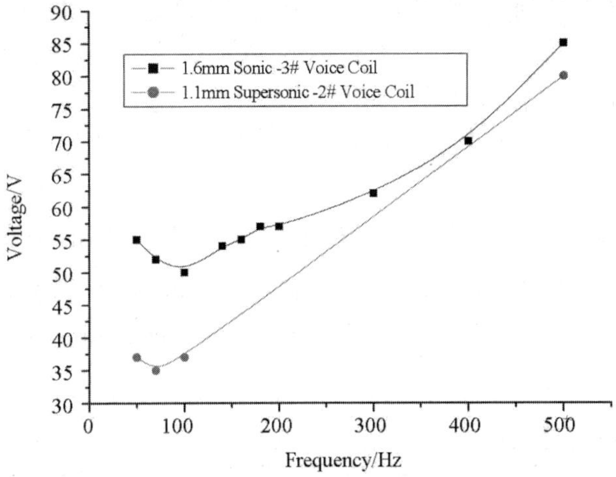

（a）电压频率特性

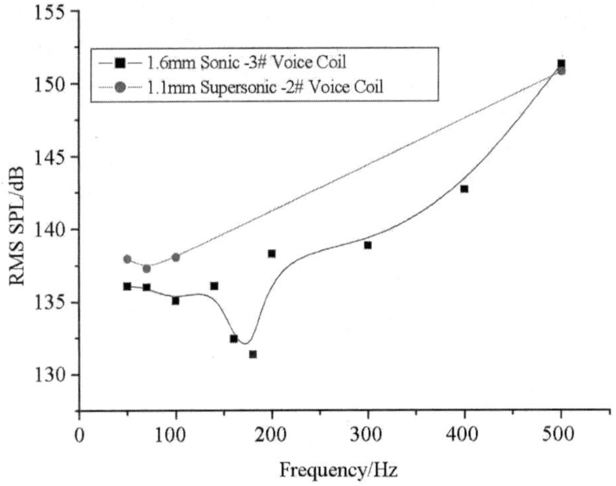

（b）1m 处 RMS 声压级的频率特性

图 6.16　12.5A 激励、两种喷口类型下，声速和超声速调制频响曲线
（气室压力同图 6.15）

6.2.4　高声压级结果

如前文所述，超声速调制的声压级输出基本上随气室压力和激励电流强度的增加而增加。超声速调制实验结果中，气室压力 0.6MPa、激励电流超过 10A 时，轴线 1m 处的声压级较高。例如，调制频率 500Hz、电流 10A 驱动下，

1m处RMS声压级达到了157.66dB，峰值声压级高达168dB，较相同工况参数下的声速调制结果高8dB左右；电流增加至14.5A时，1m处声压级151.56dB，峰值声压级达到161.1dB。

本节给出气室压力0.6MPa和大电流激励条件下，声压级输出相对较高的两组超声速调制的声场测量结果。

6.2.4.1 电流10A，1.1mm超声速喷口，调制频率500Hz

图6.17给出电流10A、频率500Hz的超声速调制声场结果。轴线1m RMS声压级147.5dB，峰值声压级为157.6dB；轴线10m RMS声压级为138.1dB，峰值声压级为145.9dB。

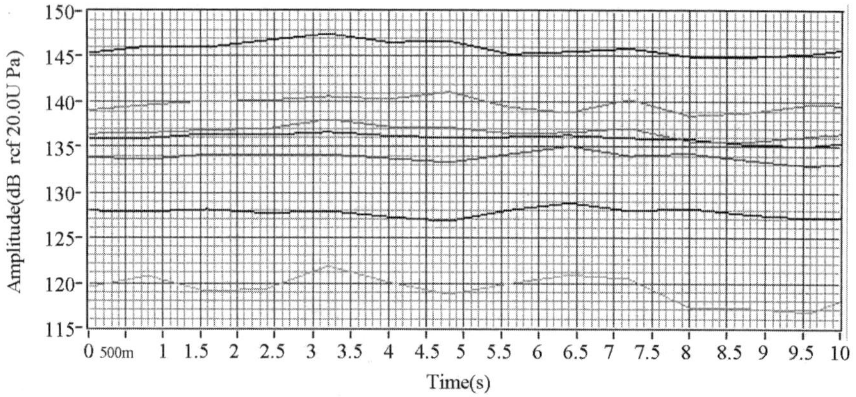

（a）各声场测点有效声压级历史曲线

高声压传声器：黑-0#、绿-2#；压力场标准传声器：蓝-3#、红-4#、水红-5#、橙-6#、紫-10#

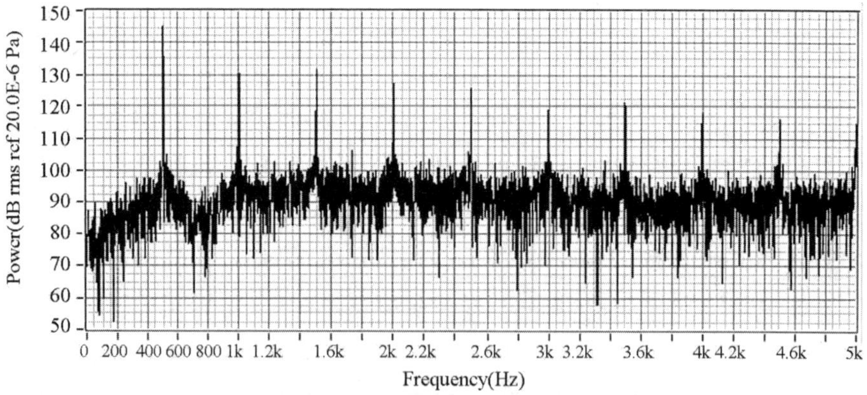

（b）0#传感器（轴线1m）的频谱图

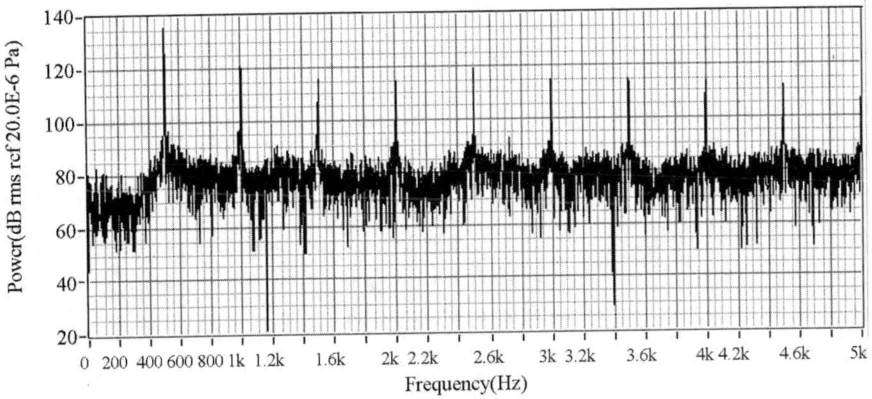

（c）3#传感器（轴线 10m）的频谱图

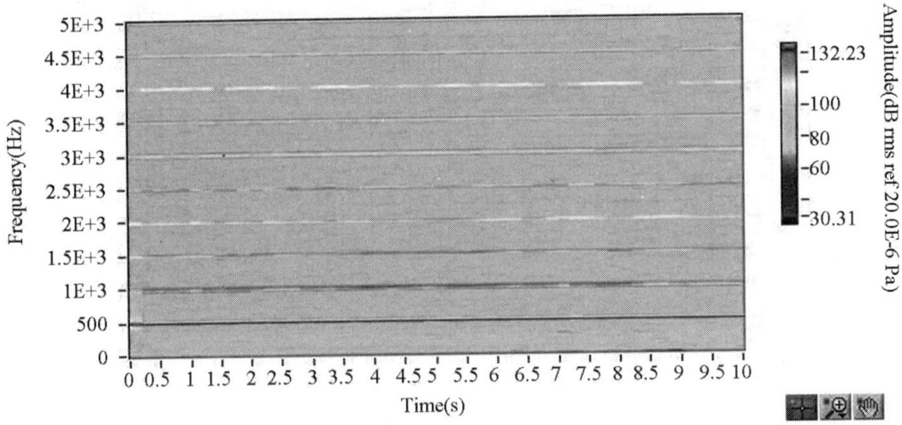

（d）3#传感器（轴线 10m）的时频图

图 6.17　10A 恒流、压力 0.6MPa、500Hz，1.1mm 超声速调制声场结果

图 6.17(a)中，轴线 1m 和 5m 有效声压级相差约 5dB，轴线 1m 和 10m 相差约 8dB。轴线 10m、10m 10°和 10m 20°三者有效声压级依次降低，但数值相差在 2dB 之内，10m 30°的声压级较前面三者低 5dB 左右，10m 40°声压级比 10m 30°下降约 7dB。与同种工况声速调制的结果相比，可知喷口类型对声场指向性也有一定影响。

图 6.17(b)(c)频谱结果中，轴线 1m 基频声压级最高，达到 145dB，二次、三次、四次、五次谐波幅值较基频低 15dB，五次以上谐波幅值比基频低 25dB 以上。轴线 10m 基频声压级约 136dB，二次、三次、四次、五次谐波未明显增加，与基频分量之差在 17dB 左右，五次以上谐波有一定增加，与基频

差值缩小至20dB。

6.2.4.2 电流12.5A，1.1mm超声速喷口，调制频率500Hz

图6.18给出气室压力0.6MPa、激励电流12.5A、频率500Hz的超声速调制声场结果。

轴线1m RMS声压级150.8dB，峰值声压级159.8dB；轴线10m RMS声压级139.9dB，峰值声压级146.2dB。图6.18(a)中，轴线1m和5m有效声压级相差约5dB，轴线1m和10m相差约10dB。轴线10m声压级分别比10m 10°和20°高2dB和3dB，10m 20°的有效声压级比30°高6dB，10m 30°比40°高5dB左右。

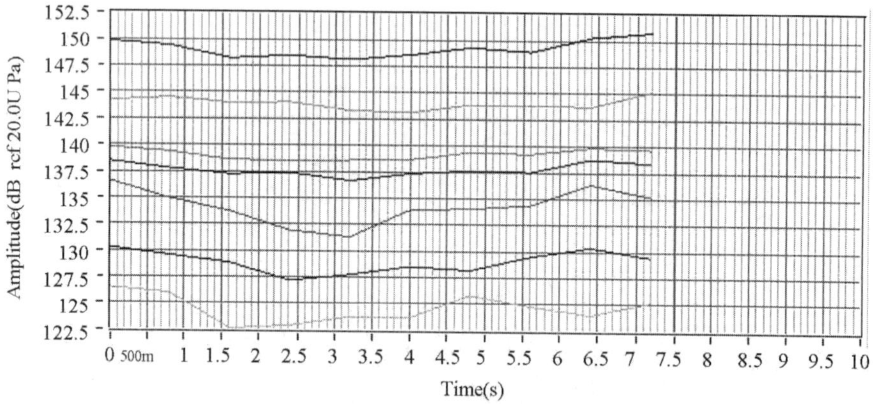

(a) 各声场测点有效声压级历史曲线

高声压传声器：黑-0#、绿-2#；压力场标准传声器：

蓝-3#、红-4#、水红-5#、橙-6#、紫-10#

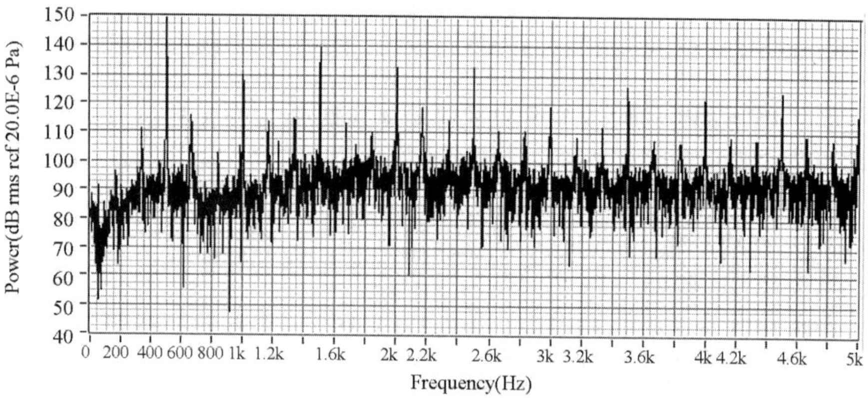

(b) 0#传感器(轴线1m)的频谱图

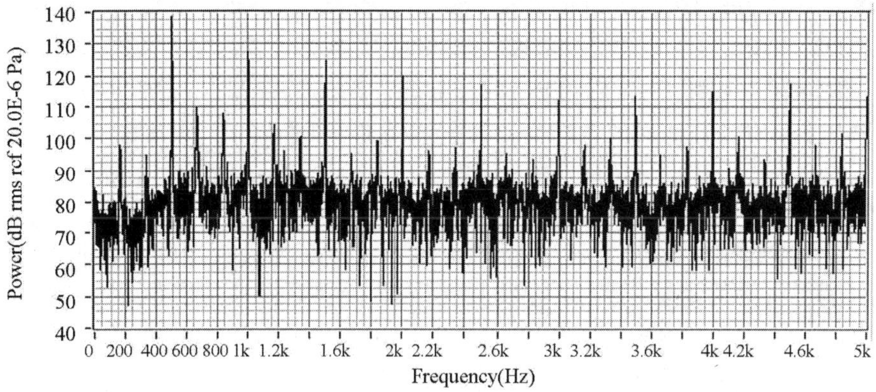

(c) 3#传感器(轴线 10m)的频谱图

图 6.18　12.5A 恒流、压力 0.6MPa、500Hz，1.1mm 超声速调制声场结果

图 6.18(b)和(c)频谱结果中，轴线 1m 基频声压级最高，达到 150dB，二次、三次、四次谐波较基频低 10～20dB，四次以上的高次谐波能量较低，较基频低 30dB 以上。轴线 10m 基频声压级约 140dB，受非线性传播影响二次谐波增加比较明显，且高于三次谐波分量，二次谐波与基频的差距缩小至 10dB，三次以上谐波与基频差值的变化不明显。频谱图中非谐波频率位置出现了能量集中现象，例如 500Hz 和 1kHz 间的 667Hz、835Hz、994Hz，1.5kHz 和 2kHz 间的 1503Hz 等，目前还不能解释其成因。

6.2.5　喉道内扰动压力

本节基于 4.1.1 节单点测试实验系统对采用出口宽度 1.1mm 超声速喷口部件的声源装置内部瞬态压力场开展测试。通过分析 5A 和 7.5A 恒流激励条件下喉道内瞬态压力单点实验数据，研究不同工况参数对超声速调制瞬态流场的影响规律。动态压力传感器在喉道内布置如前文 4.1.1 节所述，5 个 NS－2 传感器的编号从上游到下游依次为 1#，2#，3#。4#，5#。由于相同工况下，压力扰动量级基本随喉道截面积的增加而降低，主要对比了上游位置 1#传感器测得的扰动压力结果。

(1) 5A 恒流激励

取激励电流 5A、气室表压 0.5MPa、喉道入口宽度 4.34mm，改变调制频率，实验测得的扰动压力变化满足一定规律。频率从 20Hz 增加到 500Hz 过程中，静压最大值逐渐增加，而 1kHz 和 2kHz 调制时静压最大值则开始下降。频率从 20Hz 增加到 1kHz 过程中，静压最小值逐渐下降，而 2kHz 调制时静压最小值反而增加。即压力扰动在 500Hz～1kHz 范围内存在一个峰值。对于固定的内气动系统设计，喉道内压力扰动随调制频率的变化取决于振动系统频响、气流声源形成的频率相关性、压力扰动传播的非线性作用等多方面因素的共同作用。

取调制频率100Hz、喉道宽度4.34mm，改变气室表压，激励电压的频响结果基本没有变化，而最大静压随气室总压的增加而增大，最小静压力随气室总压的增加而减小，整体的压力扰动量级随气室总压的增加而增加。50Hz调制时，改变气室表压，也得到类似的结果。

取气室表压0.5MPa、调制频率50Hz，比较喉道入口宽度分别为2/4/6/8mm的静压结果发现2mm对应扰动压力有较大提高，其余尺寸对应的扰动则基本接近。

（2）7.5A恒流激励

保持气室表压0.5MPa和喉道宽度4.34mm不变，增加激励电流至7.5A。改变调制频率，测得静压最大值位于500Hz，静压最小值位于1kHz，电压频响峰值出现在1kHz。这些与激励电流5A时的结果一致。

当前工况条件下，对比声速和超声速调制的静压值结果发现：除500Hz外，声速调制的静压最大值均高于超声速调制；除100Hz外，声速调制的静压最小值均低于超声速调制。因而此时超声速调制未能产生较高的压力扰动。这是由于两方面的原因：一方面激励电流较小，调制度偏低；另一方面相同出口宽度和气室压力条件下，声速喷口的流量值高于超声速喷口。

取调制频率100Hz、喉道宽度4.34mm，改变气室表压，激励电压结果基本没有变化。由于调制频率较低，超声速调制的静压结果中，静压最小值随气室表压的增加而减小，静压最大值则并不呈单调变化，而且静压最小值的变化量远高于静压最大值。相同工况下声速喷口的结果中，静压最大值随气室表压的增加而增大，但最大增幅仅有几百帕，压力最小值随气室表压的增加而减小，变化量可达数千帕。对比两者的静压测试结果，相同工况下声速调制的压力扰动更高。调制频率50Hz时，改变气室表压，也得到了类似的结论。

气室表压0.5MPa、调制频率50Hz，比较喉道入口宽度分别为2/4/6/8mm的静压结果。同样发现，宽度为2mm时，压力扰动显著增强，而其余宽度的结果基本相近。两者相比，静压最大值和最小值的差值均在5kPa以上。

6.3　气室压力的影响

超声速调制的模拟计算中，取喉部对应的径向半径为138.32mm，取设计马赫数为3，收扩喷口入口宽度为10mm、出口宽度为3mm。计算超声速喷管型线，得到面积比为：

$$A/A^{*}(\text{sup})=\frac{3}{0.728931\times 2}=2.0578 \tag{6.12}$$

由等熵关系式得到真实马赫数为2.23，对应气室总压为0.7294MPa。基于前文第三章所建立的AMS数值仿真模型，取气室压力分别为0.7294MPa、1.2MPa和0.2MPa，对不同气室压力下的超声速调制换能过程进行模拟计算。

6.3.1　气室压力0.729MPa

气室总压为0.729MPa时，计算得到超声速调制稳态流场如图6.19所示。超声速喷口喉部为声速流动，从喉部到扩张段出口，流动逐步加速至马赫数2.1。扩张段下游的等截面段中近壁面边界层逐步增厚，使有效截面面积减小，超声速流速开始下降，至等截面段出口马赫数为1.97。喉道入口附近，由于管道截面逐渐增加，超声速流动继续加速至最高马赫数2.43。在流速最高位置附近，外侧壁面流动分离开始形成。喉道内速度场与气室总压较高时，声速调制的稳态流场相近：主流靠近内侧壁面，主流中高速与低速流动交替出现；流动分离出现后，下游流速逐渐降低，外侧壁面附近存在大范围的回流。

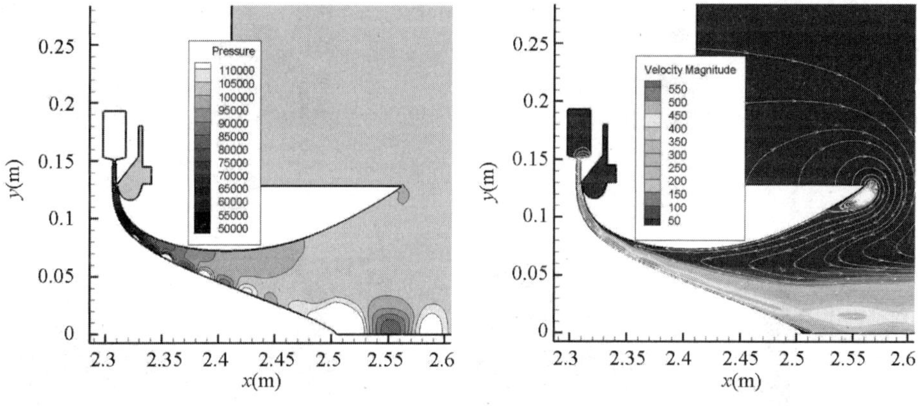

（a）静压值分布　　　　（b）速度量级分布

图6.19　气室总压0.729MPa，超声速调制的稳态流场

图6.19(a)稳态流场的静压分布结果中，加速区域静压值下降，减速区域静压值上升，最小静压值为0.0315MPa，出现在最高流速位置。内壁面附近高低压交替现象明显，甚至在喉道出口下游的轴线附近也有分布。喉道出口塞锥附近存在局部高压区，喉道出口回流区的静压值与环境压力接近。

取调制频率500Hz，图6.20给出压力为0.729MPa时，超声速调制的调制

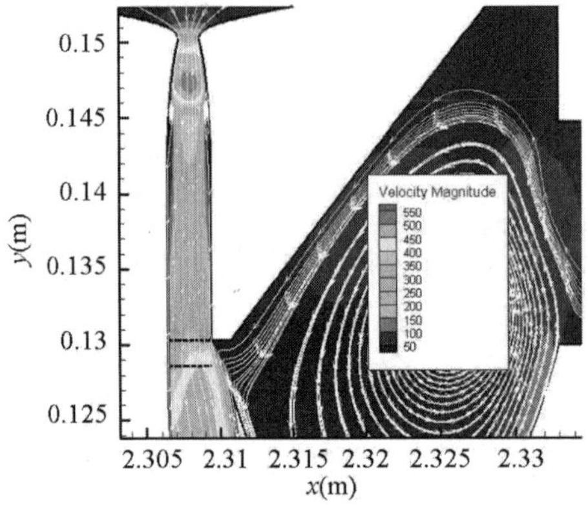

(a) T

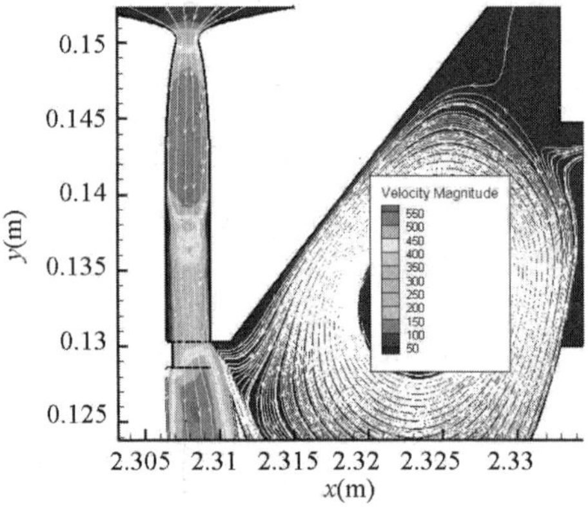

(b) 9T/8

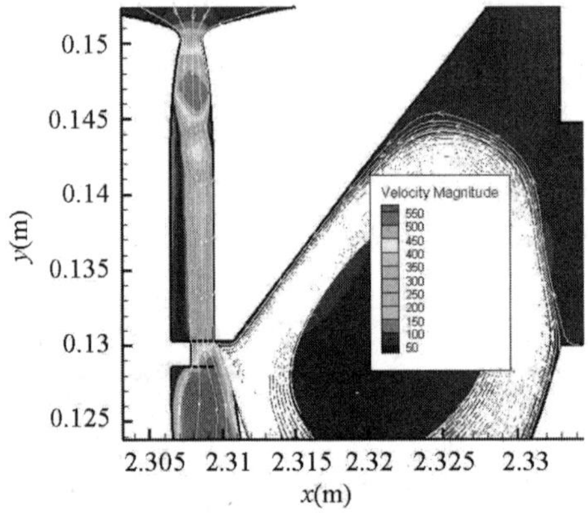

(c) 5T/4

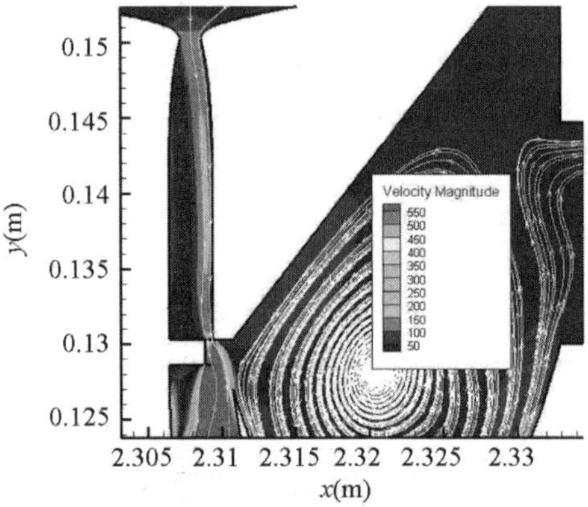

(d) 11T/8

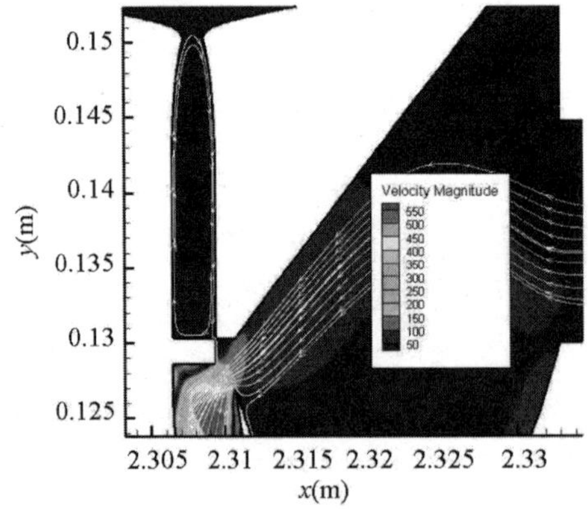

(e) 3T/2

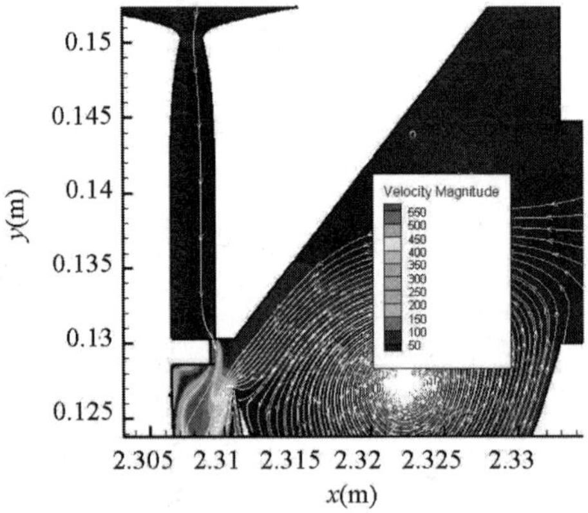

(f) 13T/8

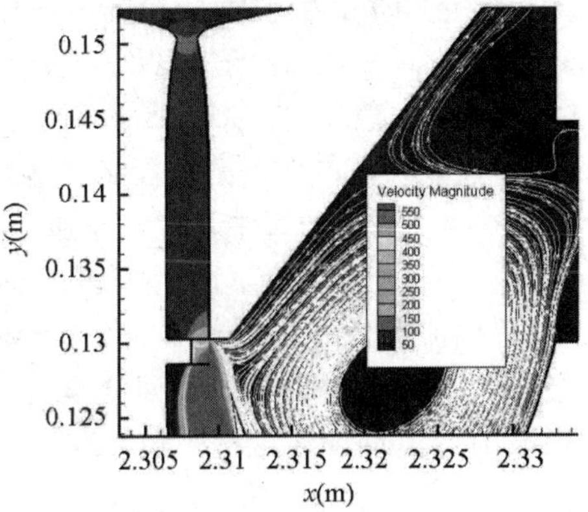

(g) 7T/4

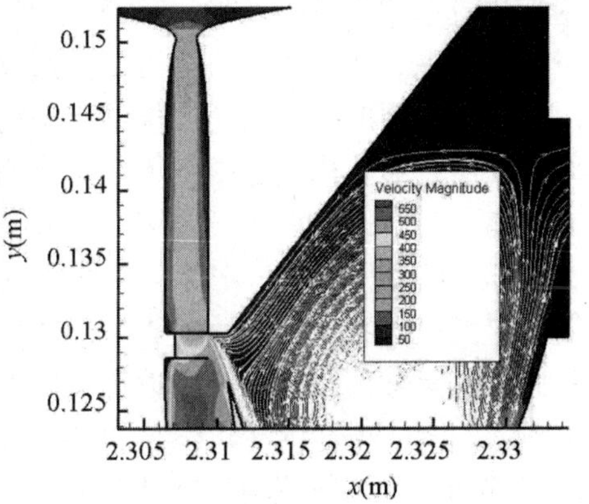

(h) 15T/8

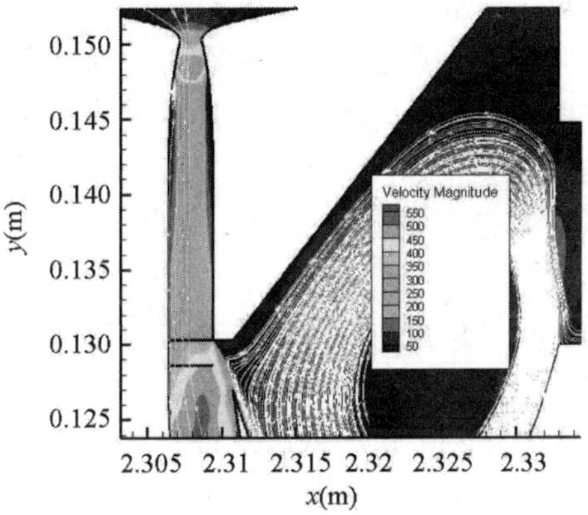

(i) 2T

图 6.20　压力 0.729MPa、频率 500Hz，超声速调制的调制区速度场

区附近速度场演化过程。T 时刻喷口全开时，喷口扩张段前部流动加速至超声速，扩张段后部流速下降，等截面段出口流速已下降为声速。与稳态流场相比，受瞬态作用影响，该时刻喷管内流速明显下降，且下游喉道入口附近流速也有一定程度下降。喷口出口面积进一步减少，9T/8 时刻喷管内和喉道入口附近流速反而增加，喷口扩张段超声速流动区域范围增大，但在等截面段边界层变厚，流速仍下降为声速。5T/4 时刻喷口面积减小为全开时的一半，超声速流动仅局限于扩张段前部，扩张段中部出现了流动分离，扩张段后部流动分离发生后流速迅速下降。该时刻在等截面段主流接近声速，主流宽度缩小为管道宽度的一半，然而喉道入口流速反而高于前两个时刻。11T/8 时刻喷口出口小于喷管喉部宽度，因而在扩张段和等截面段中流动均为亚声速，但喉道入口附近的流速却进一步增加。3T/2 时刻主入口流量消失，而侧面入口的引射流量依然存在，使喉道入口的流速仍然较高。

后 1/2 周期喷管内速度场结果与前 1/2 周期有较大差别。13T/8 时刻喷口略微开启，喷管内流速很低，主流与侧面入口流动在调制区下游混合并加速进入喉道。7T/4 时刻喷口宽度略小于喷管喉部宽度，因而喷管中是亚声速流动，与图 6.20(c)相比喷管中流速偏低，流动加速主要发生在喷口下游。15T/8 时刻喷口宽度已大于超声速喷管喉部宽度，喷管内流动分离基本消失，喉部下游扩张段和等截面段以高亚声速流动为主，然而喉道入口附近流速反而低于上一时刻。2T 时刻喷口喉部流动是声速，扩张段前部流动加速至超声速，在扩张段后部和等截面段流动又降低至声速。此时喉道入口附近流速较前两个时刻均有所下降，而调制区附近速度场与 T 时刻相近。

依据以上分析可知，气室总压为 0.729MPa 时，受瞬态作用影响，任一时刻喷口出口主流流速均未能达到超声速流动状态。前 1/2 与后 1/2 周期喷管内流动状态并不完全对称。与前面的声速调制计算结果相比，由于喷口出口宽度增加至 3mm，而喉道入口宽度保持 4.34mm 未变，所以可观察在某些时刻到部分主流被喉道外侧壁面所遮挡，进入侧面月牙形气腔中，形成了较大尺度的旋涡。

气室压力 0.729MPa，超声速调制喉道内的静压值演化过程如图 6.21 所示。与相同工况条件下声速调制的结果(图 5.22)相比，在定性方面压力场的演化过程基本类似，不同时刻喉道内依次出现正压区和负压区的产生和传播过程。T 时刻喉道内由高压区覆盖，在喉道入口附近生成负压区，T ~ 13T/8 时段负压区逐步向下游移动并影响了整个喉道，13T/8 ~ 2T 时段喉道中部产生新的高压区，高压区域逐渐扩展。但是，声速与超声速调制时压力分布的定量结果有一定差异。

气室压力为 0.729MPa，喉道内速度量级演化过程如图 6.22 所示。T ~ 11T/8时段，喉道外侧壁面没有显著流动分离。3T/2 ~ 13T/8 时段外侧壁面流动分离逐渐增强，喉道出口附近主流流速逐渐下降。7T/4 ~ 15T/8 时段主流流量逐步增加，喉道入口段主流逐渐增强。2T 时刻主流向下游移动，喉道出口回流区逐渐缩小至外侧壁面附近。速度场演化过程中，在前 1/2 周期内喉道中后部主流出现了偏折。

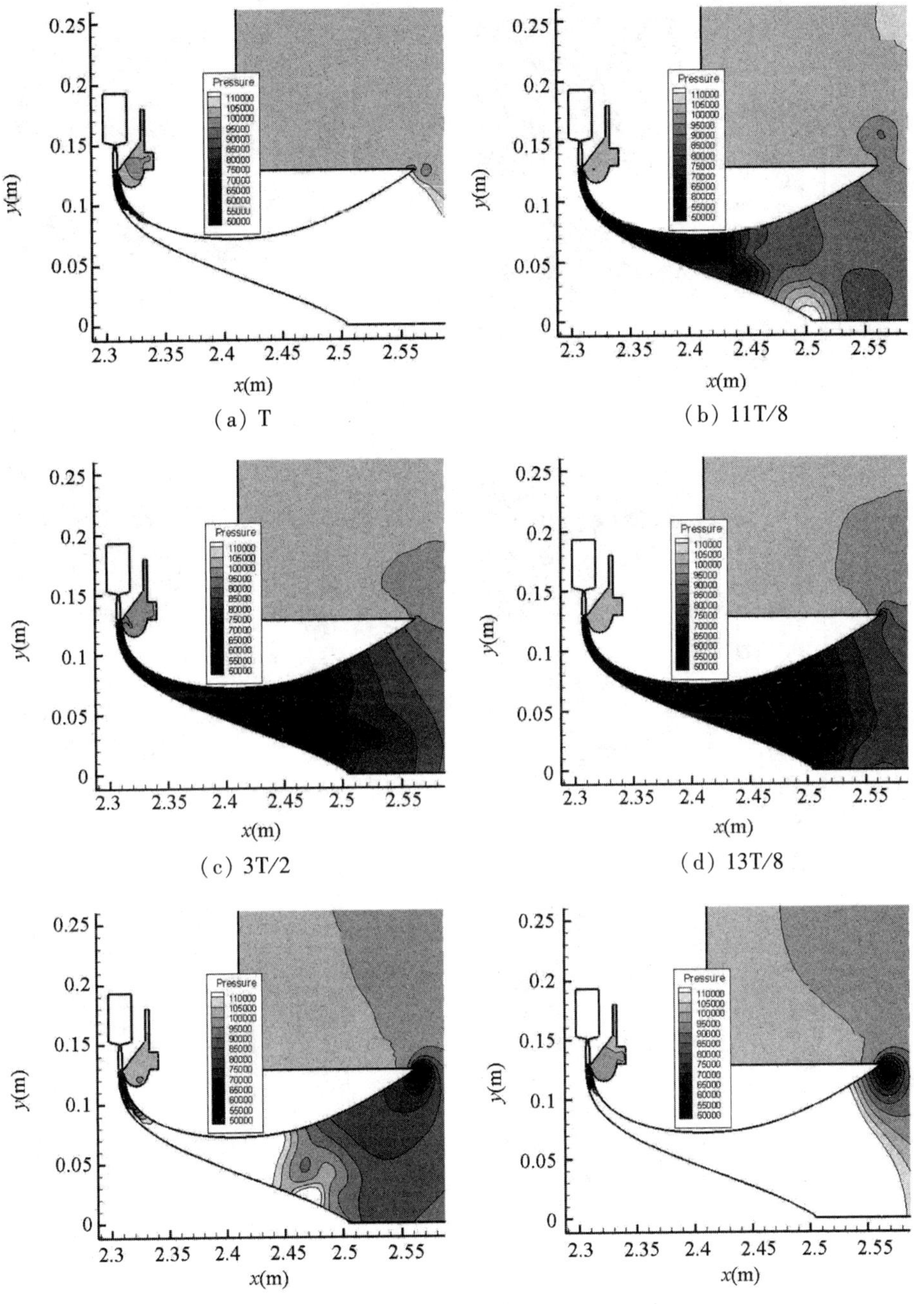

(a) T　(b) 11T/8

(c) 3T/2　(d) 13T/8

(e) 15T/8　(f) 2T

图 6.21　压力 0.729MPa、频率 500Hz，超声速调制的静压值

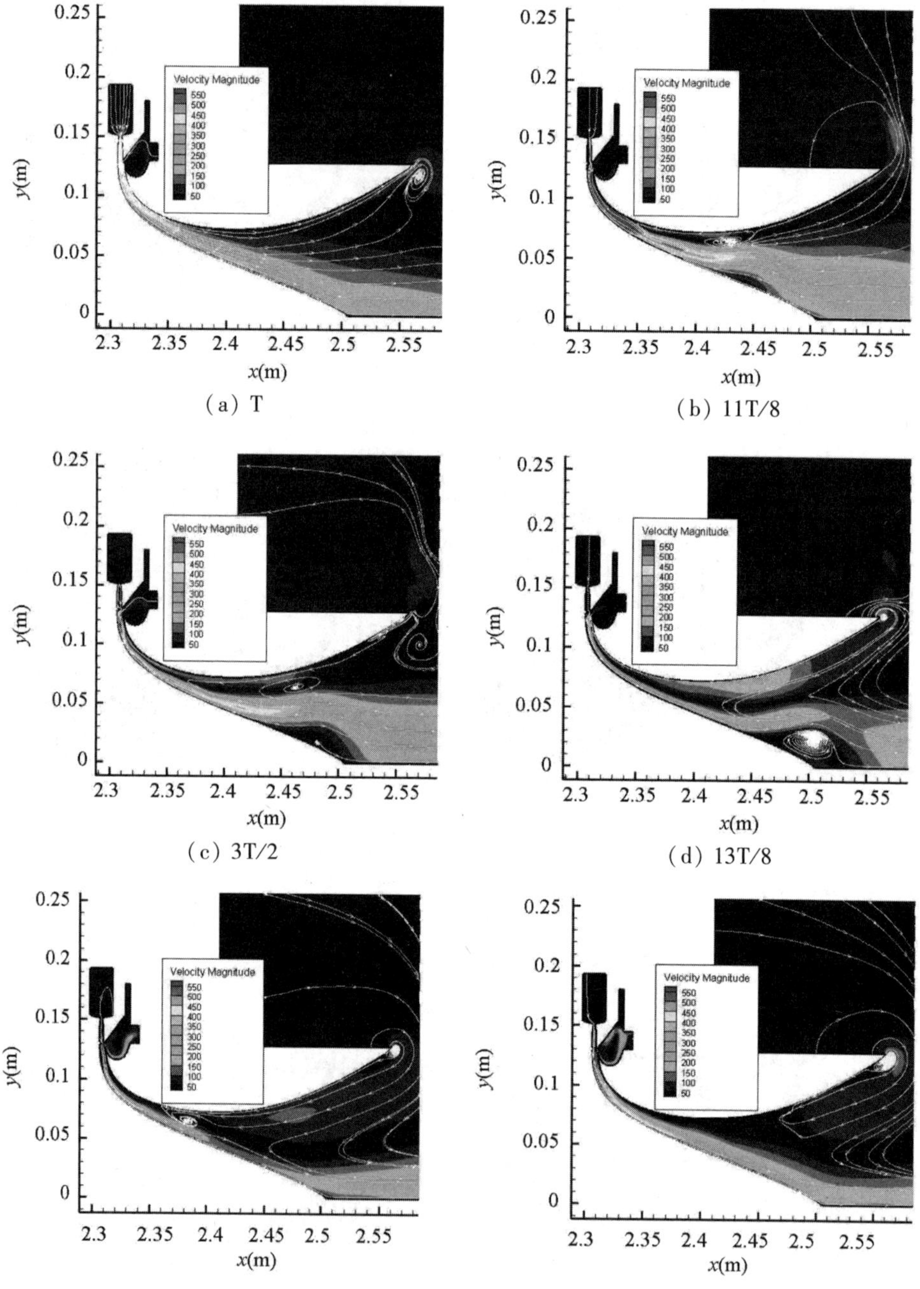

（a）T　（b）11T/8

（c）3T/2　（d）13T/8

（e）15T/8　（f）2T

图 6.22　压力 0.729MPa、频率 500Hz，超声速调制的喉道速度场

6.3.2　气室压力 1.2MPa

气室总压 1.2MPa，计算得到超声速调制稳态流场如图 6.23 所示。对比 1.2MPa 和 0.7294MPa(图 6.19)的稳态结果，可见在定性方面主要的流场结构没有变化。定量角度，1.2MPa 时主流流速显著增加，喉道入口处的加速区域扩大，流动分离点向下游移动，速度交替加速和减速区域的数目有所减少。图 6.23(a)静压值分布结果中，相同喉道截面上静压值更低，喉道出口与环境压力之间存在较大压力梯度。由于内部压缩和膨胀波系的强度更高，静压结果中的高低压力交替区域的面积明显增加，相邻区域的间距增加。

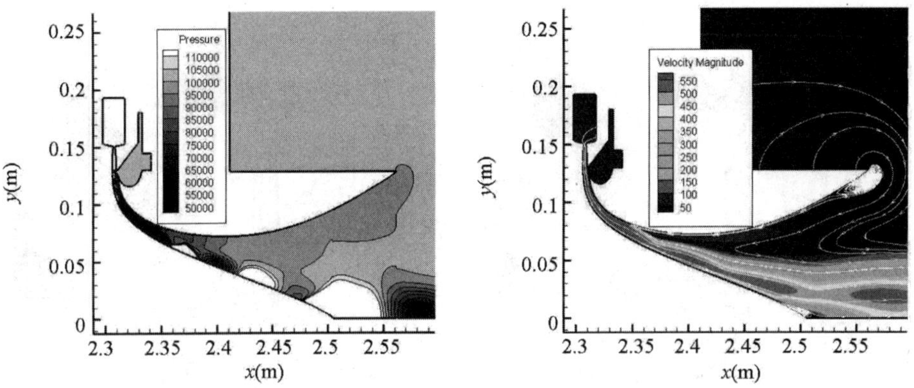

(a) 静压值分布　　(b) 速度量级分布

图 6.23　气室总压 1.2MPa，超声速调制的稳态流场

图 6.24 中给出气室压力为 1.2MPa、500Hz 调制时，调制区附近速度场的演化过程。气室压力大幅增加后，超声速喷管内速度场的变化在定性方面与前述 0.7294MPa 的结果类似，但是定量结果有一定差别。T 时刻喷口全开时，喷管扩张段前部是超声速流动，扩张段后部和等截面段内为声速流动。9T/8 时刻喷口出口略有减小，喷管内超声速流动范围扩大至整个扩张段，在等截面段流动下降为声速。5T/4 时刻喷口出口宽度减小至全开时的一半，但仍大于喉部宽度。此时在扩张段前部为超声速流动，其余区域为声速，喷管一侧壁面出现流动分离。11T/8 时刻由于喷口宽度已小于喉部宽度，喷管内流动下降至亚声速。在整个喷口面积减小过程中，喉道入口附近流速反而增加。这与喷口入口的瞬态流量特性有关，T ~ 11T/8 时段，主入口流量保持在 2 ~ 4kg/s，并未随喷口出口宽度的减小而显著降低。

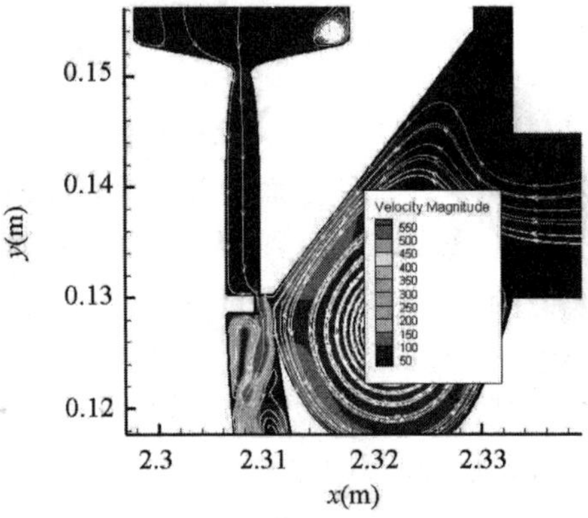

(a) 5T/8

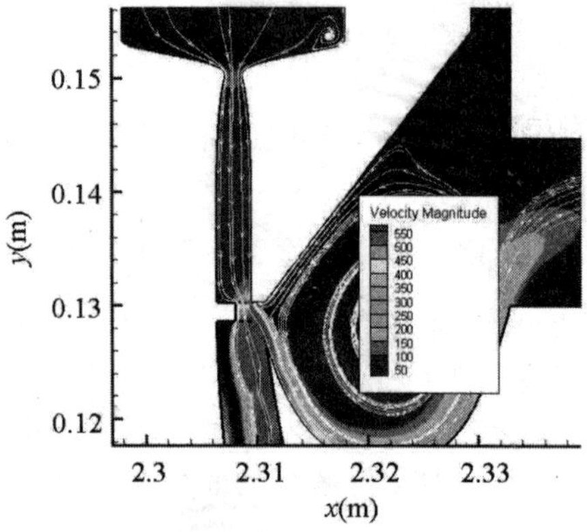

(b) 3T/4

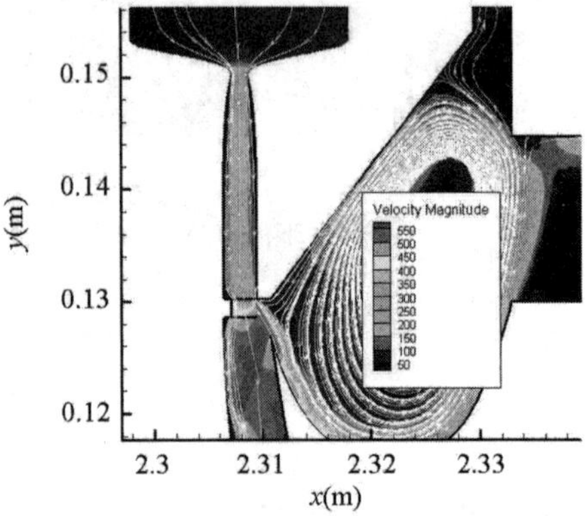

(c) 7T/8

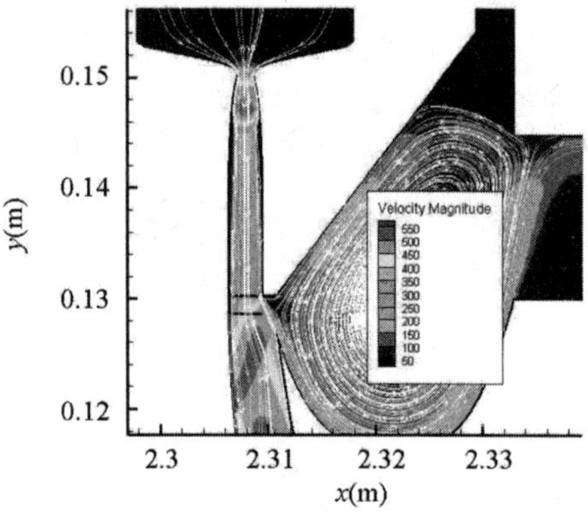

(d) T

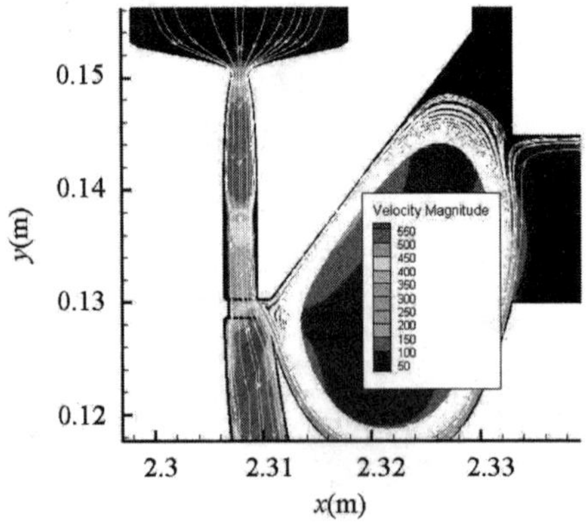

(e) 9T/8

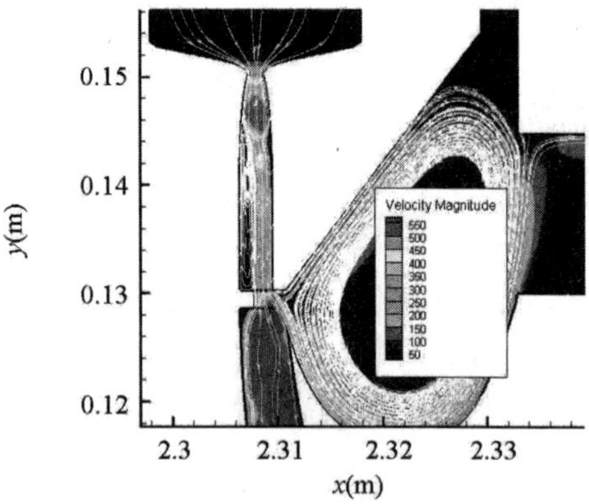

(f) 5T/4

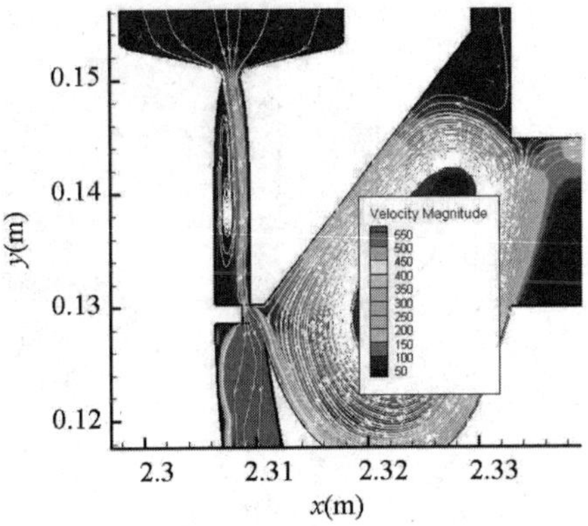

(g) 11T/8

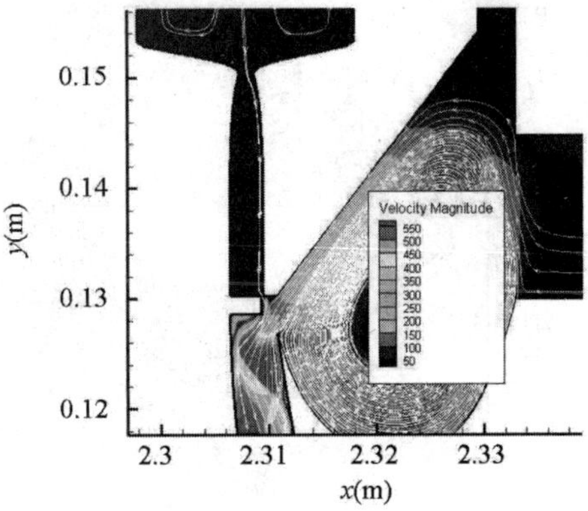

(h) 3T/2

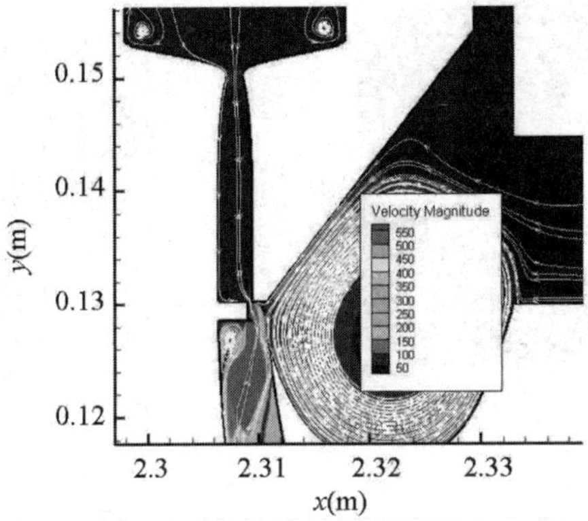

(i) 13T/8

图 6.24　压力 1.2MPa、频率 500Hz，超声速调制的调制区速度场

图 6.24 在喷口逐渐开启的过程中，当喷口宽度小于喉部宽度时，喷管内流速较低，大于喉部宽度时喷管内流速增加至高亚声速。受瞬态作用影响，前 1/2 周期喷口关闭与后 1/2 周期开启的过程中，喷管内流动状态并不完全对称。喷口关闭过程中，通过的流量明显大于开启过程。整体上，尽管气室压力高达 1.2MPa，在任一时刻，调制区上游喷管内主流均未能完全发展为超声速流动状态，使参与调制的射流流速仍为声速。

气室压力为 1.2MPa 时，喉道内静压值分布的演化结果如图 6.25 所示，与 0.7294MPa 的结果相比，在定性方面是相近的。由于调制频率较高，部分时段喉道内形成了静压高于环境压力的高压区。T 时刻喉道由高压区覆盖。T ~ 11T/8 时间段高压区向下游移动，喉道入口产生新的负压区，并逐步向下游扩展并覆盖整个喉道。而后 1/2 周期新的高压区在喉道入口产生和扩展并最终覆

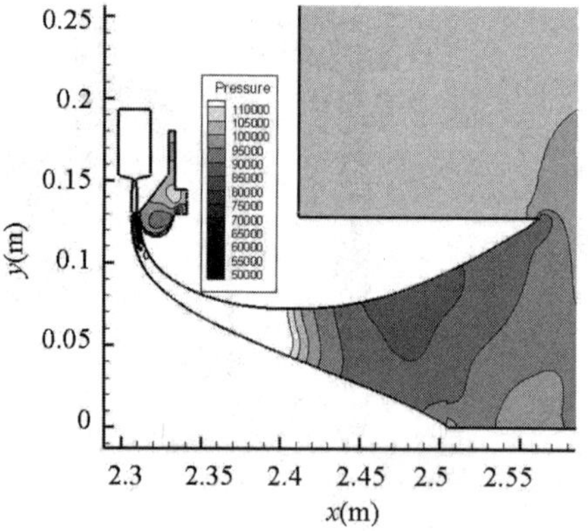

(a) 3T/4

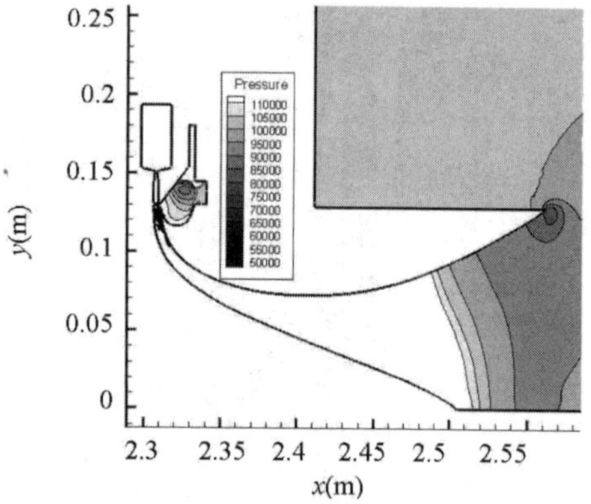

(b) 7T/8

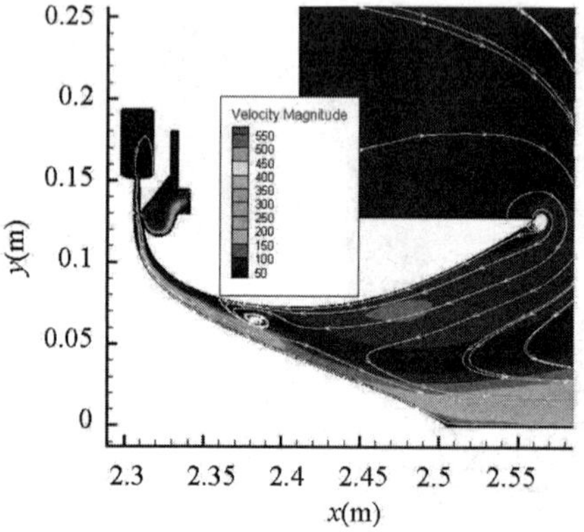

(c) T

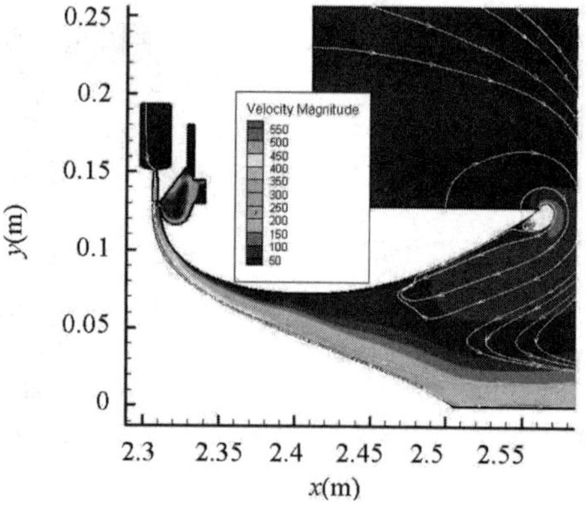

(d) 5T/4

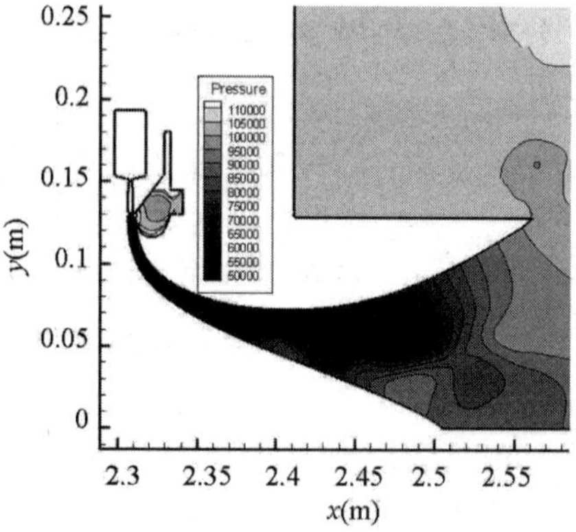

(e) 11T/8

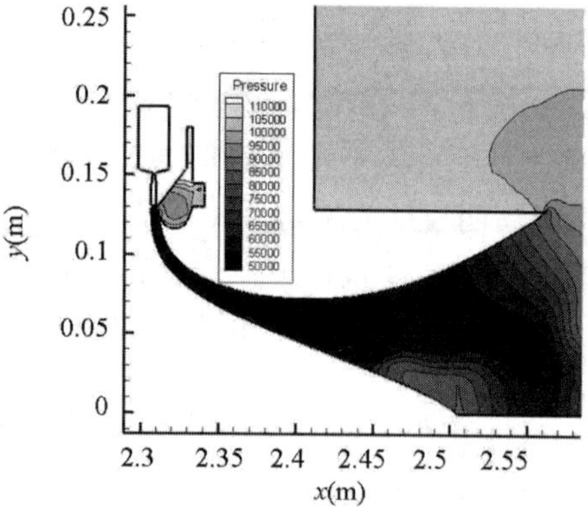

(f) 3T/2

图 6.25 压力 1.2MPa、频率 500Hz，超声速调制的喉道静压值

盖整个喉道。在定量方面两者存在一定的差异，较高的气室压力使相同喉道截面上可产生更强的压力扰动。

同样，在速度场结构变化方面，1.2MPa 的结果(图 6.26)与 0.7294MPa 的结果类似。喷口开启过程中，喉道由正压区覆盖，外侧壁面流动分离减弱。喷口关闭过程中，主流流速较高，新的负压区产生并向下游扩展。该过程中，外侧壁面流动分离区域逐渐形成并扩大，喉道出口附近主流保持较高的流速，主流与回流之间伴随有旋涡的产生。然而在定量方面两者的流速存在一定差异。相同时刻同一位置 1.2MPa 时，主流具有更高的流速。由于高速流动的惯性，气室压力 1.2MPa 时，喉道中后部主流的偏折不如低气室压力时显著，偏折的位置也向下游移动。

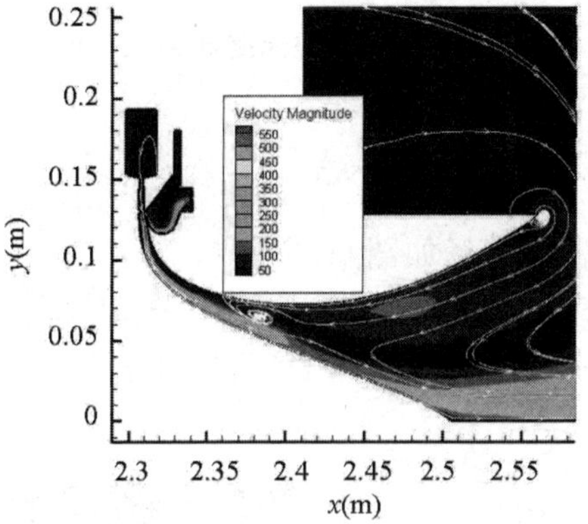

(a) 3T/4

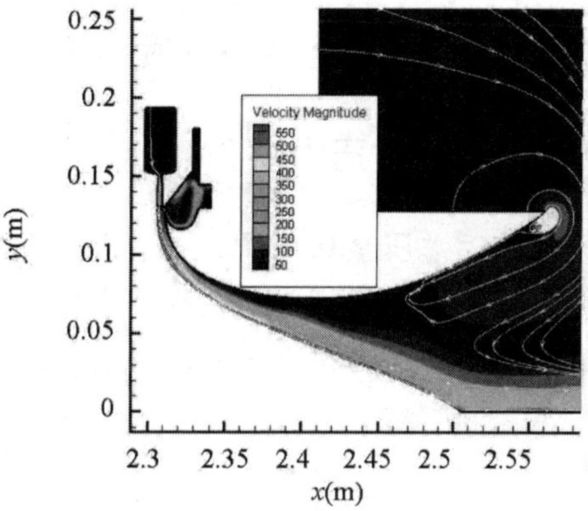

(b) 7T/8

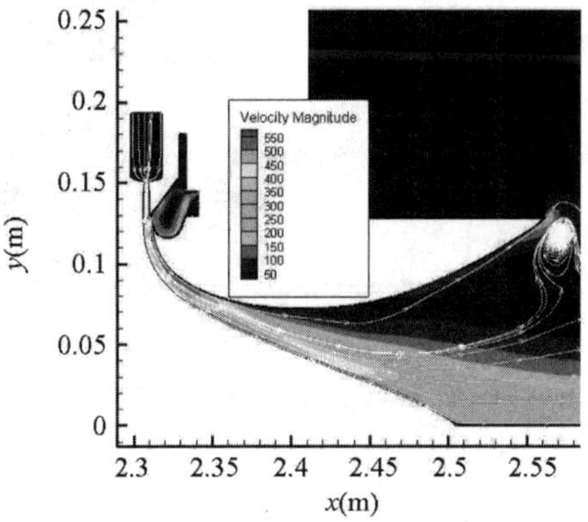

(c) T

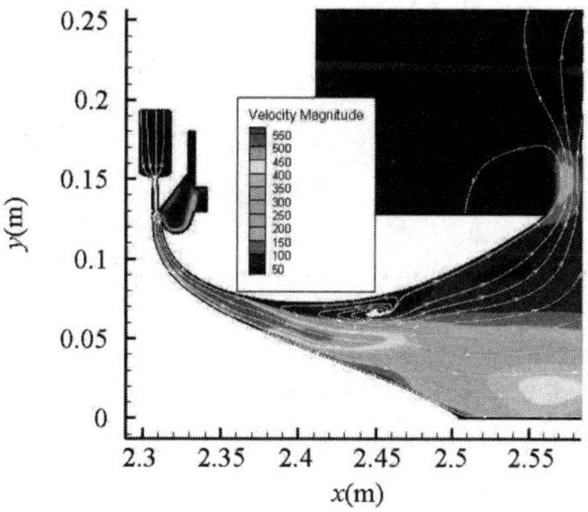

(d) 5T/4

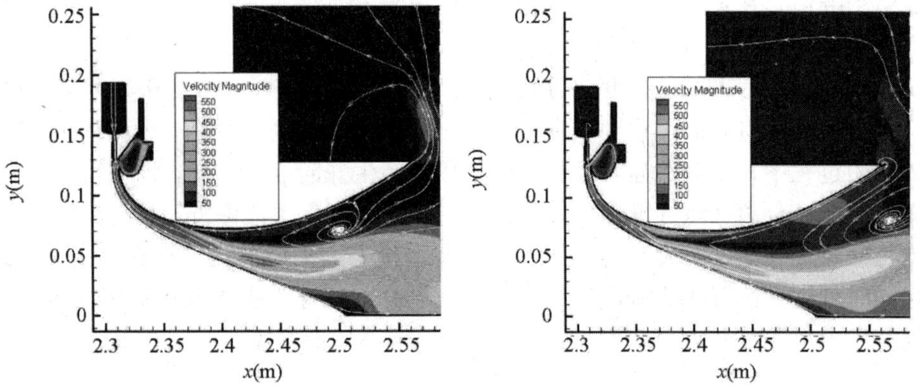

（e）11T/8　　（f）3T/2

图 6.26　压力 1.2MPa、频率 500Hz，超声速调制的喉道速度场

6.3.3　气室压力 0.2MPa

气室总压至 0.2MPa 时，超声速调制稳态流场如图 6.27 所示。与气室压力较高时的结果相比，主流流速和静压梯度都有明显下降，喉道中部和后部静压值与环境压力相近，喉道内主流以亚声速流动为主。静压值和速度场中未见交替变化现象。

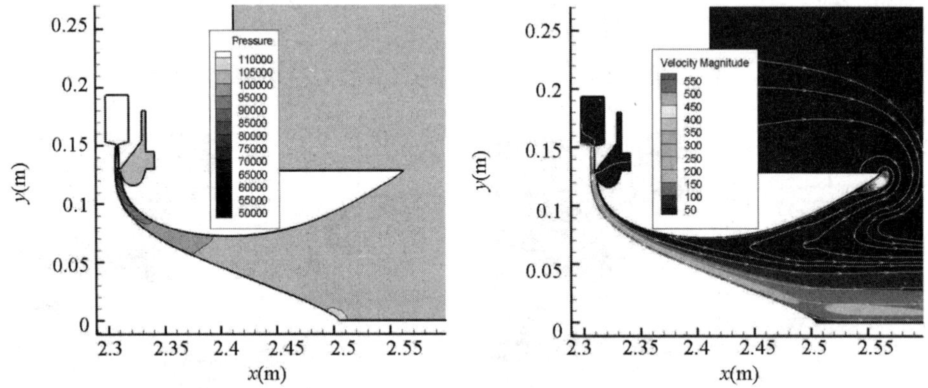

（a）静压值分布　　（b）速度量级分布

图 6.27　气室总压 0.2MPa，超声速调制的稳态流场

图 6.28 给出气室压力 0.2MPa 时，调制区附近速度场演化过程。与前述两种高气室压力结果相比，可见相同时刻喷管内主流速度均有明显下降，仅在喷口接近全开时喉部相邻下游区域形成局部超声速流动，其余时刻和位置均以

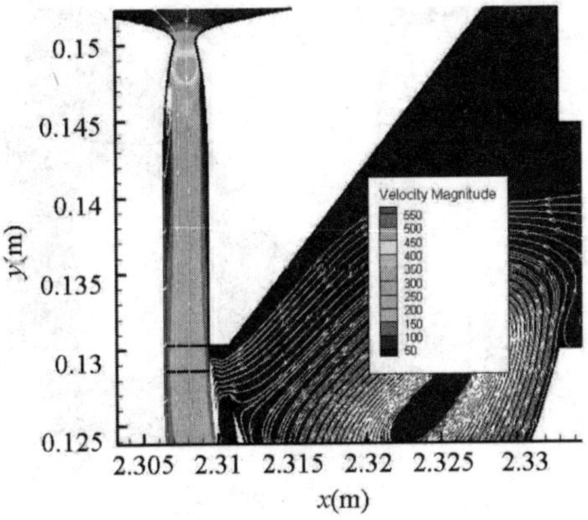

(a) T

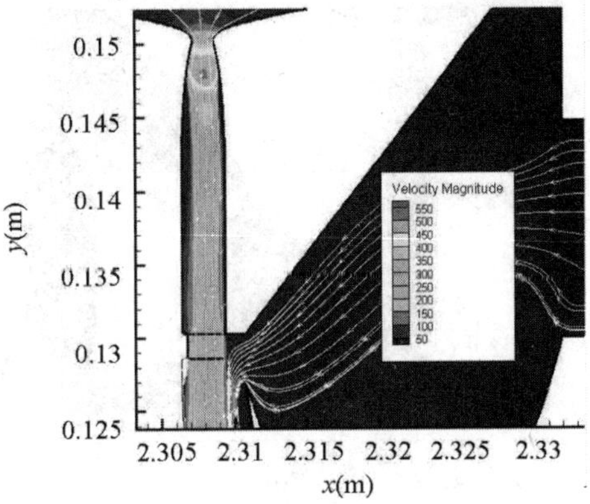

(b) 9T/8

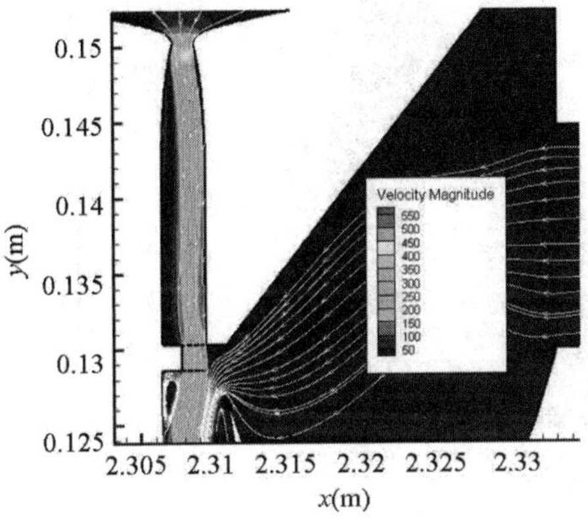

(c) 5T/4

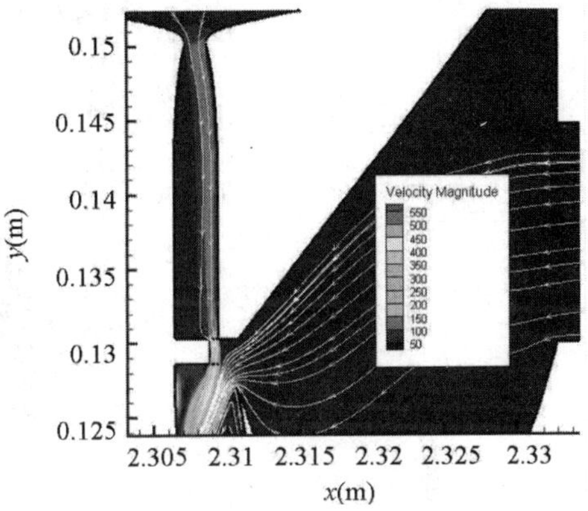

(d) 11T/8

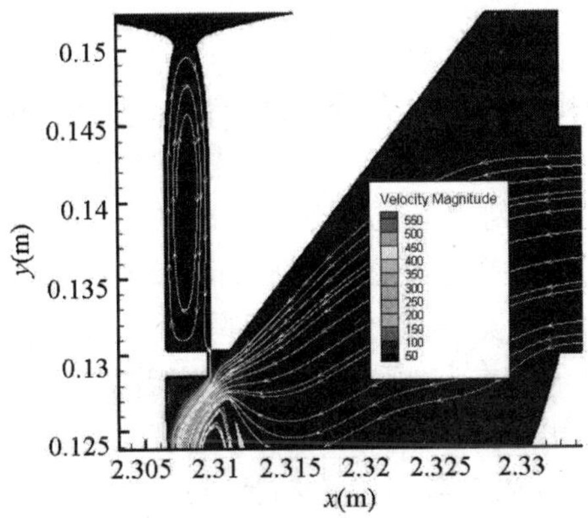

(e) 3T/2

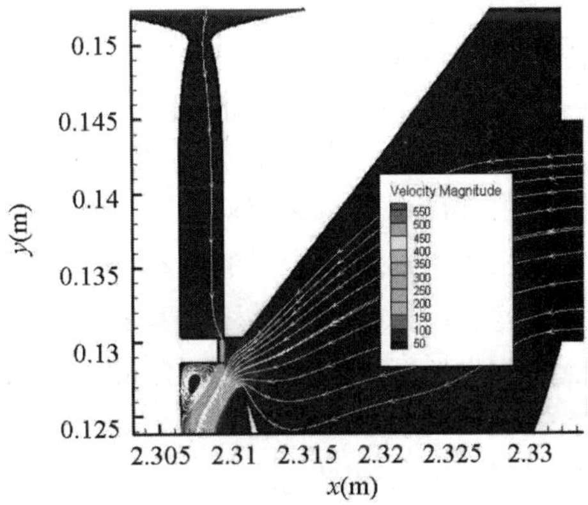

(f) 13T/8

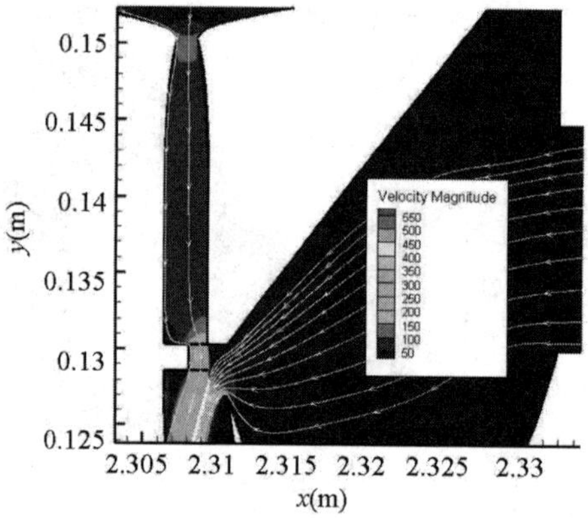

(g) 7T/4

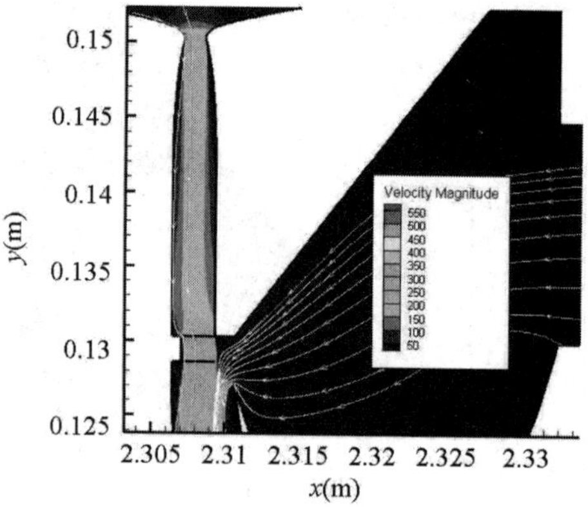

(h) 15T/8

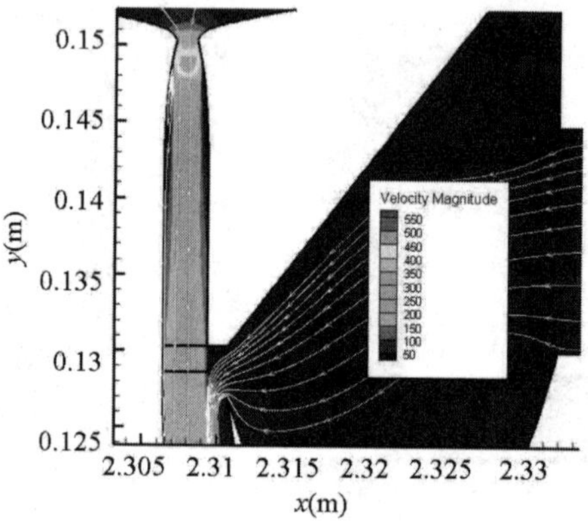

(i) 2T

图 6.28　压力 0.2MPa、频率 500Hz，超声速调制的调制区速度场

声速和亚声速流动为主。

T 时刻喷口全开时扩张段中部流速下降至声速，在等截面段出口流速下降为亚声速，射流进入喉道后流速进一步下降。9T/8 时刻喷口宽度略有减少，喉部附近局部超声速流速略有增加。5T/4 时刻喷口宽度为全开时的一半，喷管扩张段中部出现明显的流动分离，喉部流速接近声速，等截面段流速降低为亚声速。11T/8、3T/2 和 13T/8 时刻喷口出口宽度小于喷管喉部面积，喷管内流速均为低亚声速。此时，侧面入口引射气流在调制区与喷口射流相混合，在喉道入口附近产生高亚声速流动。15T/8 时刻喷口宽度大于喉部宽度，喷管喉部和调制区为声速流动，两者之间的扩张段和等截面段流动为亚声速。2T 时刻喷管内流动状态接近于 T 时刻。

气室压力 0.2MPa 的结果中，前 1/2 与后 1/2 周期喷管内流动状态也并不完全对称，其中开启过程中喷管内部流动的速度较低。与高气室压力的结果相比，此时由于喷口射流的膨胀作用较小，侧面入口始终保持流入状态。同时，在整个调制过程中喉道入口流速基本保持在声速左右，并，未如前两节结果中一样随调制面积的减小而显著增加。

气室压力为 0.2MPa 时，超声速调制喉道内静压值分布的演化过程如图 6.29 所示。演化过程在定性方面与前两节结果（图 6.21 和图 6.25）基本保持一致。T 时刻喉道内由正压区覆盖，T ~ 13T/8 时段负压区逐步向下游扩展并覆盖整个喉道，13T/8 ~ 2T 时段在喉道中部产生了新的正压区。定量方面的差异主要是正压区的量级和空间范围都有明显下降，各时刻喉道内压力梯度和扰动量级均有明显降低。

气室压力为 0.2MPa 时，喉道内速度场演化过程如图 6.30 所示。与 0.7294MPa 结果(图 6.22)相比，两者的流动结构有一定差异。0.2MPa 速度场

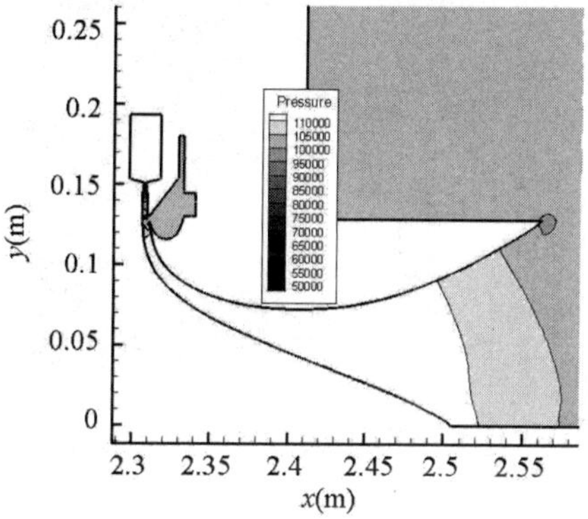

（a）T

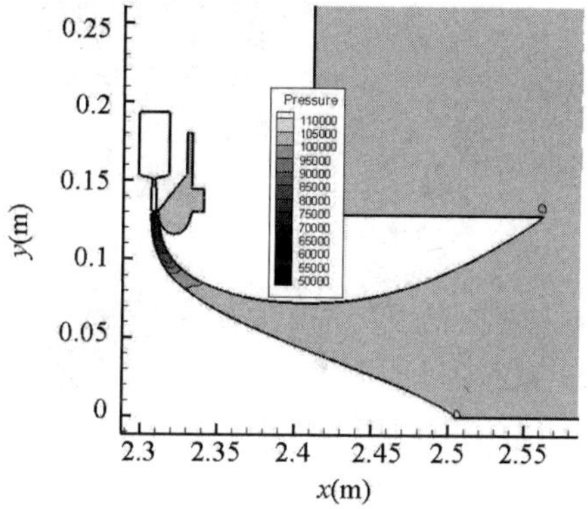

（b）11T/8

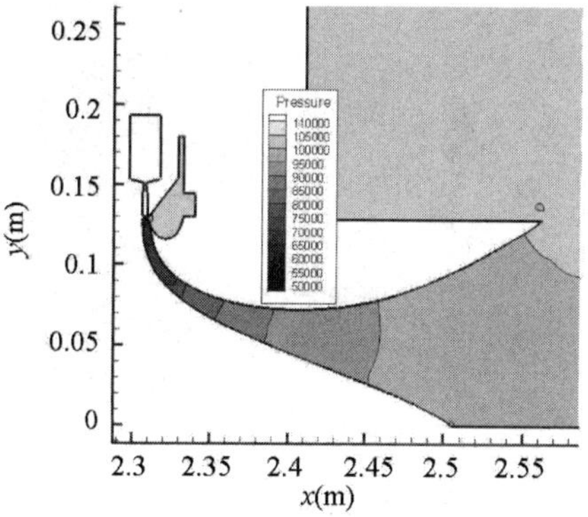

（c）3T/2

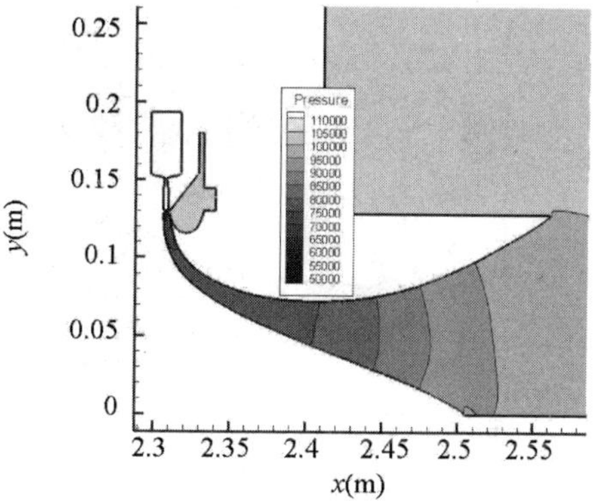

（d）13T/8

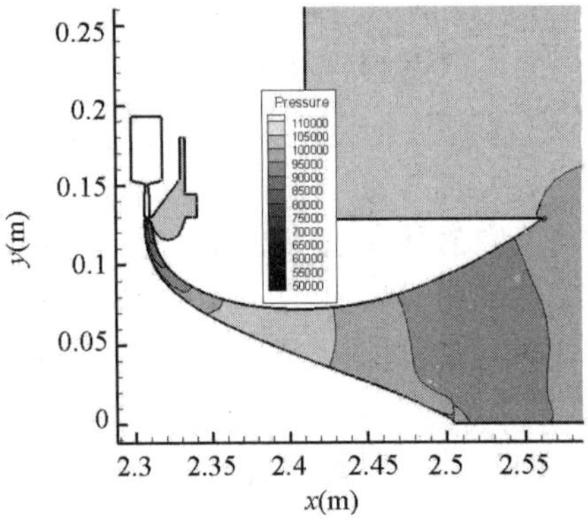

(e) 15T/8

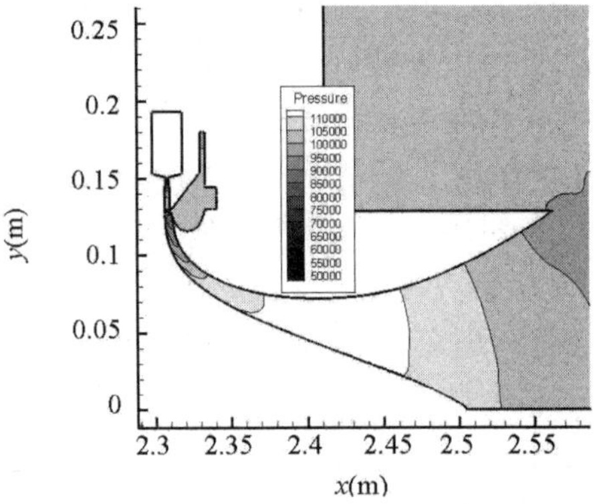

(f) 2T

图 6.29　压力 0.2MPa、频率 500Hz，超声速调制的喉道静压值

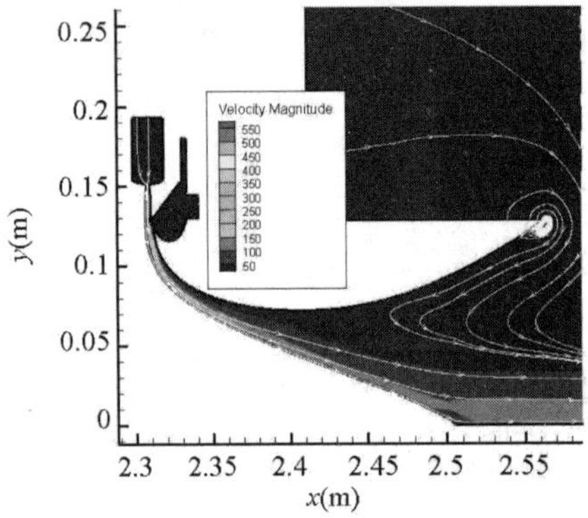

(a) T

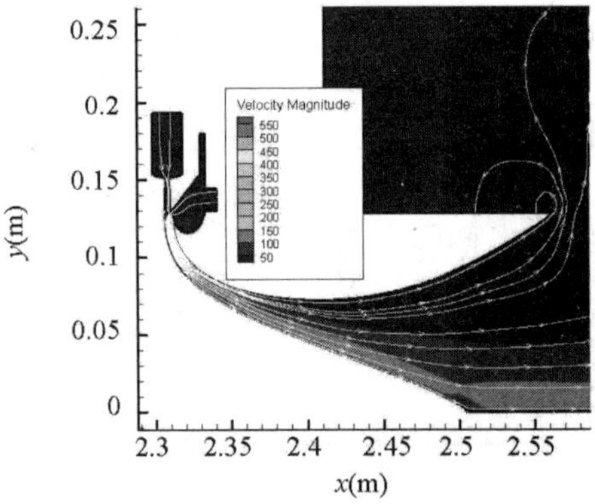

(b) 11T/8

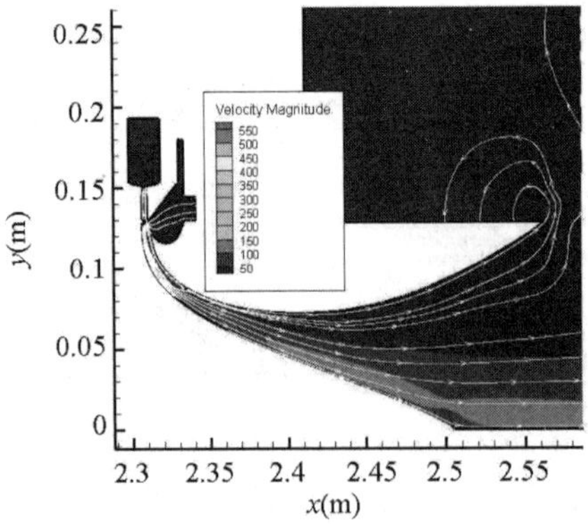

(c) 3T/2

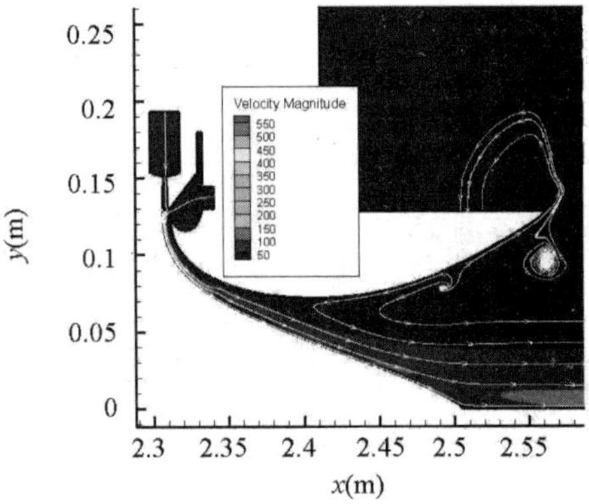

(d) 13T/8

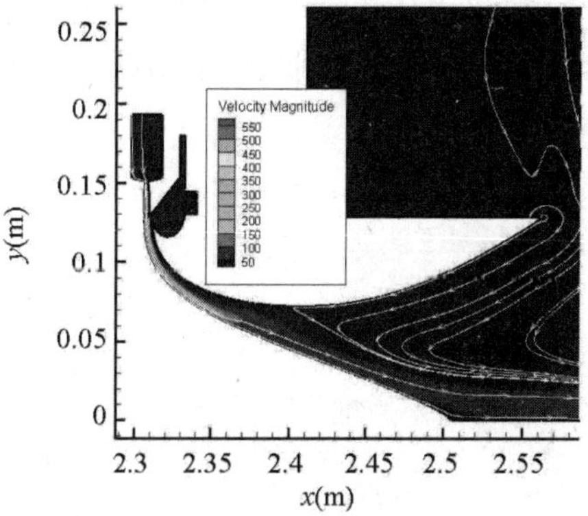

(e) 15T/8

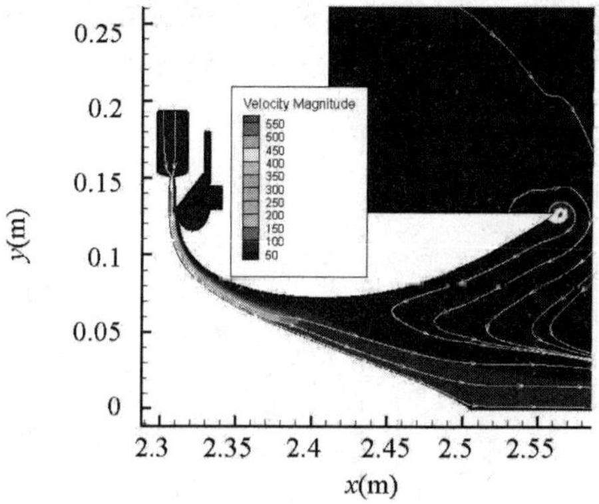

(f) 2T

图 6.30　压力 0.2MPa、频率 500Hz，超声速调制的喉道速度场

的变化比较规则，主流与回流之间的剪切层中未见明显的旋涡结构，主流中也未出现流动偏折现象。定量方面，相同时刻气室压力为 0.2MPa 时，主流流速明显降低，整个调制过程中喉道内以低亚声速流动为主。喷口开启过程中，喉道外侧回流区流速也有明显下降。

6.3.4　流量特性

图 6.31（a）中给出三种气室压力下的喷口入口流量，可见超声速调制的流量变化远比声速调制（接近正弦调制函数）复杂，单个调制周期内存在多个流量波峰值和波谷值，个别时刻流量为负值。T/8，3T/8，5T/8，7T/8 时刻，喷口入口输入流量较大；T/4，3T/4 喷口半开时输入流量较小；T/2 时刻喷口完全关闭时气流流出，喷口入口输出流量最大。不同气室压力下，超声速调制的流量变化规律基本相近，只是定量结果有不同。气室总压越高，输入和输出流量的峰值越高。喷口设计的改变引起调制过程中入口流量变化规律的变化，而流量特性的改变导致超声速调制具有与声速调制不同的压力扰动形成过程。

为直观对比声源出口的压力扰动，在喉道出口中点设置静压监测点。图 6.31(b)给出声速调制(气室压力为 0.729MPa)与三种气室压力下超声速调制的中点静压值结果，其中声速与超声速喷口具有相同的喷口出口宽度。可见对于正半周期，1.2MPa 和 0.729MPa 扰动量级最高，声速调制次之，0.2MPa 扰动最小。而对于负半周，1.2MPa 扰动量级最高，声速调制和 0.729MPa 次之，0.2MPa 扰动最小。超声速调制产生的压力扰动随气室压力的增加而增加。相同气室压力下，相对于声速调制，超声速调制压力扰动的增强主要集中在压力波形的正半周期。考虑到调制频率500Hz时，超声速喷管内未能完全达到超声速流动状态，在当前参数条件下，增益效果可能并未达到最优的情况。

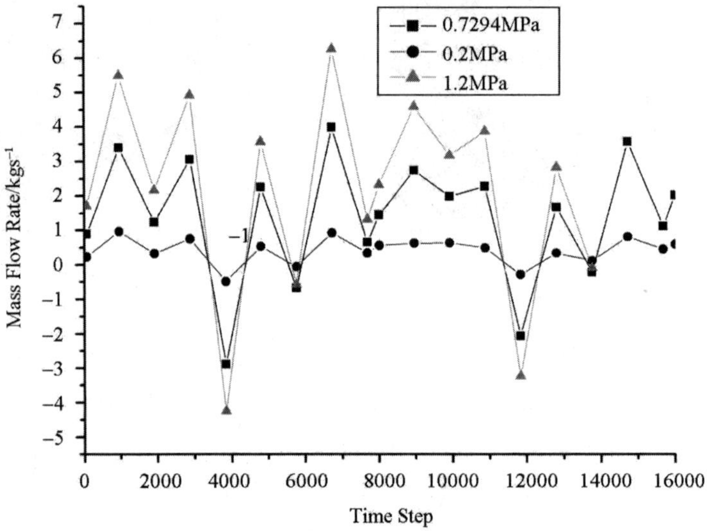

（a）主入口流量随时间变化

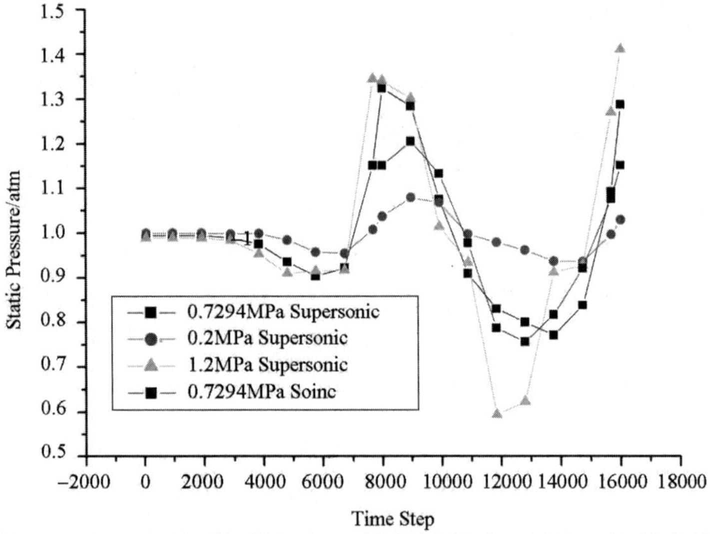

（b）喉道出口中点静压值的变化

图6.31　不同气室总压下，超声速调制主入口流量(a)和喉道出口中点静压值(b)的比较

6.4　延时调制

由上节的计算结果可知，相同气室压力下，超声速调制产生的压力扰动仅在波形的正半周期略高于声速调制的结果。瞬态速度场结果中，无论气室压力如何变化，参与调制射流的流速始终未能超过声速，所以尽管稳态流场中收扩喷口出口获得了超声速流动，在声能转换过程中却并未实现真实对超声速射流的调制。

调制频率500Hz时，喷口出口面积的变化较为迅速，而超声速流动的建立需要一定的时间。若出口面积变化的周期接近于超声速流动在喷管中建立所需的时间，则喷口射流很可能无法达到超声速流动状态。为克服瞬态作用影响下射流流速下降的问题，本节采用了更改调制函数的方法。通过设计不同于正弦函数的延时调制函数，增加喷口全开和全关状态在整个调制周期中所占的时段长度，使喷口全开时有足够长的时间在整个收扩喷管中建立超声速流动，以期达到实现真实超声速流动调制、增强喉道中压力扰动的目的。

6.4.1　延时调制函数

图6.32和图6.33中，分别给出原始的正弦调制函数和本节设计的一种延

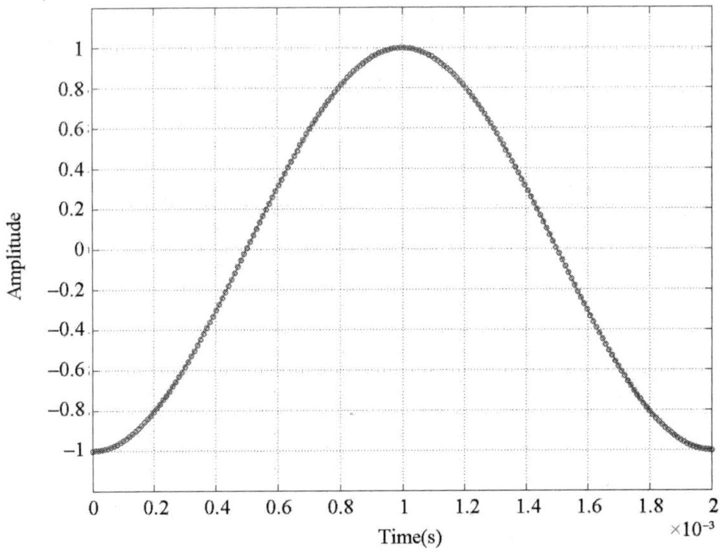

（a）位移函数 S_1

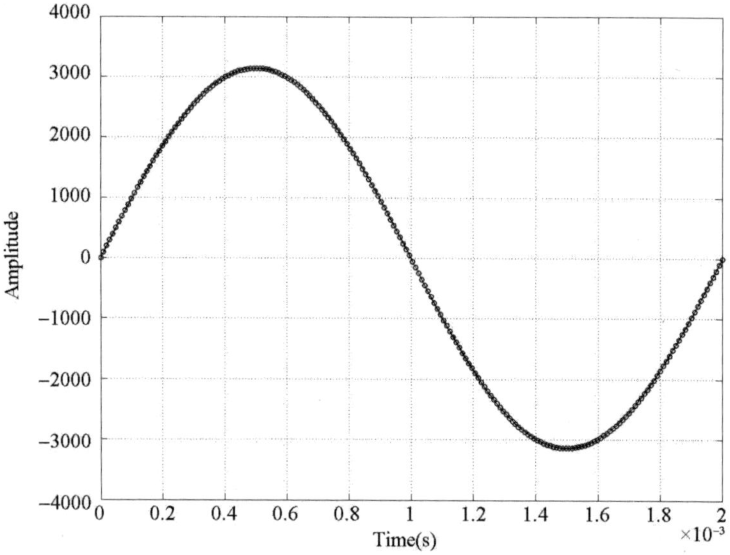

（b）速度函数 V_1

图 6.32 原始调制函数

时调制函数。这里的延时调制位移函数，是在原始余弦函数的基础上保持位移幅值不变，将峰值和谷值位置延长至 $T/4$ 的时段范围，其余位置则由频率较原始函数高一倍的余弦曲线填充。延时调制速度函数可由位移函数求导得到。新设计的位移和速度调制函数由式(6.13)～(6.17)给出。

$$S_1(t) = -A_0\cos(2\pi ft) \tag{6.13}$$

$$V_1(t) = 2\pi fA_0 \cdot \sin(2\pi ft) \tag{6.14}$$

$$S_2(t) = -A_0 \quad 0 \leqslant \mathrm{mod}(t, T) \leqslant T/8 \tag{6.15}$$

$$S_2(t) = -A_0\cos[2\pi 2f(t - T/8)] \quad T/8 < \mathrm{mod}(t, T) \leqslant 3T/8$$

$$S_2(t) = A_0 \quad 3T/8 < \mathrm{mod}(t, T) \leqslant 5T/8$$

$$S_2(t) = -A_0\cos[2\pi 2f(t - 3T/8)] \quad 5T/8 < \mathrm{mod}(t, T) \leqslant 7T/8$$

$$S_2(t) = -A_0 \quad 7T/8 < \mathrm{mod}(t, T) \leqslant T \tag{6.16}$$

$$V_2(t) = 0 \quad 0 \leqslant \mathrm{mod}(t, T) \leqslant T/8$$

$$V_2(t) = 2\pi 2fA_0\sin[2\pi 2f(t - T/8)] \quad T/8 < \mathrm{mod}(t, T) \leqslant 3T/8$$

$$V_2(t) = 0 \quad 3T/8 < \mathrm{mod}(t, T) \leqslant 5T/8$$

$$V_2(t) = 2\pi 2fA_0\sin[2\pi 2f(t - 3T/8)] \quad 5T/8 < \mathrm{mod}(t, T) \leqslant 7T/8$$

$$V_2(t) = 0 \quad 7T/8 < \mathrm{mod}(t, T) \leqslant T \tag{6.17}$$

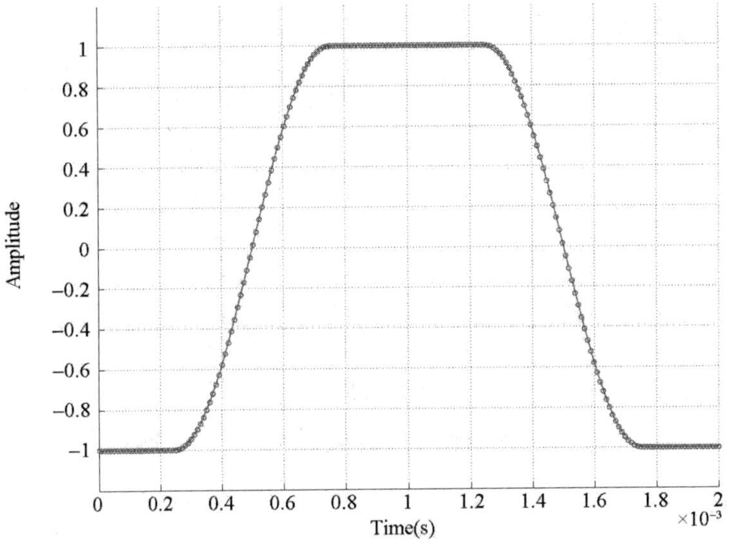

（a）位移函数 S_2

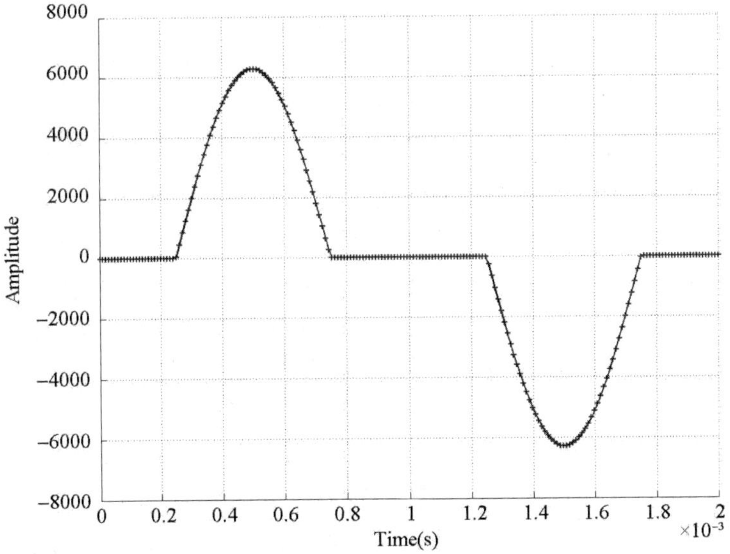

（b）速度函数 V_2

图 6.33　延时调制函数

6.4.2 流场结果

图 6.34 给出气室压力为 0.729MPa、调制频率 500Hz 时，延时超声速调制主入口和侧面入口流量随时间的变化。

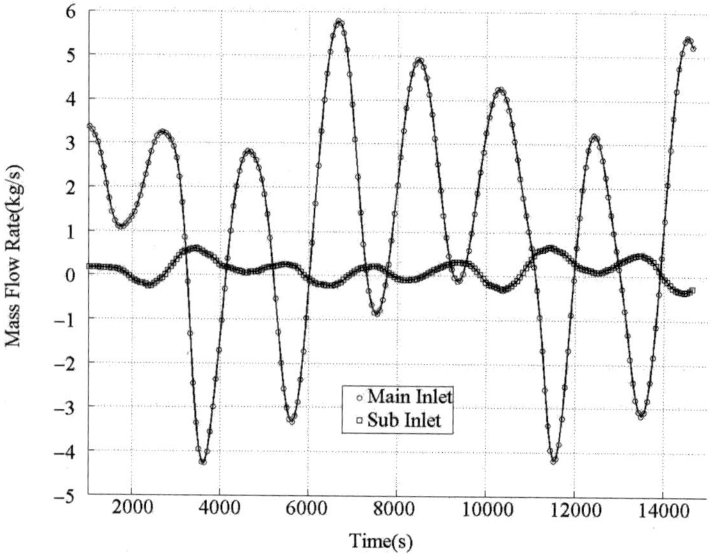

图 6.34　压力 0.729MPa、频率 500Hz 时，延时超声速调制入口流量

与 6.3.4 节三种超声速调制的结果（图 6.31（a））相比较可看出，它们在定性方面基本相近。主入口流量在正值和负值间多次振荡，波峰和波谷所处时刻基本接近，侧面入口流量也在流入和流出状态间多次切换。差异主要集中在定量结果方面，相同气室压力下延时调制的主入口流量值明显高于正弦调制结果。前者流入流量峰值接近 6kg/s，而后者为 4kg/s，前者流出流量峰值高于 4kg/s，而后者为 3kg/s。

图 6.35 给出延时超声速调制时，喉道内不同截面和测点静压值随时间的变化。从图 6.35(a)不同截面静压值变化的结果中可看出，压力扰动随截面面积的增加而降低，各截面的波峰幅值一般略大于波谷幅值。不同截面压力峰值存在一定的相位延迟，说明在喉道中存在压力扰动的传播过程。图 6.35(b)不同位置测点压力波形的比较也能得到类似的结论。

对比图 6.35(b)和三种超声速调制的测点静压结果(图 6.31(b))，可见延时调制的压力扰动强度明显高于正弦调制结果。气室压力为 0.729MPa 的延时调制结果中，d 点正负半周的静压幅值均达到 0.05MPa(等效声压级高达

187. 96dB)，高于相同气室压力条件下的正弦调制结果，c 点的静压幅值也达到 0. 04MPa，部分时刻甚至高于气室压力 1. 2MPa 时的正弦调制结果。

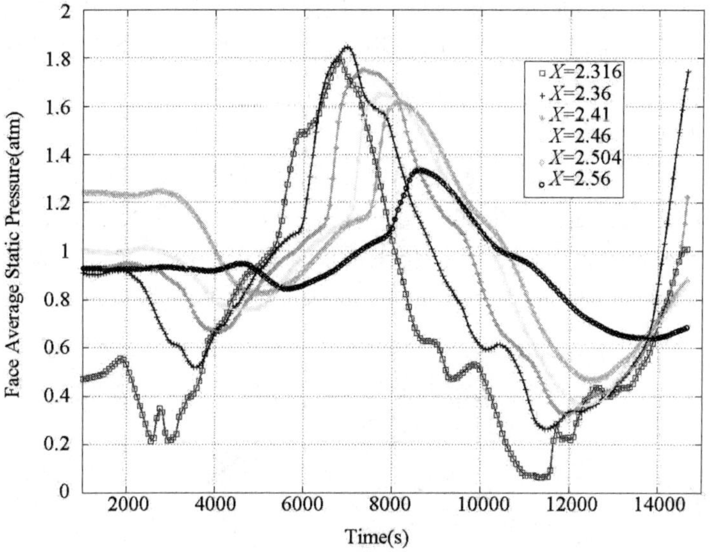

(a) 不同截面的面平均静压值

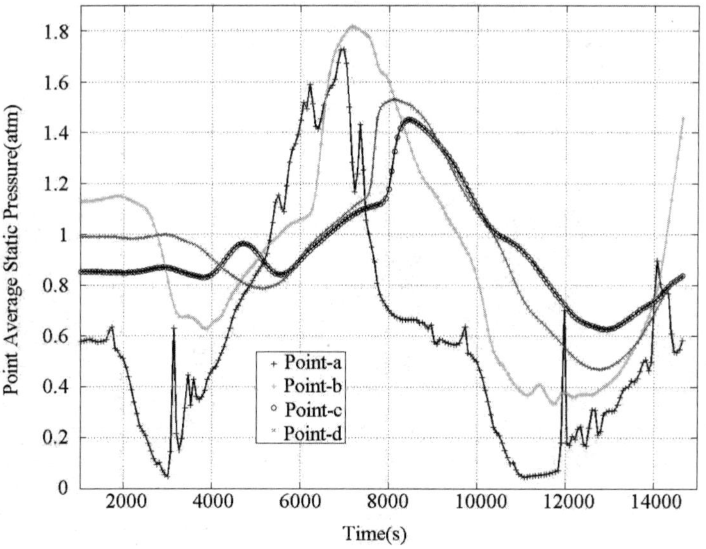

(b) 不同测点的静压值

图 6. 35　压力 0. 729MPa、频率 500Hz 时，延时超声速调制的静压值

为进一步分析延时调制时压力扰动明显增强的演化过程，图 6.36 给出相关的不同时刻静压分布快照结果。从中可见，3T/4 ~ 9T/8 时段内，正压区在喉道入口附近形成并影响下游流场，正压区的形成源于喷口开启过程中喉道内流量的累计。正压区扩展过程中，扰动幅值随喉道截面积的增加逐渐降低。5T/4 ~ 7T/4 时段内新的负压区在喉道入口形成并向下游扩展，其幅值也随截面积的增加而逐渐降低。

图 6.37 给出不同时刻延时调制的调制区附近速度量级的变化过程。3T/4 ~ 9T/8时段正压区产生和扩展过程中，喷口处于开启阶段，喷口扩张段中可见超声速流动的发展过程。超声速流动形成于喷管喉部，先扩展至扩张段，后在 9T/8 时刻扩展至整个喷管。5T/4 ~ 7T/4 时段负压区的产生和传播过

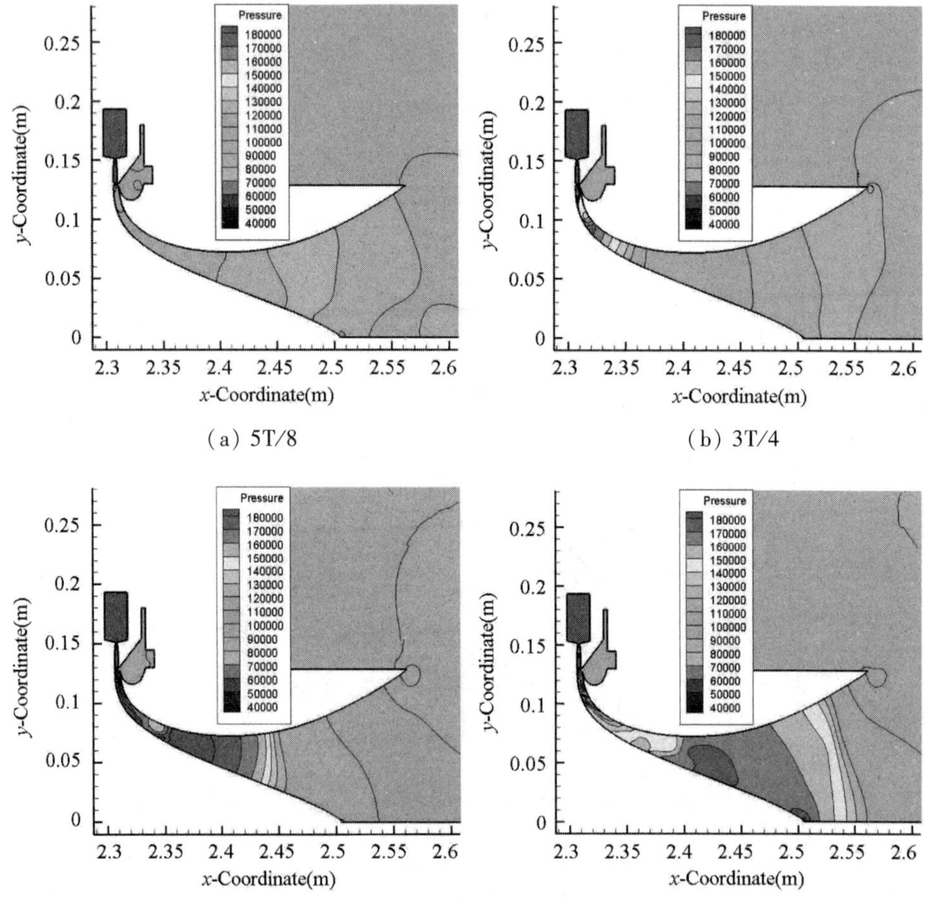

(a) 5T/8

(b) 3T/4

(c) 7T/8

(d) T

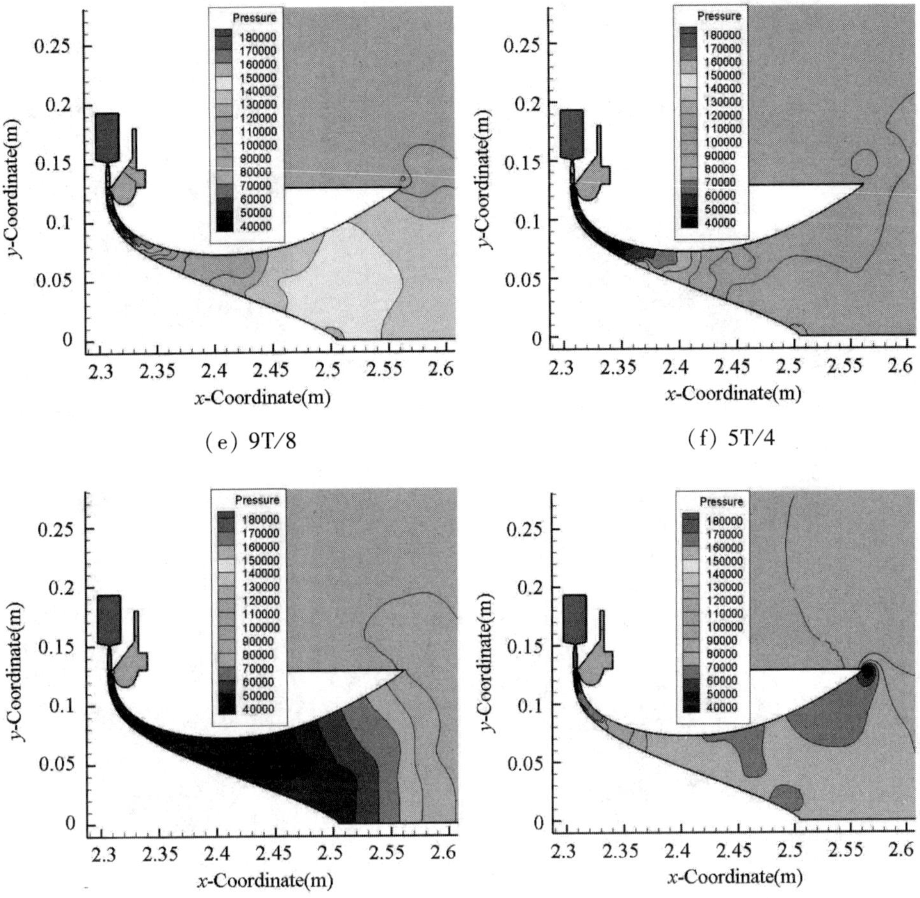

(e) 9T/8　(f) 5T/4

(g) 3T/2　(h) 7T/4

图 6.36　压力 0.729MPa、频率 500Hz 时，延时超声速调制的压力场

程中，喷口处于关闭阶段，喷管内流动逐渐由整体超声速过渡到局部超声速，再过渡到低亚声速。其中 5T/4 ~ 3T/2 时段喷管内流场变化较大。

延时超声速调制的模拟结果说明，采用本节设计的延时调制函数作为输入，可实现真实的超声速射流调制，进而在较大程度上改进超声速调制的声压级增益效果。本章实测结果中，超声速调制声压级输出随激励电流强度的增加而迅速增加。依据模拟结果的分析可知，其中不仅包含调制面积改变的影响，还可能包含过调制（类似于延时调制）作用的贡献。

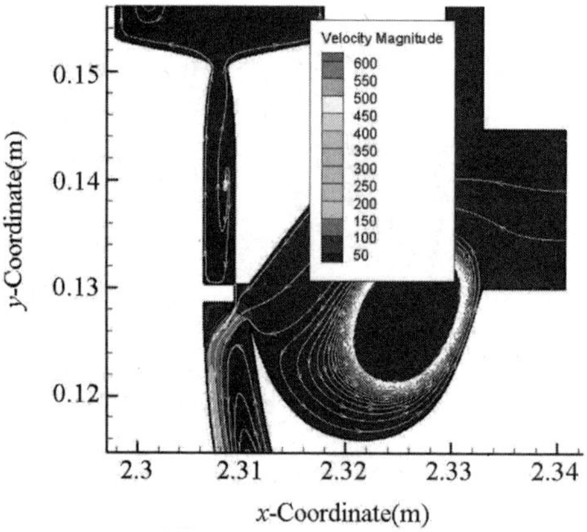

（a）5T/8

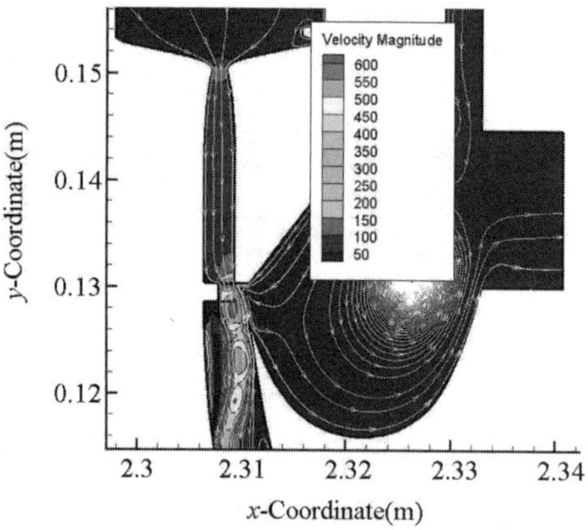

（b）3T/4

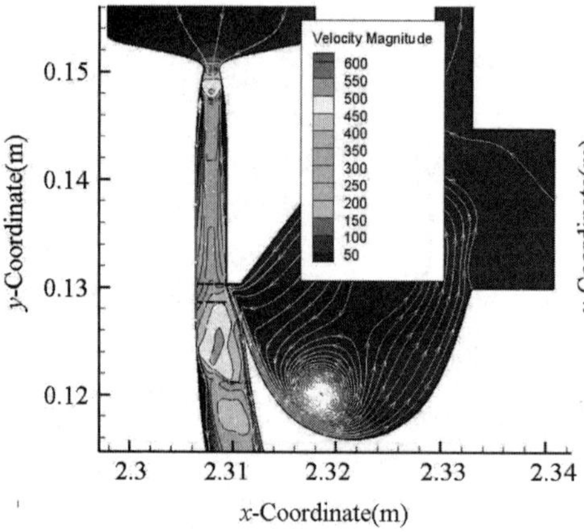

（c）7T/8

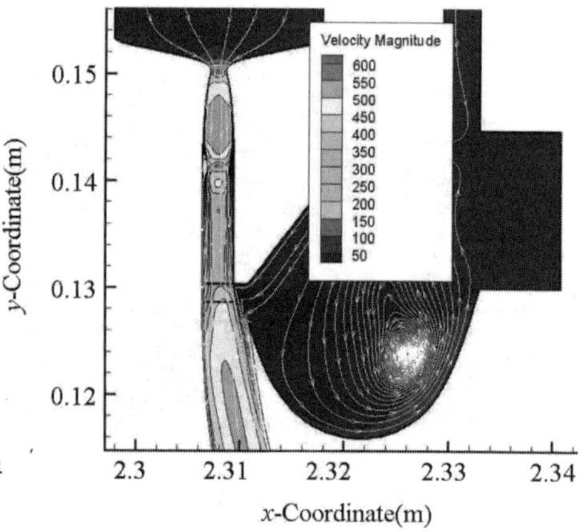

（d）T

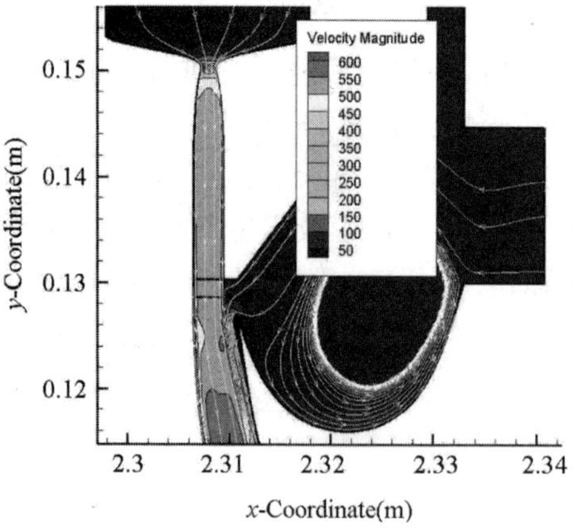

（e）9T/8

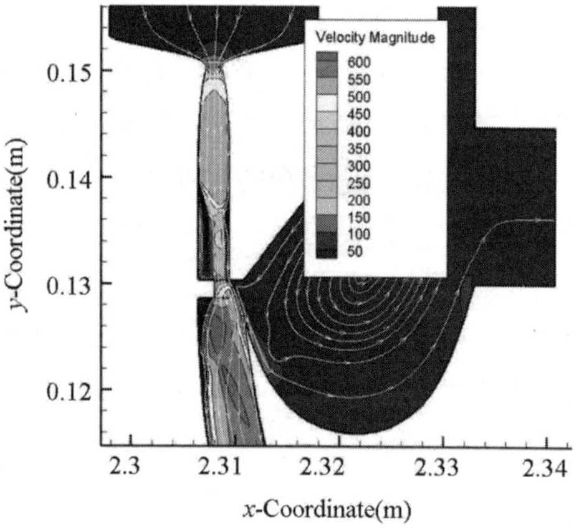

（f）5T/4

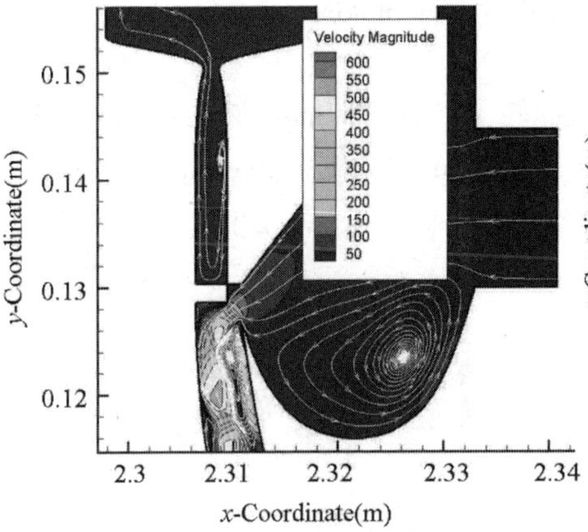

(g) 3T/2

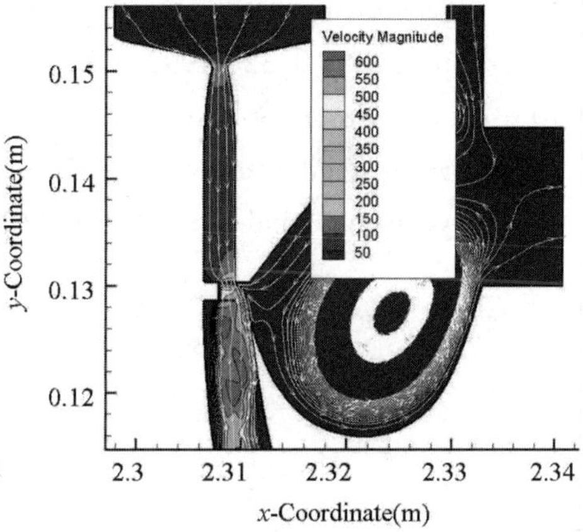

(h) 7T/4

图 6.37 气室压力 0.7294MPa、500Hz 时，延时超声速调制的调制区附近速度场

参考文献

[1] W. A. Meyer. Theoretical analysis of the performance of an air-modulated speaker[J]. J. Acoustic. Soc. Am., 1969, 45(4): 957 - 965.

[2] 马大猷. 调制气流声源的原理[J]. 物理学报, 1974, 23(1): 17 - 25.

[3] 潘锦珊, 等. 气体动力学基础[M]. 北京: 国防出版社, 1989: 146 - 214.

[4] S. S. Desai. Axisymmetric supersonic nozzle design: Foelsch method[R]. National Aeronautical Laboratory, 1977.

[5] F. L. Shope. Contour design techniques for super/hypersonic wind tunnel nozzles[J]. AIAA Paper, 2006 - 3665, 2006.

[6] J. C. Sivells. Aerodynamic design of axisymmetric hypersonic wind tunnel nozzles[J]. AIAA Journal of Spacecraft and Rockets, 1970, 7: 1292 - 1299.

[7] J. J. Korte. Inviscid design of hypersonic wind tunnel nozzles for a real gas[J]. AIAA Paper, 2000 - 0677, 2000.

[8] R. L. Gaffney, B. K. Stewart, F. Stephen. The design of a high-Q, mach - 5 nozzle for the NASA Langley 8 - foot HTT[J]. AIAA Paper, 2006 - 2954, 2006.

[9] J. J. Korte. Aerodynamic design of axisymmetric hypersonic wind-tunnel

nozzles using least-squares/parabolized Navier-Stokes procedure[J]. AIAA Paper, 92 - 0332, 1992.

[10] J. J. Korte, A. Kumar, D. J. Singh, J. A. White. CAN - DO, CFD-based aerodynamic nozzle design & optimization program for supersonic/hypersonic wind tunnels[J]. AIAA Paper, 92 - 4009, 1992.

第七章　声源内气动系统设计

7.1　引　言

在前文内容中，建立了 AMS 的数值仿真模型，并且在相同的初始内气动系统设计基础上分析了各种声源参数对换能过程的影响。如 1.1 节中所述，作为工程应用的关键，人们希望进一步提高声源声强和增加能量转换效率，同时实现对输出声压级、频谱特性和指向性的准确控制，即实现高声强、高效率和高精度。

大功率气流声源性能的进一步提高涉及声源的设计、工艺和激励控制等多方面的改进，本章主要围绕内气动系统的设计改进展开研究。如前文所述，内气动系统中的流动发声可看作是瞬态流场演化过程。从流动的角度看，内气动系统的尺寸和形状将直接影响瞬态流场的变化，因而在相关的工程设计中，内气动系统的设计也成为一个重点关注的问题。然而，对于实际的声源装置，内气动系统具体形状的影响是经典理论不能考虑和未讨论过的问题。本章的目的是通过可以考虑装置具体形状影响的数值仿真模型，分析不同尺寸和类型的内气动系统设计对内部声能转换过程的影响。

从第五章的结果中可知，工况参数改变后声源内部瞬态流动特性差异很大，寻求对于所有工况的最佳设计很可能是困难的。事实上，尽管能够将声压级输出、换能效率、指向性或谐波失真等作为设计的目标函数，但是瞬态流动下的型线优化设计缺乏直接的物理依据，无法采用类似超声速喷管特征线设计方法那样直接计算得到型线数据。因此，为了提供内气动系统设计方面的参考，本章在典型工况条件下，比较不同设计对声源性能和换能过程的影响，试图从中明确一些与具体形状改变相关并且显著影响声能转换的物理机制。

本章的具体研究内容包括以下几个方面：首先研究空隙漏气和侧面开口对换能过程的影响；其次讨论喉道型线设计的影响，分析去除塞锥后射流的碰撞、以消除局部高压区和降低流动分离为目标的喉道设计、以小型化为目标的 1/2 缩比喉道设计等情况下瞬态流场的差异；此外，本章还从流场演化角度初步考察了声源出口耦合号筒对换能过程的影响；最后，为了增加声源辐射面积和改善声源工艺，本章提出了一种新型的外喷式气动系统设计，并对其流场演化特点进行了分析。

7.2 气隙漏气与引射作用

对于实际的声源装置，为了避免音圈在振动过程中与喷口出口发生摩擦碰撞，两者间留有一定的空隙(图 7.1)。这导致了喷口内高压气体的泄漏，泄漏气流未参与射流调制过程。而前面几章的计算中均未考虑泄漏对声源性能的影响。对于声源装置，声源简化结构(图 3.2)中，喷口右侧的侧面入口除了作为引射气流的通道外，同时也是泄漏气体的出口。同时在实际装置中，为了避免泄漏气体在声源内部的累积，在喷口左侧也设计有侧面入口(图 7.1)，作为气体泄漏的出口。依据对实际声源装置工作时侧面排/进气孔的观察，当气室压力较低时，侧面气孔向内吸气，压力较高时则向外排气。本节的目的是研究“音圈－喷口”间隙和喷口两侧侧面入口对换能过程的影响。模拟分析中，令这两侧开口边界的压力等于环境压力。

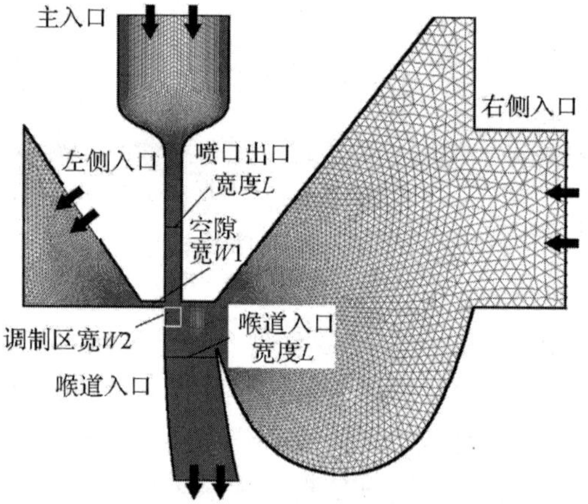

图 7.1 喷口与调制区之间的空隙与两侧开口的位置示意

取气室压力 0.729MPa，喉道入口宽度 4.34mm，调制频率 500Hz，本节考虑了六种不同的调制区空隙与两侧开口的配置方式：

(1) 空隙 $W1$ 等于零，两侧开口全关；

(2) $W1$ 等于零，仅开右侧入口；

(3) $W1$ 取 0.5mm，仅开右侧入口；

（4）$W1$ 取 0.5mm，两侧入口全开；

（5）$W1$ 取 0.1mm，两侧入口全开。

以上五种配置的调制区宽度 $W2$ 均等于 1.65mm，配置 6 在第 5 种配置基础上将 $W2$ 降低为 0.3mm。

图 7.2 给出不同配置下主入口（图 7.2(a)）、右侧入口（图 7.2(b)）和左侧入口（图(c)）流量随时间变化。从图 7.2(a)中可看出，空隙宽度 $W1$ 对主入口流量的影响较大，$W1$ 值越大，喷口全关时主入口流入的气体流量就越大，在 1/2 周期位置没有空隙和空隙宽 0.5mm 时流量相差可达 1kg/s 左右。这是因为喷口全关时，原流入喉道的气体转而从两侧开口中流出。空隙 $W1$ 等于零时，侧面入口的开闭对主入口流量没有影响，此时侧面入口流量主要受引射作用控制；而当 $W1$ 取 0.5mm 时，主入口流量除与喷口出口面积相关外，还受两侧开口状态的影响。例如，1/2 周期附近配置 4 的主入口流量明显高于配置 3。这是因为，前者两侧开口全开，气体泄漏的通道增多，使主入口流量保持了较高的水平。当空隙 $W1$ 取 0.1mm 时，由于空隙中泄漏的流量较少，配置 5 和 6 的主入口流量基本接近于配置 1 和 2。同时，配置 5 和 6 的流量基本保持一致，此时音圈宽度 $W2$ 对主入口流量没有影响。

从图 7.2(b)右侧开口流量的变化中，配置 3、4 和配置 2、5、6 的流量特性有很大差别，原因同样来自空隙 $W1$ 中气体的泄漏。当空隙不存在或宽度较小时，右侧开口流量以流入为主，喷口全关时流入流量达到最大，主要由引射

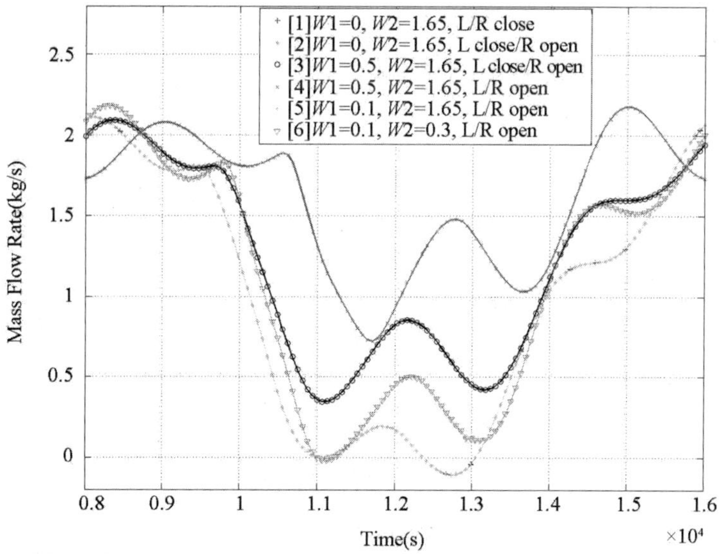

（a）主入口流量

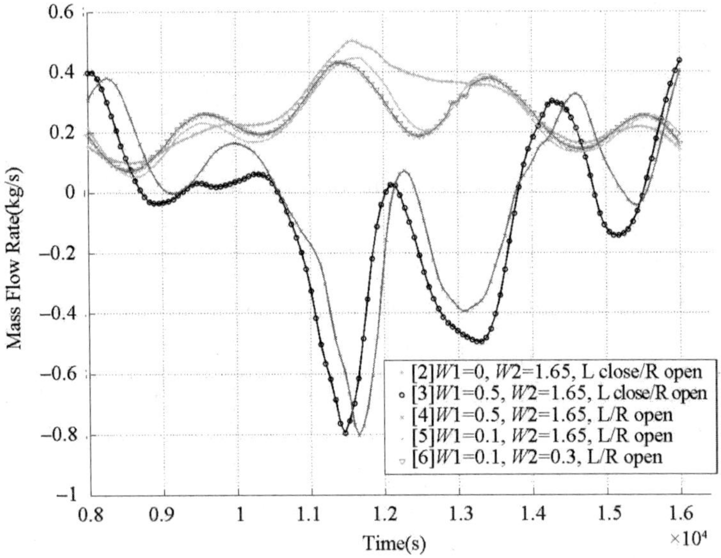

（b）右侧入口流量

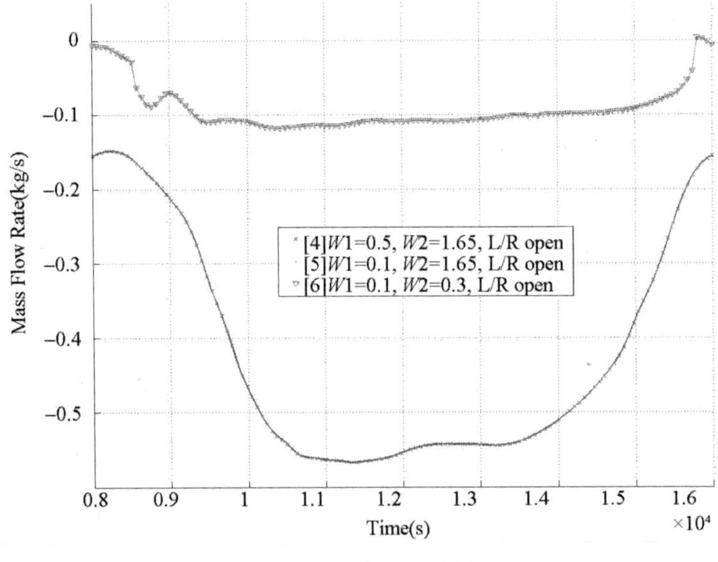

图（c）左侧入口流量

图 7.2　气室压力 0.729MPa，喉道入口宽度 4.34mm，调制频率 500Hz，不同空隙与两侧开口配置下声源各入口流量的变化

作用所导致。*W*1 取 0.1mm 时，右侧开口流量特性与间隙不存在的结果相近，此时音圈宽度对侧面流量没有影响。空隙宽度 *W*1 较大时（*W*1 = 0.5）气体泄漏形成。配置 3 和 4 的流量结果相近，说明左侧开口是否开启对右侧开口流量没有明显的影响，左侧开口额外的气体泄漏量由主入口流量提供。配置 3 和 4 的结果中，当喷口全开时，右侧开口中气流是流入的，随后引射流量开始下降，在 1/4 周期附近流量为零；接着转为气体泄漏流出，且流出量逐渐增大，在 1/2 周期附近达到最大；在后 1/2 周期内，受气流泄漏和引射的共同作用，流量呈振荡上升式变化，直至喷口全开时流量恢复至仅受引射作用影响时的状态。

由于相邻的气路结构不同，图 7. 2(c)左侧开口流量特性与图 7. 2(b)右侧开口的结果相比有明显不同。图 7. 2(c)中无论哪种配置，左侧开口的流量始终与气体泄漏有关，喷口全关时泄漏流量最大。不同配置的结果中，空隙宽度 *W*1 较大时泄漏流量也较多。*W*1 取 0. 1mm 时，配置 5 和 6 的左侧开口流量基本一致，说明该流量值也不受音圈宽度 *W*2 的影响。

以上对于声源各入口流量变化的分析可从速度场分布结果中得到验证。例如对于配置 4（空隙宽度较大，左右侧面开口全开）的情况，图 7. 3 给出不同时刻调制区附近的速度结果快照。从中可看出，音圈作为挡板使部分主流从左侧开口中泄漏，所以在整个调制周期内左侧流量始终呈流出状态。对于右侧开口，在 1/4 周期后(图 7. 3(c)和(d))喷口射流逐渐被音圈抬高，冲击在喷口右侧月牙形曲线的尖端，使另一部分主流从右侧开口中流出。由于高速射流在尖端的流动不是很稳定，所以随着调制面积的变化，射流不断在右侧开口和喉道入口之间切换，于是右侧开口附近的流动在引射和泄漏作用之间切换。这是图 7. 2(b)中配置 3 和 4 的流量曲线在后半周期振荡的主要原因。

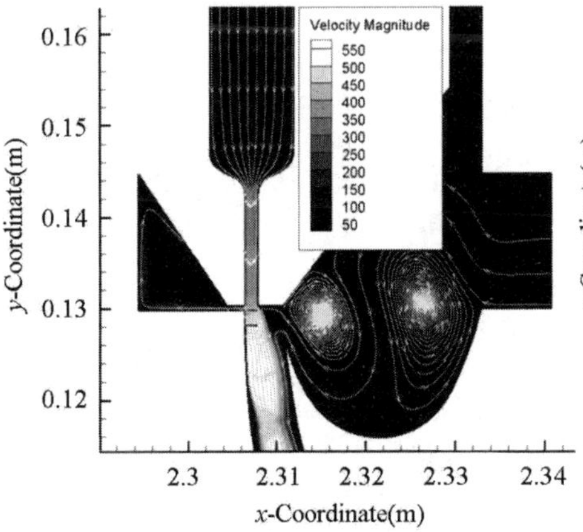

(a) T

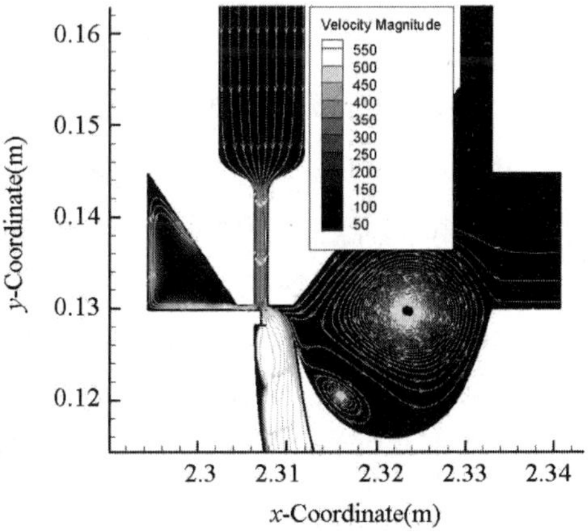

(b) 5T/4

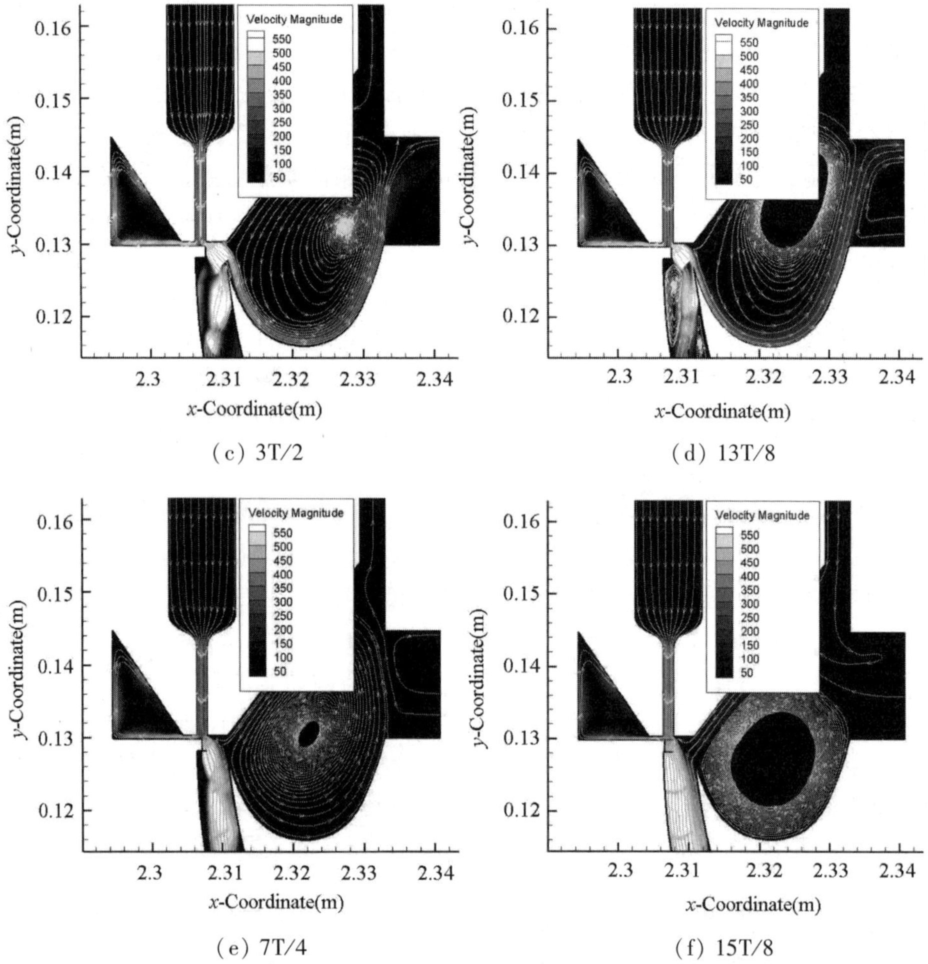

(c) 3T/2　　(d) 13T/8

(e) 7T/4　　(f) 15T/8

图 7.3　气室压力 0.729MPa、**喉道宽度** 4.34mm、500Hz，**配置** 4 **调制区附近流场**

从前面的分析中可看到，音圈宽度对声源的流量特性基本没有影响，而空隙宽度与两侧开口的配置所引起的流量变化量与主入口流量值相比是不可忽略的，因此后者将对换能过程产生影响。图 7.4 给出不同配置下喉道内 a，b，c，d 四个测点（测点位置与前文一致）静压值的变化。各测点的静压值结果基本上可分为三类：配置 2、5、6 的结果相近，配置 3、4 的结果相近，介于两者中间的是配置 1 的结果。由于调制频率较高，声学区域静压扰动量级的相对大小源于在湍流混合区静压值的差别，所以首先分析测点 a 的结果。

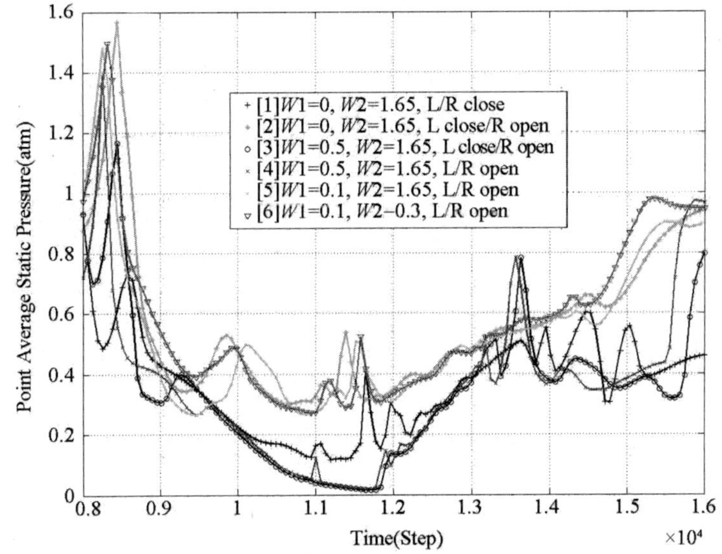

（a）静压测点 a

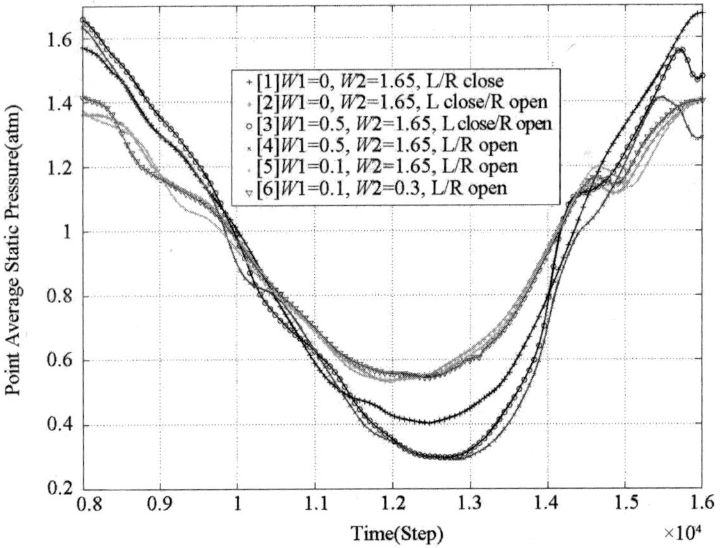

（b）静压测点 b

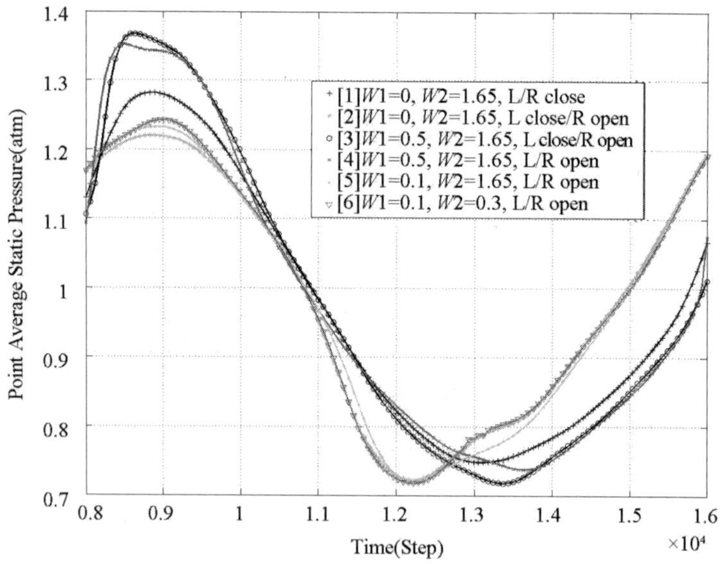

（c）静压测点 c

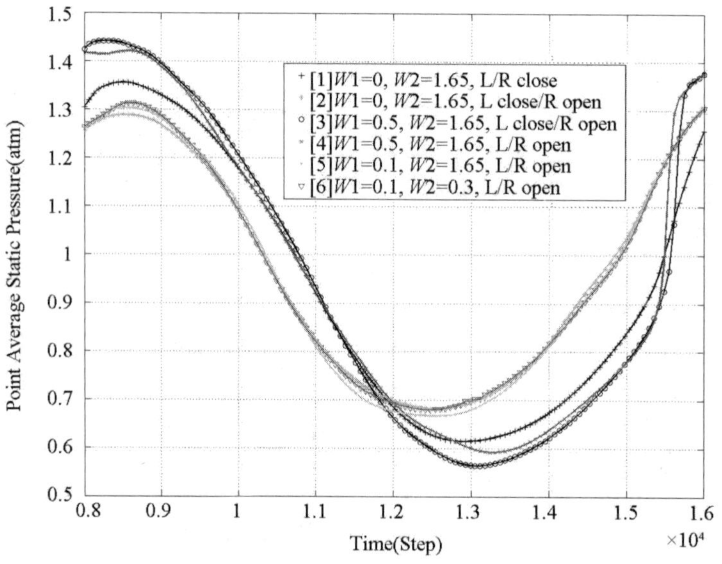

（d）静压测点 d

图 7.4　气室压力 0.729MPa**、喉道宽度** 4.34mm**、**500Hz**，不同配置的测点静压值变化**

图 7.4(a)中，喷口全开附近存在一个压力跃变，混合区静压值从高于环境压力很快下降至负压，其余时间段均为负压。对比图 7.4(a)中无空隙条件下配置 1 和 2 的结果可知，前者（右侧开口关闭）压力扰动量级较高。引射

作用流入的气流与主流混合，混合区流速下降，静压值下限升高，降低了扰动量级。回顾图 7.2（b），配置 5、6 与配置 2 右侧开口引射气流流量是相近的，由于同样的原因，配置 5 和 6 的扰动量级也偏低。对于配置 3 和 4，在大多数时刻，两侧开口中气流向外流出，这使混合区静压下降至较低的数值，例如图 7.4(a)在 1/2 周期附近，混合区接近为真空。来自喷口上游高压区的气流从两侧开口中流出，一方面将湍流混合区密封，限制了周围的气流补偿其与环境压力间的压差，另一方面两侧开口气流的流出也进一步降低了混合区的静压值，最后使混合区内形成了更高的压力扰动。在实际声源装置的测试中，观测到同种工况条件下，允许气流从侧面入口排气孔中泄出可得到更高的声压级，与这里得到的结果一致。

测点 b、c、d 结果中，间隙宽度 *W*1 取 0.5mm 的两组配置(3 和 4)的扰动量级较高。例如图 7.4(d)中配置 3 的静压幅值较配置 2 高出 10kPa，折算为声压级前者比后者高出 3dB(Re 2E－5Pa)以上，在高声强条件下获得了可观的增益效果。然而，需要注意的是，配置 3 和 4 声压级的提高是以较高的主入口流量为代价的(图 7.2(a))，并不能说明换能效率的提高。考虑流量方面的差别，配置 3(左侧开口关闭)比配置 4 的性能更好。另一方面，对于相同的配置，可见图 7.4(c)中波形失真比图 7.4(d)严重，图 7.4(c)中前 1/2 周期的静压幅值与后 1/2 周期有一定差距，而图 7.4(d)中则基本一致。这可能与喉道出口塞锥曲线末端局部高压区的影响有关。

从本节模拟结果的对比分析可知，音圈宽度对声源的换能过程基本没有影响，而不同空隙宽度与两侧开口的配置所对应的瞬态流动过程存在较大差异。某些情况下，气流从空隙和两侧开口中泄漏反而有利于压力扰动的提高。

7.3　喉道型线设计

喉道是射流式 AMS 内气动系统关键的组成部分，气流声源主要在喉道部件内形成。初始设计中喉道是一种截面积扩张的环形轴对称管道（图 3.2），形状上类似于一环形声学号筒。从流动的角度看，首先，高速气流在喷口出口沿径向流出，而在声源出口则沿轴向流出，因此内部流动方向需偏转 90°，所以喉道起到了对内部气流导向的作用。若没有喉道部件的塞锥部分，从环形喷口流出的气体将在轴线上直接碰撞，必将在局部产生显著的高压区和流动损失。其次，对于初始设计，尽管塞锥曲线比较光滑，但是其末端与轴线并不相切，所以仍然存在局部的流动损失。最后，由于喉道入口和出口的面积相差几十倍，流动的截面面积急剧扩张，内部不可避免的流动分离也引起了流动损失。以上三种情况是稳态平均流动方面的结论。如果通过改变喉道曲线设计获得不同的平均流动特性和降低内部气动损失，将会对声源瞬态流场特性或者换能过程产生何种影响，是讨论内气动系统设计时一个值得关注的问题。

为了明确采用若干种降低气动损失的喉道设计后，声源性能和相关的换能过程的变化，本节计算了相同工况下射流碰撞、消除喉道出口局部高压区和降低流动分离三种设计对应的瞬态流场。通过分析和比较流场结果，探讨平均流动差异带来的影响，以期为合理的喉道型线设计提供参考。所采用的工况参数与7.2节一致，调制区配置方面，取空隙宽度 $W1$ 等于零，右侧开口打开，左侧开口关闭。

7.3.1 射流碰撞

图7.5给出了去除塞锥后喉道内稳态速度量级(图7.5(a))和静压值分布(图7.5(b))结果。可看到环形喷口射流在轴线位置相互碰撞，形成流速很低且静压值0.2MPa以上的局部高压区，高压区内形成轴对称旋涡。喷口射流在喉道入口位置沿径向流动，在靠近轴线的高压区位置射流集中转向90°，同时主流宽度迅速增加，流速显著下降。主流转向后，喉道截面面积先降低后增加，主流靠近轴线一侧，外侧是回流，回流区域的上游形成旋涡。

与初始设计的稳态流场(图5.5和图5.6)相比，由于喉道入口附近截面积扩张的剧烈程度进一步增加，流动在局部高压区附近完成集中的转向和膨胀。去除塞锥结果中，喉道出口主流宽度增加，主流径向均匀性较好，主流流速有一定程度下降（由初始设计时的400m/s下降为300m/s左右）。

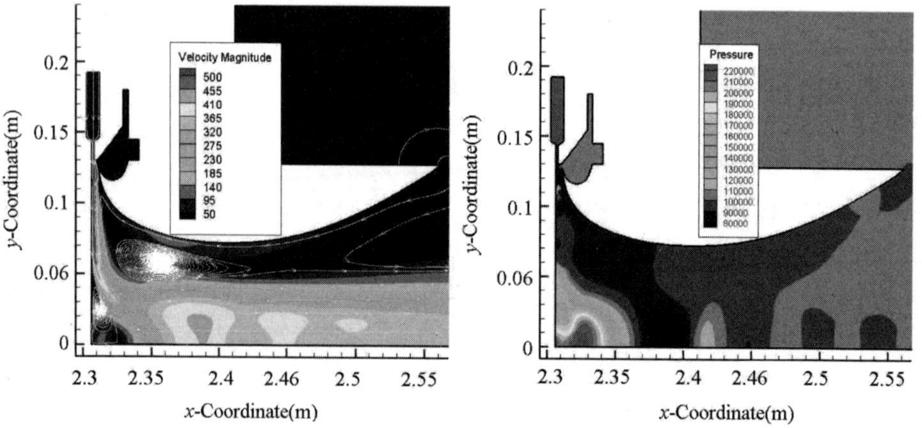

（a）速度量级分布　　（b）静压值分布

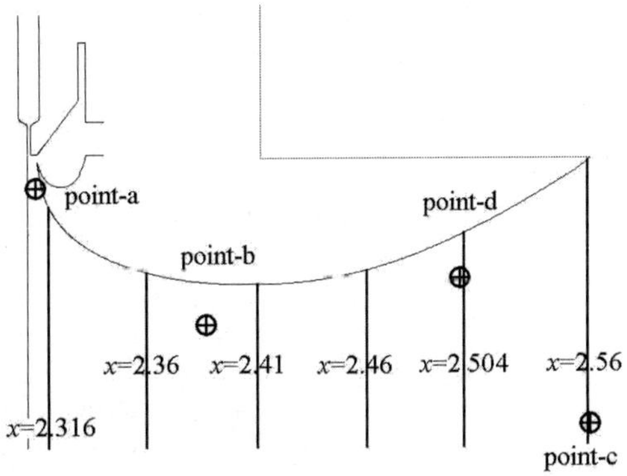

（c）喉道内静压测点和截面位置

图 7.5　气室压力 0.729MPa、**喉道宽度** 4.34mm、500Hz，**去除塞锥稳态流场结果**

图 7.6 给出了去除塞锥后的瞬态流场结果。图 7.6(a)中，主入口流量仍然与调制函数保持同相位变化，侧面入口的引射流量前 1/2 周期较低，后 1/2 周期较高。图 7.6(b)测点(测点位置与前文一致，如图 7.5(c))静压结果中，混合区 a 点静压值由正压缓慢下降至负压，未形成类似于图 5.21 中的压力突变。b，d 两测点位于回流区，从压力波形看，压力扰动的大小与截面积成反比，b 点扰动量级最高，d 点次之，而主流内 c 点的扰动最低。其中 b 点负压部分幅值较高，c，d 两点则是正压部分幅值较高，可见扰动传递过程中负压部分的衰减比较严重。

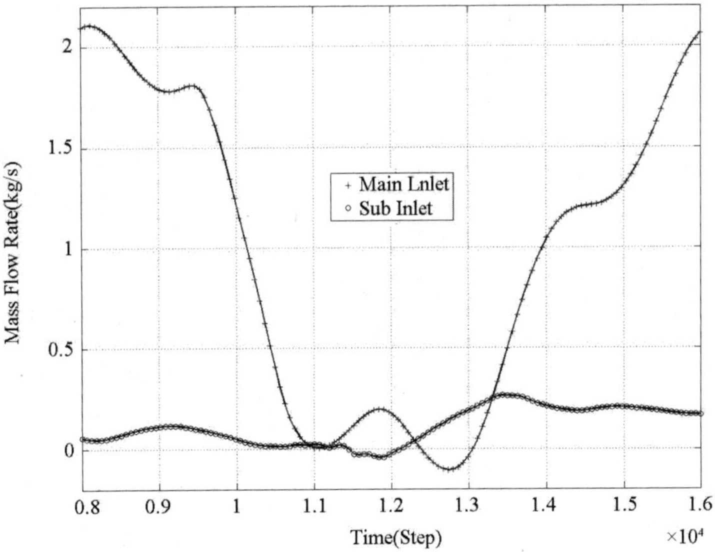

（a）入口流量的变化

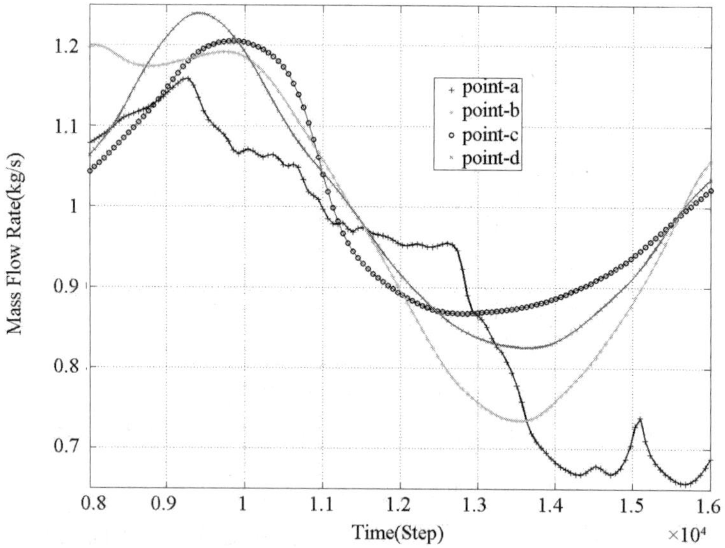

（b）测点静压值的变化

图 7.6　气室压力 0.729MPa、喉道宽度 4.34mm、500Hz，去除塞锥瞬态流场结果

图 7.7 给出去除塞锥后静压值分布的系列快照。可见由于喉道入口附近截面积急剧增加，声源的形成被压缩至湍流混合区以内（$x=2.316$ 截面附近）。$x=2.36$截面下游则是较为规则的压力扰动传播过程。图 7.7(a)中以截面积最小的 $x=2.41$ 为中心形成了高压区，这是由于此时喉道出口主流速度较低而喷口面积较大，内部形成流量的累积。图 7.7(b)中,该高压区对上游和下游区域都产生了影响。图 7.7(c)中喷口接近关闭，而喉道出口流速仍然较高，所以喉道中高压区逐渐转变成为负压区。从图 7.8 速度量级的系列快照中，可明显

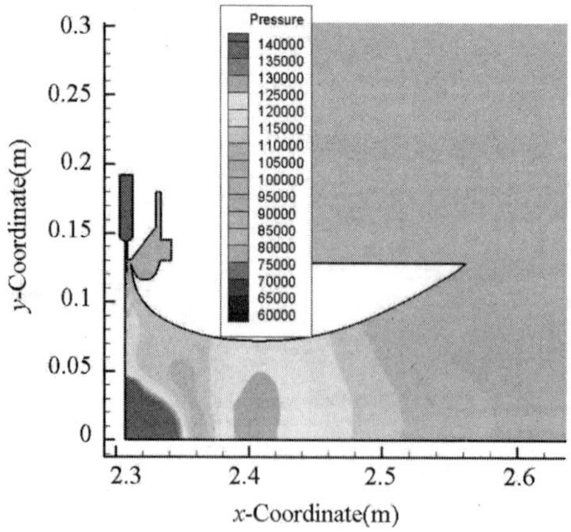

（a）T

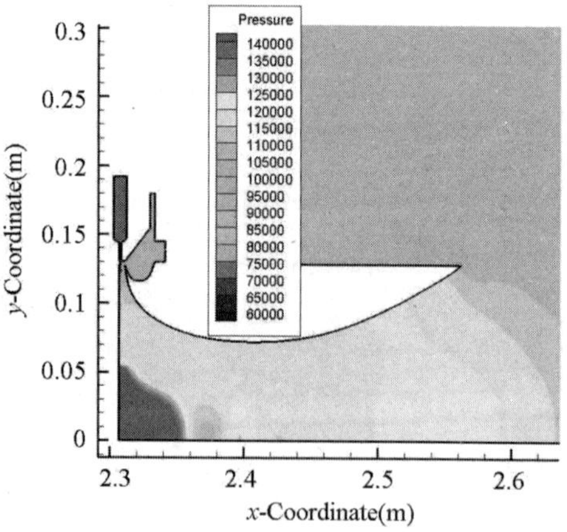

（b）5T/4

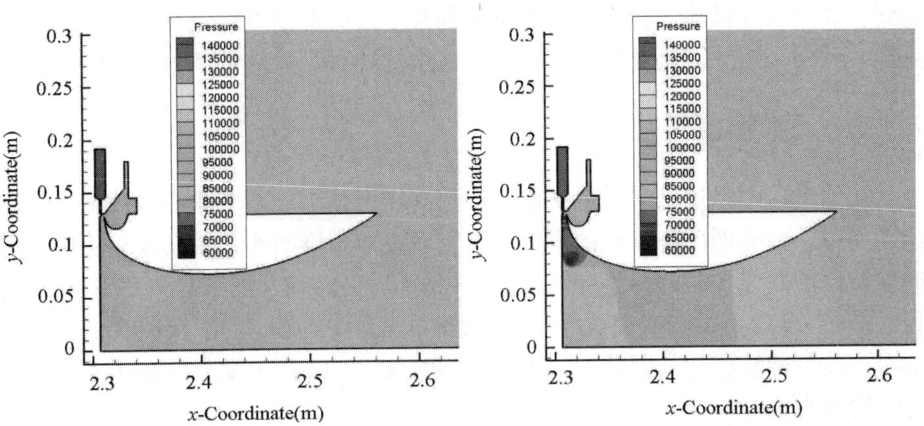

(c) 3T/2　　(d) 7T/4

图 7.7　气室压力 0.729MPa、喉道宽度 4.34mm、500Hz，去除塞锥静压值变化

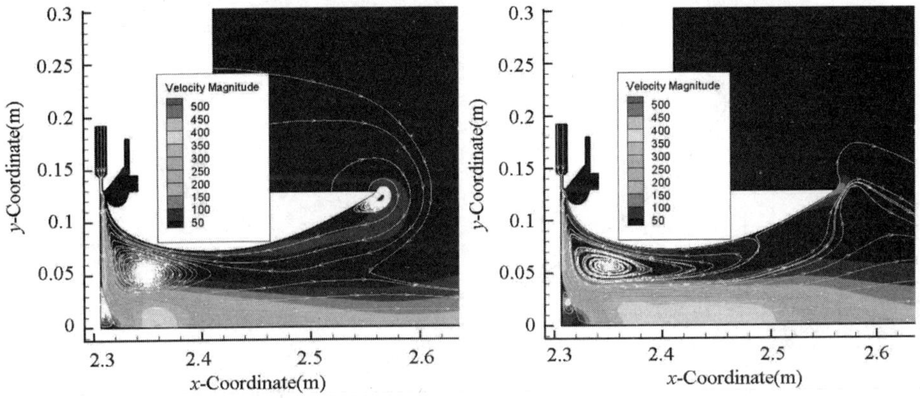

(a) T　　(b) 5T/4

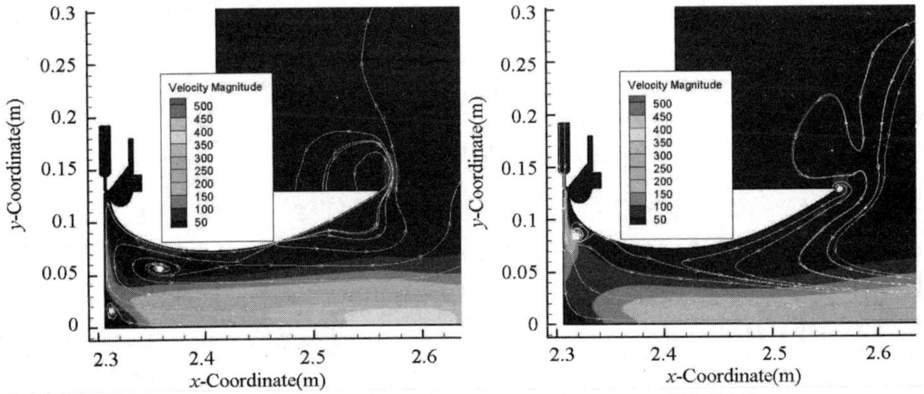

(c) 3T/2　　(d) 7T/4

图 7.8　气室压力 0.729MPa、喉道宽度 4.34mm、500Hz，去除塞锥速度场变化

看到，高速区和低速区交替通过喉道中部和下游，即断续射流在喉道中的对流过程。此外，由于调制频率较高，回流区中同样可见旋涡的产生和运动。

7.3.2 局部高压区

初始设计中喉道出口靠近塞锥的局部高压区是由于塞锥曲线末端未与轴线相切所致。为减弱此高压区的影响，需重新设计塞锥曲线，令其末端相切的同时保持原始曲线上游部分不变。本节采用分段拟合方法(图 7.9)，设上游曲线段是满足 $x=f(y)$ 的二次曲线，下游曲线段是满足 $x=f(y)$ 的三次曲线，曲线末端是一段与轴线相切的圆弧(点 $F9$ 位于轴线上)。以上三段曲线在连接处均满足一阶导数连续。

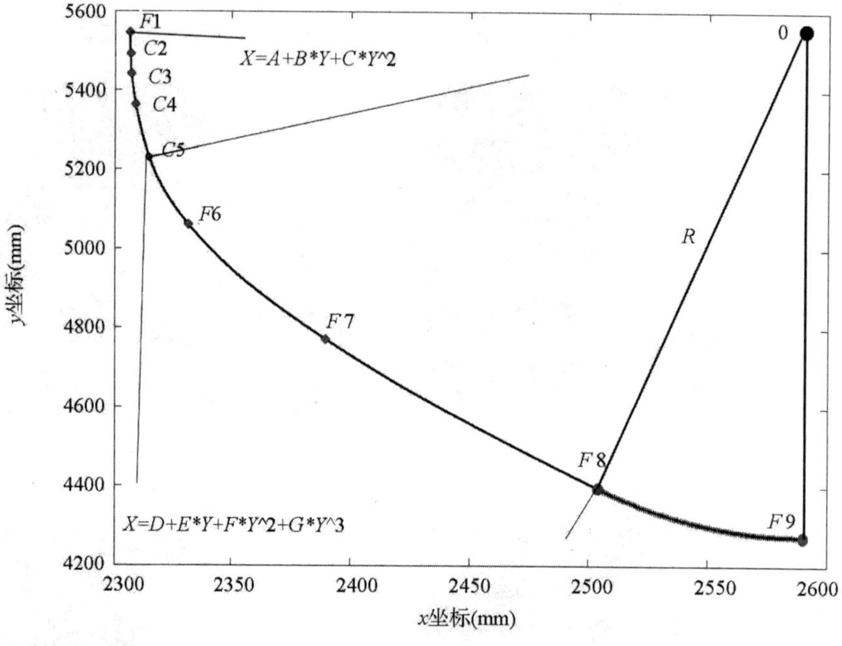

图 7.9 塞锥曲线的分段拟合

首先 $F1\sim C5$ 的坐标已知，由二次函数拟合可得到 A，B，C 值，确定第一段曲线函数。对于第二段曲线，可列出 $C5$ 点坐标、$C5$ 点导数、$F6$、$F7$ 坐标已知四个条件，由三次函数拟合可得到 $D\sim G$ 值，确定第二段曲线函数。对于第三段曲线，$F9$ 坐标已知，未知量有三个，包括 $F8$ 点的 x 和 y 坐标、圆弧半径 R；可用的定解条件也有三个：$F8$ 点坐标满足三次曲线方程、$OF8$ 连线与 $F8$ 点切线垂直、$OF8$ 线段长度等于 R。于是可确定第三段曲线方程。最终得到的改进塞锥曲线在图 7.9 中给出。

图 7.10 给出采用改进塞锥曲线得到的稳态流场结果。局部高压由原始设计中的 0.17MPa 下降为 0.12MPa，且位于 $x=2.50$m 和 $x=2.55$m 之间（不在分段曲线的连接点位置）。它与高低压交替现象有关，这说明与主流碰撞相关的局部高压区被消除。速度场结果中，喉道出口下游主流交替加速、减速的现象消失，消除局部高压区后，喉道出口附近主流流速的均匀性较好。

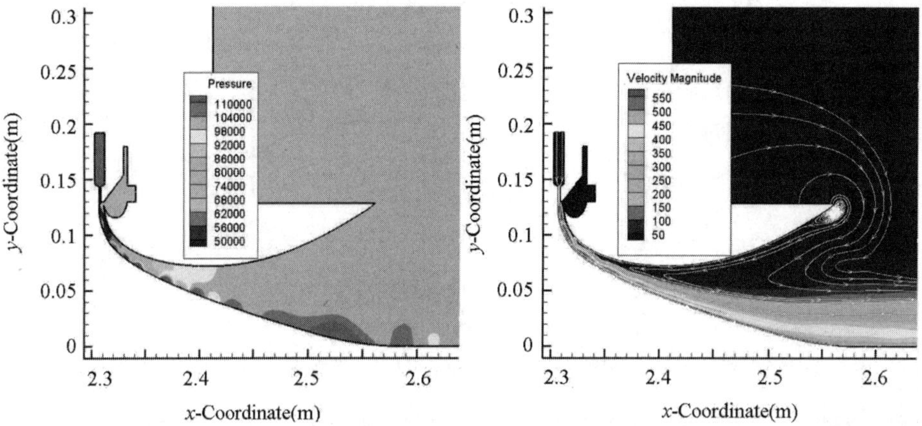

（a）静压值分布　　　　（b）速度量级分布

图 7.10　气室压力 0.729MPa、喉道 4.34mm、500Hz，消除局部高压区稳态流场结果

图 7.11(a)中主入口和侧面流量与初始设计结果(图 5.20)相同,对塞锥曲

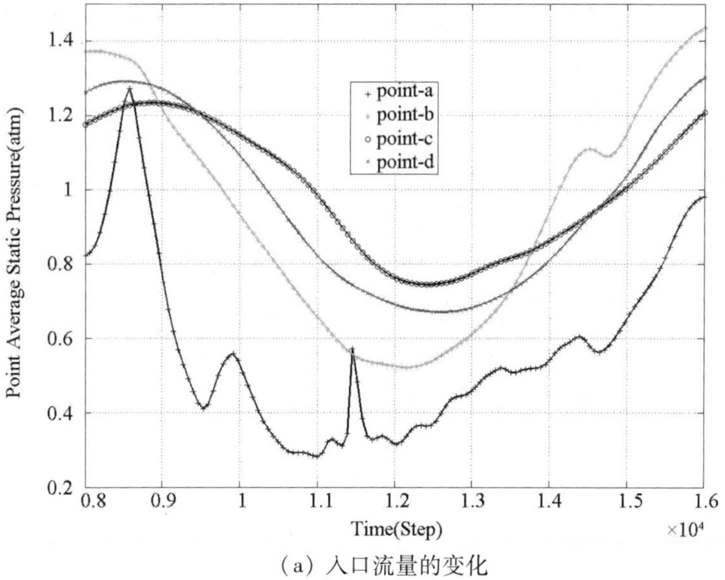

（a）入口流量的变化

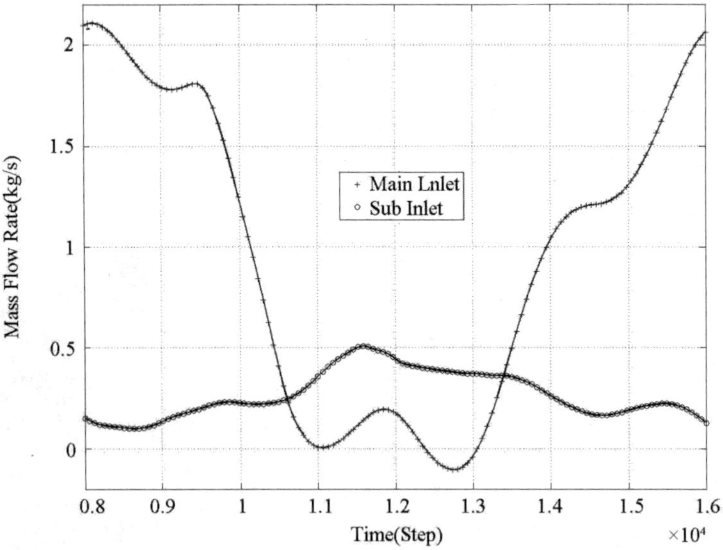

（b）测点静压值的变化

图 7.11　气室压力 0.729MPa、喉道 4.34mm、500Hz，消除局部高压区瞬态流场结果

线的重新设计没有改变流量特性。图 7.11(b) 中 b 点压力扰动量级较高，d 点扰动量级次之，c 点最低，这与初始设计的结果(图 5.21)相同。两者不同的是消除高压区后，波形中正压和负压部分的幅值比较接近，而初始结果中负压幅值明显偏高。

图 7.12 给出消除高压区的静压值系列快照，图中喉道内交替出现正压和负压，负压产生于喉道入口，而正压产生于喉道中部。在喉道出口附近可看到，变化较为均匀的压力波向外传播。传播过程中扰动量级随截面积的增加而下降，正压与负压的波阵面形状有一定差别。与初始设计结果相比，整个瞬态流场演化过程中喉道出口局部高压区不明显，而且基本未对换能过程产生影响。

在相关瞬态速度场结果中，断续射流靠近内侧塞锥壁面。喉道出口主流流速较高时，一般对应喷口即将关闭和喉道内负压扰动的传播，而出口主流流速较低时，对应喷口接近全开和正压扰动的传播过程。由于调制频率较高，速度场演化过程中，存在喉道入口附近旋涡的产生及其向下游对流运动的过程。

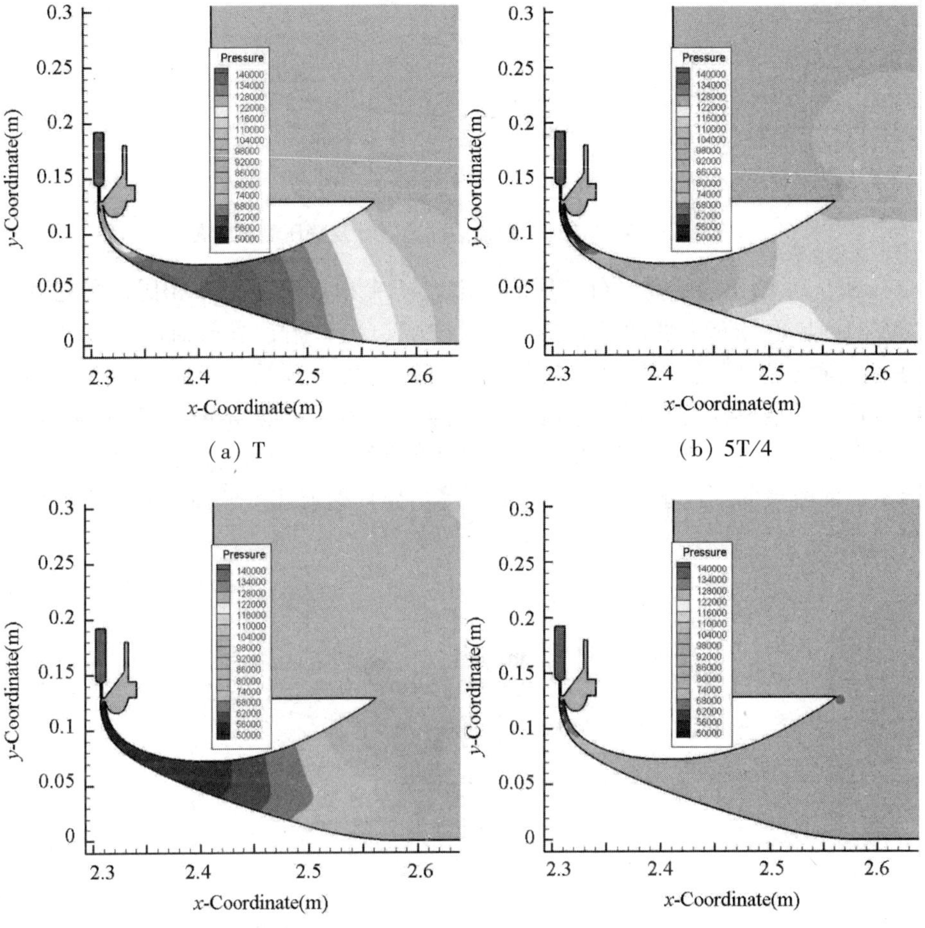

(a) T　　(b) 5T/4

(c) 3T/2　　(d) 7T/4

图 7.12　气室压力 0.729MPa、喉道 4.34mm、500Hz，消除局部高压区的静压值变化

7.3.3　流动分离

声源的喉道是一个扩张管道，其内部的稳态流场类似于亚声速扩压器中的减速增压过程。为了降低与流动分离相关的气动损失，扩压器设计中一般取管道扩张角度小于 15°。初始设计中，喉道截面扩张速度过快，为考察流动分离对声源换能过程的影响，本节采用流动分离程度较低的喉道设计。具体喉道曲线如图 7.13 所示，保持工况参数和其他几何参数（包括喉道出口面积）不变，将初始喉道曲线沿 x 方向拉伸至原来的三倍。这样可使外喷管和内塞锥曲线之间的夹角接近于 15°。对应的静压测点和截面位置也进行了相应比例的缩放调整。

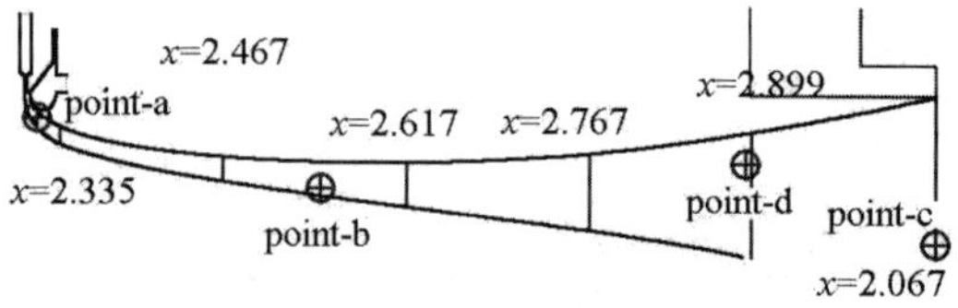

图 7. 13　降低流动分离后的喉道设计及静压测点分布

图 7. 14 给出降低流动分离后的稳态流场结果。与图 7. 10 相比，可见沿主流方向静压值分布更加均匀。初始结果中喉道出口附近静压值已接近环境压力，而降低分离后静压值从 0. 08MPa 到环境压力之间缓变过渡，喉道出口总压值较初始结果也有一定程度的下降。降低分离的速度场结果(图 7. 14(b))中，喉道出口主流速度、回流的宽度和速度量级均有较为明显的下降。尽管喉道出口回流减弱，由于气室总压较高，喷口出口射流速度较高，内部流动分离仍然存在。

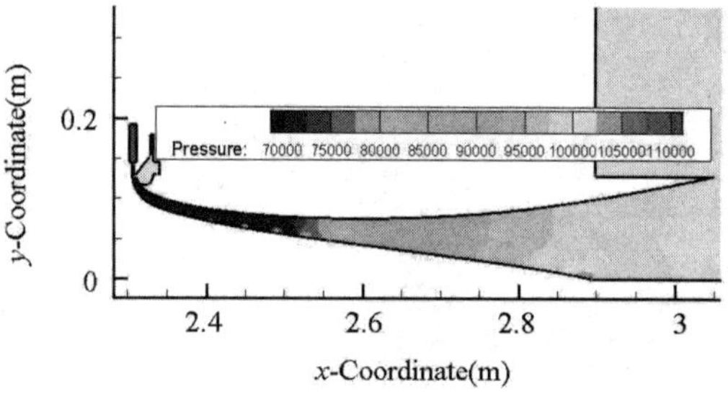

(a) 静压值分布

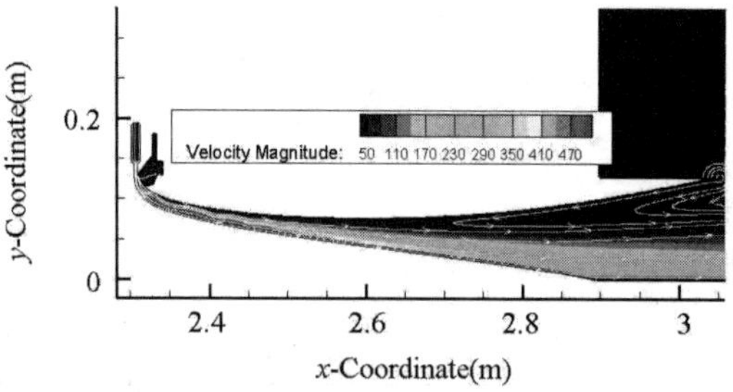

(b) 速度量级分布

图 7. 14　气室压力 0. 729MPa、喉道 4. 34mm、500Hz，降低流动分离的稳态流场结果

本节中喉道曲线的改变对声源入口流量特性没有影响。图 7. 15 给出降低流动分离后喉道内静压值的变化。图 7. 15(a)中，可见由于喉道轴向尺寸增加

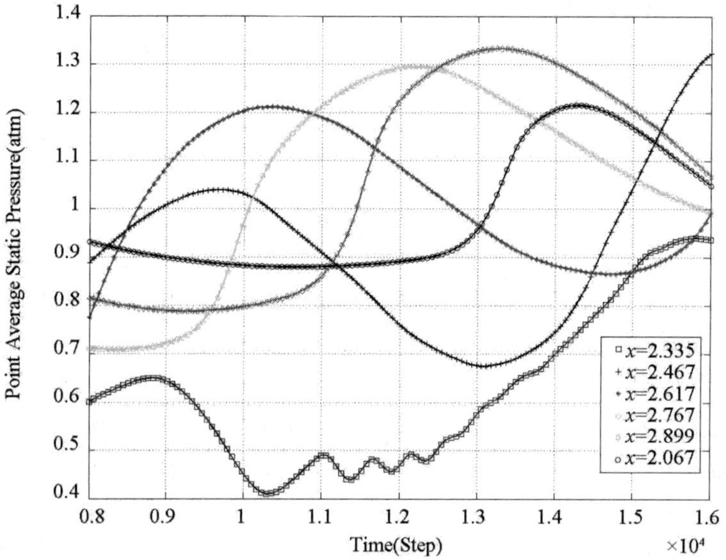

（a）面平均静压值的变化

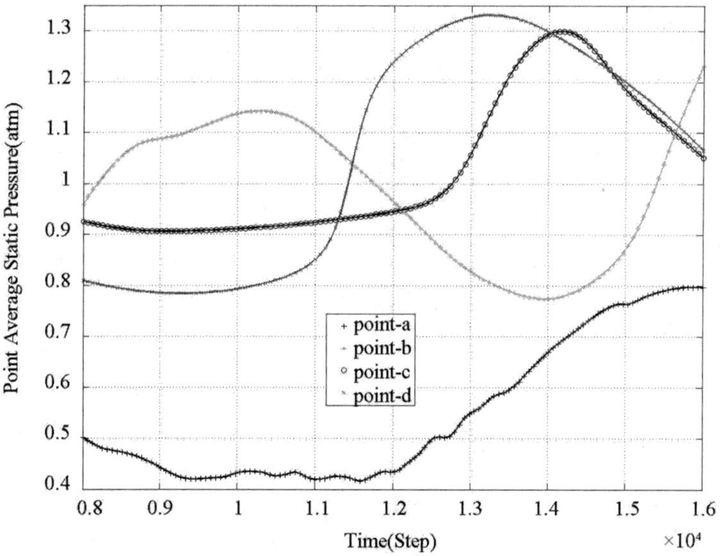

（b）测点静压值的变化

图 7.15　气室压力 0.729MPa、喉道 4.34mm、500Hz，降低流动分离的瞬态流场结果

了两倍，不同截面波形间的相位延迟明显增加。降低分离后湍流混合区静压值偏低，其下游压力波形的幅值并不是像初始设计结果中那样，随喉道截面的增加呈单调递减的变化。例如 $x=2.767$ 截面扰动量级既高于其上游 $x=2.617$ 截面，也高于其下游 $x=2.899$ 和 $x=3.067$ 截面。对于负压部分，$x=2.767$ 截面及其下游的两个截面的幅值都是逐渐减小的，而对于正压部分，$x=2.617$ 截面及其下游的两个截面的幅值则是逐渐增加的。$x=2.767$ 截面的面平均静压的正压和负压幅值基本接近，但是其下游截面静压波形的负压部分衰减非常严重。例如在喉道出口截面，波形的正压和负压部分有明显差距：正压部分幅值较高而宽度较小，负压部分幅值较低而宽度较大。

图 7.15(b)中，b 点扰动量级较低，d 点的扰动量级既高于上游 b 点，又高于下游 c 点。主流中的 c 点与回流区中的 d 点在空间上相邻，两者记录的压力波形却有较为明显的差距。压力扰动从 d 点传播至 c 点，正压部分的幅值下降较少，但宽度明显降低，而负压部分的幅值降低较多，宽度则明显增加。这种波形上的显著变化表明，两点间扰动的传播受到了某种特殊作用的影响。

为解释 c，d 两点波形差异的现象，图 7.16 给出喉道内静压分布快照结果。首先，由图 7.16(a)、(b)、(c)静压分布的变化来解释负压部分的衰减。图 7.16(a)中 $x=2.6$ 和 $x=2.8$ 截面之间存在较强的负压区，图 7.16(b)中负压区上游形成了向下游传播的正压区。正压区的传播较快，负压区传播较慢，使喉道出口附近 c，d 两点波形负压部分的幅值下降和宽度增加。进一步分析可知，图 7.16(b)和(c)中正压区与喉道中部的流量累积相关。流量之所以

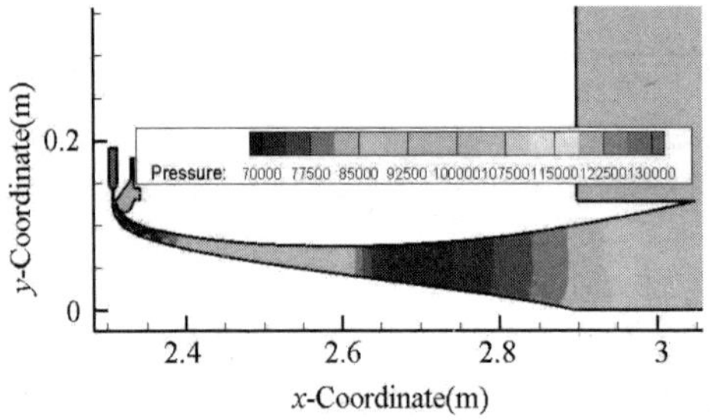

(a) T

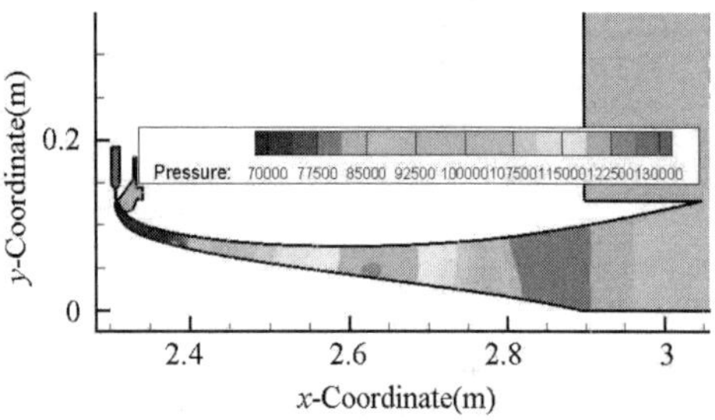

(b) 5T/4

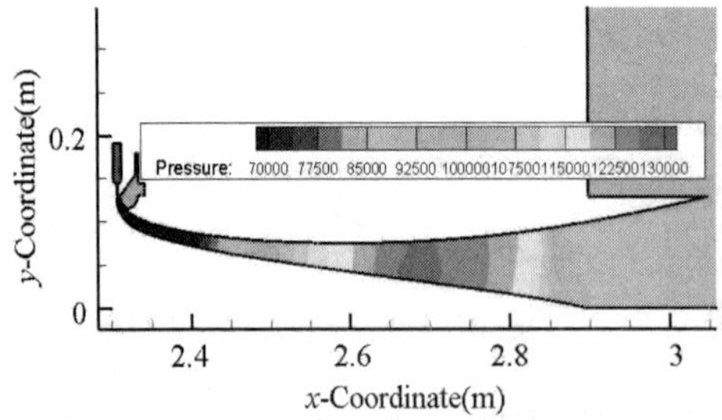

(c) 11T/8

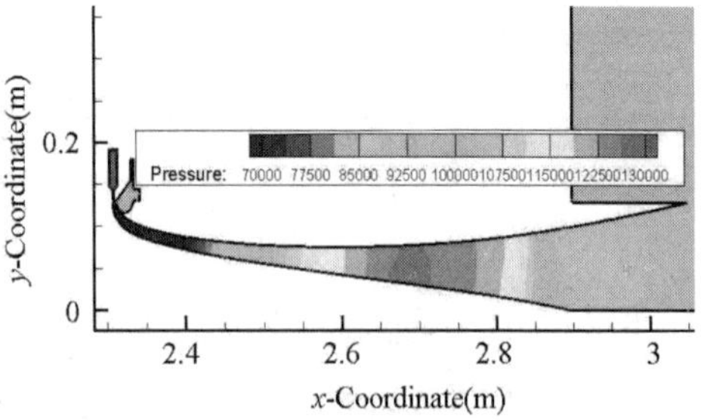

(d) 13T/8

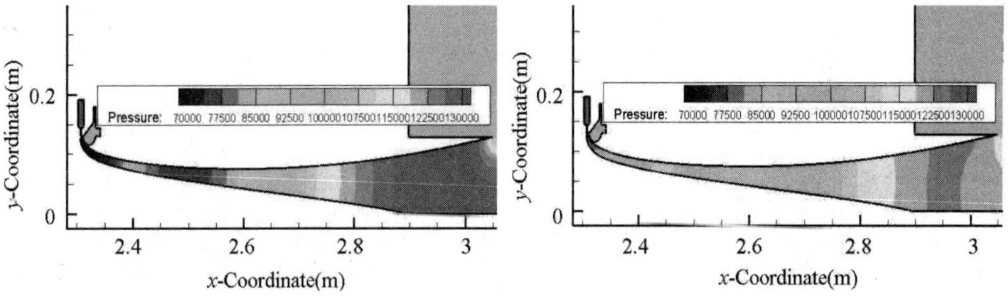

(e) 7T/4　　　(f) 15T/8

图 7.16　气室压力 0.729MPa、喉道 4.34mm、500Hz，降低流动分离的压力场快照

累积，是由于局部主流流速很高（接近或高于管道中压力扰动的传播速度），因此负压部分的严重衰减本质上是高速主流与压力扰动相互作用的结果。

其次，由图 7.16(c)~(f)静压分布的快照来解释测点波形中正压部分的变化。由于主流流速较高，流量不断在喉道中部和后部累积，使图 7.16(d)中位于喉道出口附近高压区的静压值高于图(b)和图(c)中的结果。然而，从图(d)向图(e)和(f)过渡过程中高压区的压力反而下降，在外喷管曲线末端出现一个新的扰动源(图 7.17)，由其产生压力扰动的传播方向与喉道中已有行波的方向刚好相反。两者在 $x=2.8$ 和 $x=3.1$ 截面之间相遇，产生的结果是来自上游较强的正压扰动被明显削弱，波形宽度明显降低。因此，尽管上游压力测点能够记录到较强的正压扰动波形，在喉道出口截面记录的正压扰动却明显降低(图 7.15(b)中测点(c)，进而使喉道出口以外的正压扰动也有一定程度的下降。这一现象类似于气动声学中的“伪声”，即在喉道内部形成了较强的压力扰动，但却无法完全形成有效的声辐射。

上游压力扰动的正压部分在喉道出口附近被削弱，主要原因是喉道出口截面两侧的阻抗相差较大。类似于在喉道出口存在一个声波反射面，正压扰动中的相当一部分能量经过反射重新回到喉道当中，并在反方向行波的作用或内部流动的影响下被逐渐耗散。图 7.18 给出了喉道出口正压扰动被削弱过程中，某时刻的密度分布结果，可见喉道出口两侧密度差异比较显著，喉道内侧密度值为 1.4 以上，而外侧环境压力的密度值为 1.29。在相关的声速分布快照中也有类似的结果。

喉道内部较强的压力扰动无法完全形成有效的声辐射，这种现象显然会降低声源的换能效率。喉道出口内侧密度较高主要源于内部流量的累积，尽管增加喉道出口面积可达到降低出口密度梯度的目的，但出口面积的增加又增加了喉道内流动分离程度。最终，喉道出口面积的确定需要折中考虑声压级输出和声能转换效率两方面的要求。

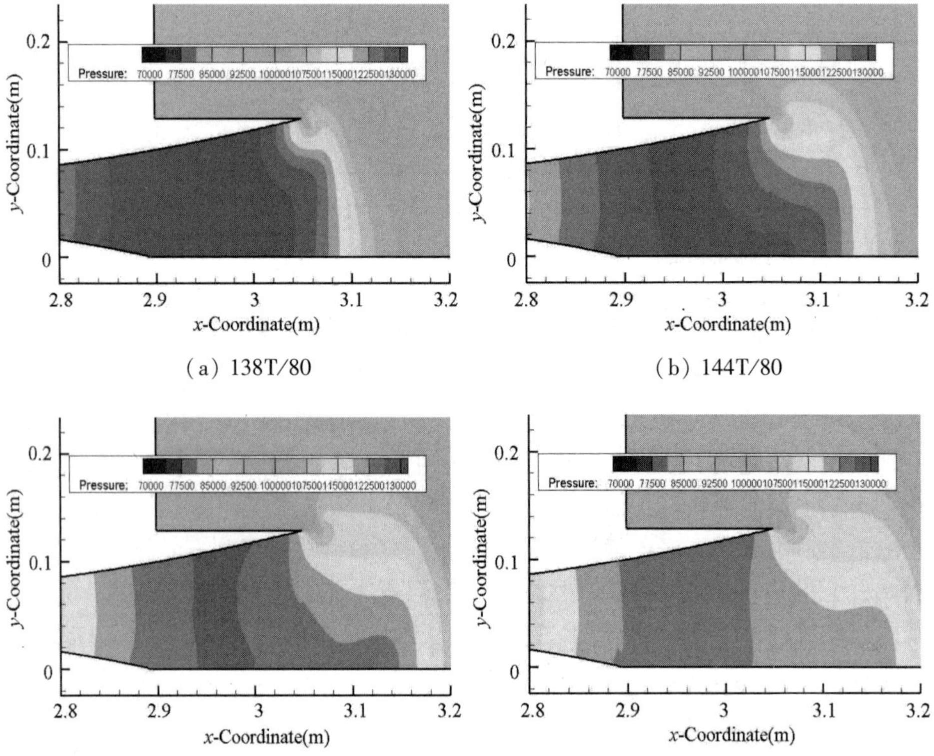

(a) 138T/80　(b) 144T/80

(c) 148T/80　(d) 149T/80

图 7.17　气室压力 0.729MPa、喉道 4.34mm、500Hz，降低流动分离的局部压力场快照

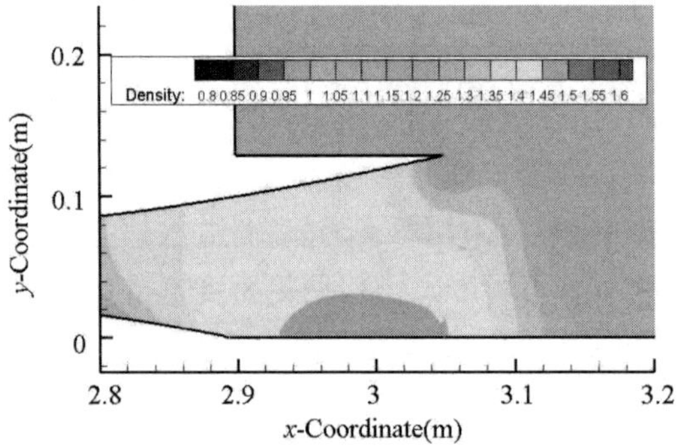

图 7.18　气室压力 0.729MPa、喉道 4.34mm、500Hz，降低流动分离 7T/4 时密度分布

7.3.4　流量特性

前面三个小节中，分别讨论了初始喉道设计的三种改变（去除塞锥、消除塞锥曲线末端高压区和拉长喉道轴向长度以降低流动分离）对声源换能过程的影响。本节将这些不同喉道设计的流场演化数据进行比较，并讨论差异的来源。

图7.19给出不同喉道设计条件下的入口流量变化结果。图7.19(a)中可见喉道设计对主入口流量没有影响，前半周期流量随喷口面积的减小而下降，后半周期随喷口面积的增大而增加，喷口全关时主入口流量接近为零。图7.19(b)中，消除局部高压区对侧面入口流量没有影响，降低流动分离对侧面流量的影响较小，去除塞锥的影响较大。在喷口全关时，去除塞锥的侧面入口流量接近于零，而初始设计此刻侧面流量最大，原因是喷口全关时，前者调制区附近静压值接近于环境压力(图7.7(c))，而后者此时调制区为负压(图5.22(c))。图7.7(b)和图7.7(c)中可见此刻在喉道中部高压区的上游并没有形成明显的负压区，这是因为去除塞锥后高压区上游具有更大的流动空间，在喷口关闭过程中，喉道出口附近的负压区对上游调制区静压分布的影响较小。

图7.20给出不同喉道曲线对应测点静压结果的比较。从扰动量级来看，消除局部高压区的结果比初始设计略高，而去除塞锥和降低流动分离的压力扰动量级均低于初始结果，其中去除塞锥即射流碰撞情况对应的扰动最弱。图7.20(a)

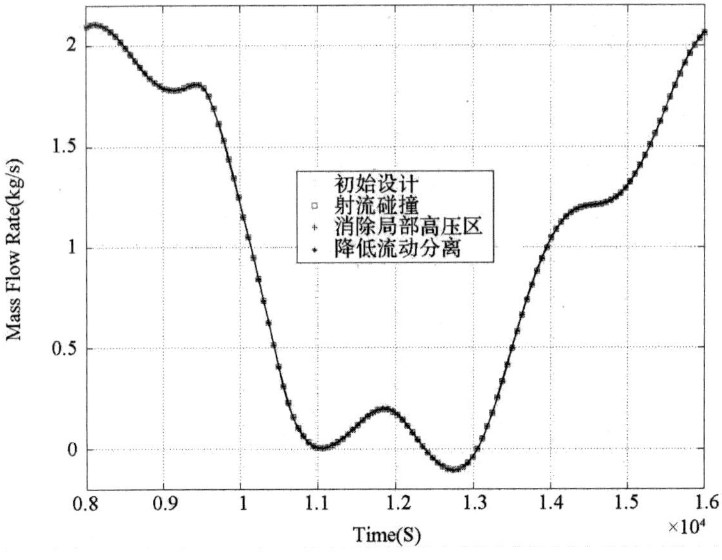

(a) 主入口流量

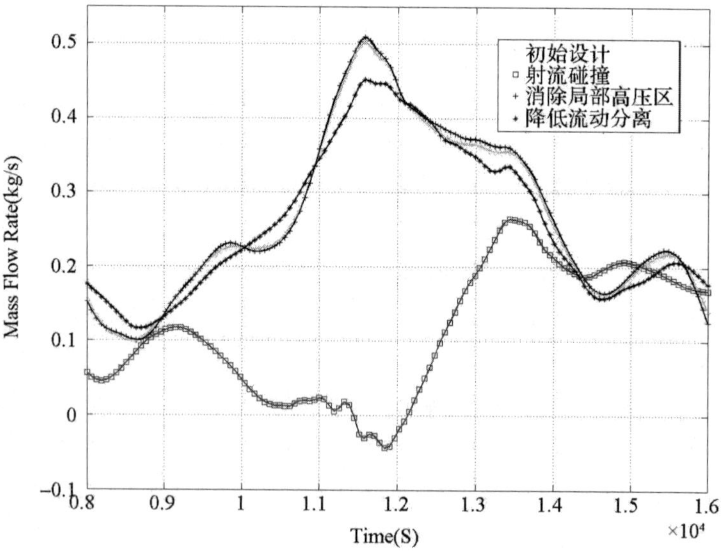

（b）侧面入口流量

图 7.19　气室压力 0.729MPa、喉道 4.34mm、500Hz，不同喉道设计流量特性对比

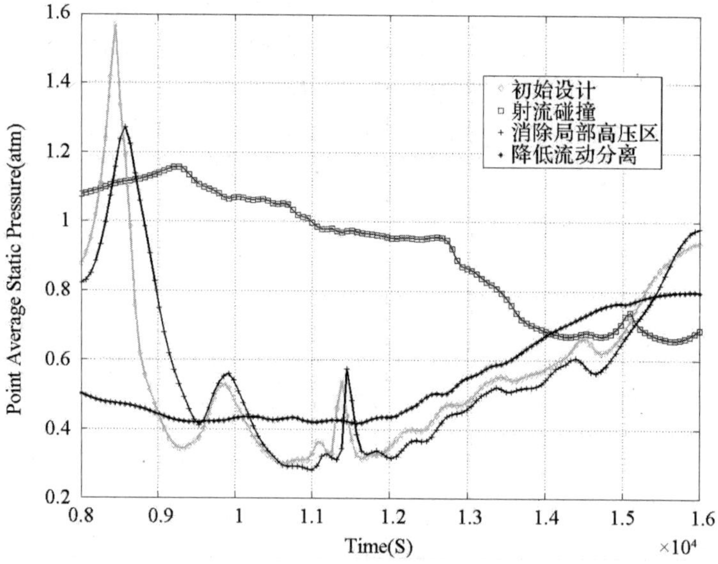

（a）静压测点 a

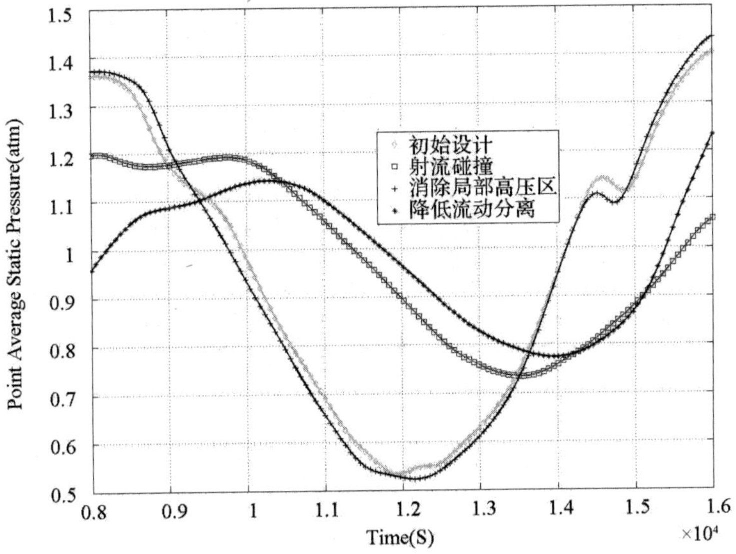

（b）静压测点 b

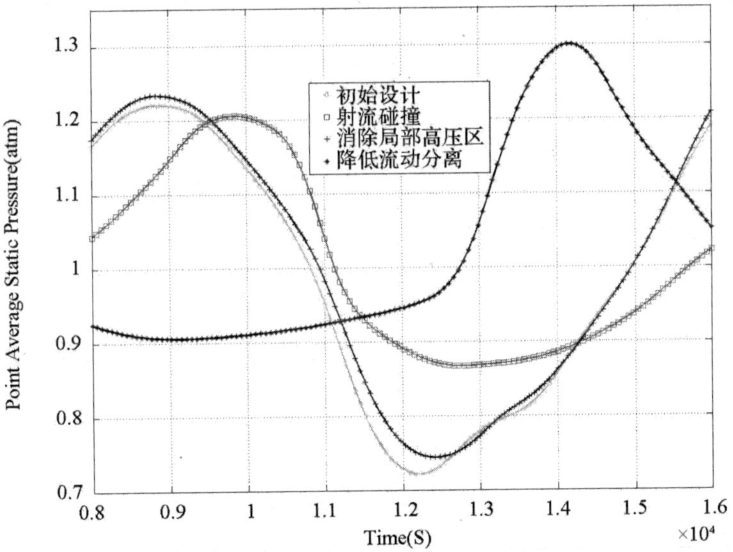

（c）静压测点 c

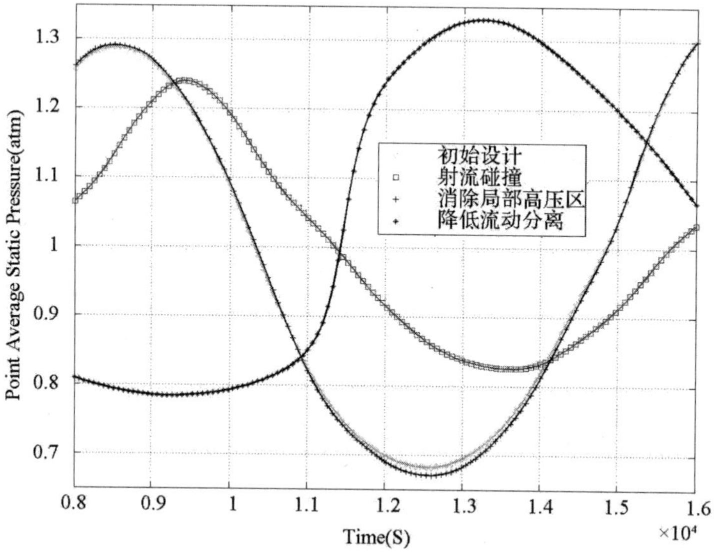

（d）静压测点 d

图 7.20　气室压力 0.729MPa、喉道 4.34mm、500Hz，不同喉道设计测点静压值比较

中，在轴线附近高压区的影响下去除塞锥情况的静压值偏高，消除局部高压区的静压值比初始设计略低，降低流动分离的波形中未见压力跃变。

图 7.20(b)中，消除局部高压区和初始设计的波形相近，去除塞锥和降低流动分离两者波形的幅值相近，两者波形的相位存在一定差异。所有情况下，测点 b 波形的负压部分幅值均高于正压部分。

图 7.20(c)中，去除塞锥和降低流动分离的结果中，负压部分幅值小于正压部分，其余两者正压和负压部分幅值相近。消除高压区的波形负压部分幅值略低于初始设计，但对负压部分的波形失真有一定改善。降低流动分离情况，由于喉道轴向长度明显增加，声波的传播效应出现，测点 c 波形中相位延迟比较显著。四种设计情况下，将测点 c 结果与测点 b 相比，可知波形的负压部分均有明显衰减。其中，消除高压区和初始设计的波形幅值有一定程度下降，去除塞锥的正压幅值相近、负压幅值明显减小，降低流动分离的负压幅值明显下降，正压幅值反而显著提高。

图 7.20（d）中，各喉道设计之间波形幅值的相对大小与图 7.20(c)中相同。同种喉道设计情况下，比较主流测点 c 和回流测点 d 的波形，可见上游测点 d 的压力扰动量级更高。其中，降低流动分离结果中 c 点波形与 d 点相比有明显差异，负压部分幅值明显下降而宽度明显增加，正压部分幅值相近而宽度明显降低；其余三种情况，c 点波形的正压和负压幅值均有下降。比较测点 d

与测点 b 的波形，所有情况下波形的负压部分都有明显的衰减。降低流动分离结果中，测点 d 正压部分幅值较测点 b 有明显提高。与其余三种设计相比，降低分离结果中测点 d 波形的相位延迟也比较显著，反映出喉道拉长后压力扰动的传播效应。

7.3.5　单值性约束外喷管

本章 7.3.3 节分析了通过拉长喉道降低流动分离的设计对声源换能过程的影响，对于实际的声源装置，喉道拉长后的轴向尺寸显然太大。本节中讨论保持轴向尺寸不变而减小喉道出口宽度的降低分离设计，即满足单值性约束的喉道曲线。

喉道重新设计之前，需将壁面几何曲线表示为参数化半解析形式。一般意义的工程结构型面设计常以非均匀有理 B 样条（NURBS）曲线为基础，它能表示广泛的曲线类型，具有外凸性、形状保持、局部变化逐渐递减、仿射不变性等属性。如图 7.21 所示，在初始设计的外喷管曲线上取 1 ~ 9#九个控制点，减小 8#和 9#两点的 y 坐标值，使从 1#至 9#的 y 坐标单调递减。新的满足单值性约束的外喷管曲线由 NURBS 曲线拟合得到。新设计的喉道具有较小的出口面积。

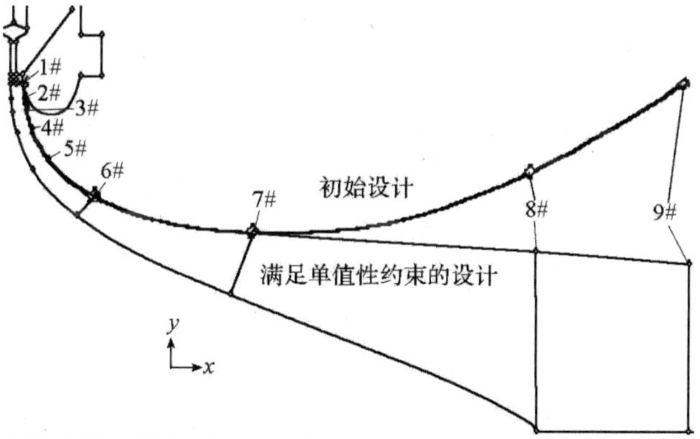

图 7.21　初始设计和满足单值性约束的外喷管曲线设计

三维 B – 样条曲线的一般定义为：

$$C(u^*) = \sum_{i=0}^{n} d_i N_i^k(u^*),\quad n \geqslant k-1,\quad u^* \in [u_{k-1}, u_{n+1}] \tag{7.1}$$

其中结向量 $u=\{u_0, u_1, \cdots, u_{n+k}\}$，$k$ 为 B – 样条阶数，u^* 是被插入结序列中的参数值，$d_{i,i=0,\cdots,n}$ 为 B – 样条顶点，N_i^k（u^*）称为 B – 样条基本函数，其定

义为：

$$N_i^k(u^*)=\frac{u^*-u_i}{u_{i+k-1}-u_i}N_i^{k-1}(u^*)+\frac{u^*-u_{i+k}}{u_{i+k}-u_{i+1}}N_{i+1}^{k-1}(u^*)\quad k>1,\quad i=1,\cdots,n$$

$$N_i^1(u^*)=\begin{cases}1 & if\quad u_i\leqslant u^*\leqslant u_{i+1}\\0 & Otherwise\end{cases}\tag{7.2}$$

有理 B − 样条曲线(Non-Uniform Rational B-Spline)的定义增加了权重，是B − 样条曲线从 3D 到 4D 空间的投影，其中所有权重的取值可以各不相同。NURBS 曲线的定义为：

$$C(u^*)=\frac{\sum_{i=0}^{n}w_i d_i N_i^k(u^*)}{\sum_{i=0}^{n}w_i N_i^k(u^*)}\tag{7.3}$$

图 7.21 中，上侧为初始的外喷管曲线设计，下侧为满足单值性约束的设计。两种曲线条件下的内流场具有不同的流动分离程度。内塞锥曲线仍采用本章 7.3.2 节中的二次和三次曲线光滑连接的设计。图中两种外喷管曲线可由分段四阶（$k=4$）多项式的系数矩阵 C 表示（C_0 表示初始曲线，C'表示单值性约束曲线）：

$$C_0=\begin{bmatrix}0.22826 & -0.08344 & -6.45852 & 554.4300\\0.22826 & 0.47038 & -6.14558 & 549.2728\\-0.14607 & 1.03572 & -4.90217 & 544.6481\\-0.00725 & 0.17203 & -2.52173 & 537.8912\\-0.00053 & 0.03400 & -1.21408 & 526.9631\\-0.00002 & 0.00602 & -0.50696 & 513.2162\\0.0000005 & 0.00213 & -0.01891 & 499.7972\\0.0000005 & 0.00229 & 0.44806 & 522.1738\end{bmatrix}$$

$$C'=\begin{bmatrix}0.22824 & -0.08340 & -6.45854 & 554.4300\\0.22824 & 0.47038 & -6.14557 & 549.2728\\-0.14604 & 1.03568 & -4.90219 & 544.6481\\-0.00727 & 0.17215 & -2.52160 & 537.8912\\-0.00051 & 0.03372 & -1.21506 & 526.9631\\-0.00004 & 0.00676 & -0.49989 & 513.2162\\-0.000001 & -0.00029 & -0.07769 & 499.7972\\-0.000001 & -0.00015 & -0.06342 & 493.1738\end{bmatrix}$$

k 阶多项式的表达如下：

$$y = c_1^i\ (x - x_0^i)^{k-1} + c_2^i\ (x - x_0^i)^{k-2} + c_3^i\ (x - x_0^i)^{k-3} + \cdots + c_{k-1}^i(x - x_0^i) + c_k^i \tag{7.4}$$

其中 i 为控制点的数目，x_0 的取值如下：

$x_0 = [2.311\quad 2.312\quad 2.312\quad 2.314\quad 2.321\quad 2.338\quad 2.398\quad 2.504\quad 2.562] \times 10^3$。于是喉道出口宽度由初始设计的 128.3mm 降低为 61.3mm。

本节瞬态流场计算的工况参数为：气室压力 0.6MPa，喉道入口宽度 4.34mm，调制频率取 50Hz（低频）和 2kHz（高频）两种情况。

7.3.5.1　50Hz 低频调制

图 7.22 给出气室压力 0.6MPa，满足单值约束的喉道设计对应的稳态流场结果。将其与初始设计稳态结果(图 5.6)相比，外喷管曲线改变后内流场结构基本不变。主流沿塞锥面流动，外侧壁面流动分离和内侧壁面高低压交替等特征依然存在，但喉道出口回流区的范围有所减小。速度场结果中，主流宽度与初始结果基本一致，但喉道出口主流速度有一定提高。单值约束设计对应的静压恢复过程明显趋于缓和，喉道出口静压值明显低于初始结果。喉道总压恢复系数由初始设计中的 39.16% 提高至 41.8%，说明流动分离程度有所降低。

图 7.23 给出调制频率 50Hz 时，单值约束喉道设计对应瞬态流场结果与初始结果的比较。图 7.23(a)中可见，设计改变对声源主入口流量没有影响，对

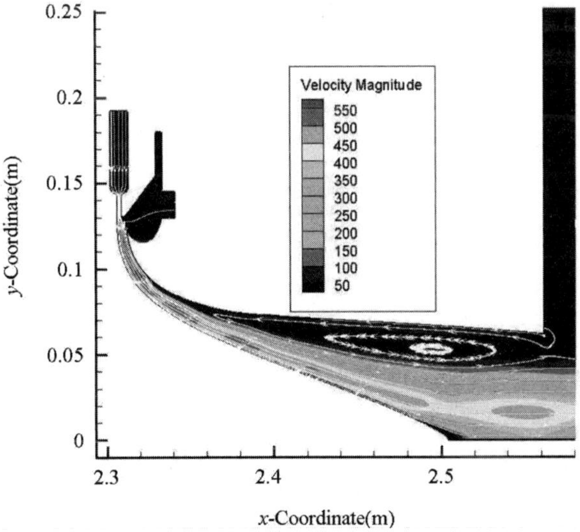

（a）速度量级分布

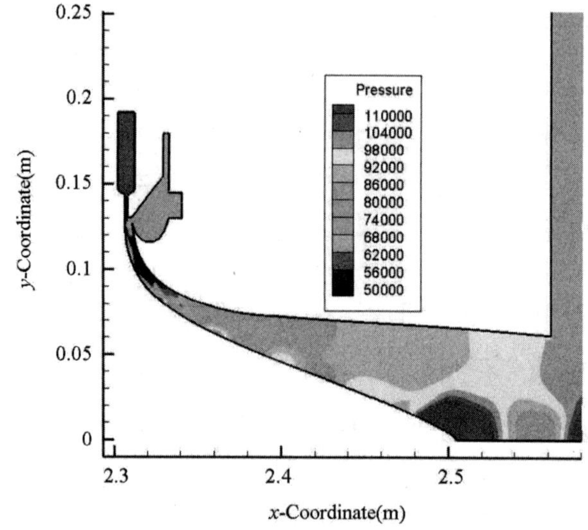

（b）静压值分布

图 7.22　气室压力 0.6MPa、喉道 4.34mm，单值约束设计的稳态流场结果

侧面入口流量影响较小。图 7.23(b)中可见，两种设计相同测点静压值的变化规律基本一致，相同设计不同测点静压值的相对关系基本一致：上游静压值较低，下游较高，喉道出口接近环境压力，扰动量级随截面积的增加而减小。两

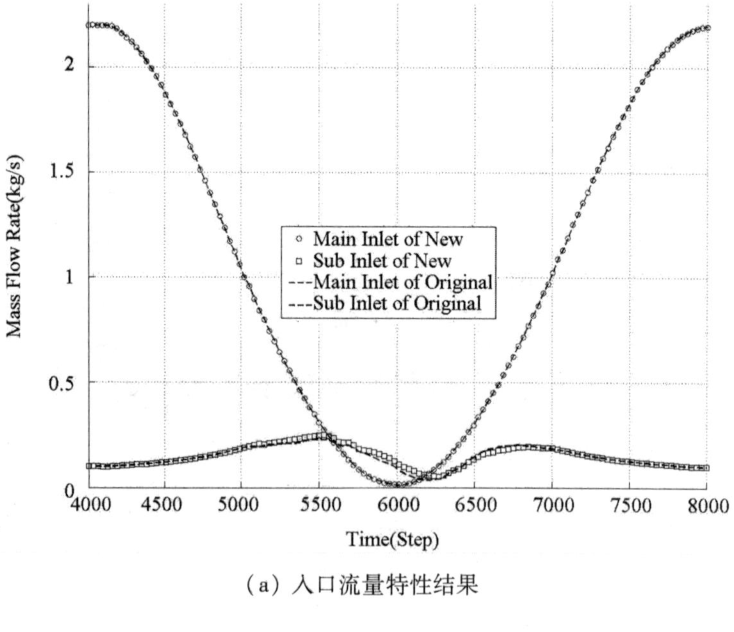

（a）入口流量特性结果

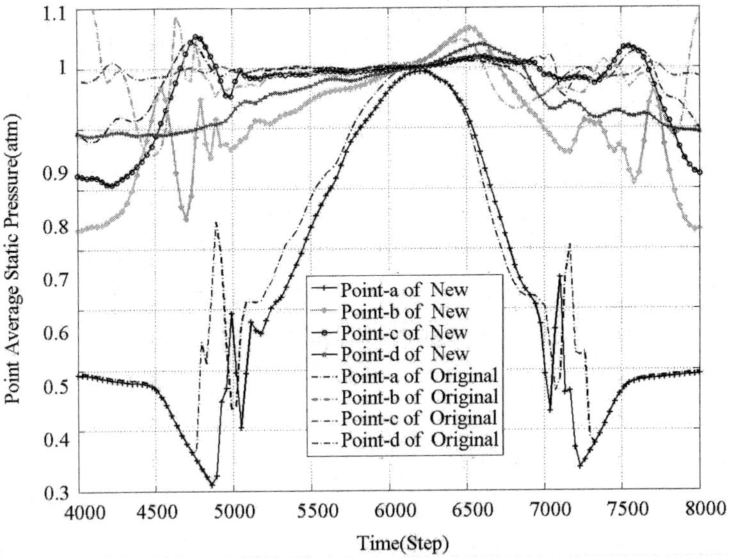

（b）测点静压值结果

图 7.23　气室压力 0.6MPa、喉道 4.34mm、50Hz，初始和单值约束设计的瞬态结果

种设计静压值结果相比较可知，单值约束设计对应的压力扰动明显高于初始设计，单值约束的负压部分一般比初始设计低 10kPa 以上，单值约束的正压部分比初始设计也有一定程度的提高。相对于初始设计，单值约束设计中，7#控制点上游的喉道截面没有变化，下游截面面积减小。而单值约束结果中不仅喉道截面变小的部分压力扰动增强，上游截面积未变的部分（如测点 b）的扰动量级也有明显提高。这是准稳态理论无法解释的，说明采用单值约束设计后，得到的平均流场有利于声源内部产生较高的压力扰动。

表 7.1 比较两种设计对应的不同喉道截面 RMS 声压级结果，声压级的计算依据公式 5.2，其中 p_{steady} 取喷口半开时截面静压平均值。流动分离程度降低

表 7.1　初始设计和单值约束设计对应声源内部不同截面声压级的比较

		x = 2.316	x = 2.36	x = 2.41	x = 2.46	x = 2.504	x = 2.56
原始	*Psteady*（*MPa*）	0.05358	0.08635	0.09779	0.10145	0.12248	0.09487
	声压级（*dB*）	182.65	173.33	162.72	160.90	177.76	167.17
单值约束	*Psteady*（*MPa*）	0.05358	0.08723	0.08475	0.09025	0.11484	0.08954
	声压级（*dB*）	182.12	173.26	174.09	170.45	174.51	172.80

后，靠近喉道入口的压力扰动变化不大，但在 $x=2.41$ 截面下游的（包括喉道出口）声压级有较大程度的提高。特殊的 $x=2.504$ 截面受局部高压区影响，声压级反而下降。

图 7.24 给出了 50Hz 低频调制初始喉道对应静压分布的变化。T ~ 3T/2 时间段内，等压力面向上游移动，喉道外侧呈大范围的回流，在外喷管壁面出现了旋涡；3T/2 ~ 2T 时间段内，等压力面向下游移动。其中，3T/2 ~ 13T/8 时间段外侧壁面附近的旋涡消失；随着喷口面积的增加，喉道外侧回流显著减弱，喉道内形成了高于环境压力的高压区域。13T/8 ~ 7T/4 时间段喉道外侧流速较低，主流流速逐渐增强；两者共同作用下，在外侧回流区内形成了一个大尺度的旋涡，它对应 7T/4 时刻压力场中喉道出口附近一个额外的低压区。7T/4 ~ 2T 时间段内，旋涡逐渐向下游运动，在其移出喉道后，出口附近的外侧回流又重新恢复。喷口全开后，塞锥壁面高低压交替的现象再次形成。

图 7.25 给出 50Hz 低频调制单值约束喉道对应静压分布的变化。T ~ 3T/2 时间段内，等压力面向上游移动，喉道外侧出现了回流，回流区的中心形成一个拉长的大尺度旋涡；3T/2 ~ 2T 时间段等压力面向下游移动。其中，3T/2 ~ 13T/8 时间段喉道外侧回流明显减弱，旋涡消失，在喉道中形成了高于环境压力的高压区域。13T/8 ~ 2T 时间段喉道出口外侧的旋涡重新产生。在喷口全开时，环绕旋涡的回流重新恢复。在整个调制周期内，这个大尺度旋涡的位置基本没有变化（类似驻涡）。

由上述分析可知，两种喉道设计得到压力场演化过程从定性角度是相似的。喷口面积减小时，等压面向上游移动，喉道内压力升高并接近大气压。喷口面积增加时，等压面向下游移动，喉道内形成负压梯度。其中，仅在喷口初启阶段出现短暂的回流减弱和局部高压区域。这些主要由截面扩张的喉道形状和较低的调制频率决定。此外，喷口全开时两种设计的喉道内均形成高低压交替现象，这主要与较高的气室总压有关。

两种设计对应流场演化过程的差异主要表现在流动的细节和定量的差别方面。各时刻单值约束喉道内的压力梯度都较初始结果平缓。初始喉道出口存在大范围回流，而单值性约束喉道出口形成了大尺度的旋涡。旋涡的存在进一步减小了喉道扩张程度，使回流强度明显下降，降低了换能过程中流动分离带来的损失。这是表 7.1 中列出的扰动量级差异的重要原因。最终，50Hz 低频调制时，通过单值性约束设计降低了喉道出口面积，提高了声源内的压力扰动量级。

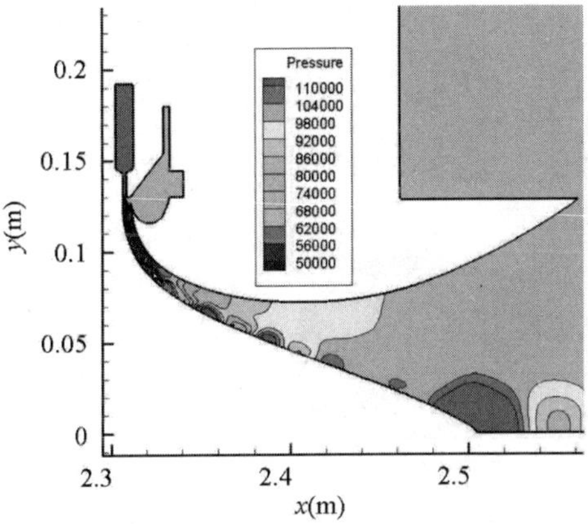

(a) T

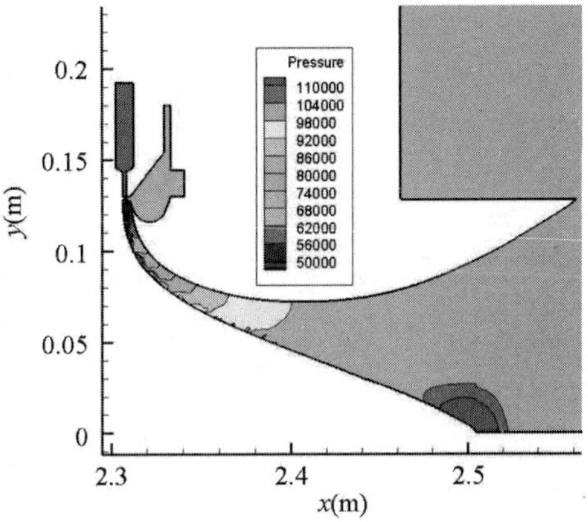

(b) 5T/4

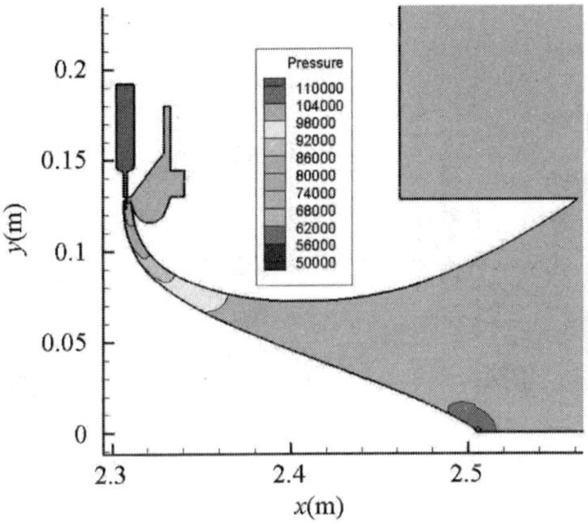

(c) 11T/8

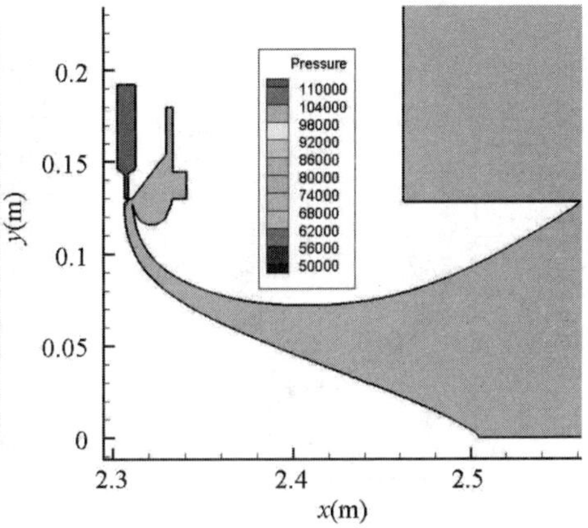

(d) 3T/2

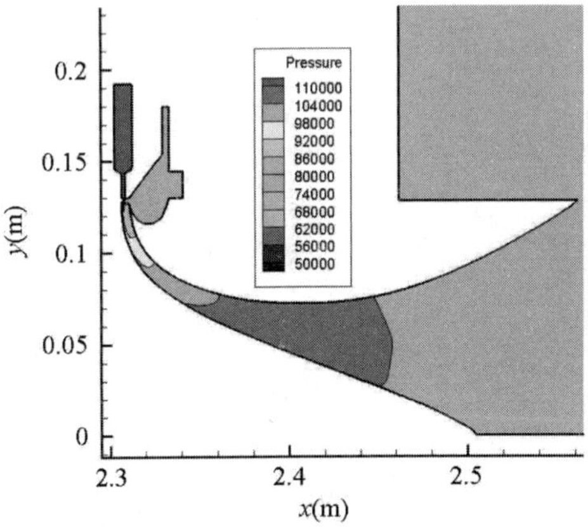

(e) 13T/8

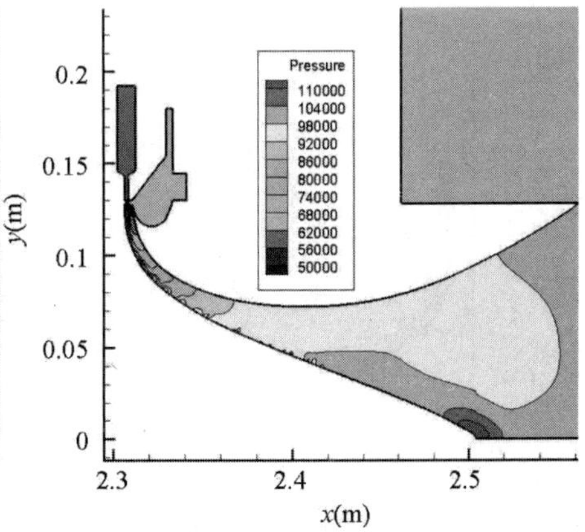

(f) 7T/4

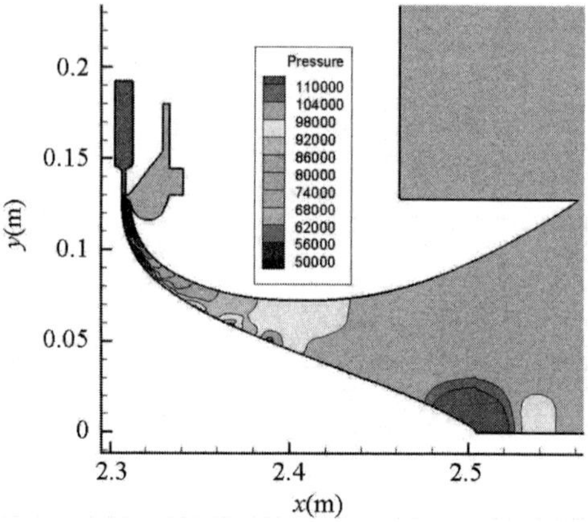

(g) 15T/8

图 7.24　气室压力 0.6MPa、喉道 4.34mm、50Hz，初始设计的静压值变化

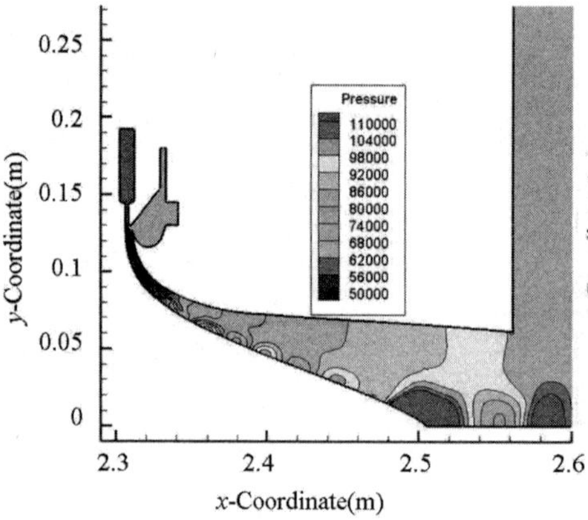

(a) T

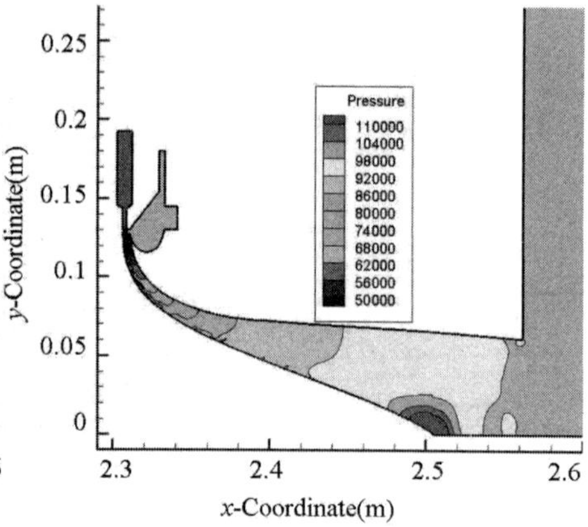

(b) 5T/4

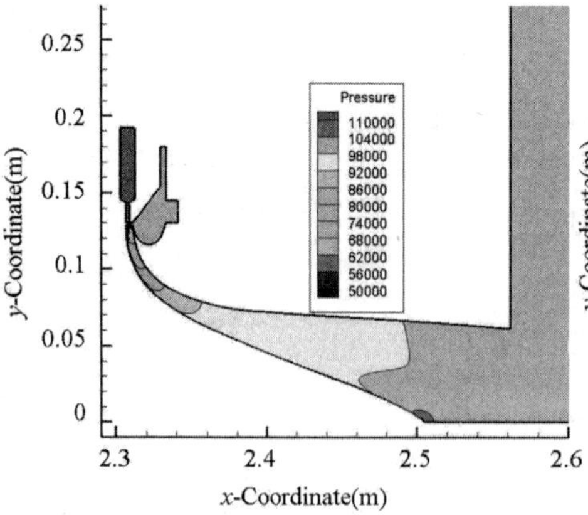

(c) 11T/8

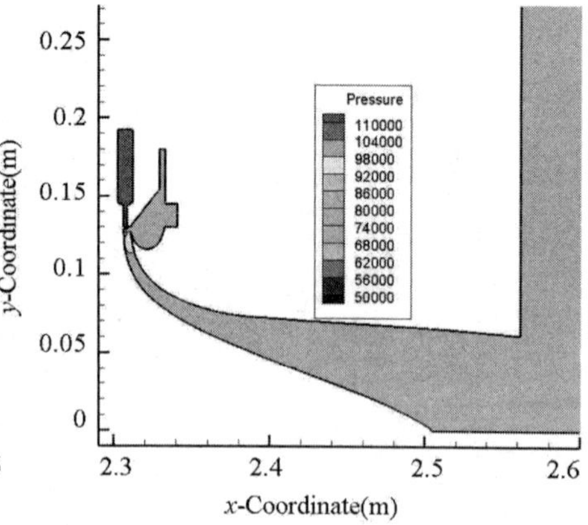

(d) 3T/2

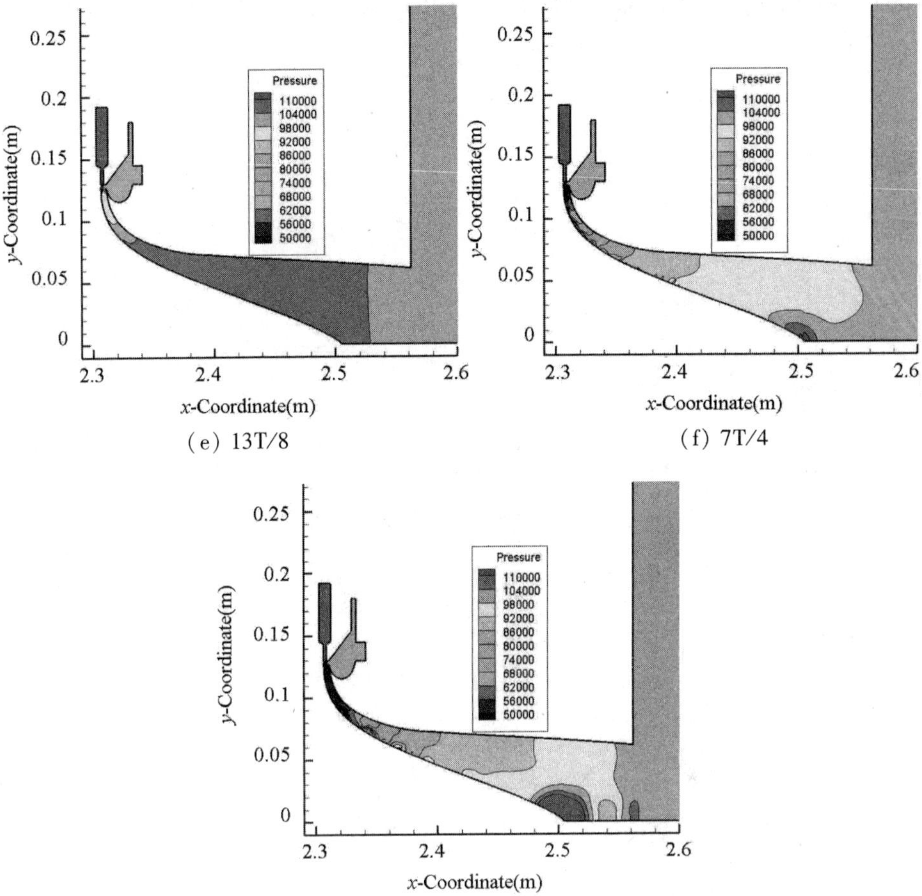

(e) 13T/8　　(f) 7T/4

(g) 15T/8

图 7.25　气室压力 0.6MPa、喉道 4.34mm、50Hz，单值约束设计的静压变化

7.3.5.2　2kHz 高频调制

调制频率 2kHz 时，为使压力扰动影响到整个喉道，共计算了 8 个调制周期。从整体流场结构看，第 3 个周期后，喉道内流场演化呈现稳定的周期性变化，这里给出的是第 6 个周期的瞬态结果。

图 7.26 给出 2kHz 高频调制、气室压力 0.6MPa，单值约束和初始喉道设计对应瞬态流场结果的比较。图 7.26(a)中可见高频调制条件下，外喷管曲线的改变对声源入口流量特性也没有影响。图 7.26(b)中两种设计对应 a，b，d 测点之间静压值的变化规律基本一致：静压结果在正压值和负压值之间交替变化，上游测点 a 的波峰时间延迟最小，下游测点 d 的延迟最大，上游测点的压

力扰动量级高于下游测点。受非线性作用的影响两种设计测点 c 的波形都接近于 N 型波。

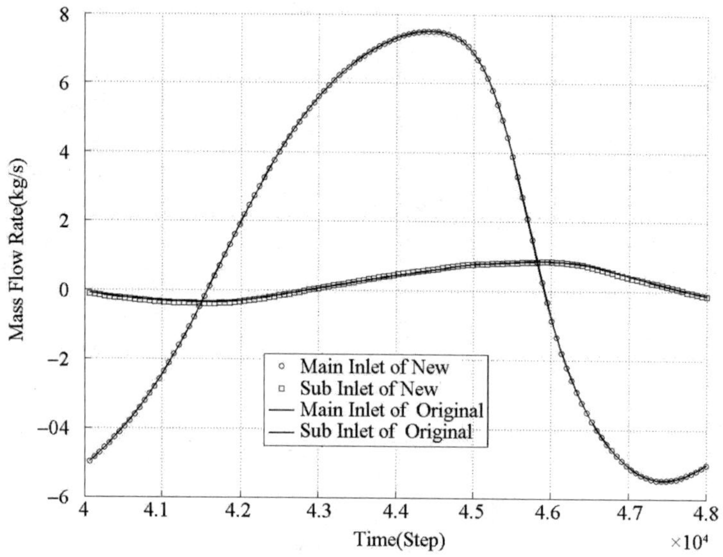

（a）入口流量特性结果

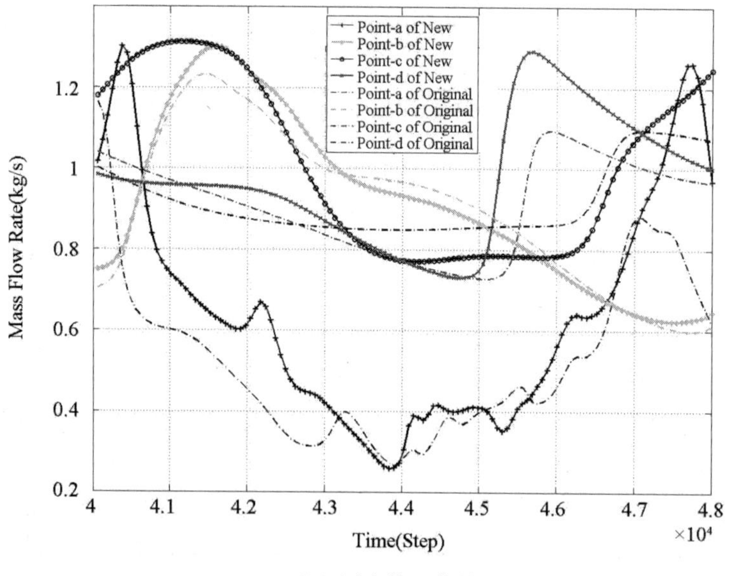

（b）测点静压值结果

图 7.26　气室压力 0.6MPa、喉道 4.34mm、2kHz，初始和单值约束设计的瞬态结果

图 7. 26(b)中比较不同设计相同测点的波形，可见单值约束喉道设计对应的压力扰动明显高于初始设计，其中主要是正压部分显著增强。测点 a，b，d 的波谷值相近而它们的压力波峰值有 10kPa 以上的增量。对于喉道出口主流内测点 c，可见两种设计对应的波形差异集中在前 1/2 周期的正压部分。其中，单值约束设计的波峰值远高于初始设计的结果。对比相关压力场快照(图 7. 27 和 7. 28 中 5T ~ 43T/8 时段)可见，初始设计结果中喉道出口轴线处静压值与环境压力相近，而单值约束结果中，该位置受到较高正压扰动的影响。与低频调制的结果类似，尽管 7#控制点(图 7. 21)上游的喉道截面面积没有变化，单值约束结果中截面未变部分(如测点 b)的扰动量级也有一定程度的提高，这是准稳态理论无法解释的。

采用单值约束的外喷管曲线后，得到压力扰动的正压部分有较为明显的增强，特别在喉道出口附近比较显著。在 5. 4. 2 节中，由测点 d 到测点 c 之间压力波形的显著变化被认为与冲击波的形成有关。图 7. 26(b)中可见，单值约束结果中从 d 点到 c 点同样存在波形负压部分被拉宽且幅值下降的现象，但是从定量角度负压衰减的程度不如初始结果中那样显著。

图 7. 27 给出了 2kHz 调制初始设计对应的静压分布变化结果(类似于图 5. 23)。可看到高频调制喉道内压力分布较为复杂，与低频调制相比沿主流方向压力不再是单调递增的分布，而是出现了相邻的多个高压区和负压区。这些区域随时间向下游移动，产生周期性的压力扰动波向外传播。注意到，高频调制在喷口全开时塞锥面上未出现与高气室压力相关的高低压交替现象，表明瞬态作用对换能过程中的膨胀/稀疏波相互作用产生了显著的影响。

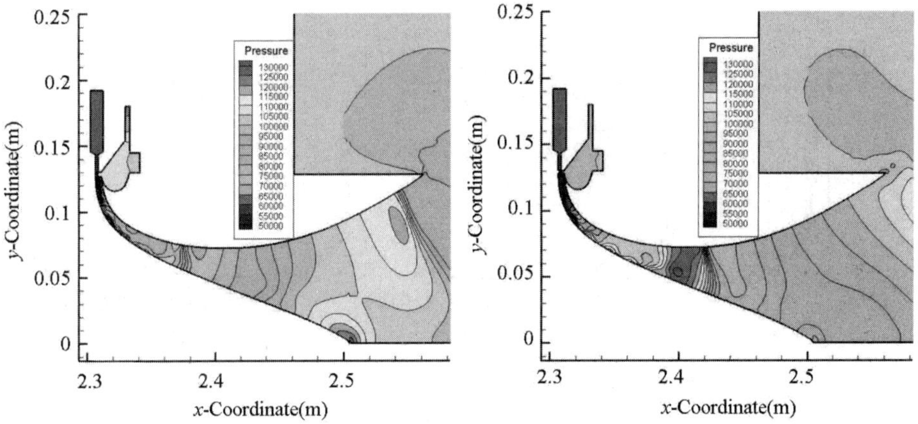

(a) 5T　　(b) 21T/4

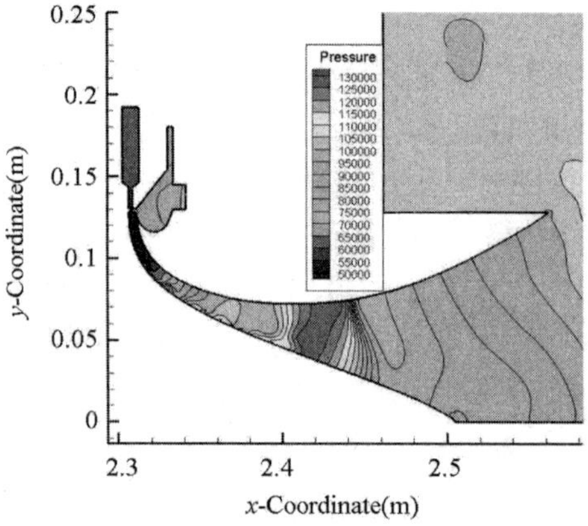

（c）43T/8

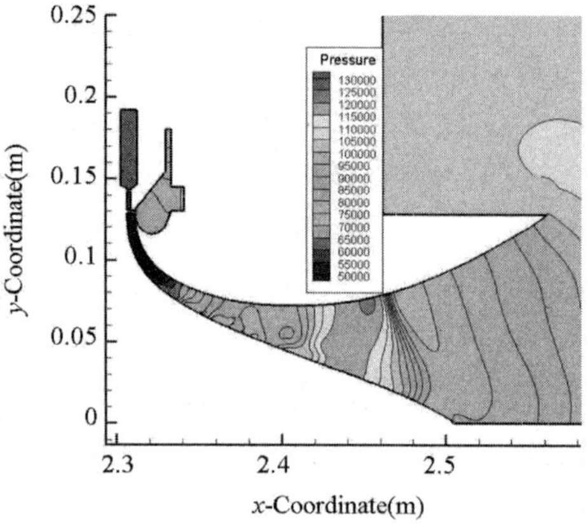

（d）11T/2

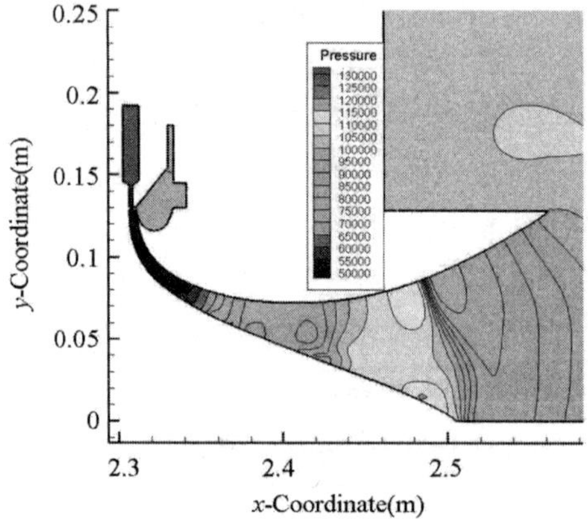

（e）45T/8

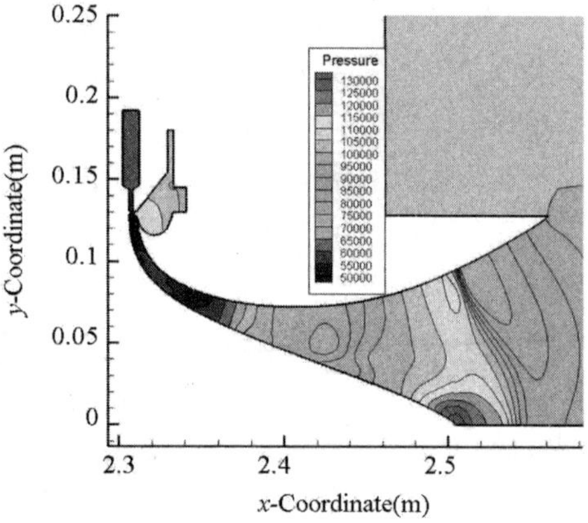

（f）23T/4

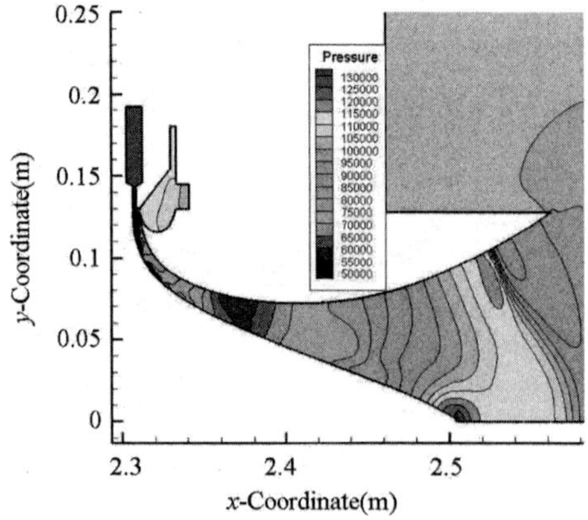

（g）47T/8

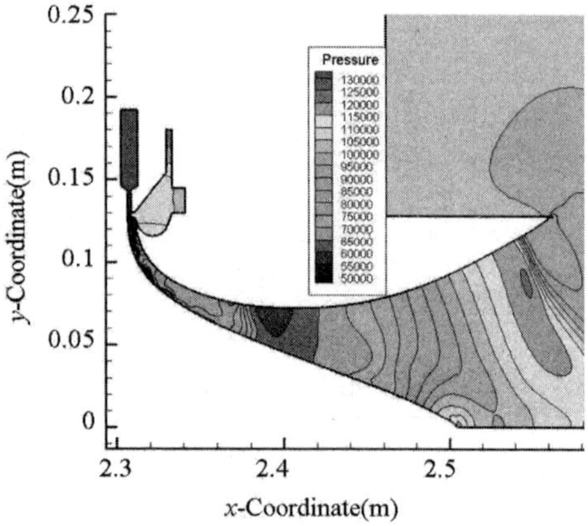

（h）6T

图 7.27　气室压力 0.6MPa、喉道 4.34mm、2kHz，初始设计的静压变化

图 7. 27 中，5T 时刻与喉道入口相邻的是负压区，其下游沿主流方向分别是正压区和负压区。随后在喉道入口负压区的中部产生新的正压区，此后直至 47T/8 时刻，该正压区范围逐渐扩大并向下游移动，它的两侧都是负压区。在 47T/8 时刻，该正压区的一端达到喉道出口，同时在喉道入口又产生了新的正压区，其左右两侧也是负压区。两个相邻负压或正压区的间距接近于标准大气条件下，调制频率对应的声波波长(0. 17m)。速度场结果中，主流贴近塞锥壁面，喉道外侧呈大范围回流，回流与主流的剪切层中可观察到显著的旋涡脱落过程。5T 时刻，在喉道中部和出口分别存在一个旋涡。调制过程中两个旋涡都随时间向下游移动，上游旋涡区域逐渐扩大，下游旋涡区域则逐渐移出喉道，于是原上游旋涡移至原下游旋涡位置，原上游旋涡的位置产生了新的旋涡，如此周而复始。旋涡运动与外侧回流相互作用，是声源产生过程中谐波分量的可能来源。

图 7. 27(d) ~ (g)过程中可见，靠近外喷管壁面有冲击波的形成，而在同一截面靠近内塞锥一侧，压力梯度的变化却比较均匀。因此图 7. 26(b)中测点 c 和 d 波形的明显差异，也反映了不均匀流场结构对压力扰动的传播的影响。

图 7. 28 和图 7. 29 给出 2kHz 高频调制单值性约束设计的压力场和速度场演化过程。其中，压力场演化过程在定性方面与初始设计是相似的：喉道内存在多个彼此相邻的随时间向下游移动的正压区和负压区；受瞬态作用影响，塞锥面上也未出现高低压交替的现象。5T 时刻，喉道入口附近是负压区，在下游与其相邻的是一个正压区和一个负压区。随后，在喉道中部产生一个新的正压区，在后 1/2 周期，该正压区域的逐渐扩大并向下游移动，在其左侧和右侧均为负压区，如此周而复始。图 7. 29 速度场结果中，主流贴近塞锥壁面，喉道外侧始终存在一个大尺度的旋涡。与初始结果相比喉道出口回流强度减弱，从喉道入口到中部范围内可观察到明显的旋涡脱落过程。5T 时刻，在喉道入口附近有一个旋涡。5T ~ 43T/8 时间段内，该旋涡向下游移动，并在 11T/2 ~ 45T/8 时间段内与喉道出口外侧的驻涡相融合。23T/4 ~ 6T 时间段内合并的旋涡重新分离，喉道入口附近又产生新的旋涡。喉道外侧脱落旋涡与驻涡之间的相互作用也可能对换能过程产生额外的贡献。

对比两种不同喉道设计的瞬态静压分布结果，可见形成的压力扰动存在显著差异。例如，对于冲击波两侧高压区和低压区从喉道中部向下游的运动过程，各时刻单值约束两区域的压力幅值均高于初始设计。考虑到冲击波两侧压力幅值的增加，单值约束结果中冲击波的强度较初始设计也有一定程度的提高。压力扰动量级的改变不仅来自管道截面的缩小，而且与流动细节的改变有关。初始设计结果中在喉道出口截面上正压部分的分布不均匀，靠近外侧的静

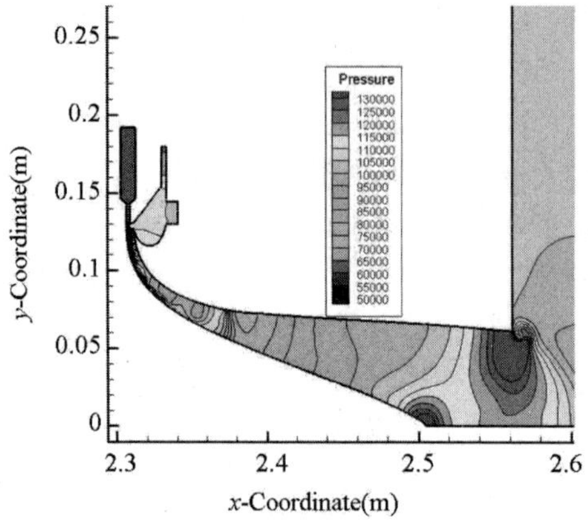

(a) 5T

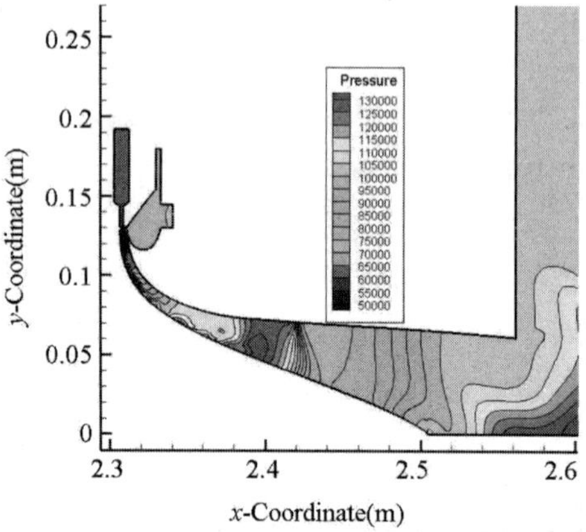

(b) 21T/4

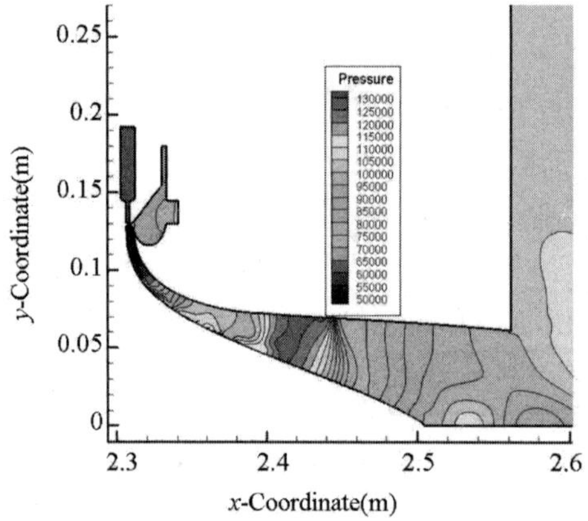

(c) 43T/8

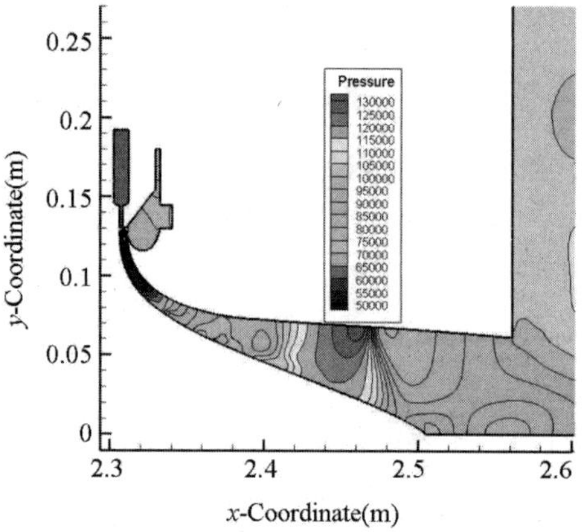

(d) 11T/2

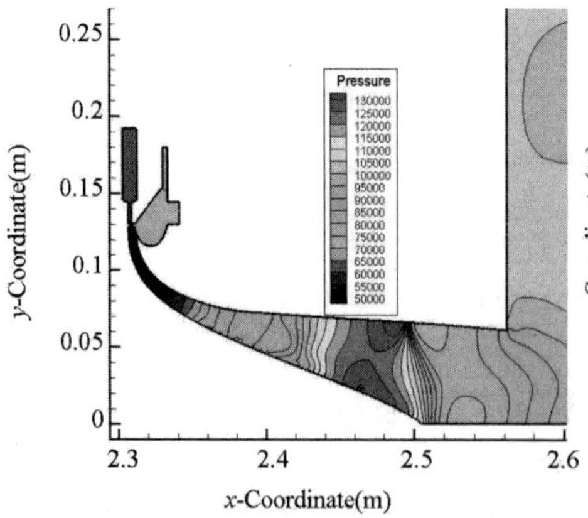

(e) 45T/8

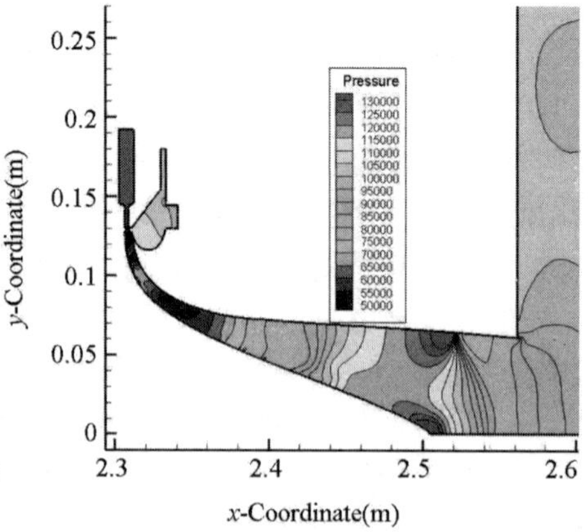

(f) 23T/4

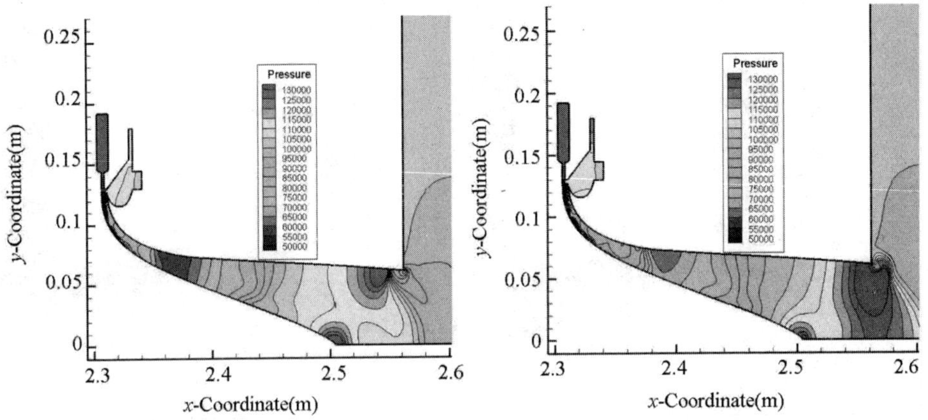

(g) 47T/8　　　　(h) 6T

图 7.28　**气室压力** 0.6MPa、**喉道** 4.34mm、2kHz，**单值约束设计的静压变化**

压值显著高于内侧结果，而单值性约束出口截面上静压分布的均匀性相对较好(图 7.28（h)）。这可能对气流声源的分布产生影响，进而影响近距离声场的指向性。最后，在喉道出口阻抗匹配方面，调制频率 2kHz、喷口全开时，初始设计喉道出口密度接近环境密度，而单值约束的密度值偏高，达到 1.4 ~ 1.6kg/m^3。所以尽管单值约束设计获得了更强的压力扰动，但为了形成有效声辐射，在阻抗匹配方面仍需进一步考虑。

采用单值约束曲线设计后，喉道出口尺寸明显减小，波数和声源半径的乘积接近于 2.4。基于瞬态流场结果与 FW – H 声类比，计算 2kHz 高频调制单值约束对应的气动声场结果（轴线 1m、5m 和 10m）如图 7.30 所示。其中，声源面与喉道出口间距保持三倍的喉道轴向尺寸，气动近场模拟了 8 个调制周期，高频调制下压力扰动有足够时间传播至声源面。从不同位置预测声信号的时间延迟看，声波的传播速度接近标准状态下空气介质中的声速。喉道出口 1m 处，流场速度和散度仍然较高，该位置声波的传播与气流流动相耦合，因而 FW – H 积分得到 1m 处声压结果均为正值，不符合物理实际。5m 以外可忽略流场的影响，可视为一般意义上的声信号传播。本例中 5m、10m 和 100m 对应的最大声压值分别为 1795Pa、920Pa 和 91Pa。从图 7.30(b)频谱结果中可看到,声信号中能量以基频(2kHz)为主，基频与调制频率一致，其余频谱分量以高次谐波为主。频谱图中给出的 5m 和 10m 声信号基频声压值为 784Pa 和 411Pa。

由 7.3.5.1 和 7.3.5.2 节的分析可知，无论是高频或低频调制，单值约束设计和初始设计流场演化结果的对比都说明，外喷管曲线的改变提高了喉道内

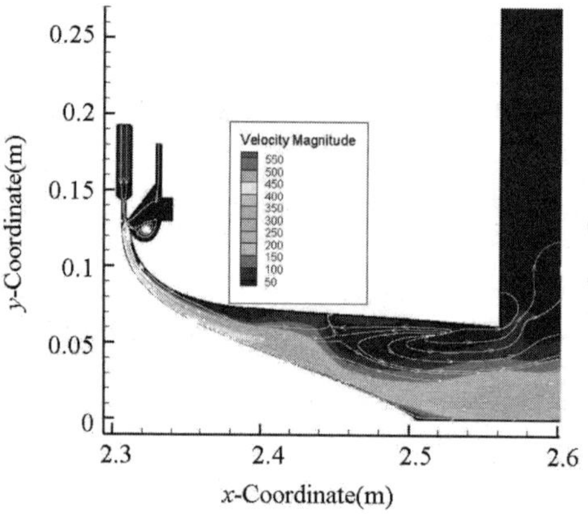

（a）5T

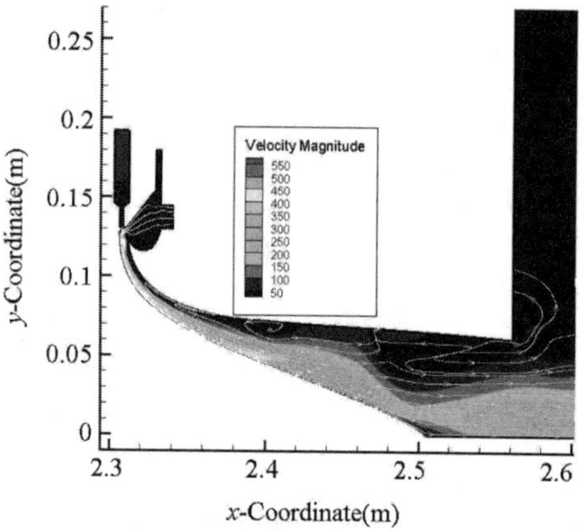

（b）21T/4

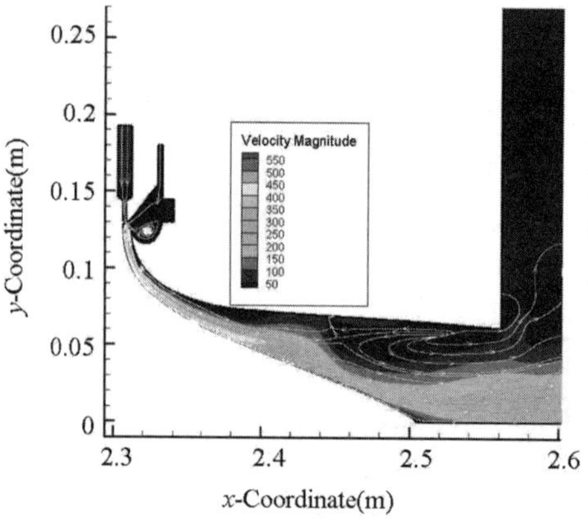

（c）43T/8

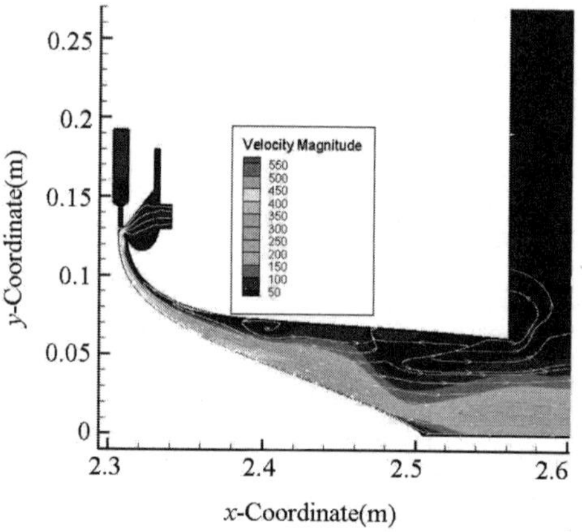

（d）11T/2

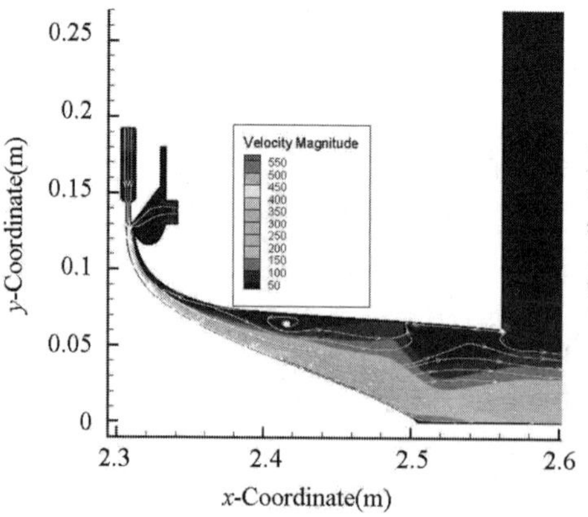

（e）45T/8

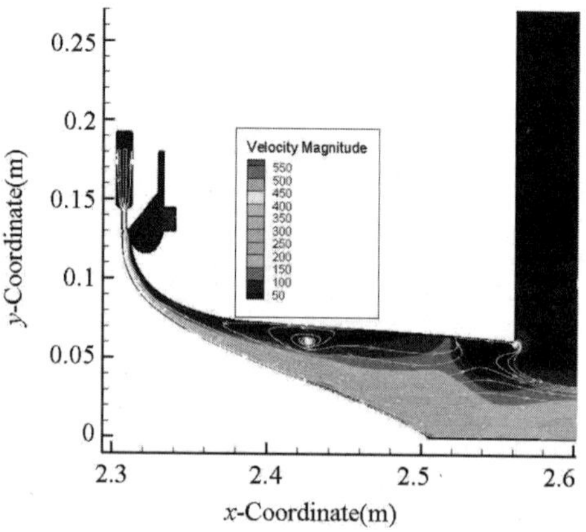

（f）23T/4

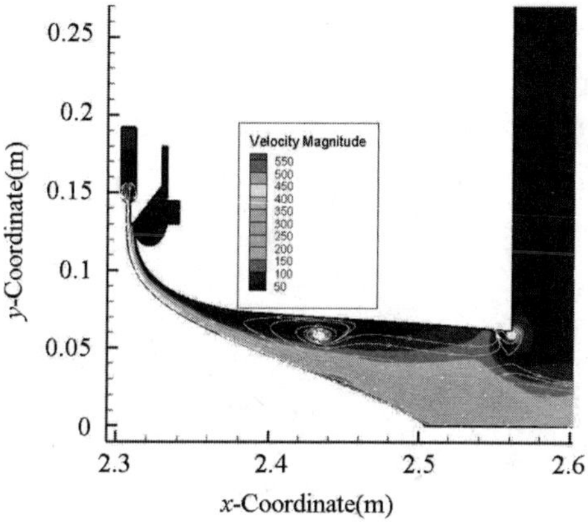

（g）47T/8

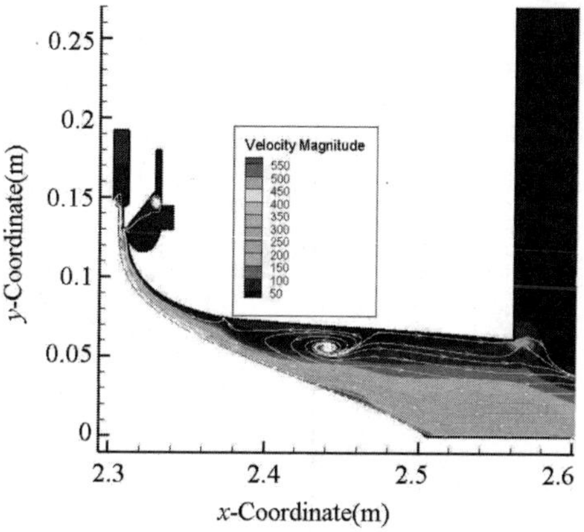

（h）6T

图 7.29　气室压力 0.6MPa、喉道 4.34mm、2kHz，单值约束设计的速度量级变化

的压力扰动。这一方面来自管道截面的减小，同时也与其他因素有关。AMS 瞬态流动过程中声源的形成，可看作是平均流动基础上叠加压力扰动的结果。一方面，从流动角度看，外喷管曲线的改变能够减小平均流动的损失；另一方面，从声学观点看，不考虑截止频率，压力扰动传递效率的下降与管道截面变化过快之间没有直接关系。所以声能量转换过程中，平均流动与压力扰动之间很可能存在某种能量传递，弱化流动分离降低了平均流动的损失，因而提高了

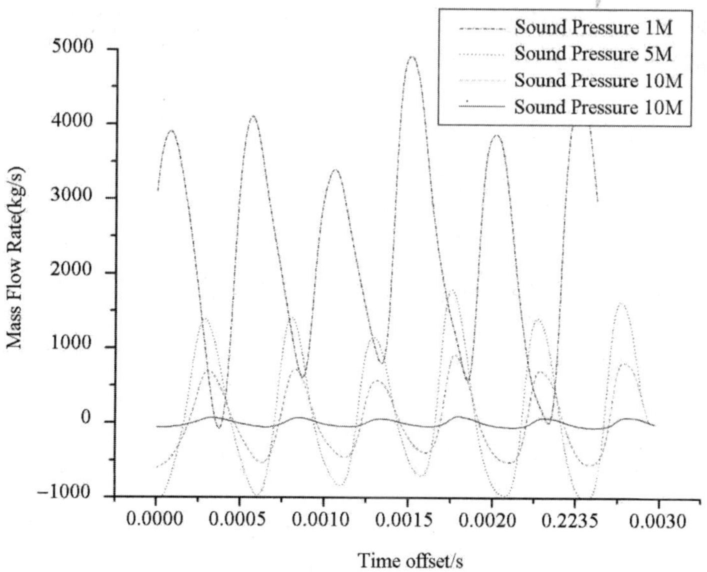

（a）声压测点时域信号结果

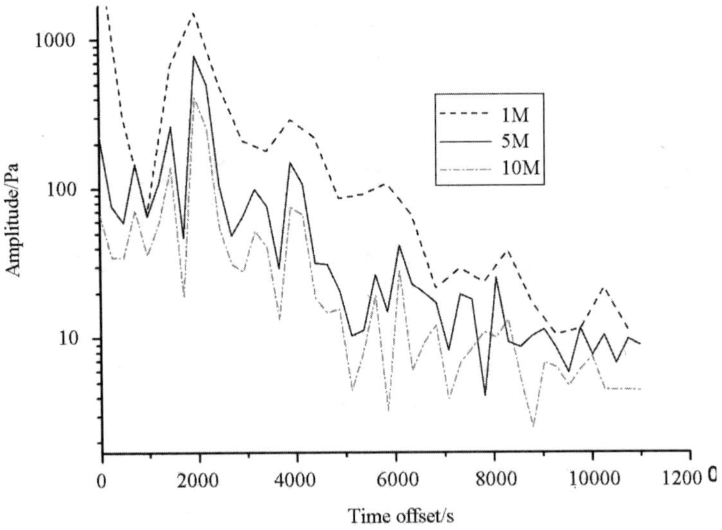

（b）声压测点频谱结果

图 7.30 2kHz 高频调制，单值性约束对应的轴线上 1m、5m 和 10m 声场结果

这种能量传递的数量。此外，声波输出的改变与旋涡流动也有关系。高频调制瞬态流场中旋涡脱落过程较为明显。由于旋涡的产生、对流和耗散过程包含着旋涡与主流能量之间的交换，旋涡与受扰动主流间的相互作用形成了对辐射声场的额外贡献。而降低流动分离后，这一部分贡献也有明显的改变，成为两种设计对应声源性能差异的另一个因素。

7.3.6 小型化喉道设计

在 AMS 的某些应用场合，声源的体积受到限制，希望装置设计能够尽可能趋于小型化。本节中将喉道尺寸缩小至初始设计的 1/2，分析喉道尺寸减小对声源换能过程的影响。工况参数取气室压力 0.729MPa、喉道入口宽度 4.34mm、调制频率 500Hz。静压测点坐标值在初始结果基础上作相应比例的缩放，喉道尺寸缩小后静压测点的位置如图 7.31 所示。

图 7.32 给出 1/2 等比例缩放和初始设计对应入口流量的对比。可见 1/2 缩放后主入口流量随时间的变化规律与初始结果相同，但是喉道尺寸缩小后，喷口径向尺寸和出口面积减小，使声源对供气量的需求减小。同时，侧面入口流量值也小于初始设计结果，其随调制面积的变化规律也有明显改变，在 T/2 ~3T/4 时段内还出现了侧面入口流量为负的情况。这一时间段内，喷口逐渐开启，主入口流量逐渐增加，但是由于喉道出口流速较低，在喉道入口附近管

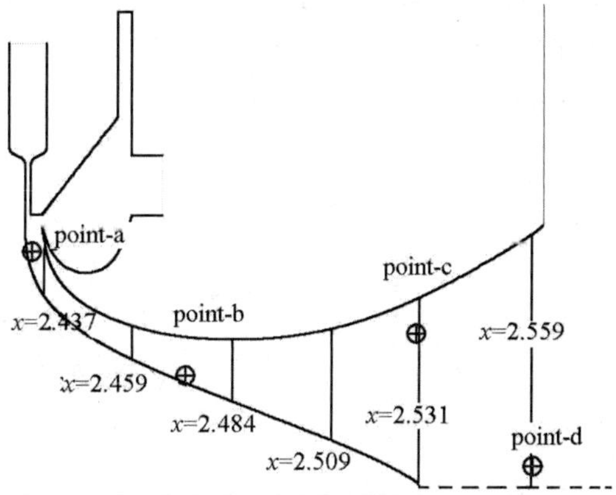

图 7.31　1/2 等比例缩放后的小型化喉道设计及测点分布

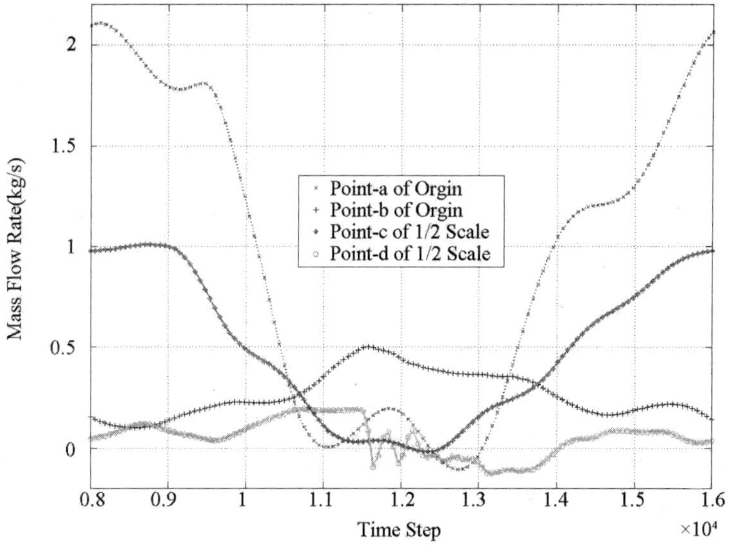

图 7.32　气室压力 0.729MPa、喉道 4.34mm、500Hz，1/2 缩放和初始喉道入口流量对比

道内累积了一定的流量，使入口附近局部静压值高于环境压力。在此压差的作用下，部分喷口射流从侧面入口中流出。

图 7.33 比较了 1/2 等比例缩放和初始喉道设计对应测点静压值结果。可见两者的压力波形存在明显差异。初始设计结果中，波形基本上与调制函数相似，波形所含频率成分相对比较单一，而 1/2 等比例缩放后静压值波形在较大程度上偏离了调制函数，出现了较多的高频振荡。图 7.33(a) 中，1/2 等比例缩放的 a，b 测点静压值在前 1/4 周期下降，T/4 ~ T/2 时段升高，T/2 时刻接

近环境压力，T/2 ~ T 时段测点静压值高于环境压力。其中测点 b 的压力扰动量级高于测点 a，测点 b 波形在 T/4 ~ T/2 时段内存在一个明显的压力跃变(静

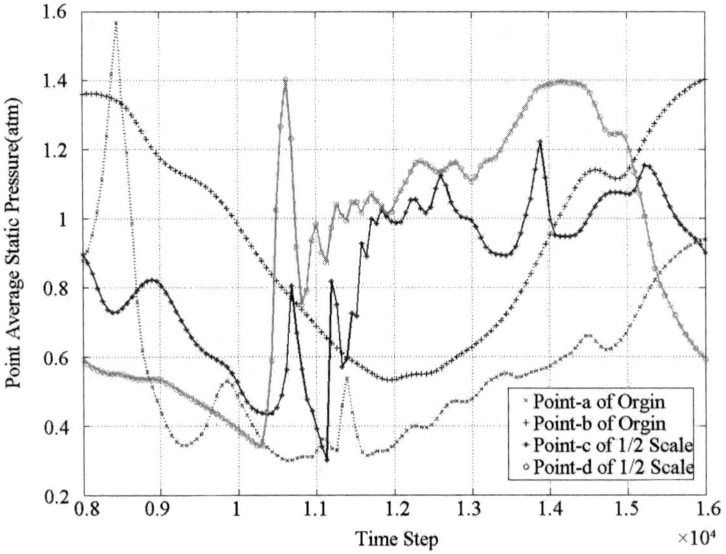

(a) a，b 测点静压值结果

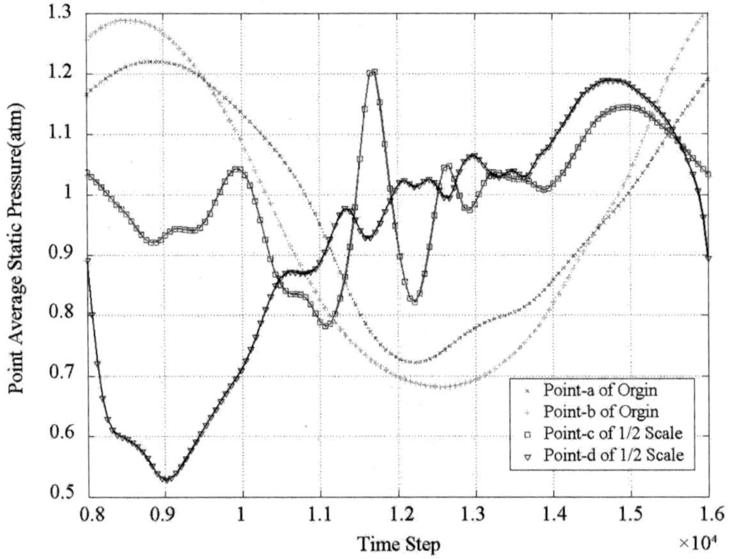

(b) c，d 测点静压值结果

图 7.33　气室压力 0.729MPa、喉道 4.34mm、500Hz，1/2 缩放和初始喉道静压值比较

压值提高 0.1MPa)。图 7.33(b)中，回流区内测点 d 的压力扰动量级较高，喉道出口主流中的测点 c 静压值在 0.08 ~0.12MPa 间振荡，明显低于初始设计对应的结果。

图 7.34 给出 1/2 缩放喉道内静压值分布的快照。其中前 1/2 周期，喉道出口速度较高，而流入喉道的流量随调制面积的减小而减少，对应喉道内负压区的产生和传播过程。后 1/2 周期刚好相反，喉道出口速度较低，而流入喉道的流量随调制面积增加而增加，形成内部流量的累积，对应正压区的产生和传播。将图 7.34 的压力场演化过程与初始设计的结果(图 5.22)相比，可见前 1/2周期同一截面静压值的分布很不均匀：某一时刻同一截面上既有负压的分布，也有高于环境压力的区域。整体上，1/2 缩比结果中未形成类似初始结果中规则的压力扰动传播。

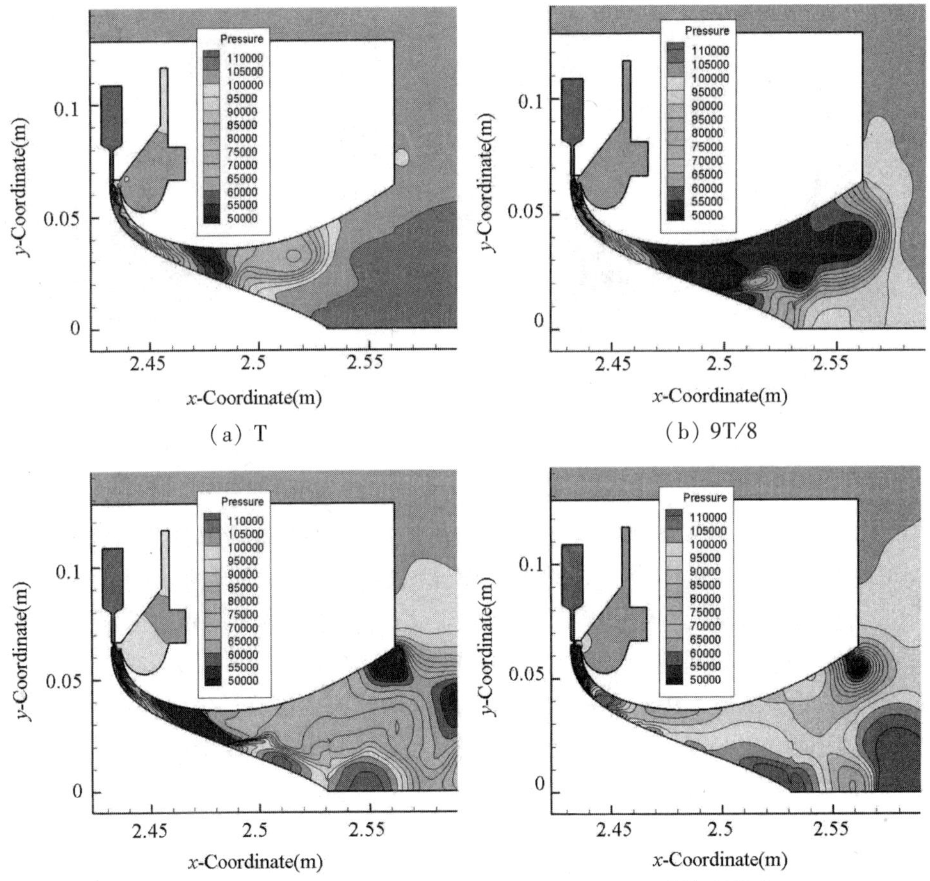

(a) T　　(b) 9T/8

(c) 5T/4　　(d) 11T/8

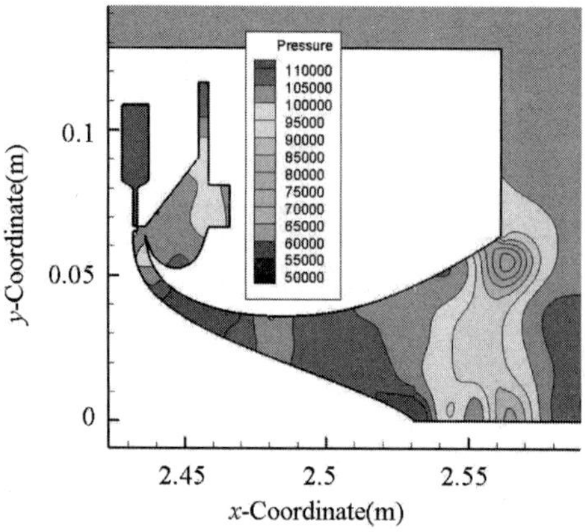

(e) 3T/2

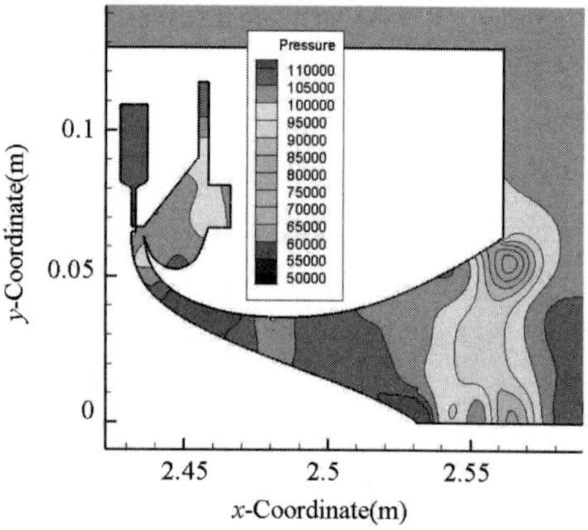

(f) 13T/8

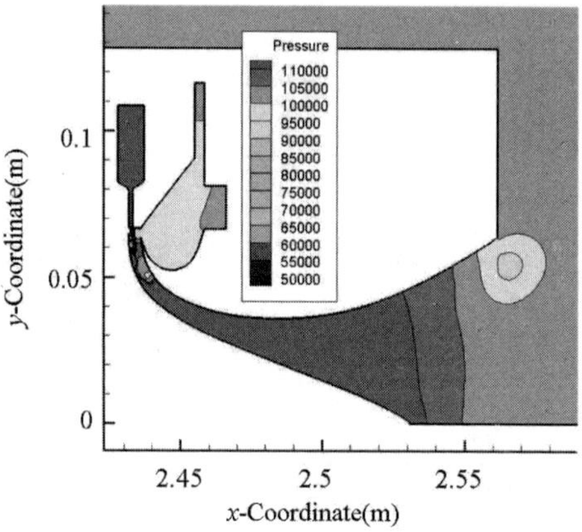

(g) 7T/4

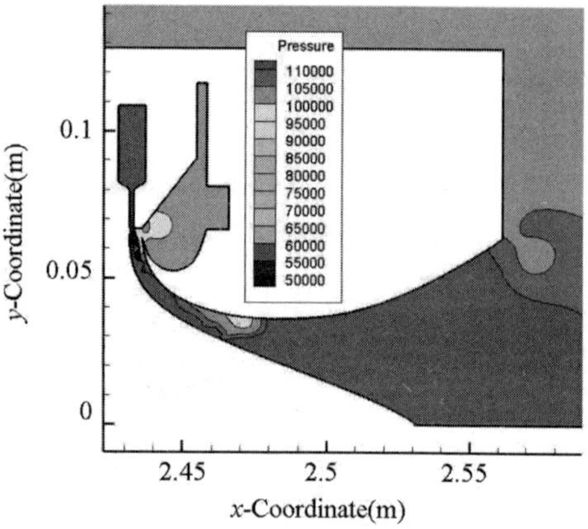

(h) 15T/8

图 7.34 气室压力 0.729MPa、喉道 4.34mm、500Hz，1/2 缩放喉道内静压值的变化

回顾整个 7.3 节对多种喉道型线设计条件下瞬态流场模拟结果的对比分析可知，保持工况参数不变，更改喉道设计可以获得不同的背景流场（即喷口半开时的平均流场）。不同背景流场基础上得到的声能转换过程具有明显差异，对应喉道内相同位置的压力扰动量级和频谱分量也存在较大差距。在内部瞬态流场的演化过程中，由声压值表征的扰动场与平均流场之间存在密切的关系。说明通过更改喉道设计，能够影响压力扰动的产生和声能转换过程。这进一步说明了喉道型线在整个内气动系统设计中的重要意义。

7.4　声号筒耦合

在某些应用场合，AMS 工作在低频频段（几百甚至几十赫兹）。调制频率较低时，喉道出口作为声源的辐射面，其尺寸远小于相应频率的声波波长。为增强声源的低频辐射效率，实际应用中常在喉道出口耦合一变截面管，称为声学号筒。工程应用中一般选择指数型号筒。

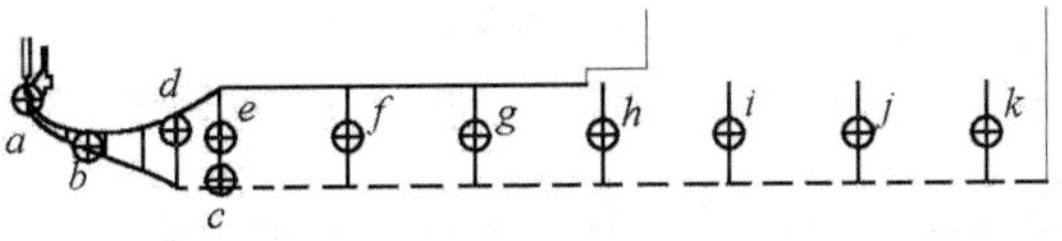

图 7.35　初始设计耦合等截面号筒后的静压测点分布

耦合号筒后，喉道出口压力低于环境压力。与未耦合号筒相比，喉道内瞬态流动很可能会发生一定程度的变化。本节的目的是研究喉道出口耦合号筒后，声源性能和声能转换过程的变化。

本节考虑最简单的等截面号筒，图 7.35 给出了在初始喉道设计基础上耦合号筒的结构，号筒长度为 0.5m，从上游至下游在喉道、号筒内部及其外部自由场中布置多个静压测点。工况参数仍然取气室压力 0.729MPa、喉道入口宽度 4.34mm、调制频率 500Hz。

7.4.1　稳态流场

图 7.36 给出耦合等截面号筒后计算得到的稳态流场结果。图 7.36(a)中可见耦合号筒后喉道出口静压值由环境压力下降至 0.09MPa，在号筒内部静压值逐渐恢复至出口的环境压力，号筒中同一截面静压值相对比较均匀。图 7.36(b)中可见喉道出口主流速度量级约为 400～430m/s，与未耦合号筒前基

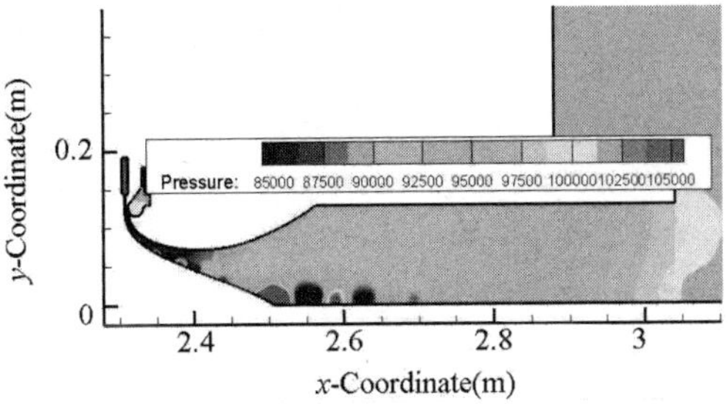

（a）静压值结果

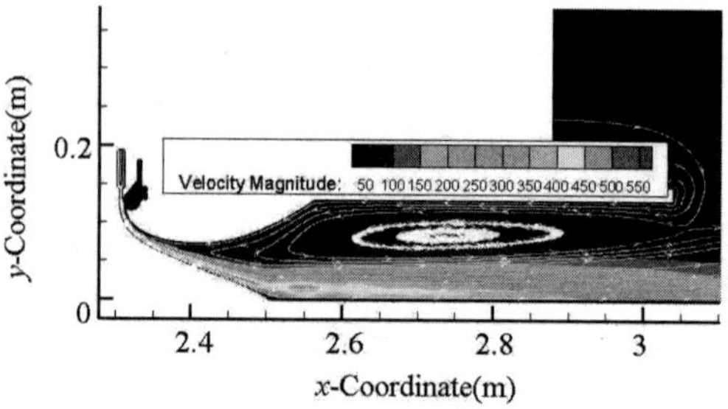

（b）速度量级结果

图 7.36　气室压力 0.729MPa、喉道 4.34mm，初始设计耦合号筒的稳态流场

本相近。号筒内主流靠近对称轴，沿流动方向主流流速逐渐降低，在号筒出口流速下降为入口的一半，而号筒出口主流宽度相对于号筒入口略有增加。号筒内靠近外侧是大范围的回流，其中形成大尺度的旋涡。由于管道受限作用的影响，耦合号筒后，出口位置主流流速有一定程度的提高，号筒出口主流宽度明显低于未耦合号筒时相同位置的结果。

7.4.2　瞬态流场

图 7.37 给出耦合号筒之后和之前主入口、侧面入口的流量。其中主流量没有变化，侧面入口流量在后 1/2 周期存在一定差异。总体上流量方面的差别不明显。

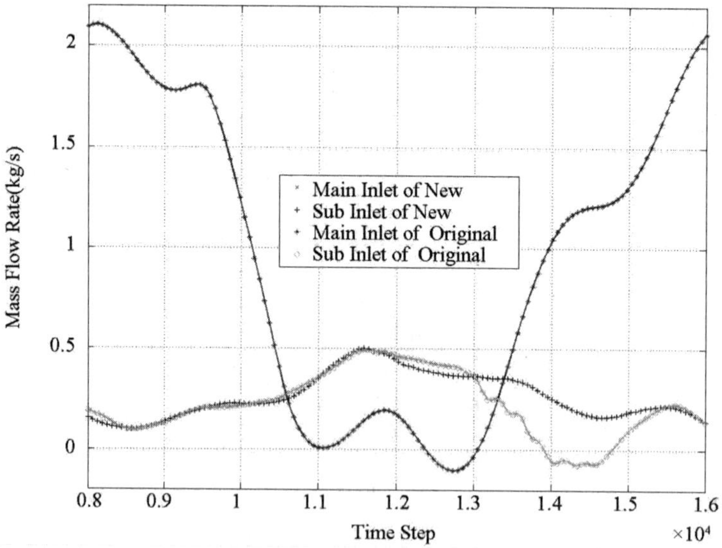

图 7.37　气室压力 0.729MPa、喉道 4.34mm、500Hz，耦合号筒之前/后的入口流量对比

图 7.38 给出两种情况下喉道内 a，b，c，d 测点记录的静压值变化。其中图 7.38(a)中可见，耦合号筒后 a 点波形中喷口全开时刻附近的压力跃变消失；b 点波形的波峰值与未耦合号筒的结果相近，而波谷值有一定程度的下

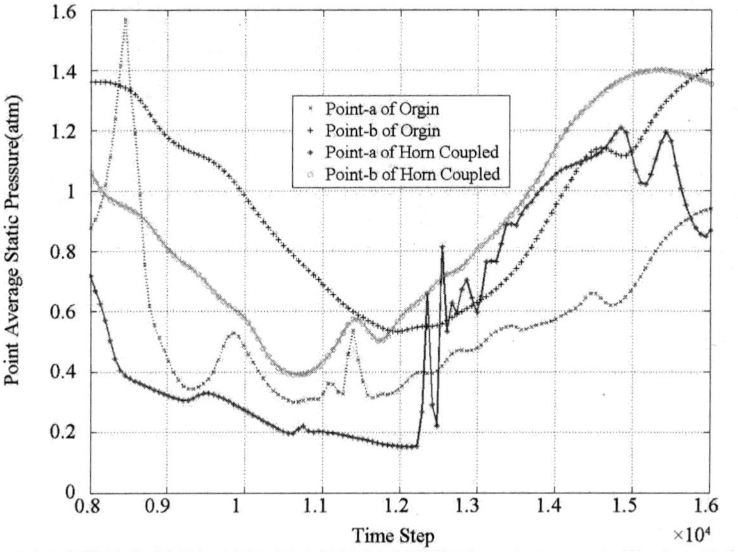

(a) a，b 测点静压值结果

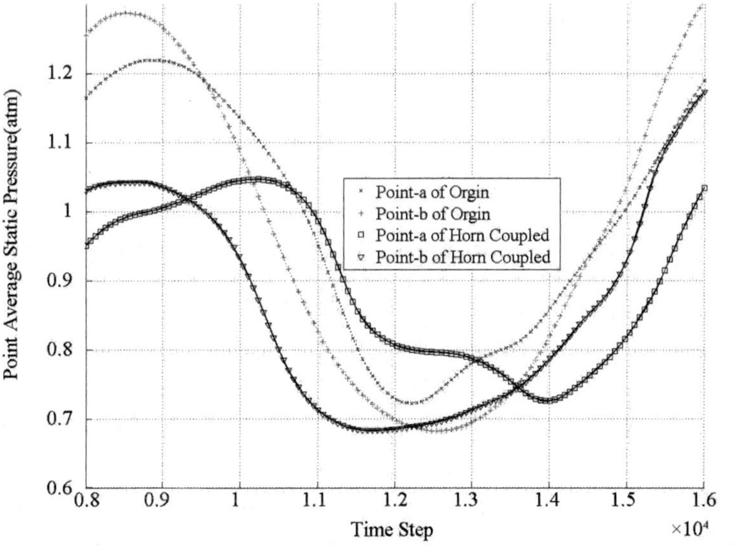

(b) c，d 测点静压值结果

图 7.38　气室压力 0.729MPa、喉道 4.34mm、500Hz，耦合号筒之前/后的静压值比较

降，耦合号筒后 b 点波形的相位提前了约 1/8 周期。图 7.38(b)中，耦合号筒后 c，d 两点波形失真程度有所增加，大部分波形的静压值均为负压，而未耦合时正负半周基本对称。两种情况下 c，d 两点波谷值基本接近，而耦合号筒后波峰值明显下降，使这两点的压力扰动量级有一定程度的降低。

图 7.39 给出号筒内从上游至下游 e，f，g，h 测点记录的压力波形。可看出从 e 点到 g 点，随着压力扰动的传播，波形整体向上偏移。其中，波峰幅值逐渐增加，波谷幅值逐渐降低，逐渐趋于正负半周对称的波形。整体上在从 e 点到 g 点扰动传播过程中压力波形的峰峰值略有下降。从 g 点到 h 点，波峰幅值略有增加，波谷幅值则出现显著下降。h 点波形负压部分被拉宽，压力波形的峰峰值显著降低。

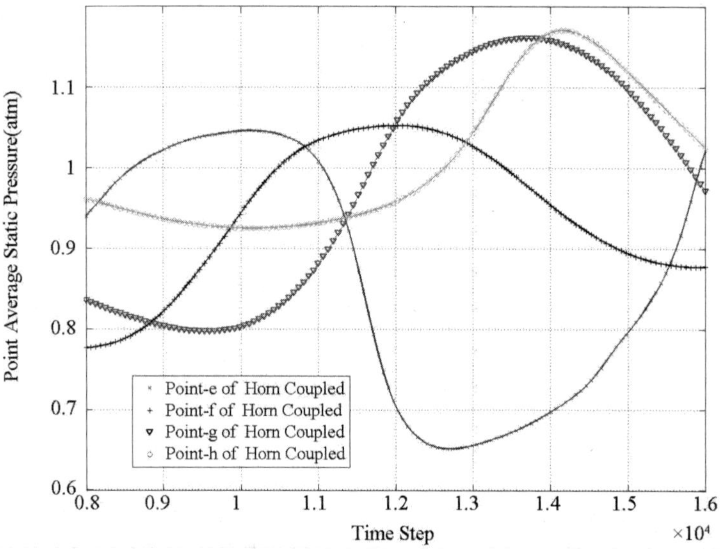

图 7.39　气室压力 0.729MPa、喉道 4.34mm、500Hz，耦合号筒之后号筒内测点静压值

图 7.40 给出耦合号筒后静压分布和速度场演化过程。图 7.40(a1)~(f1)中，可见负压和正压扰动相继在号筒中传播，某时刻同一截面上静压值基本接近，其中图 7.40(b1)和(e1)中相邻负压区或正压区的间距接近于 500Hz 声波的波长。图 7.40(a2)~(f2)速度场结果中，主流靠近喉道内侧，外侧为回流，回流和主流之间形成两个大尺度旋涡，调制过程中旋涡不断向下游运动。其中上游旋涡的位置对应图 7.40(c1)~(f1)中喉道出口静压值偏低的区域。图 7.40(b2)~(f2)过程中，可见喉道和号筒内形成断续射流，射流随时间逐渐向下游移动，流速不断降低。其中，受局部高压区影响，喉道出口新产生的射流向下游运动的速度较低，且射流方向与轴线之间形成一定的角度。

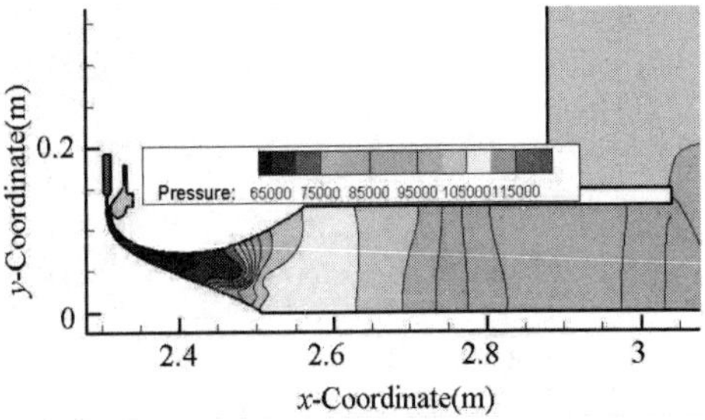

（b1）5T/4 时刻的静压值

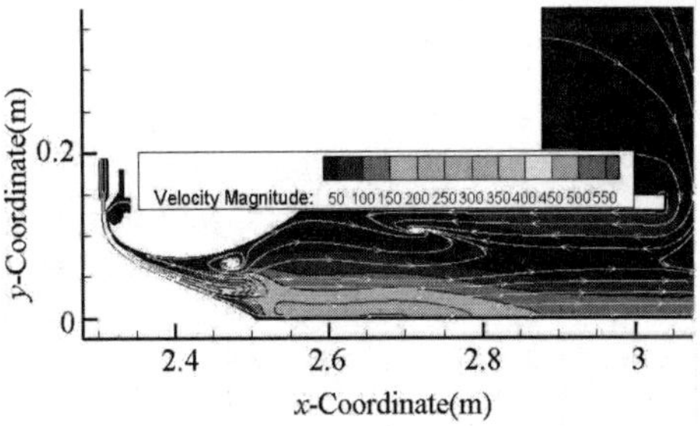

（b2）5T/4 时刻的速度量级

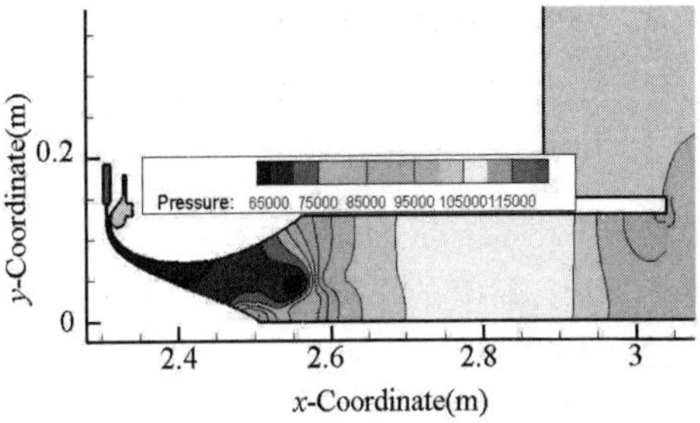

（c1）3T/2 时刻的静压值

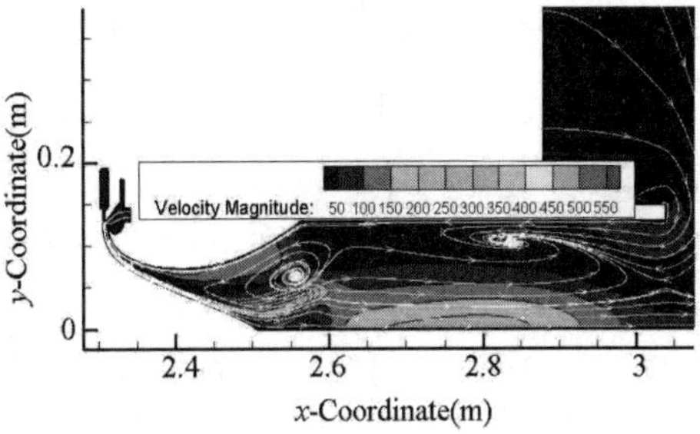

（c2）3T/2 时刻的速度量级

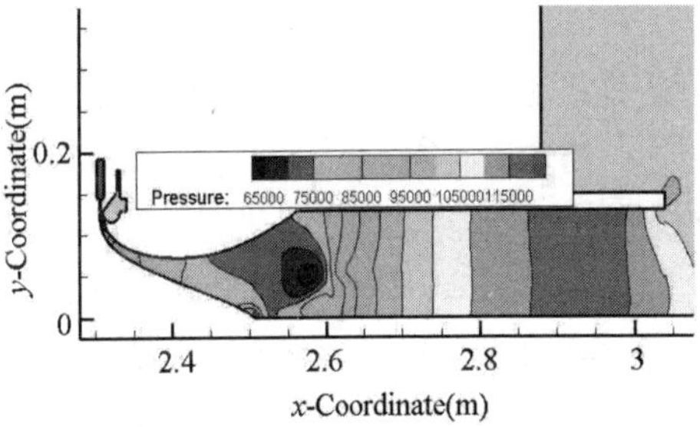

（d1）13T/8 时刻的静压值

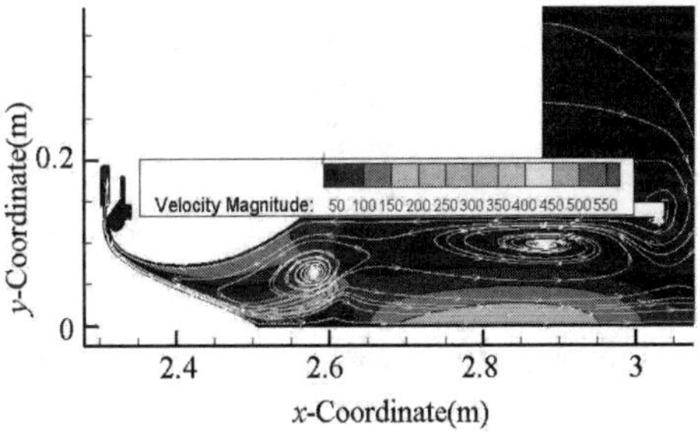

（d2）13T/8 时刻的速度量级

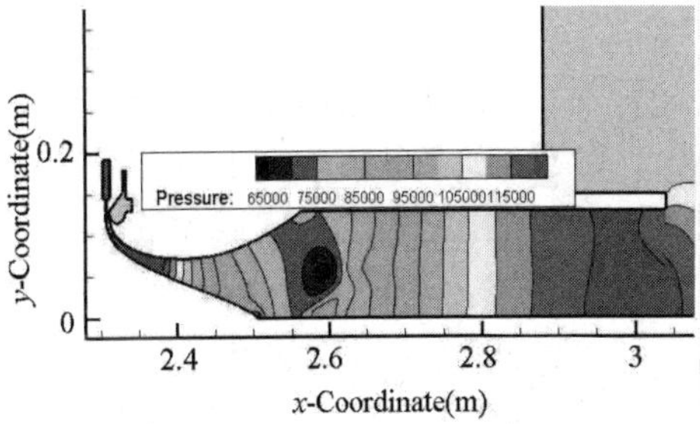

（e1）7T/4 时刻的静压值

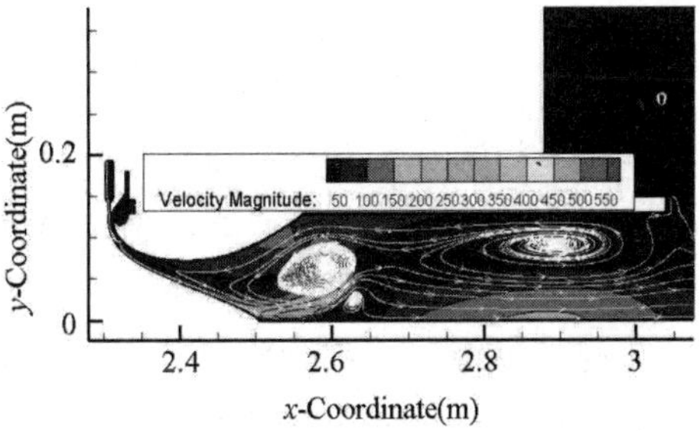

（e2）7T/4 时刻的速度量级

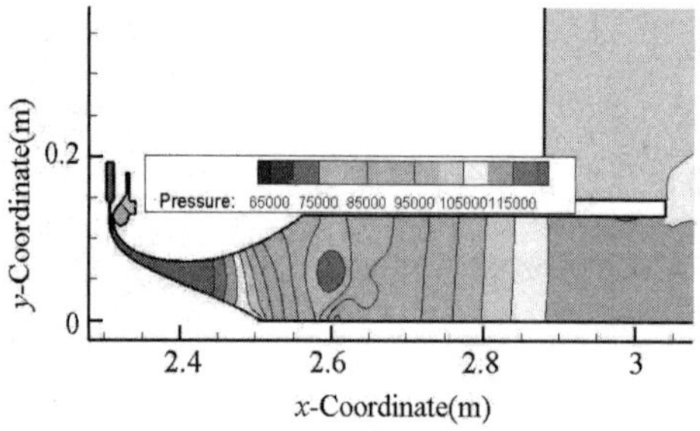

（f1）15T/8 时刻的静压值

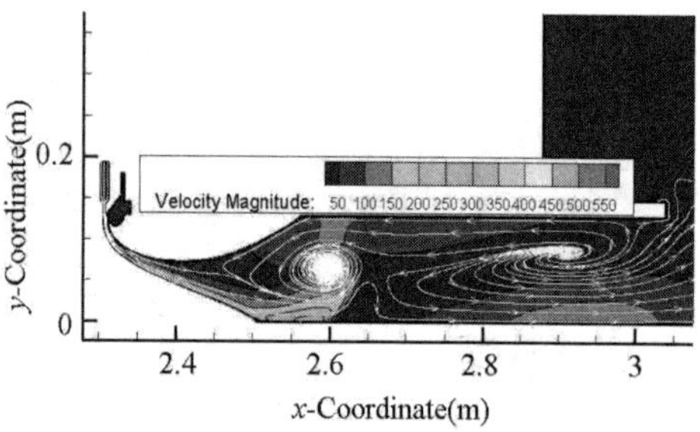

（f2）15T/8 时刻的速度量级

图 7.40　气室压力 0.729MPa、喉道 4.34mm、500Hz，耦合号筒后瞬态流场结果

依据图 7.40 瞬态流动过程，可分析图 7.39 中压力扰动传播过程中波峰幅值增加、波谷幅值降低的原因。图 7.40(a1)～(b1)过程中，号筒内负压区域幅值降低。从对应时段速度场的变化可知，来自上游的主流具有较高动能，其与向下游传播的负压扰动相互作用，导致了负压幅值的下降。图 7.40(c1)～(e1)过程中，号筒出口内侧相邻区域的静压值明显提高。此时速度场结果中，号筒出口流速较低，同时上游高速射流逐渐向下游移动，在出口附近形成了流量的累积。由图 7.40(e1)～(f1)可知，号筒出口 h 点波形负压部分的衰减(图 7.39)与号筒出口的阻抗不匹配有关。

与图 5.22 未耦合号筒的瞬态静压值结果相比，耦合号筒后喉道出口正压部分的幅值有所降低。经过等截面号筒的“整形”，同一截面静压值比较接近，号筒中形成了高声强的行波。考虑到号筒截面积没有扩展，比较号筒出口与未耦合号筒结果中喉道出口的压力波形，可知前者的压力扰动明显偏低。这说明压力扰动在号筒中传播的过程中，流场内耗散作用的影响不能被忽略。

7.5　外喷式声源

本章 7.3.6 节中，将喉道 1/2 等比例缩放后，压力场演化过程变得更加复杂，同一截面上压力分布的差异较为显著；测点压力波形中产生了较多的高频振荡，波形失真度显著增加。这样的声源输出是实际应用中希望避免的。

对于常见的声源设计，喉道中喷口射流一般靠近对称轴一侧，具有类似特性的声源结构可称为内喷式结构。为了研究通过改变内气动系统设计减小波形失真的可行性，本节探讨了一种与内喷式结构不同的外喷式气动系统结构，如图 7.41 所示。外喷式内气动系统结构中，保持喷口出口面积与 1/2 缩比模型（7.3.6 节）一致，喷口射流的流向更改为沿径向自内而外；将初

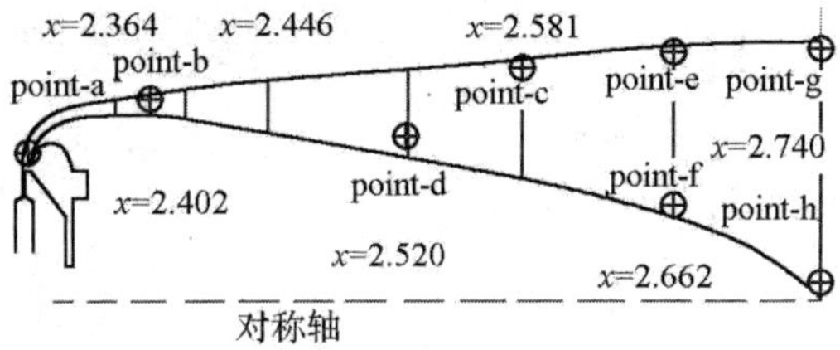

图 7.41　外喷式声源喉道设计及静压测点分布

始设计中喉道内侧和外侧的壁面在半径方向对调，两壁面间夹角保持 15°左右，喉道截面缓慢扩展；喉道出口半径为 133.59mm，与初始设计的喉道出口尺寸相近。

采用外喷式的气动系统设计，还可能带来一些额外的优点。首先，主流沿外壁面流动，外壁面与号筒间实现了光滑过渡，喉道出口局部高压区将消失，对降低平均流动的局部损失有利。其次，采用相同的喉道曲线，外喷式结构可扩大声源出口面积，提高低频声波辐射效率。然后，考虑到声源装置的工程实现，外喷式结构的进气道位于声源轴线附近，音圈外接引线无须穿越内气动系统，简化了振动系统的设计工艺。最后，外喷式结构中音圈遮挡产生的泄漏气流与载流线圈处于音圈两侧，在高气室压力和大电流激励条件下，有利于避免音圈引线折断，保持声源稳定工作。

本节的目的是在相同工况参数的条件下，比较外喷式与内喷式设计的声源性能和换能过程，分析前者在减小波形失真方面的作用效果。

7.5.1　稳态流场

取气室压力 0.729MPa、喉道入口宽度 4.34mm，仅考虑喷口一侧的侧面入口，得到外喷式声源的稳态流场，如图 7.42 所示。

图 7.43 给出了前文 1/2 缩放声源的稳态流场结果，与外喷式结果相比，

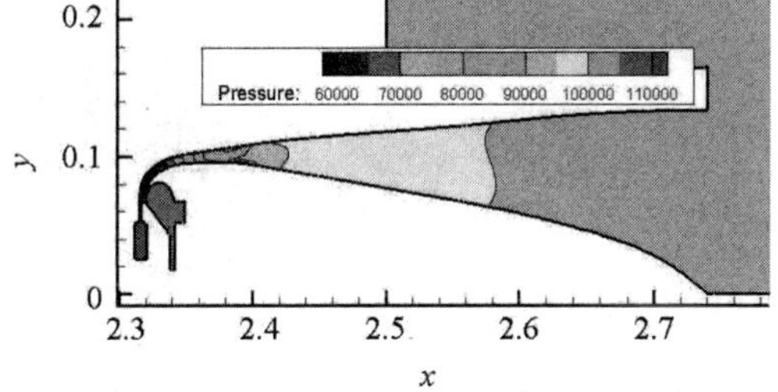

(a) 静压值结果

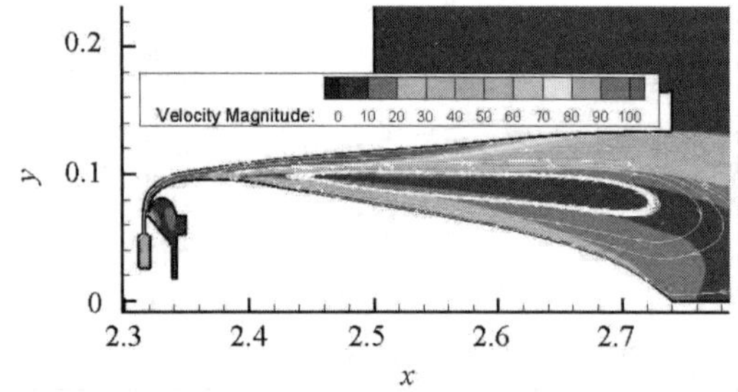

（b）速度量级结果

图 7.42　气室压力 0.729MPa、喉道 4.34mm，外喷式声源设计的稳态流场结果

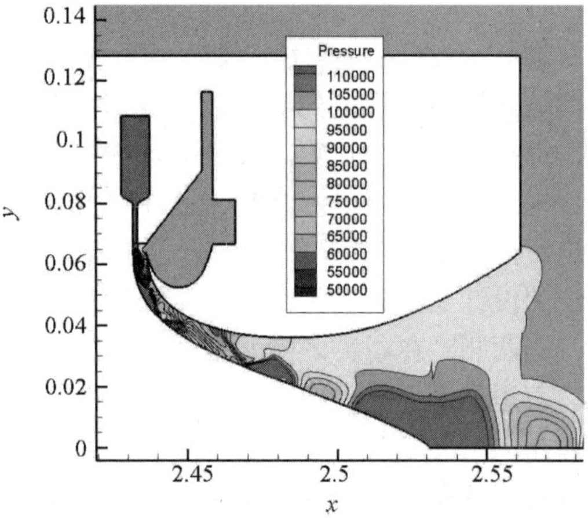

（a）静压值结果

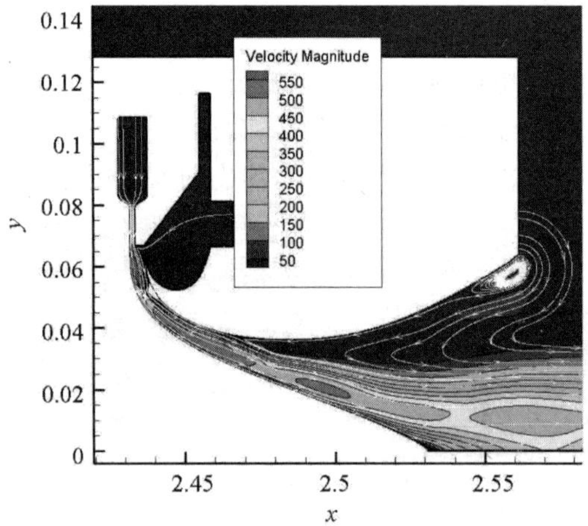

（b）速度量级结果

图 7.43　气室压力 0.729MPa、喉道 4.34mm，1/2 等比例缩放声源的稳态流场结果

在相同的气室压力和喷口出口面积条件下，两者存在明显差异。静压值结果中，外喷式声源喉道内压力分布比较均匀，从上游至下游静压值缓慢增加，同一喉道截面上静压结果基本相近。外喷式声源的静压值中未观察到局部高压区，外侧壁面上也未见高低压相互交替的现象发生。速度量级结果中，外喷式声源内，主流沿外侧壁面，喉道内侧附近形成大范围的环流区；沿主流方向射流流速逐渐降低，喉道出口流速下降至 50m/s 左右，远低于 1/2 缩放声源的结果。两种声源结构对应稳态流场的差异可由图 7.42(b) 和图 7.43(b) 速度场结构的比较说明。两者喉道出口主流宽度均为 0.04m 左右，但是外喷式声源的主流形状为环形，1/2 缩比声源主流形状为圆形，前者的主流截面积远大于后者。

7.5.2　瞬态流场

图 7.44 给出调制频率 500Hz 时，外喷式声源主入口流量随时间的变化。在 1/2 缩比的流量结果中(图 7.32)，前 1/2 周期流量从最大值减小至零，后 1/2 周期流量从零增加至最大值。而对于外喷式声源，流量曲线中出现多次振荡。前 1/4 周期流量基本不变。T/4 ~ 3T/8 时段，流量由最大值迅速下降为 -0.1kg/s。3T/8 ~ T/2 时段流量值又升高至 0.2kg/s。在 9T/16 时刻附近，流量下降至最小值 -0.2kg/s。在后 1/2 周期，流量振荡增加至最大值。本例中，在相同的气室压力和喷口出口面积条件下，内气动系统结构的改变影响了主入口流量结果。

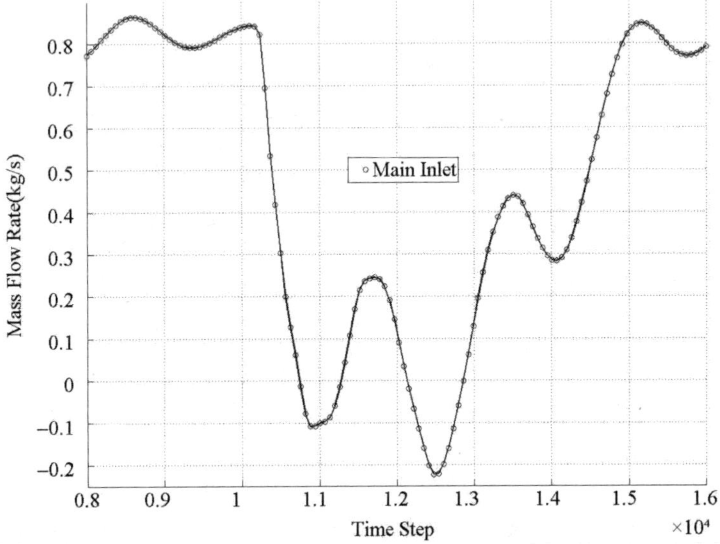

图 7.44　气室压力 0.729MPa、喉道 4.34mm、500Hz，外喷式喉道设计的主入口流量

图 7.45 给出外喷式声源喉道内不同测点的静压值随时间变化，其中测点 a，b，c，d 所在截面面积与 1/2 缩比声源中对应测点所在截面的面积相近。

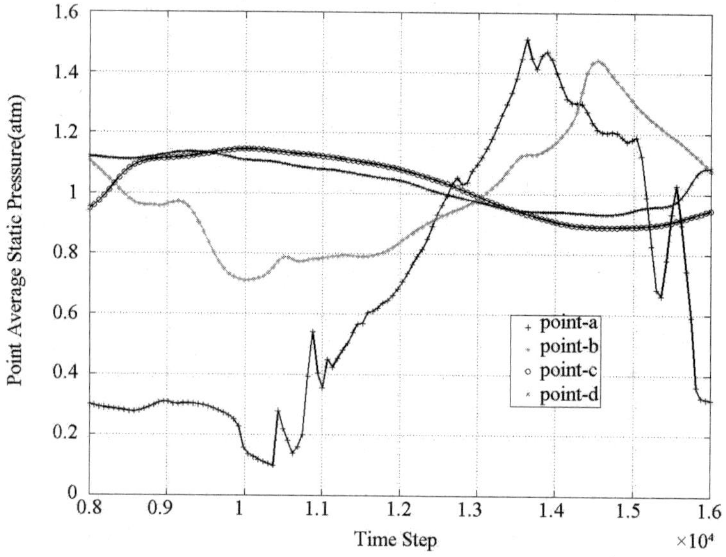

（a）a，b，c，d 测点静压值结果

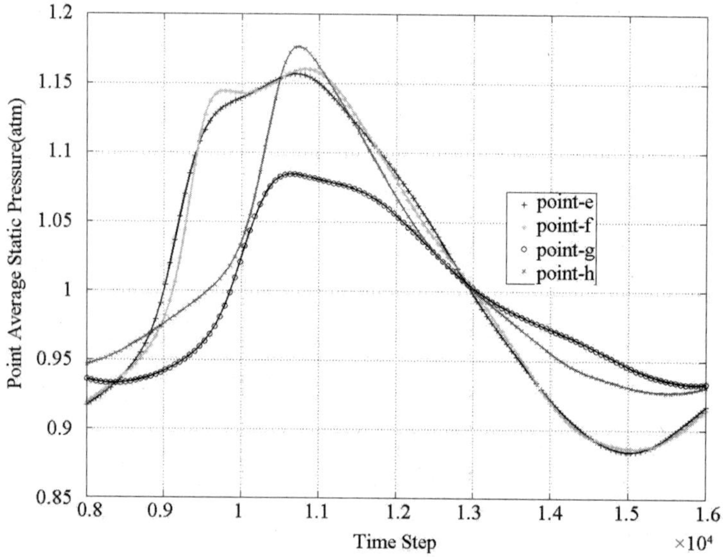

（b）e，f，g，h 测点静压值结果

图 7.45　0.729MPa、喉道 4.34mm、500Hz，外喷式喉道设计的测点静压值

可知随着截面面积的增加，压力扰动量级逐渐下降。上游 a，b 测点压力波形中存在一定数量的高频振荡，波形中未出现较强的压力突变。从 a 点到 b 点波形正半周的峰值基本相近，而负半周的波形幅值由 0.09MPa 下降为 0.03MPa。c，d 两点的压力扰动量级与 e，f 两点基本接近，它们均低于上游 a，b 两测点的结果。相同截面上 e，f 两测点的波形基本一致。下游 h 测点波形的正半周幅值与 e，f 测点相差不大，但是负半周幅值明显减小。喉道出口截面 g，h 两点的波形有明显差异，主流中 g 点的正半周幅值明显低于环流区中 h 点的结果。

图 7.45 中外喷式声源 a ~ d 测点的静压值与 1/2 缩比声源的结果（图 7.33）相比，前者的压力波形明显比后者的波形规则和更加接近调制函数，外喷式声源的波形的失真程度更低。在喉道中部大部分区域，外喷式声源相同截面的压力波形基本相近。扰动量级方面，外喷式 a 点的扰动量级高于 1/2 缩比的结果。外喷式测点 b 压力波形的峰峰值明显低于 1/2 缩比声源，然而由于后者的波形在后半周期具有很小的压力扰动均值，所以整体上两种声源测点 b 的扰动量级差别不大。比较下游回流区中的压力扰动，可知外喷式测点 d 的波形峰峰值低于 1/2 缩比声源测点 c 的结果。然而由于后者的波形围绕环境压力小幅波动，所以总体上外喷式波形的压力扰动较高。测点压力扰动的比较中，仅在喉道出口主流内，1/2 缩比声源的扰动量级偏高，这可能与两种声源结构在主流流速方面的差距有关。

图 7.46 给出外喷式声源喉道内静压分布的演化过程。与图 7.34 中 1/2 缩比声源的结果相比较，可看出外喷式声源内部压力扰动的传播过程比较规则，大部分截面上静压值基本接近。对于外喷式声源的喉道出口截面，静压值的一致性发声了变化（图 7.46（c））。与之相关的是，图 7.45（b）中，喉道出口 g 和 h 测点波形正半周的差别，靠近环流区一侧 h 点正半周的幅值较高。g 和 h 测点波形的差异同样与喉道出口的阻抗匹配问题有关。

图 7.47 给出外喷式声源调制区附近速度场的演化过程。T ~ 5T/4 时刻，喉道入口流速增加。前 1/2 周期，由于主流的引射作用，侧面空腔中形成一个

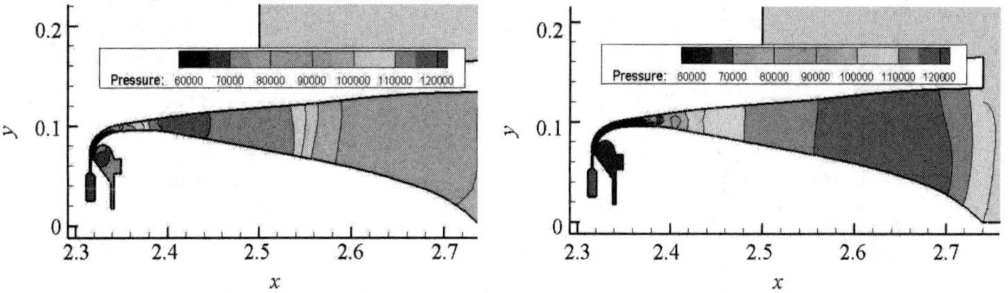

（a）T 时刻　　　　（b）5T/4 时刻

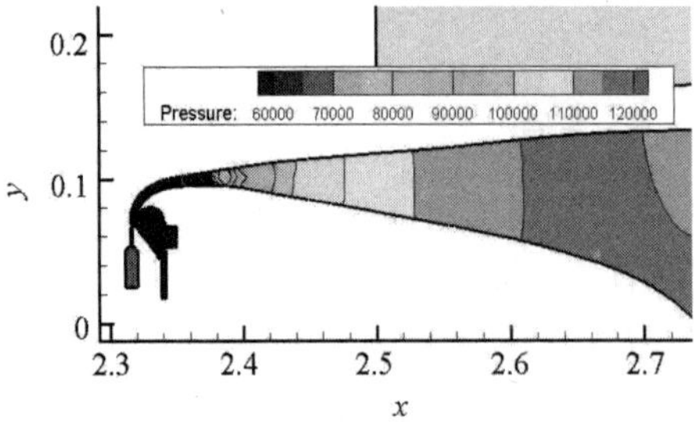

(c) 11T/8 时刻

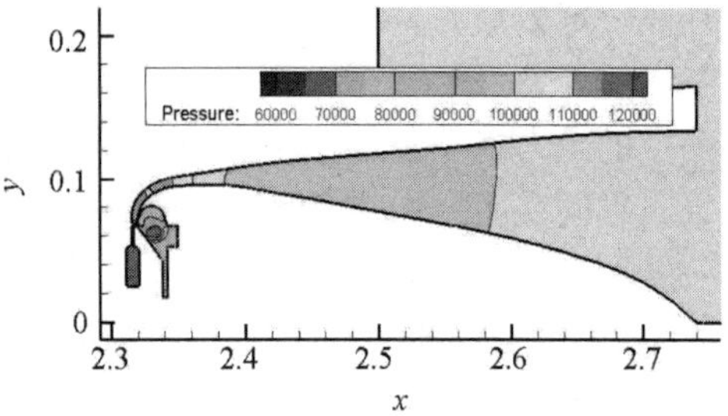

(d) 13T/8 时刻

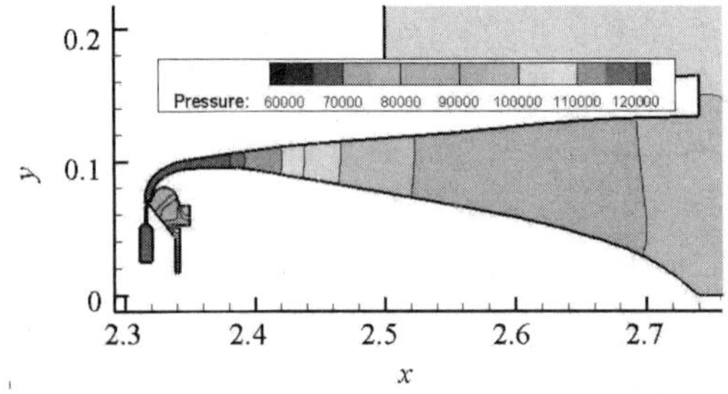

(e) 7T/4 时刻

图 7.46　0.729MPa、频率 500Hz，外喷式喉道设计的静压分布变化

低压区。后 1/2 周期中，当喷口重新开启时，喉道入口由于流量累积的作用，局部压力升高。这使 13T/8 时刻喷口开口面积较小时，主流偏向侧面入口方向，对应图 7.44 中主入口流量为负的情况。然后，随着喷口面积的逐渐增加、主流惯性力的增强以及侧面空腔压力的逐步恢复，在 7T/4 时刻以后，高速主流又重新沿喉道入口流进。

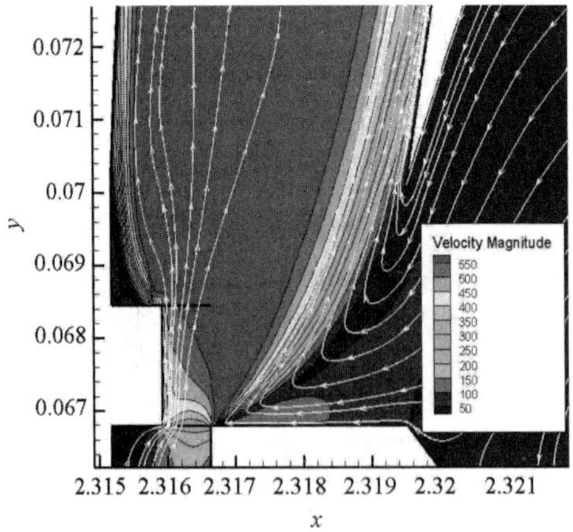

(a) T 时刻

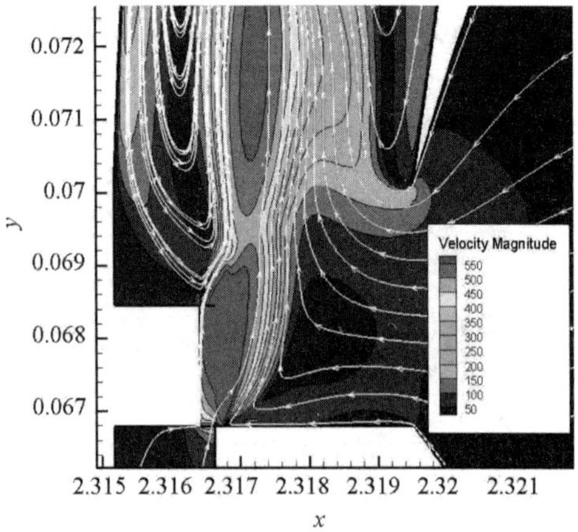

(b) 5T/4 时刻

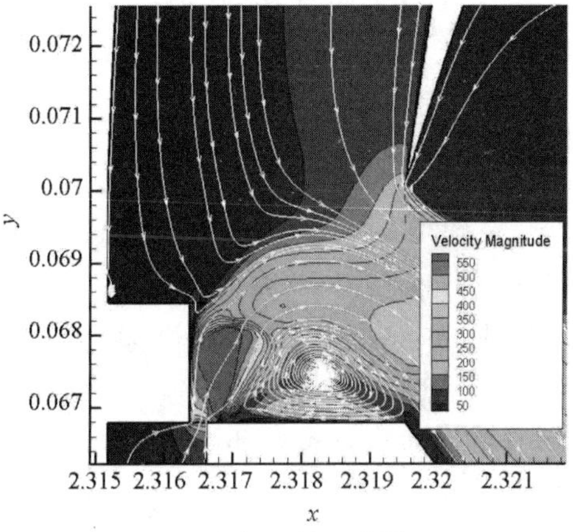

(c) 11T/8 时刻

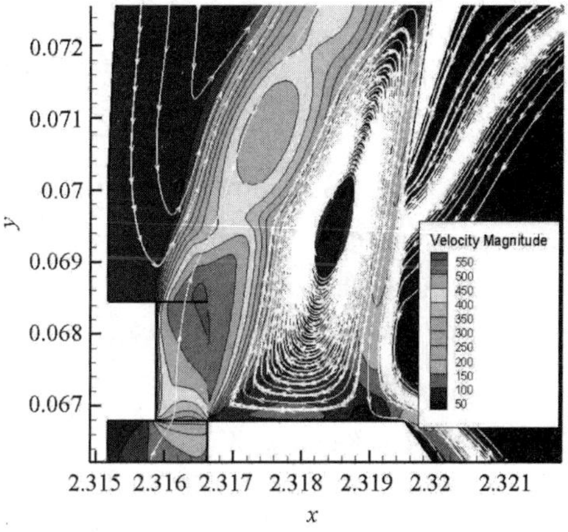

(d) 13T/8 时刻

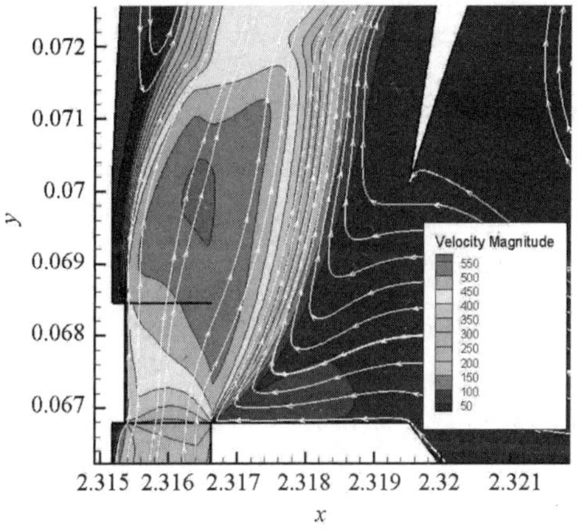

(e) 7T/4 时刻

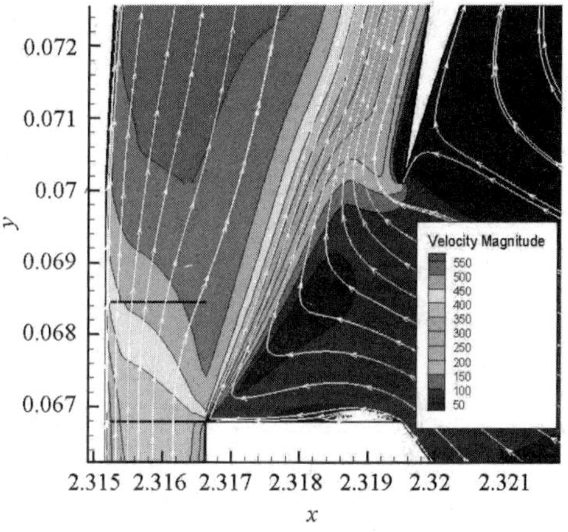

(f) 15T/8 时刻 (g) 2T 时刻

图 7.47　气室压力 0.729MPa、频率 500Hz，外喷式喉道设计的调制区速度量级变化

本节瞬态流场模拟结果的对比表明，采用外喷式设计能够有效降低声源内部压力扰动的波形失真。与内喷式的结果相比，外喷式设计具有不同的主入口流量特性。采用外喷式设计后，喉道内压力分布较为均匀，测点压力波形明显比 1/2 缩比声源的波形规则和更加接近调制函数。在喉道中部的大部分区域，外喷式声源相同截面的压力波形基本相近。在压力扰动量级方面，外喷式设计得到了略高于 1/2 缩比声源的结果。

参 考 文 献

[1] L. Piegl, W. Tiller. The NURBS book[M]. Springer Press, 1996: 1 - 140

[2] J. Madsen, W. shyy, R. Haftka, J. Liu. Response surface technique for diffuser shape optimization[J]. AIAA Paper, 97 - 1801, 1997

[3] D. W. Mayer, B. H. Anderson, T. A. Johnson. 3D subsonic diffuser design and analysis[J]. AIAA Paper, 98 - 3418, 1998.

[4] F. L. Pan, J. Coupland. An integrated optimization system for low noise nacelle design[J]. AIAA Paper, 2005 - 2945, 2005.

[5] C. Qian, C. Yuan. An integrated process of CFD analysis and design optimization with underhood thermal application[J]. Society of Automotive Engineers, 2001 - 01 - 0637, 2000.

[6] 辛晓华, 张武, 周华. 基于 Fluent 的绕流问题的数值模拟与并行计算[J]. 计算机工程与设计, 2005(8): 2153 - 2154.

[7] 程成, 须文波, 冷文皓. 基于 iSIGHT 平台 DOE 方法的螺旋桨敞水性能优化设计, 2007(6): 1455 - 1459.

[8] 覃粒子, 刘宇, 王一白. 线性塞式喷管型面快速设计方法[J]. 推进技术, 2004(2): 144 - 147.

[9] 王一白, 覃粒子, 刘宇等. 圆转方塞式喷管型面设计和试验研究[J]. 宇航学报, 2006(5): 843 - 848.

[10] J. Hur. NURBS based aerodynamic shape optimization[D]. Master's thesis, Science in Aerospace Engineering, Mississippi State University, 1999.

[11] E. C. Perry. Three-dimensional shape optimization of internal fluid flow systems using arbitrary shape deformation coupled with computational fluid dynamics[D]. Brigham Young University, 1999

[12] A. T. Lethander. Assessment of a leading edge fillet for decreasing vane endwall temperatures in a gas turbine engine[D]. Mechanical Engineering, Virginia Polytechnic Institute and State University, 2003.